Excel
ビジネスデータ分析
徹底活用ガイド

Excel 2019 2016 2013 対応

平井明夫
AKIO HIRAI

技術評論社

本書の使い方

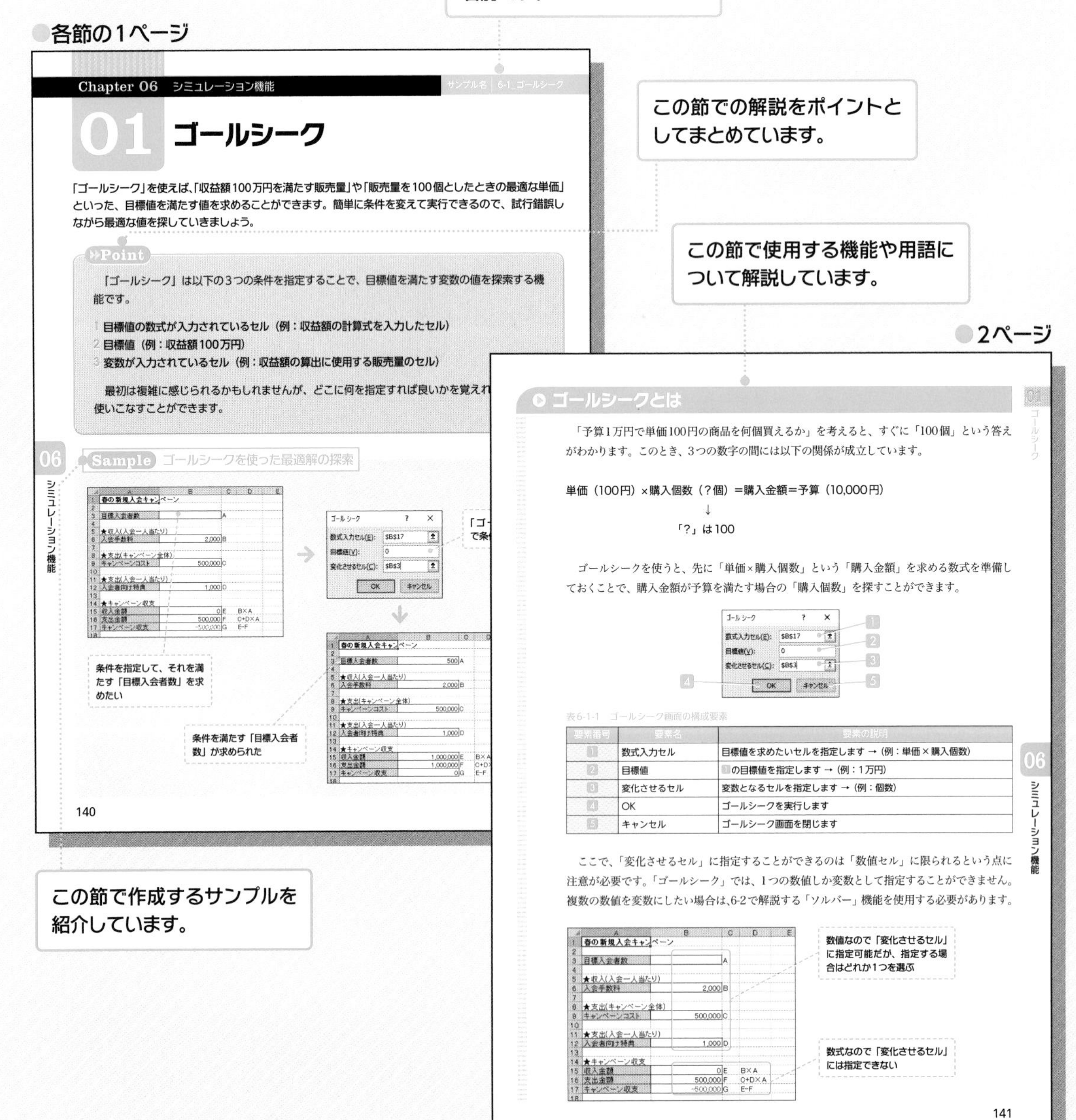

この節で利用するサンプルの名前です。
各節の1ページ
Chapter 06 シミュレーション機能
サンプル名 6-1_ゴールシーク
01 ゴールシーク
「ゴールシーク」を使えば、「収益額100万円を満たす販売量」や「販売量を100個としたときの最適な単価」といった、目標値を満たす値を求めることができます。簡単に条件を変えて実行できるので、試行錯誤しながら最適な値を探していきましょう。
この節での解説をポイントとしてまとめています。
Point
「ゴールシーク」は以下の3つの条件を指定することで、目標値を満たす変数の値を探索する機能です。
1 目標値の数式が入力されているセル（例：収益額の計算式を入力したセル）
2 目標値（例：収益額100万円）
3 変数が入力されているセル（例：収益額の算出に使用する販売量のセル）
最初は複雑に感じられるかもしれませんが、どこに何を指定すれば良いかを覚えれ
使いこなすことができます。
この節で使用する機能や用語について解説しています。
Sample ゴールシークを使った最適解の探索
条件を指定して、それを満たす「目標入会者数」を求めたい
条件を満たす「目標入会者数」が求められた
140
この節で作成するサンプルを紹介しています。
2ページ
ゴールシークとは
「予算1万円で単価100円の商品を何個買えるか」を考えると、すぐに「100個」という答えがわかります。このとき、3つの数字の間には以下の関係が成立しています。
単価（100円）×購入個数（?個）=購入金額=予算（10,000円）
「?」は100
ゴールシークを使うと、先に「単価×購入個数」という「購入金額」を求める数式を準備しておくことで、購入金額が予算を満たす場合の「購入個数」を探すことができます。
表6-1-1 ゴールシーク画面の構成要素
数式入力セル
目標値を求めたいセルを指定します →（例：単価×購入個数）
目標値
1の目標値を指定します →（例：1万円）
変化させるセル
変数となるセルを指定します →（例：個数）
OK
ゴールシークを実行します
キャンセル
ゴールシーク画面を閉じます
ここで、「変化させるセル」に指定することができるのは「数値セル」に限られるという点に注意が必要です。「ゴールシーク」では、1つの数値しか変数として指定することができません。複数の数値を変数にしたい場合は、6-2で解説する「ソルバー」機能を使用する必要があります。
数値なので「変化させるセル」に指定可能だが、指定する場合はどれか1つを選ぶ
数式なので「変化させるセル」には指定できない
141

- 本書は、サンプルを使って、Excelでビジネスデータ分析を行う方法を解説しています。
- 節単位で解説が完結するように構成されています。
- 目次や索引を参考にして、知りたい操作のページをご覧ください。
- 画面を使った操作の手順を追うだけで、Excelのデータ分析の手法がわかるようになっています。

側注および節の最後などに、必要に応じて、以下の4つの解説を配置しています。

 補足説明　 他のバージョンの場合

 注意喚起　Column コラム

● 3ページ以降

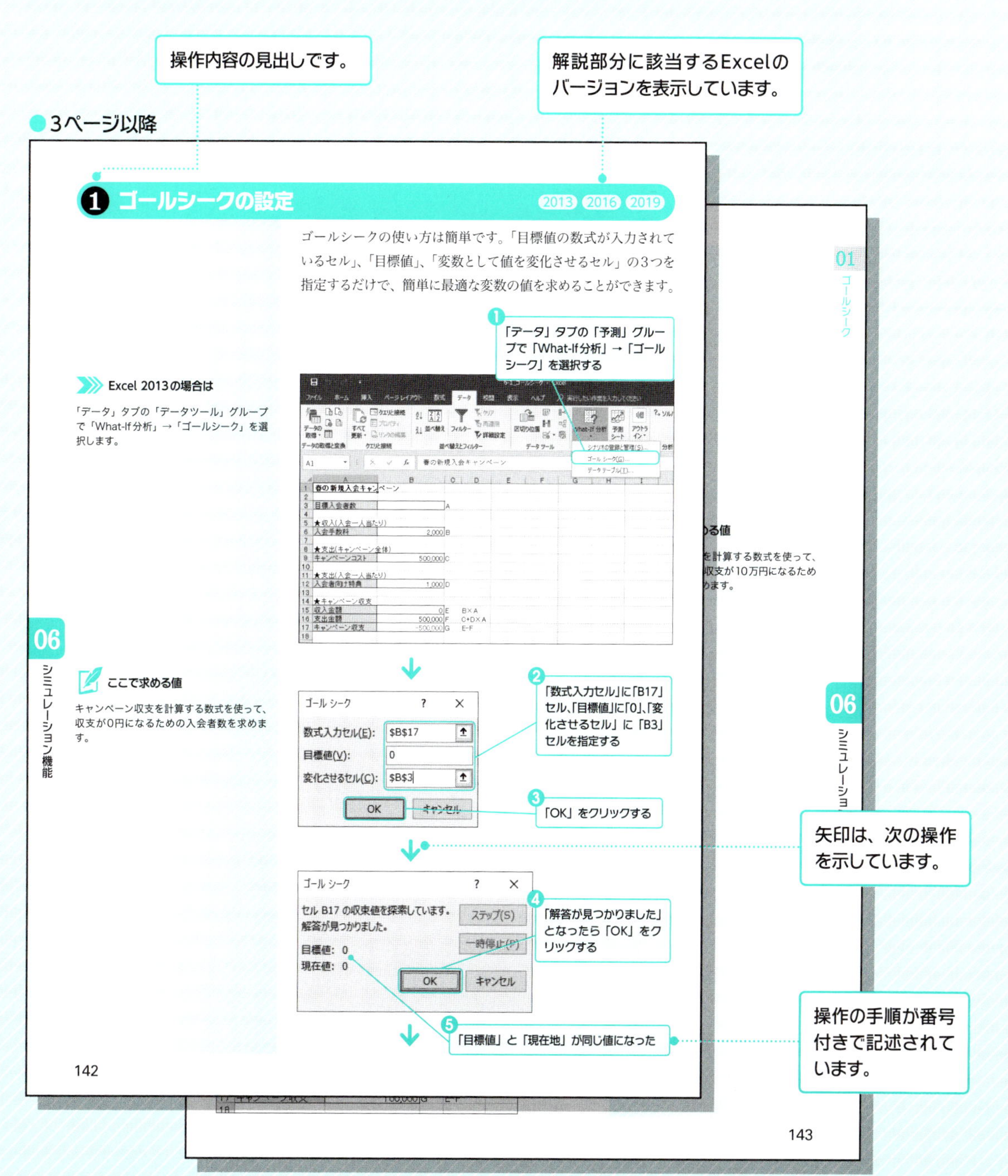

目次

CONTENTS

業績報告書の作成 297

サンプルファイルをダウンロードする

本書で使用しているサンプルファイルは、以下のURLのサポートページからダウンロードすることができます。ダウンロードしたときは圧縮ファイルの状態なので、展開してから使用してください。

https://gihyo.jp/book/2019/978-4-297-10300-2/support

1 サンプルファイルをダウンロードする

1 Microsoft Edgeを起動する

2 「画面またはWebアドレスを入力」をクリックして、上記のURLを入力し、Enterキーを押す

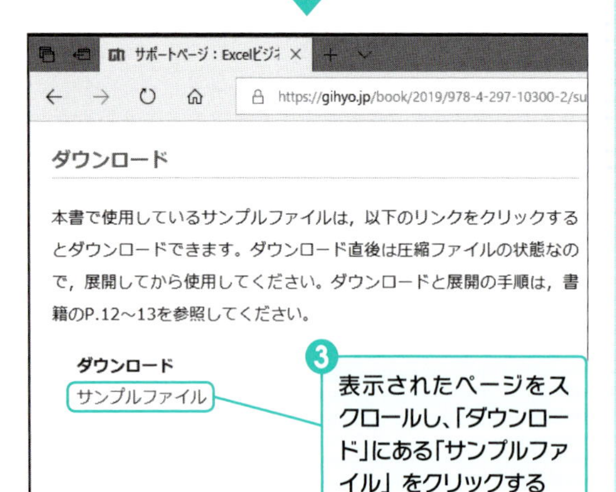

3 表示されたページをスクロールし、「ダウンロード」にある「サンプルファイル」をクリックする

4 画面下部で「保存」の横の^をクリックし、「名前を付けて保存」ボタンをクリックする

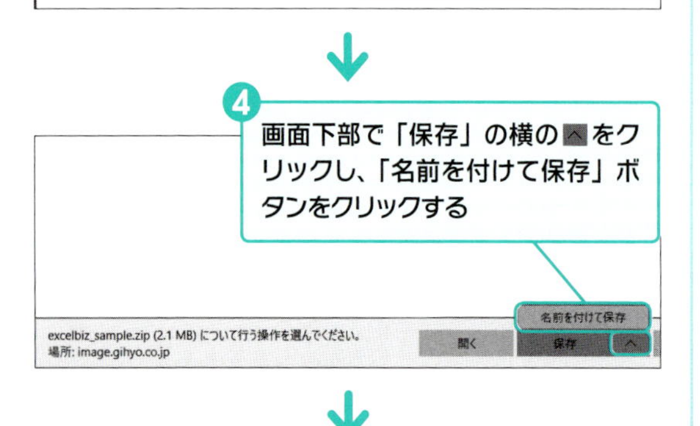

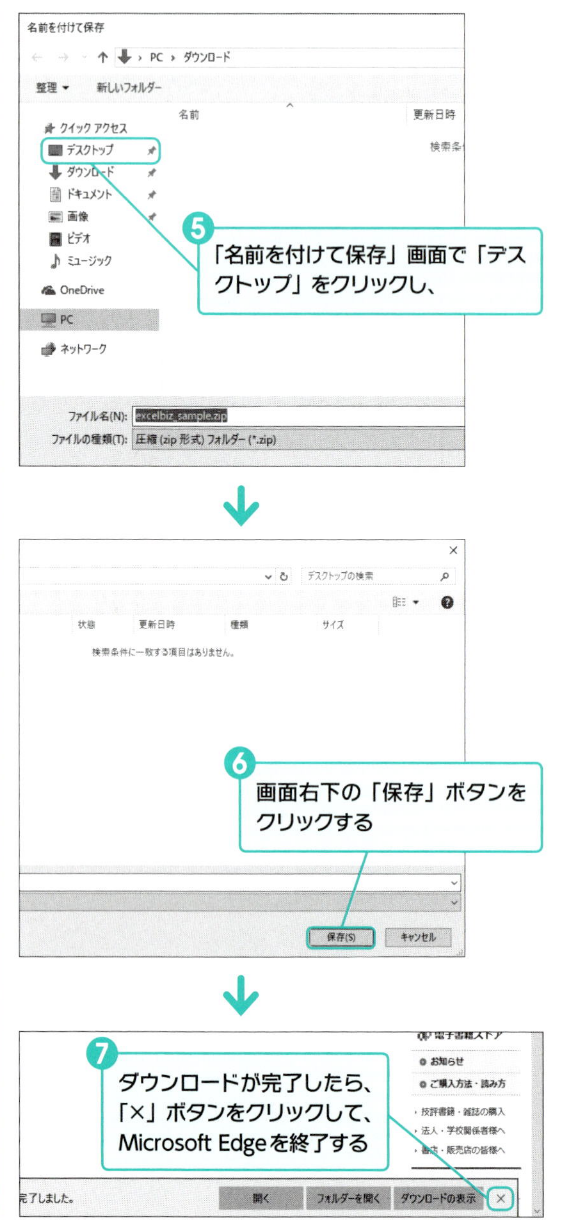

5 「名前を付けて保存」画面で「デスクトップ」をクリックし、

6 画面右下の「保存」ボタンをクリックする

7 ダウンロードが完了したら、「×」ボタンをクリックして、Microsoft Edgeを終了する

❷ ダウンロードした圧縮ファイルを展開する

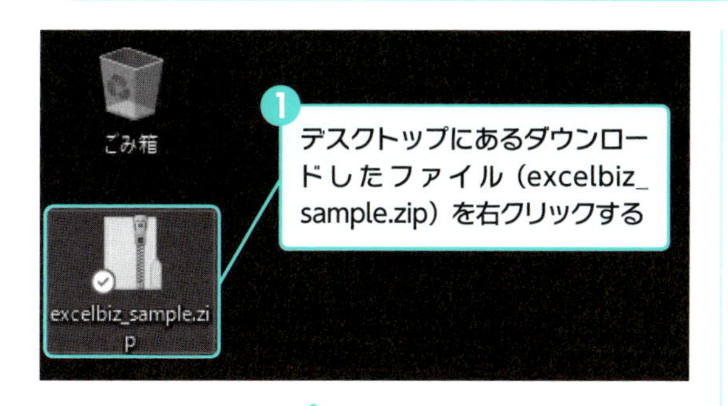

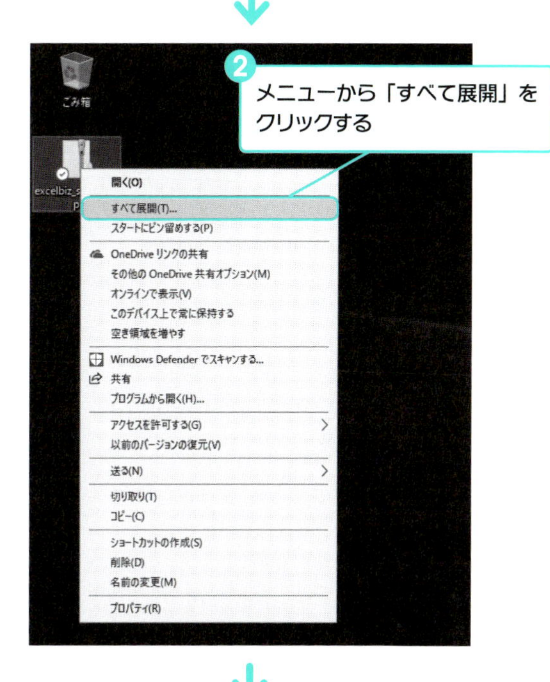

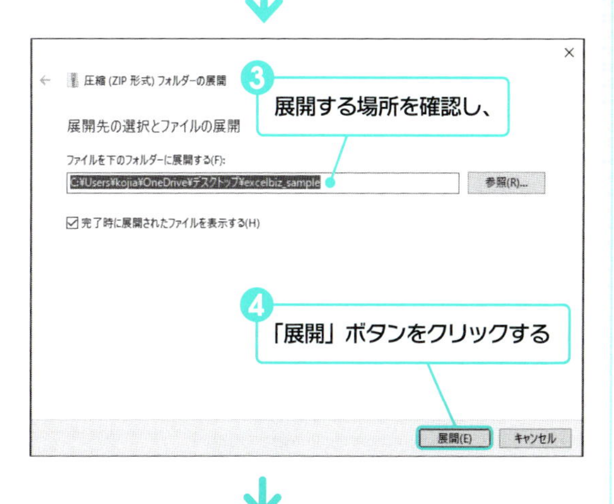

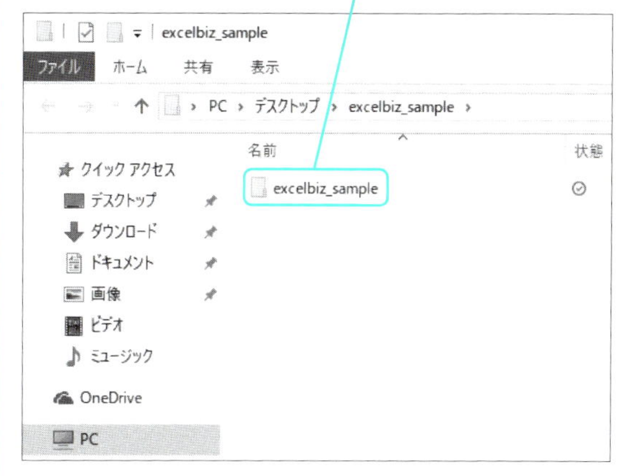

6
章ごとにフォルダー分けされたサンプルファイルが表示される（次ページ参照）

うまく展開できないときは？

他の解凍ソフトをインストールしている場合は、上記の手順通りにファイルを展開できないことがあります。その場合は、各解凍ソフトの解凍方法に従って、ファイルを展開してください。

❸ サンプルファイルのフォルダー構成

サンプルファイルのフォルダーおよびファイル構成は、以下のようになっています。

本書で利用するファイルは、操作前と操作後の２種類用意されています。操作前ファイルと区別するために、操作後のファイルにはファイル名の末尾に「_完成」と記載されています。

７章以降のフォルダーには、本文で作成したプレゼンテーションファイルも収録されています。

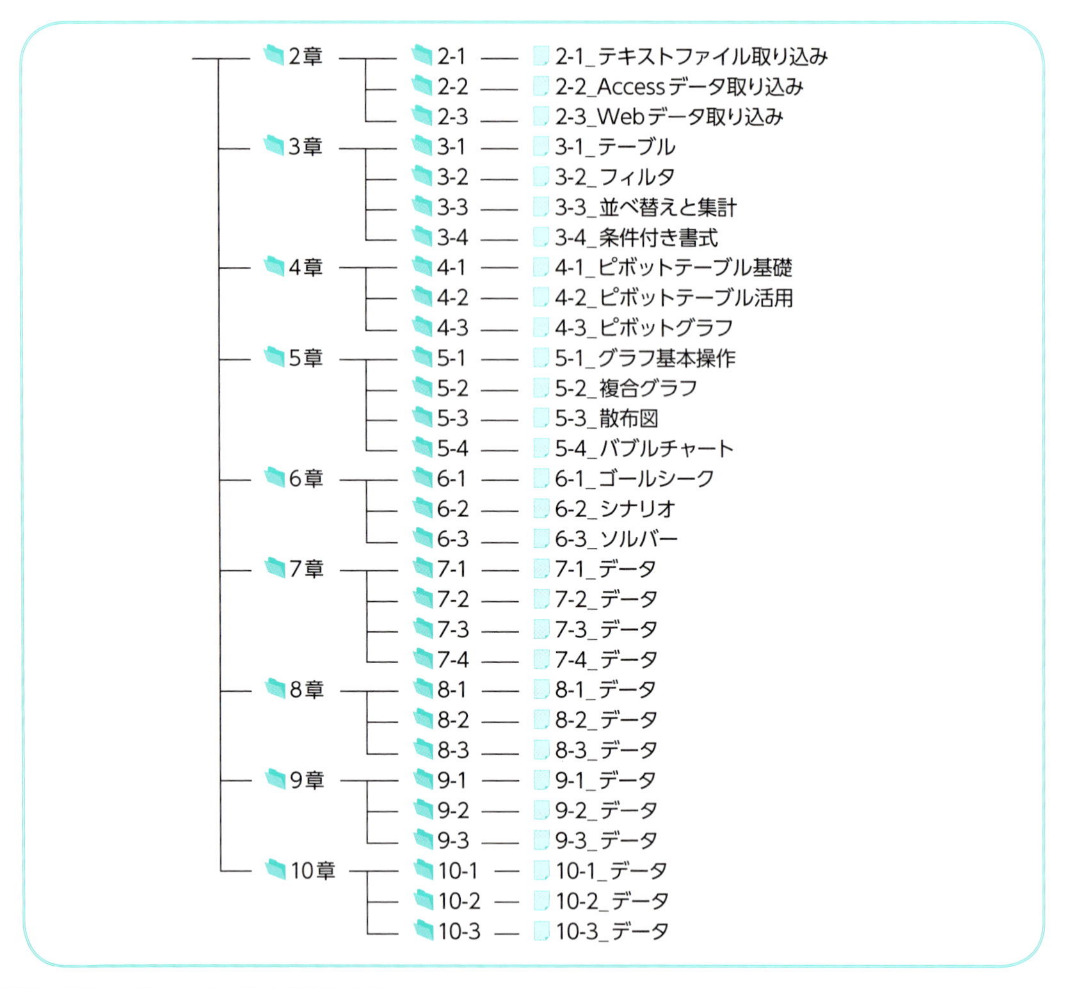

Chapter 01

ビジネスデータ分析とは何か

ビジネスデータ分析の目的は、あくまでも説得力のあるプレゼンテーションを作成することがゴールです。データ分析そのものや、ましてやExcel操作を習得することではありません。そのため、本書では、実務の種類に応じた効果的な分析手法を各章で解説しています。この章では、本書の構成と各章の概要を説明することで、「仕事の現場で即使える」知識を得るために、本書のどの部分を読んでいくべきかを解説します。

01 ビジネスデータ分析の目的

ビジネスデータ分析の目的は、あくまでも説得力のあるプレゼンテーションを作成することがゴールであって、データ分析の技術、ましてやExcel操作を習得することではありません。本書は、実務担当者が「仕事の現場で即使える」ことを目的に編集されています。

Point

商品企画、営業企画、購買・在庫、経営企画といった実務担当者が、新商品企画書、販売促進提案書、発注計画書、業績報告書といったプレゼンテーションを作成すると仮定します。

その際に必要な、ビジネスデータ分析の知識は、以下の順番で習得する必要があります。

1 データ分析に必要な、基本的なExcel操作を修得する
2 プレゼンテーションに必要なデータ分析手法を習得する
3 説得力のあるプレゼンテーションを作成する方法を習得する

これらすべてを習得して初めて、実務担当者が完全にビジネスデータ分析の知識を習得したことになります。

Sample 説得力のあるプレゼンテーションの例

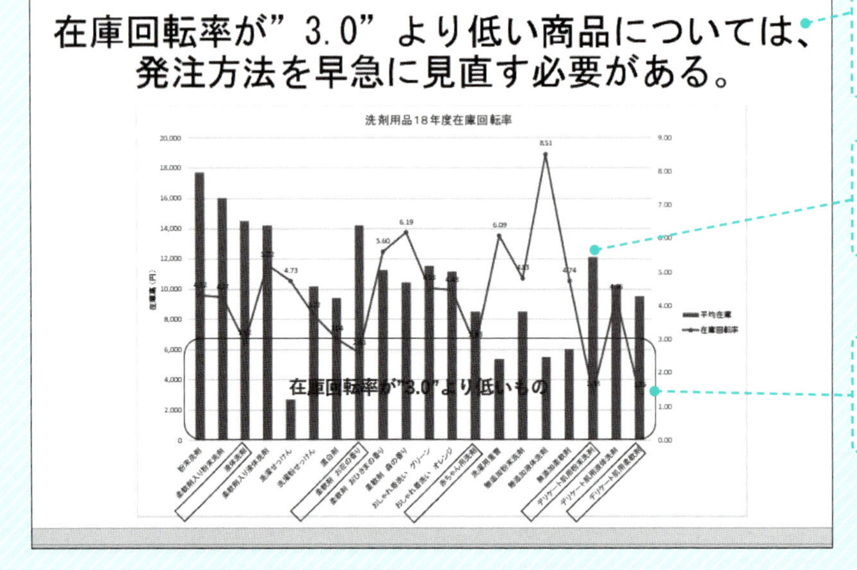

発注計画の見直し対象商品の選定理由を説明するテキスト

在庫回転率と平均在庫高を組み合わせたグラフ

対象基準や対象商品を強調するための図形

本書の構成

データ分析に必要な、基本的なExcel操作を修得するために、本書のChaper02からChapter06までは、Excelの主要なデータ分析の機能を、操作ステップごとに細かく解説しています。

これらのパートの構成は、下の図のようになっています。

第2章●分析に必要なデータを準備する
ビジネスデータ分析に必要となるソースデータとして多く用いられる、テキストファイル、Access ファイル、HTML ファイルについて、Excel に取り込む方法を解説します。

第3章●表を使いこなす
データの編集や見た目の変更が容易に行える、テーブル機能について解説します。

第4章●ピボットテーブル
いろいろな切り口からの集計が容易に行える、ピボットテーブル機能について解説します。

第5章●グラフ
プレゼンテーションで効果を発揮するグラフ機能について、基本操作と、難易度の高い複合グラフ、散布図、バブルチャートの作成方法について解説します。

第6章●シミュレーション機能
ビジネスデータ分析によく利用される、ゴールシーク、ソルバー、シナリオといった、Excel の持つシミュレーション機能について解説します。

さらに、プレゼンテーションに必要なデータ分析手法と、説得力のあるプレゼンテーションを作成する方法を習得するために、本書のChaper07からChapter10までは、実務担当者が作成する典型的なプレゼンテーションを例題にして、そこで登場するデータ分析の手法の解説も交えて解説しています。

これらのパートの構成は、下の図のようになっています。

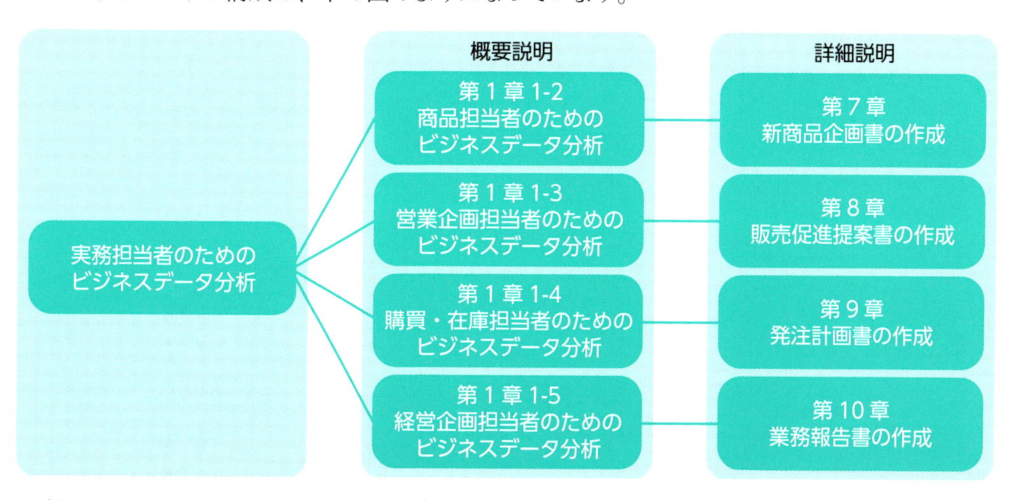

Chaper01の02から05までは、実務担当者の役割ごとに、本書で行っている解説の概要を紹介しています。読者にとって必要な章を特定してから、本書を読み進めてください。

02 商品企画担当者のためのビジネスデータ分析

商品企画担当者が作成する代表的なプレゼンテーションに、新商品企画書があります。ここで必要となるデータ分析手法には、PPM（プロダクト・ポートフォリオ・マネジメント）、レーダーチャート、価格弾力性、回帰分析などがあります。これらのデータ分析の方法とプレゼンテーションの作成方法については、Chapter07で詳細に解説します。

Point

飲料メーカーの商品企画担当者が、新商品企画書を作成することを仮定します。この場合のデータ分析は、以下の手順で行います。

1. PPM分析により、企画すべき商品を発見する。
2. レーダーチャート分析により、ユーザーニーズを把握する。
3. 価格弾力性分析により、最適価格を確認する。
4. 回帰分析により、初期生産量を設定する。

これらのデータ分析の結果を、効果的なプレゼンテーションにまとめることで、説得力のある新商品企画書が作成できます。

Sample 新商品企画書のスライドの例

「スタンダード」は価格弾力性が高く、値引きを行ったとしても、売上を維持するのに充分な販売数量の増加が見込めることがわかった。
この分析結果を踏まえ、「スタンダード」については、新製品の投入に合わせて、価格を５％安く設定することで、マーケットシェアの拡大を目指す。

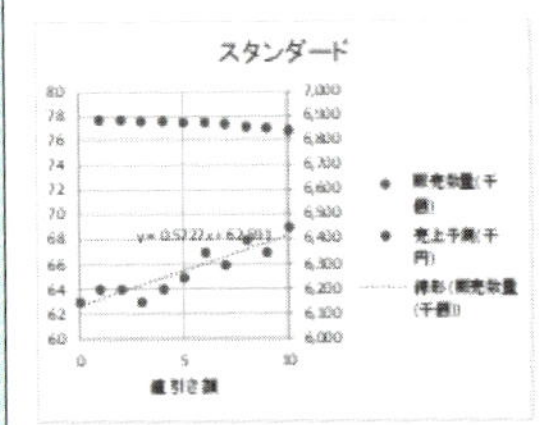

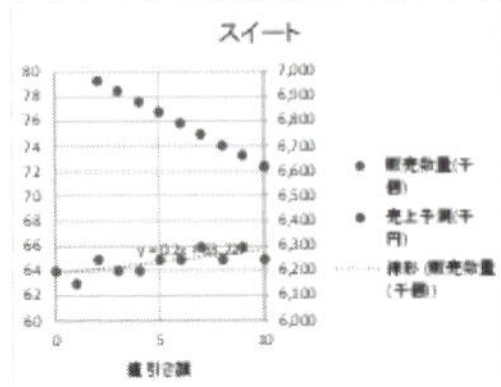

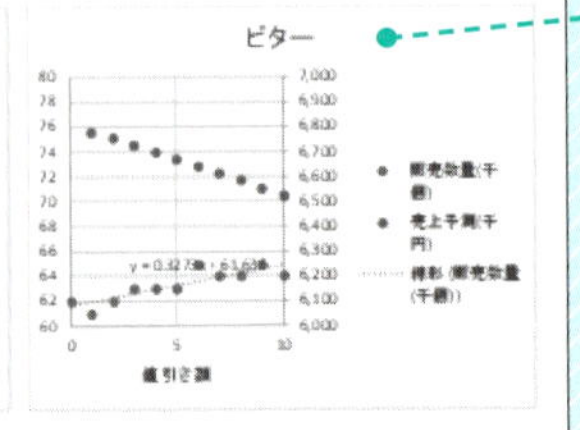

「スタンダード」は、価格弾力性が高く、５％程度の値引きまでは、売上を維持したまま、販売数量を増やすことができる。

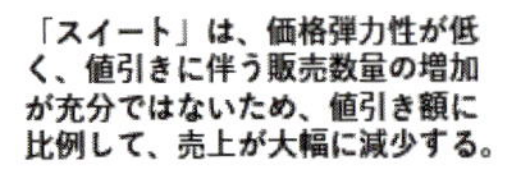

「ビター」も、価格弾力性が低く、値引きに伴う販売数量の増加が充分ではないため、値引き額に比例して、売上が大幅に減少する。

新製品の最適価格を説明するテキスト

製品の価格弾力性と値下げの売上に対する影響を示すグラフ

価格弾力性の分析と売上予測の結果を説明するテキスト

▶ 新商品企画書の構成と内容

新商品企画書は以下の4つのスライドから構成されます。

1. 企画対象製品の選定理由を記述したスライド
2. 新製品の改良ポイントを記述したスライド
3. 新製品の最適価格を記述したスライド
4. 新製品の初期生産量を記述したスライド

1 企画対象製品の選定理由を記述したスライド

1では、新商品の企画のために、最初に企画すべき商品を提示する必要があります。

この際に用いられる分析手法が、PPM（プロダクト・ポートフォリオ・マネジメント）です。そこで、PPM分析結果のグラフを使用し、企画対象製品の選定理由を説明したスライドを作成します。できあがったスライドは、下の図のようになります。

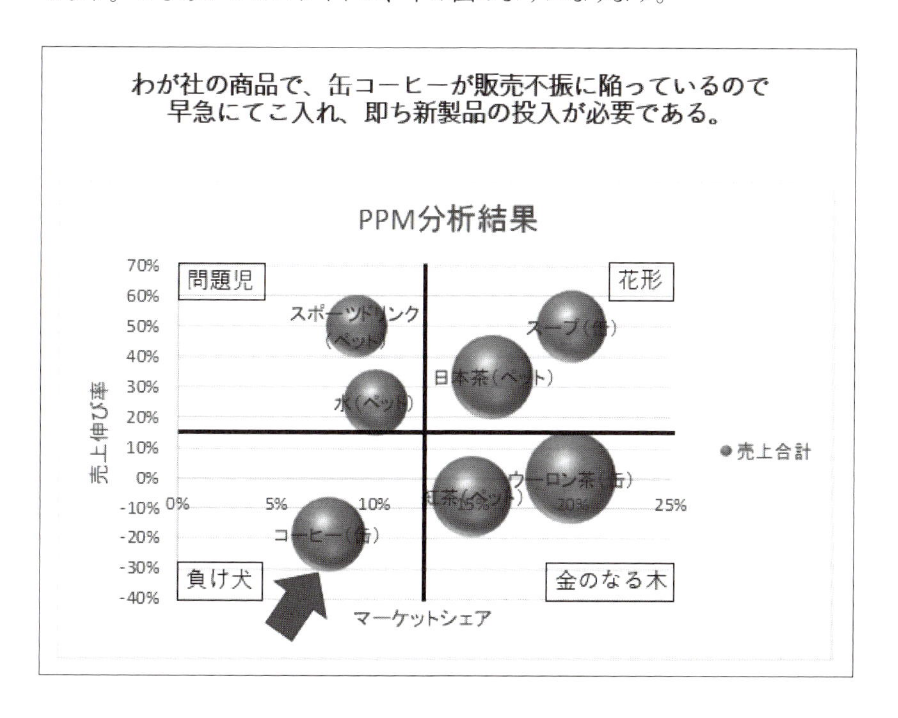

2 新製品の改良ポイントを記述したスライド

2では、ユーザーアンケートのデータからユーザーのニーズを把握し、新商品で改良すべきポイントを決定します。

アンケートデータの分析には、レーダーチャートが用いられます。レーダーチャートによる分析結果を使用して、新製品の改良ポイントを説明したスライドを作成します。できあがったスライドは、下の図のようになります。

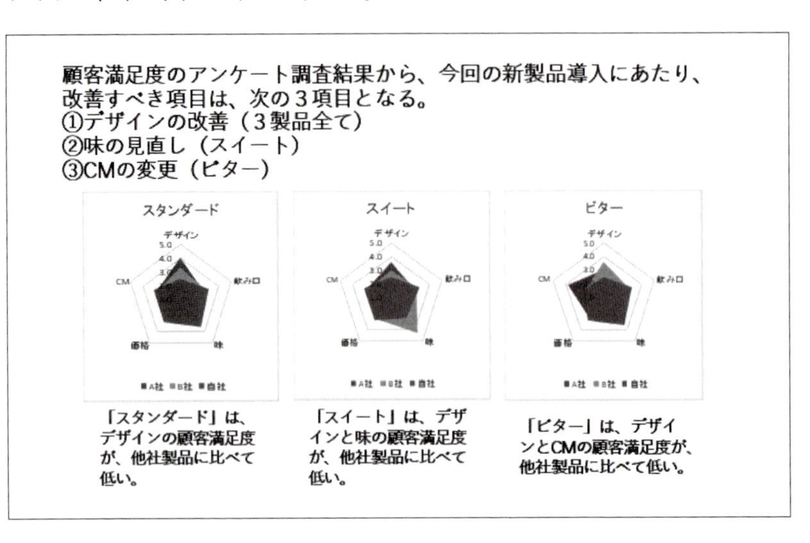

3 新製品の最適価格を記述したスライド

3では、新製品に最も適した価格を提案します。

新商品のマーケットシェア拡大には、以前よりも低い価格設定が有効な場合があります。価格変更が販売数量に与える影響の分析に用いられるのが、価格弾力性です。そこで、価格弾力性の分析結果を使用し、新製品の最適価格を説明したスライドを作成します。できあがったスライドは、下の図のようになります。

「スタンダード」は価格弾力性が高く、値引きを行ったとしても、売上を維持するのに充分な販売数量の増加が見込めることがわかった。
この分析結果を踏まえ、「スタンダード」については、新製品の投入に合わせて、価格を５％安く設定することで、マーケットシェアの拡大を目指す。

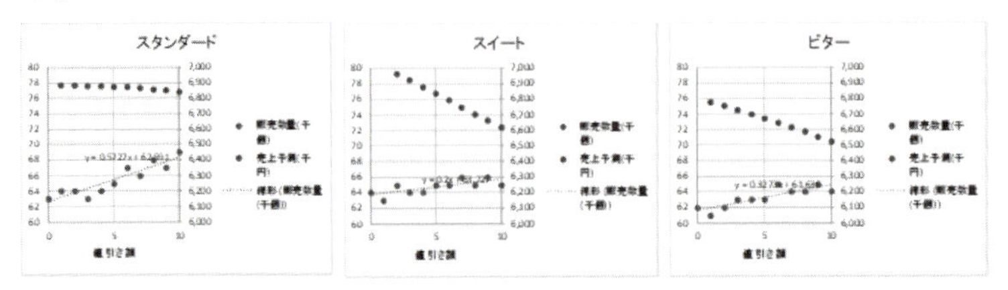

「スタンダード」は、価格弾力性が高く、５％程度の値引きまでは、売上を維持したまま、販売数量を増やすことができる。

「スイート」は、価格弾力性が低く、値引きに伴う販売数量の増加が充分ではないため、値引き額に比例して、売上が大幅に減少する。

「ビター」も、価格弾力性が低く、値引きに伴う販売数量の増加が充分ではないため、値引き額に比例して、売上が大幅に減少する。

4 新製品の初期生産量を記述したスライド

4 では、新商品の発売にあたって、販売数量の予測から、適切な初期生産量を設定します。

このような販売数量の予測には、回帰分析が用いられます。そこで、回帰分析の結果を使用して、新製品の初期生産量を説明したスライドを作成します。できあがったスライドは、下の図のようになります。

来年は暖冬傾向が示されているため、1-3月において「スイート」は販売の減少が、「ビター」は販売の増加が予測されることがわかった。
この分析結果を踏まえ、初期生産量を、「スイート」については前年比5%減、「ビター」については前年比5%増とする。

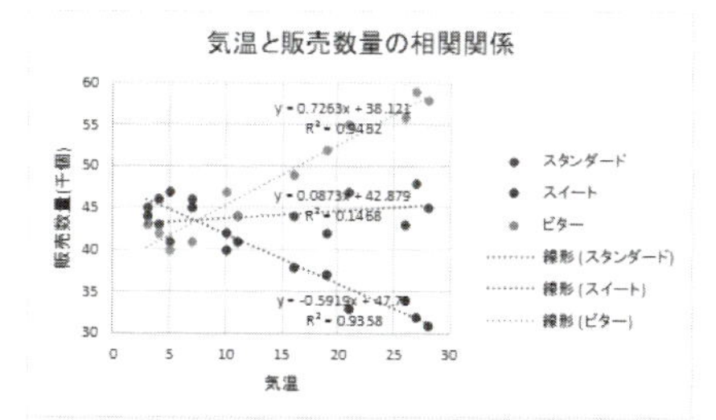

回帰分析の結果によると、気温と販売数量の間には、「スタンダード」では、ほとんど相関関係がないが、「スイート」と「ビター」については、極めて強い相関間関係がある。

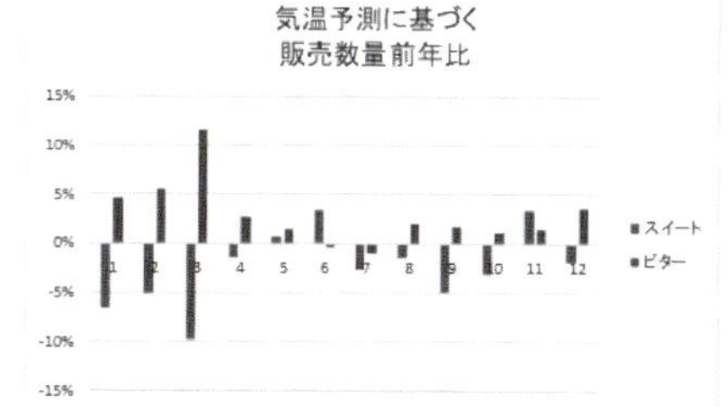

来年は暖冬傾向が示されているため、1-3月の販売数量は前年比で、「スイート」について5-10%の減少、「ビター」について5-10%の増加が予測される。

03 営業企画担当者のためのビジネスデータ分析

営業企画担当者が作成する代表的なプレゼンテーションに、販売促進提案書があります。ここで必要となるデータ分析手法には、Zチャート、ファンチャート、ABC分析などがあります。これらのデータ分析の方法とプレゼンテーションの作成方法については、Chapter08で詳細に解説します。

Point

アウトドア用品メーカーの営業企画担当者が、販売促進提案書を作成することを仮定します。この場合のデータ分析は、以下の手順で行います。

1. Zチャート分析により、事業部別の売上の傾向を分析する
2. ファンチャート分析により、伸び率の高い製品を見つけ出す
3. ABC分析により、販促を実施する重点管理対象の販売店を特定する

これらのデータ分析の結果を、効果的なプレゼンテーションにまとめることで、説得力のある販売促進提案書が作成できます。

Sample 販売促進提案書のスライドの例

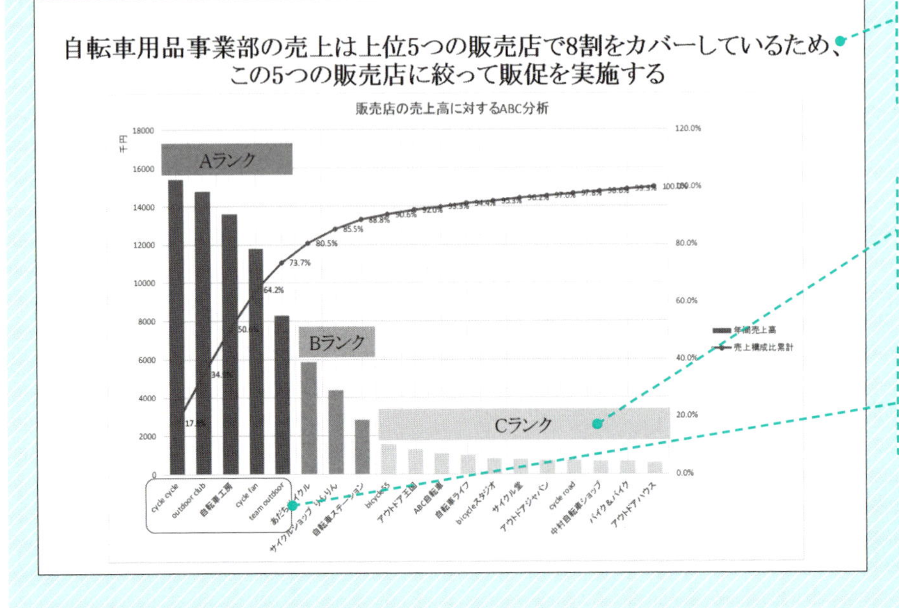

販促対象の販売店を選定した理由を説明するテキスト

パレート図とABCのランク付け

対象とする販売店を強調するための囲み

▶ 販売促進提案書の構成と内容

販売促進提案書は、以下の3つのスライドから構成されます。

1 販促対象事業部の選定理由を説明するスライド

2 販促対象製品の選定理由を説明するスライド

3 販促対象販売店の選定理由を説明するスライド

1 販促対象事業部の選定理由を説明するスライド

1では、効果的な販促を実施するためには、現状を正しく把握し、どういった商品に対して販促を実施するべきかを検討する必要があります。

まずは事業部別の売上の全体的な傾向を把握するために、Zチャートを利用します。Zチャートを使って、販促対象となる事業部を選定した理由を説明するスライドを作成します。できあがったスライドは、下の図のようになります。

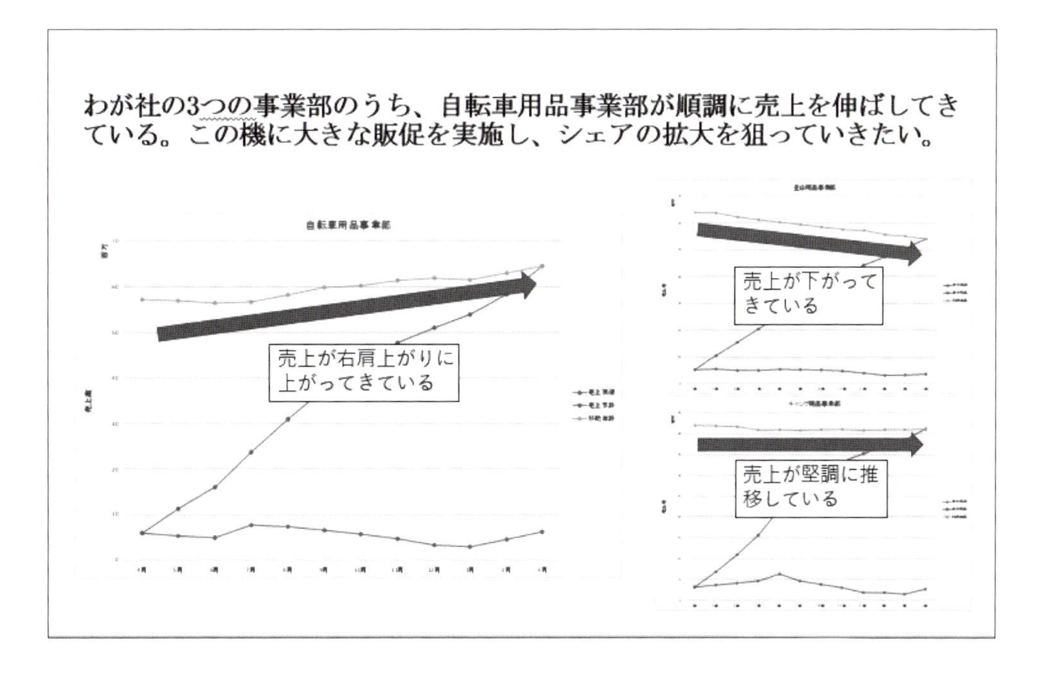

Zチャートとは、「月々の売上」、「売上累計」、「移動年計」の3つのデータをそれぞれ折れ線グラフで表したもので、3つのグラフが「Z」のような形となるためZチャートと呼ばれています。

このスライドでは、Zチャートによる分析の結果、「自転車用品事業部」だけが売上を伸ばしていることがわかったため、この事業部を重点的に販促対象とすることを説明しています。

2 販促対象製品の選定理由を説明するスライド

2 では、効果的な販促を行っていくためには、どの製品が売上を伸ばしているのかを特定する必要があります。

ある事業部の売上が伸びているからといって、やみくもに販促を行えばいいというものではありません。そこで、ファンチャートを使って、各製品の伸び率の比較を行い、どの製品が売上を伸ばしているのかを説明したスライドを作成します。できあがったスライドは、下の図のようになります。

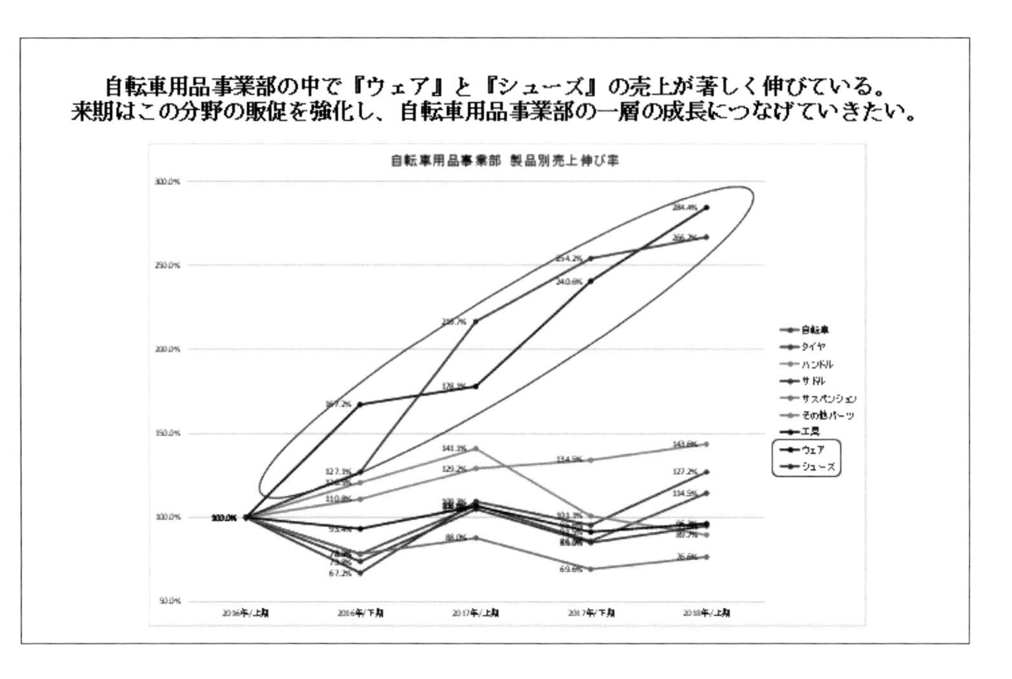

ファンチャートとは、ある基準となる時点を100%とし、それ以降の数値を基準となる時点に対する百分率で表示し、折れ線グラフで表したものです。グラフが扇（ファン）を広げたような形をしていることから、ファンチャートと呼ばれています。

ファンチャートでは数値の伸びや落ち込みなどの変化を率で表すため、金額の大小にかかわらず、伸びている製品や落ち込んでいる製品などがグラフの傾きによって視覚化されます。そのため、金額が小さくても、急成長をしている製品などを見落とさずに把握することができます。

このスライドでは、ファンチャートによる分析の結果、「ウェア」と「シューズ」の売上が伸びが著しいことがわかったため、これらの分野に対する販売促進活動を強化していくことを説明しています。

3 販促対象販売店の選定理由を説明するスライド

3 では、販促の計画を立てるためには、販促対象の商品だけでなく、数ある販売店のどこをターゲットとするかを決めなければいけません。

そこで、パレート図を使用してABC分析を行い、どの販売店で販促を行うべきかを提案するために、重点管理対象の販売店を説明するスライドを作成します。できあがったスライドは、下の図のようになります。

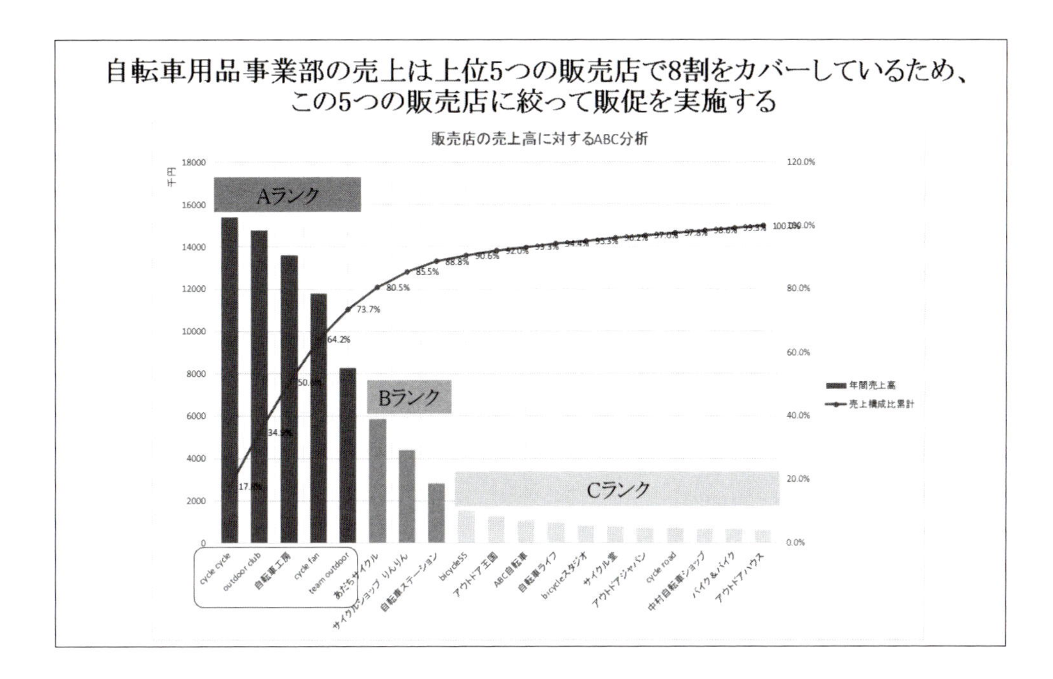

ABC分析とは、重点管理を行うにあたって管理対象項目の重要度を明らかにするために、管理対象項目をデータの大きい順に並べ、データの構成比の累計をもとにA、B、Cの3つのランクに分ける方法です。

ABC分析に使用されるグラフを、パレート図と呼びます。パレート図とは、棒グラフと折れ線グラフを組み合わせた複合グラフで、棒グラフは数値の大きいものから順に並べ、構成比の累計を折れ線グラフで表しています。パレート図を使うと、ABC分析の結果を視覚的にとらえることができます。

このスライドでは、ABC分析の結果、上位5つの販売店で売上の8割をカバーしていることがわかったため、これらの販売店に絞って販売促進活動を実施していくことが説明されています。

04 購買・在庫担当者のためのビジネスデータ分析

購買・在庫担当者が作成する代表的なプレゼンテーションに、発注計画書があります。ここで必要となるデータ分析手法には、在庫回転率、発注点と安全在庫、線形計画法などがあります。これらのデータ分析の方法とプレゼンテーションの作成方法については、Chapter09で詳細に解説します。

Point

ドラッグストアの日用品の発注担当者が、発注計画書を作成することを仮定します。この場合のデータ分析は、以下の手順で行います。

1 在庫回転率分析により、在庫過多となっている商品を把握する
2 発注点と安全在庫分析により、最適な発注点を見つけ出す
3 線形計画法分析により、棚の商品の組み合わせを検討する

これらのデータ分析の結果を、効果的なプレゼンテーションにまとめることで、説得力のある発注計画書が作成できます。

Sample 発注計画書のスライドの例

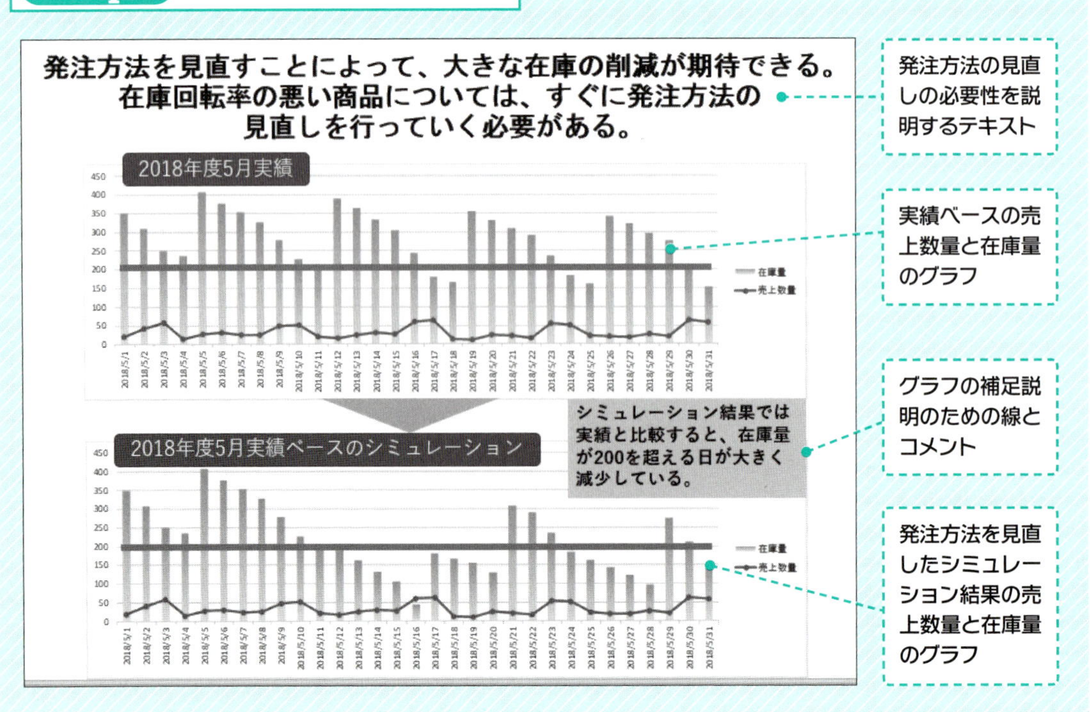

発注計画書の構成と内容

発注計画書は、以下の3つのスライドから構成されます。

1. 発注方針を見直す必要がある商品を説明するスライド
2. 発注方針の見直しを提案するスライド
3. 棚に並べる商品の組み合わせを提案するスライド

1 発注方針を見直す必要がある商品を説明するスライド

1では、適切な発注計画を策定するために、在庫過多となっている商品を見つけ出し、在庫を抱えている商品の発注計画を見直す必要があります。

どういった商品の在庫が多すぎるのかを把握するために、在庫回転率を算出します。算出した在庫回転率を使って、発注計画を見直さなければいけない商品を説明するスライドを作成します。できあがったスライドは、下の図のようになります。

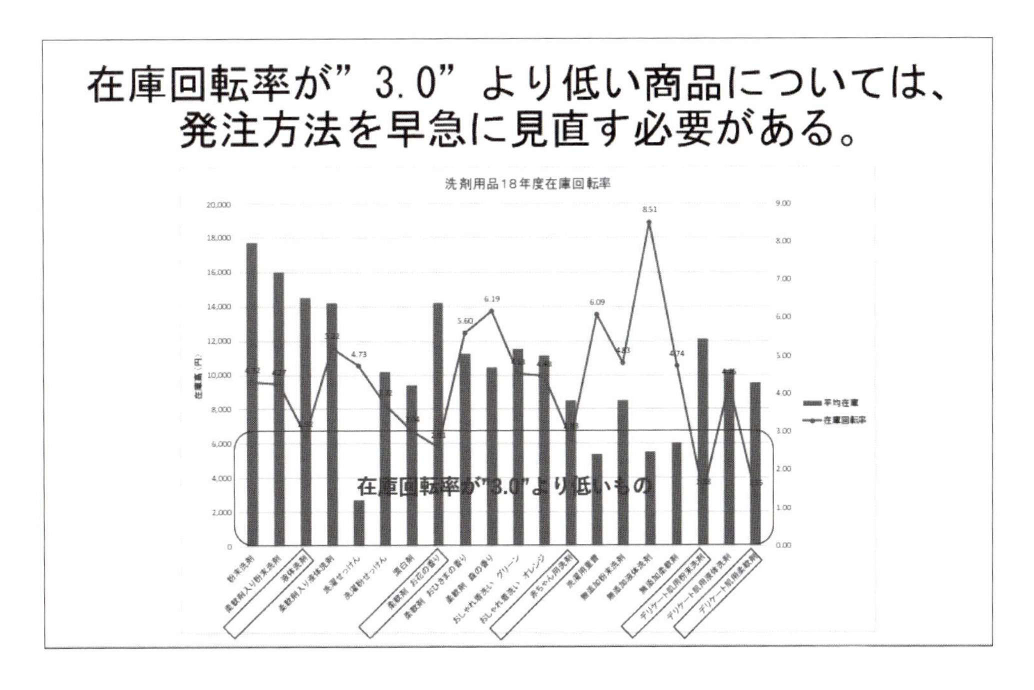

在庫回転率とは、効率性を分析する指標の1つで、一定期間（1年、半期、四半期、ひと月など）に在庫が何回入れ替わったかを示します。

このスライドでは、在庫回転率による分析の結果、「液体洗剤」などの製品が在庫回転率が低いことがわかったため、これらの製品の発注方法を早急に見直す必要があることを説明しています。

2 発注方針の見直しを提案するスライド

2 では、過剰な在庫を保持せず、品切れも発生しないような在庫量を保つ方法を提案します。そのためには、過去の売上実績に基づいて、安全在庫を考慮した発注計画を立てることが大切です。在庫過多となっている商品について、過去の売上実績から適切な発注点（＝発注タイミング）を算出し、発注方法を変えていく必要があることを説明するスライドを作成します。できあがったスライドは、下の図のようになります。

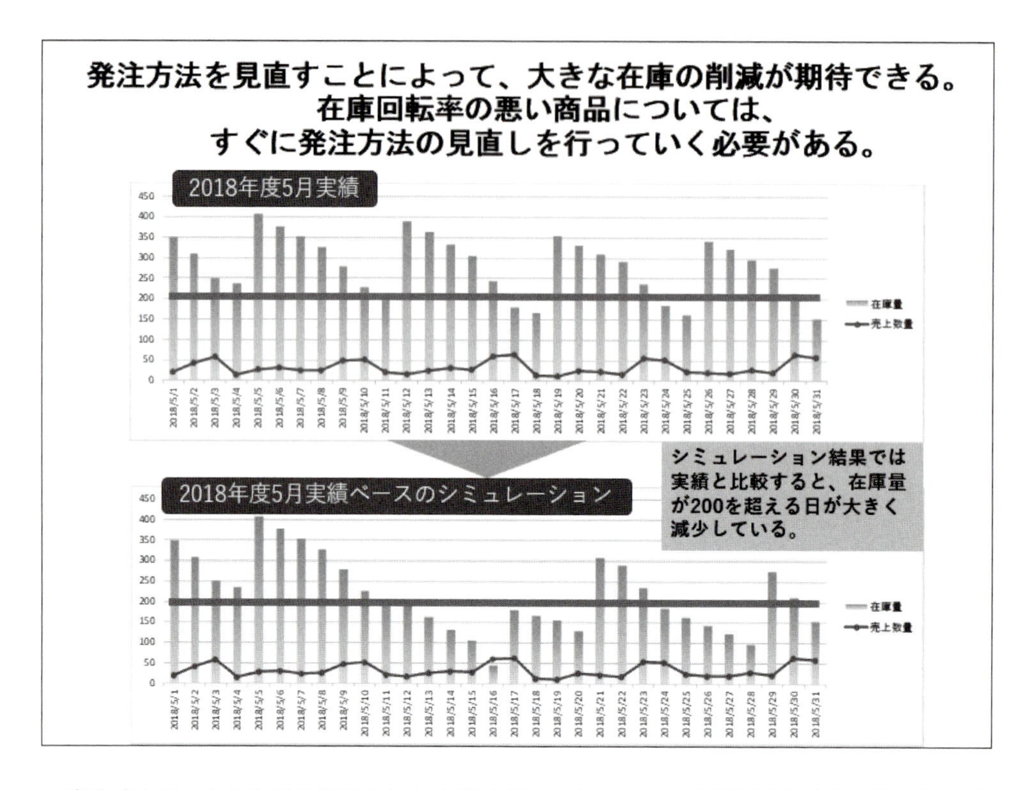

発注点とは、あらかじめ定められた在庫水準のことで、この在庫量より少なくなったタイミングで発注を行います。つまり、発注タイミングの目安となる在庫量を示します。

安全在庫とは、販売数量のばらつきや納品の遅延、納入量の不足などの様々な変動要因を見越して、欠品を防ぐために余分に保持する在庫量のことです。安全在庫を多く持つことによって在庫切れになることを防ぎ、販売機会ロスを減らすことができますが、在庫が多くなることにより、過剰在庫を生み出す可能性が高くなります。

このスライドでは、安全在庫を考慮した上で発注点を変更することで、大きな在庫の削減が期待できることを説明しています。

3 棚に並べる商品の組み合わせを提案するスライド

3では、発注した商品をどのような組み合わせで販売するかを提案します。

商品を販売するための店舗の棚や保管するための倉庫は、スペースが限られているものです。より大きな利益を確保するために限られたスペースの活用方法を考えることも、発注計画を立てる際の重要なポイントの1つです。そこで、ソルバーを使って、売り場の利益を最大にするためにはどういった商品をどのように並べる必要があるか（棚割方法）を説明するスライドを作成します。できあがったスライドは、下の図のようになります。

商品ごとの利益金額を考慮した棚割りに変更することによって、棚あたりの利益額を増加させることができる。

商品	利益/個	個数/1列	これまでの陳列方法		新しい陳列方法		改善金額
			陳列数	利益額	陳列数	利益額	
粉末洗剤	105	10	6	6300	6	6300	0
柔軟剤入り粉末洗剤	86	10	6	5160	3	2580	-2580
液体洗剤	124	12	6	8928	8	11904	2976
柔軟剤入り液体洗剤	118	12	6	8496	8	11328	2832
洗濯せっけん	62	20	6	7440	8	9920	2480
洗濯粉せっけん	102	10	6	6120	3	3060	-3060
		合計	36	42444	36	45092	2648

→ これまですべての商品を均等に並べていたが、線形計画法を使って算出した最適値を使うことによって、棚の大きさや並べる商品の種類を変えずに、棚あたりの利益額を増加させることが可能。

ここで用いられている分析手法が、線形計画法です。線形計画法とは、複数の条件を満たす最適な（最大化や最小化など）値を求めるデータ分析の手法です。具体的には、いくつかの1次式で表される制約条件を満たし、同じく1次式で表される目的関数を最適化する解を求めます。

このスライドでは、線形計画法を用いて利益額が最大になるような商品の陳例数を計算した結果、棚の大きさや並べる商品の種類を変えなくても、棚あたりの利益額を増加させることが可能であることを説明しています。

05 経営企画担当者のためのビジネスデータ分析

経営企画担当者が作成する代表的なプレゼンテーションに、業績報告書があります。ここで必要となるデータ分析手法には、予実分析、費用分析、利益分析などがあります。これらのデータ分析の方法と、プレゼンテーションの作成方法については、Chapter10で詳細に解説します。

Point

ある企業の業績管理担当者が、業績報告書を作成することを仮定します。
この場合のデータ分析は、以下の手順で行います。

1 予実分析により、予算に対する月々の達成率を報告する
2 費用分析により、全体費用における費目別の割合を把握する
3 利益分析により、会社全体の利益の事業部別構成率を把握する

これらのデータ分析の結果を、効果的なプレゼンテーションにまとめることで、説得力のある業績報告書が作成できます。

Sample 業績報告書のスライドの例

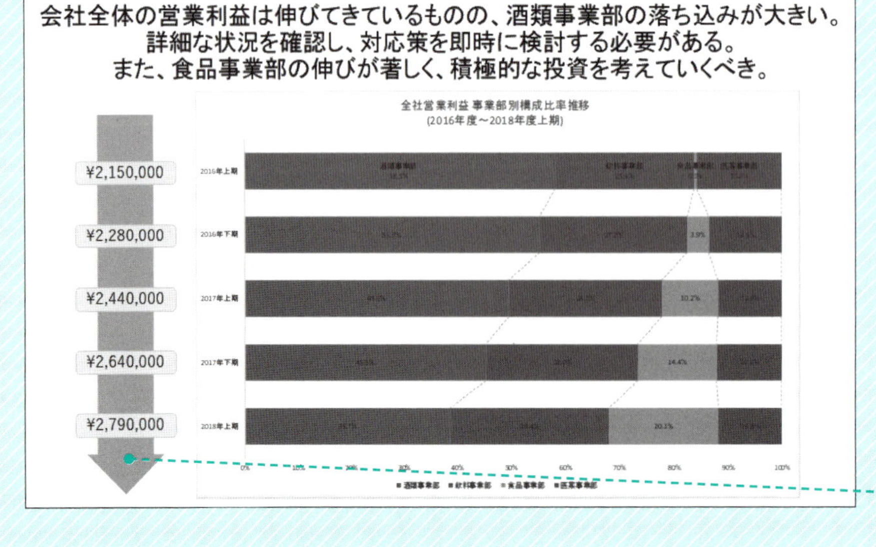

事業部別の利益がどういった状況となっているかを説明するテキスト

グラフだけでは足りない情報を補足するための図形

業績報告書の構成と内容

業績報告書は、以下の3つのスライドから構成されます。

1. 月ごとの予算に対する達成率を報告するスライド
2. 全体費用における費目別の割合を報告するスライド
3. 会社全体に占める事業ごとの営業利益の構成比を比較するスライド

1 月ごとの予算に対する達成率を報告するスライド

1では、毎月の業績管理で重要な業務の1つ、予実管理の報告を行います。

企業は毎年、月ごとの予算を策定し、その予算を目標として様々な戦略を考え、実行に移していきます。そのためには、予算に対する達成状況が迅速に共有されていることが不可欠です。そこで、予算と実績、予算に対する達成率を表形式で表示するだけでなく、グラフを使用することで、ひと目で状況把握ができるようなスライドを作成します。また、データが追加されるたびにグラフのデータ範囲を変更しなくて済むように、グラフの参照元範囲を可変にして、毎月の作業を効率化します。できあがったスライドは、下の図のようになります。

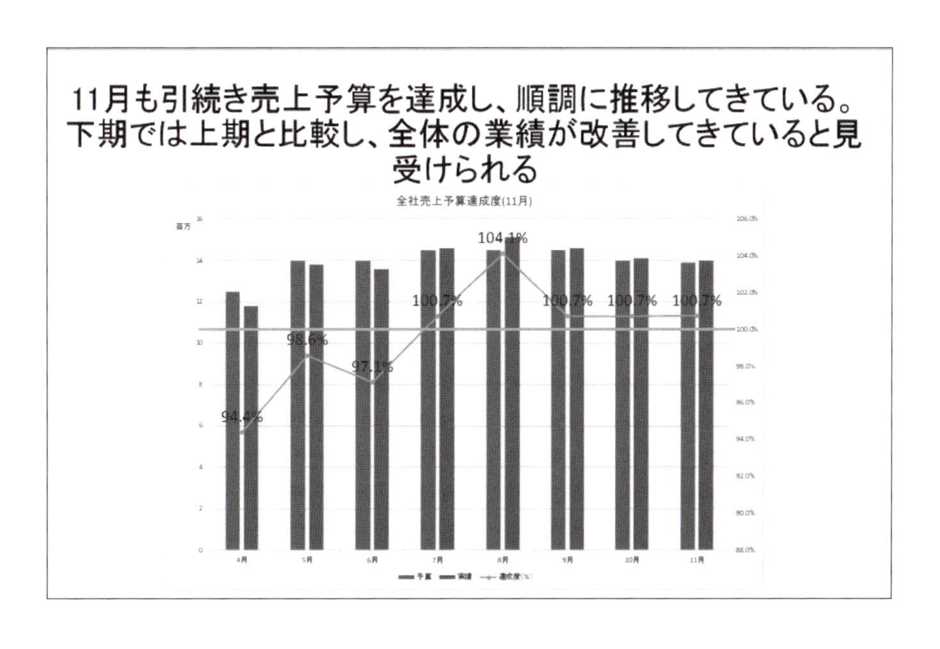

2 全体費用における費目別の割合を報告するスライド

2では、企業全体の費用に占める各種費用の割合を報告します。

企業では常に様々な費用が発生しています。売上増加に向けた努力と同様に、費用削減に向けた努力も必要で、業績管理においては費用管理も重要な業務の1つです。企業の中で発生している様々な費用のうち、どの費用がどれだけ使われているのか、その状況を正確に把握することが、費用削減につながる第一歩です。

そこで、費用の実績値をただ表形式で記載するだけでなく、多重円グラフを使って、どの費用がどれくらいの割合を占めているのかを把握できるようなスライドを作成します。できあがったスライドは、下の図のようになります。

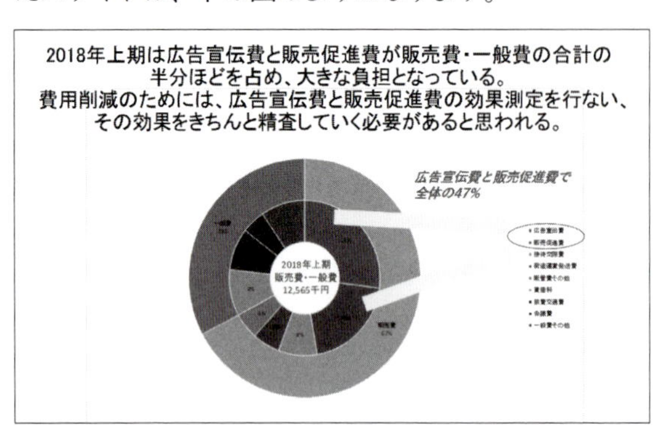

3 会社全体に占める事業ごとの営業利益の構成比を比較するスライド

3では、企業全体の利益に占める各事業の営業利益の構成比を報告します。

多くの企業では複数の事業を行っており、それぞれを事業本部や事業部などの組織に分けて業務を進めています。企業の限られた資源をどの事業にどれくらい投資していくのかを決めるには、どの事業がどれだけの利益を上げ、会社全体の利益がどの事業に依存しているのか、どの事業が伸びてきているのか、どの事業が落ち込んできているのかなど、各事業の企業における位置付けを把握しておくことが重要です。

そこで、100%積み上げ棒グラフを使って、各事業の利益が全体のどれくらいの割合を占めているのか、どの事業が伸びてきているのかをひと目で把握できるスライドを作成します。できあがったスライドは、下の図のようになります。

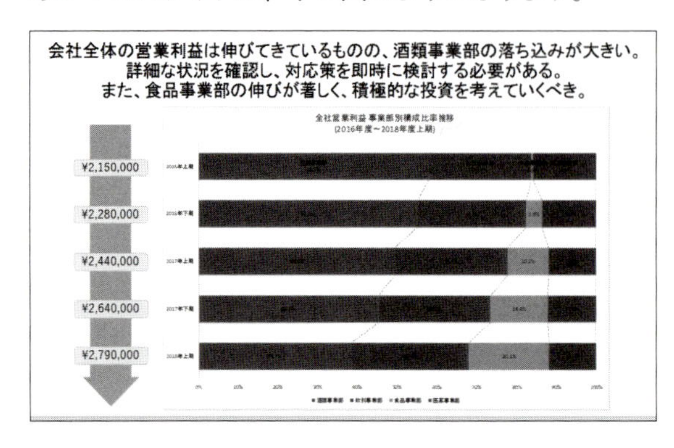

Chapter 02

分析に必要なデータを準備する

Excelでデータ分析を行う前に、まず、分析の元となるデータを準備しなければなりません。元データの量が少ない場合であれば、直接Excelに入力することで準備できますが、そうでない場合は、いろいろな形式のファイルをExcelに読み込ませる必要が出てきます。この章では、テキストファイル、Access、Webデータの3つのファイル形式について、それぞれのExcelへの取り込み方法について解説します。

01 テキストファイルの取り込み

Excelでデータ分析を行う際、必要となるデータをシステム部門からテキストファイルで受け取ることがあります。テキストファイルが送られてきたけれど、Excelで開けないといったことが起きないように、テキストファイルの取り込みの手順を覚えましょう。

Point

テキストファイルは環境間の互換性が高いため、データのやり取りの際によく使用されます。システム部門がデータベースから抽出したデータを受け取る場合に、テキストファイルで渡されるというケースは多く見受けられます。

1 テキストファイルをExcelに取り込む
2 テキストファイルのデータの更新をExcelに反映させる

これらの方法を覚えておけば、テキストファイルが送られてきても、あわてずにExcelに取り込むことができます。

Sample テキストファイルとExcel取り込み後の結果

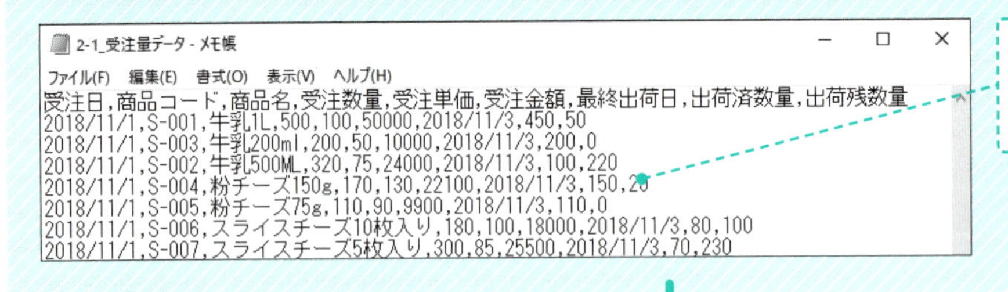
2-1_受注量データ - メモ帳
ファイル(F) 編集(E) 書式(O) 表示(V) ヘルプ(H)

```
受注日,商品コード,商品名,受注数量,受注単価,受注金額,最終出荷日,出荷済数量,出荷残数量
2018/11/1,S-001,牛乳1L,500,100,50000,2018/11/3,450,50
2018/11/1,S-003,牛乳200ml,200,50,10000,2018/11/3,200,0
2018/11/1,S-002,牛乳500ML,320,75,24000,2018/11/3,100,220
2018/11/1,S-004,粉チーズ150g,170,130,22100,2018/11/3,150,20
2018/11/1,S-005,粉チーズ75g,110,90,9900,2018/11/3,110,0
2018/11/1,S-006,スライスチーズ10枚入り,180,100,18000,2018/11/3,80,100
2018/11/1,S-007,スライスチーズ5枚入り,300,85,25500,2018/11/3,70,230
```


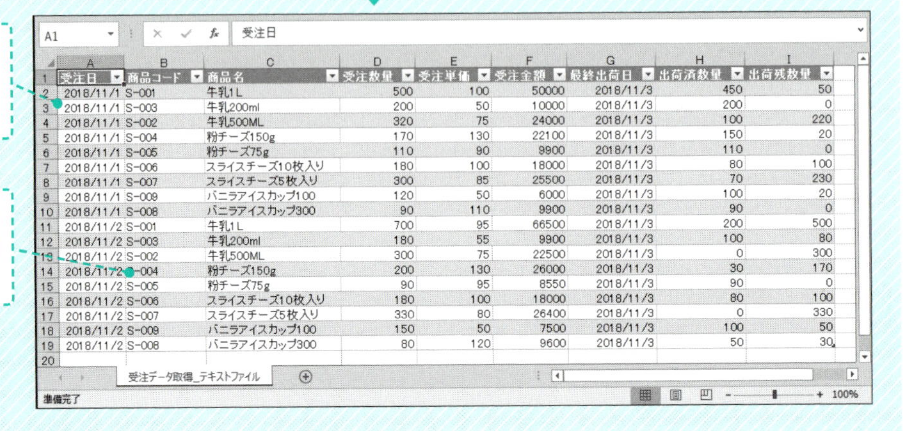
A1　受注日

	A	B	C	D	E	F	G	H	I
1	受注日	商品コード	商品名	受注数量	受注単価	受注金額	最終出荷日	出荷済数量	出荷残数量
2	2018/11/1	S-001	牛乳1L	500	100	50000	2018/11/3	450	50
3	2018/11/1	S-003	牛乳200ml	200	50	10000	2018/11/3	200	0
4	2018/11/1	S-002	牛乳500ML	320	75	24000	2018/11/3	100	220
5	2018/11/1	S-004	粉チーズ150g	170	130	22100	2018/11/3	150	20
6	2018/11/1	S-005	粉チーズ75g	110	90	9900	2018/11/3	110	0
7	2018/11/1	S-006	スライスチーズ10枚入り	180	100	18000	2018/11/3	80	100
8	2018/11/1	S-007	スライスチーズ5枚入り	300	85	25500	2018/11/3	70	230
9	2018/11/1	S-009	バニラアイスカップ100	120	50	6000	2018/11/3	100	20
10	2018/11/1	S-008	バニラアイスカップ300	90	110	9900	2018/11/3	90	0
11	2018/11/2	S-001	牛乳1L	700	95	66500	2018/11/3	200	500
12	2018/11/2	S-003	牛乳200ml	180	55	9900	2018/11/3	100	80
13	2018/11/2	S-002	牛乳500ML	300	75	22500	2018/11/3	0	300
14	2018/11/2	S-004	粉チーズ150g	200	130	26000	2018/11/3	30	170
15	2018/11/2	S-005	粉チーズ75g	90	95	8550	2018/11/3	90	0
16	2018/11/2	S-006	スライスチーズ10枚入り	180	100	18000	2018/11/3	80	100
17	2018/11/2	S-007	スライスチーズ5枚入り	330	80	26400	2018/11/3	0	330
18	2018/11/2	S-009	バニラアイスカップ100	150	50	7500	2018/11/3	100	50
19	2018/11/2	S-008	バニラアイスカップ300	80	120	9600	2018/11/3	50	30
20									

テキストファイルの取り込みについて

テキストファイルとは、テキストの色などの書式情報や画像などを含まない、単純な文字だけで構成されたファイルです。コンピュータ環境間の互換性が高いため、データのやり取りの際に広く用いられています。Excelもテキストファイルを取り込むことができるので、送られてきたテキストファイルをExcelに読み込んで、分析を行うというケースは多々起こります。

一般に、データベースから出力されるテキストファイルは、列を区別するための「区切り文字」と呼ばれるものを持ちます。

「区切り文字」としては、以下の文字が既定のものとして用意されています。

「--カスタム--」を選択すると、ユーザーが「区切り文字」を設定することができます（たとえば「#」など）。

また、「--固定幅--」を選択すると、列ごとに長さが統一された「固定長形式」のテキストファイルを取り込むことができます。

2-1_受注量データ.csv

元のファイル：932: 日本語 (シフト JIS)　区切り記号：コンマ　データ型検出：最初の 200 行に基づく

区切り記号の選択肢：コロン／コンマ／等号／セミコロン／スペース／タブ／--カスタム--／--固定幅--

受注日	商品コード	商品名			金額	最終出荷日	出荷済数量	出荷残数量
2018/11/01	S-001	牛乳1L			50000	2018/11/03	450	50
2018/11/01	S-003	牛乳200ml			10000	2018/11/03	200	0
2018/11/01	S-002	牛乳500ML			24000	2018/11/03	100	220
2018/11/01	S-004	粉チーズ150g			22100	2018/11/03	150	20
2018/11/01	S-005	粉チーズ75g			9900	2018/11/03	110	0
2018/11/01	S-006	スライスチーズ1			18000	2018/11/03	80	100
2018/11/01	S-007	スライスチーズ5枚入り	300	85	25500	2018/11/03	70	230
2018/11/01	S-009	バニラアイスカップ100	120	50	6000	2018/11/03	100	20
2018/11/01	S-008	バニラアイスカップ300	90	110	9900	2018/11/03	90	0
2018/11/02	S-001	牛乳1L	700	95	66500	2018/11/03	200	500
2018/11/02	S-003	牛乳200ml	180	55	9900	2018/11/03	100	80
2018/11/02	S-002	牛乳500ML	300	75	22500	2018/11/03	0	300

「タブ区切り」の例

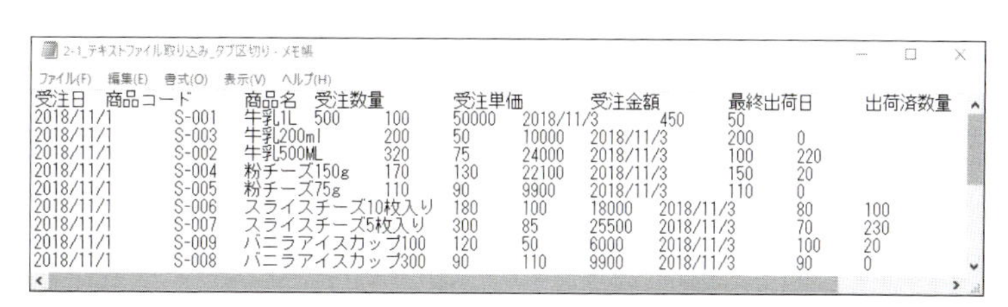

```
2-1_テキストファイル取り込み_タブ区切り - メモ帳
ファイル(F)  編集(E)  書式(O)  表示(V)  ヘルプ(H)
受注日  商品コード  商品名  受注数量  受注単価  受注金額  最終出荷日  出荷済数量
2018/11/1  S-001  牛乳1L  500  100  50000  2018/11/3  450  50
2018/11/1  S-003  牛乳200ml  200  50  10000  2018/11/3  200  0
2018/11/1  S-002  牛乳500ML  320  75  24000  2018/11/3  100  220
2018/11/1  S-004  粉チーズ150g  170  130  22100  2018/11/3  150  20
2018/11/1  S-005  粉チーズ75g  110  90  9900  2018/11/3  110  0
2018/11/1  S-006  スライスチーズ10枚入り  180  100  18000  2018/11/3  80  100
2018/11/1  S-007  スライスチーズ5枚入り  300  85  25500  2018/11/3  70  230
2018/11/1  S-009  バニラアイスカップ100  120  50  6000  2018/11/3  100  20
2018/11/1  S-008  バニラアイスカップ300  90  110  9900  2018/11/3  90  0
```

「スペース区切り」の例

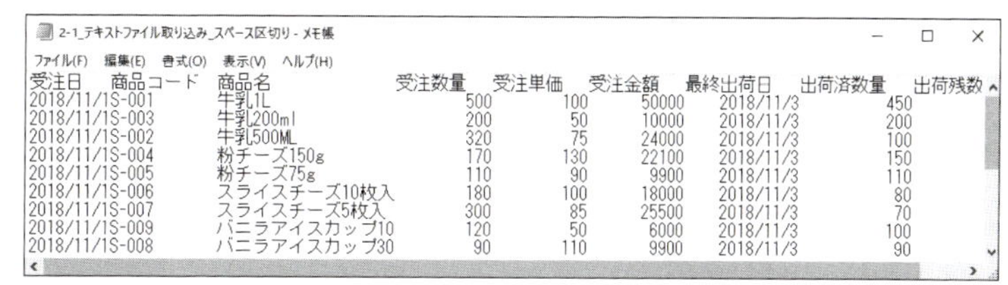

```
2-1_テキストファイル取り込み_スペース区切り - メモ帳
ファイル(F)  編集(E)  書式(O)  表示(V)  ヘルプ(H)
受注日    商品コード  商品名          受注数量  受注単価  受注金額  最終出荷日  出荷済数量  出荷残数
2018/11/1S-001  牛乳1L                500     100    50000  2018/11/3     450
2018/11/1S-003  牛乳200ml             200      50    10000  2018/11/3     200
2018/11/1S-002  牛乳500ML             320      75    24000  2018/11/3     100
2018/11/1S-004  粉チーズ150g          170     130    22100  2018/11/3     150
2018/11/1S-005  粉チーズ75g           110      90     9900  2018/11/3     110
2018/11/1S-006  スライスチーズ10枚入  180     100    18000  2018/11/3      80
2018/11/1S-007  スライスチーズ5枚入   300      85    25500  2018/11/3      70
2018/11/1S-009  バニラアイスカップ10  120      50     6000  2018/11/3     100
2018/11/1S-008  バニラアイスカップ30   90     110     9900  2018/11/3      90
```

「カンマ区切り」の例

```
2-1_受注量データ - メモ帳
ファイル(F)  編集(E)  書式(O)  表示(V)  ヘルプ(H)
受注日,商品コード,商品名,受注数量,受注単価,受注金額,最終出荷日,出荷済数量,出荷残数量
2018/11/1,S-001,牛乳1L,500,100,50000,2018/11/3,450,50
2018/11/1,S-003,牛乳200ml,200,50,10000,2018/11/3,200,0
2018/11/1,S-002,牛乳500ML,320,75,24000,2018/11/3,100,220
2018/11/1,S-004,粉チーズ150g,170,130,22100,2018/11/3,150,20
2018/11/1,S-005,粉チーズ75g,110,90,9900,2018/11/3,110,0
2018/11/1,S-006,スライスチーズ10枚入り,180,100,18000,2018/11/3,80,100
2018/11/1,S-007,スライスチーズ5枚入り,300,85,25500,2018/11/3,70,230
2018/11/1,S-009,バニラアイスカップ100,120,50,6000,2018/11/3,100,20
2018/11/1,S-008,バニラアイスカップ300,90,110,9900,2018/11/3,90,0
```

1 テキストファイルを取り込む

2013 2016 2019

テキストファイルをExcelに取り込む方法には、直接Excelで開く方法と、ファイルを外部データとして読み込む方法があります。外部データとして読み込む方法のほうが、データをきれいな形でExcelに取り込むことができます。

CSV形式とは

「CSV」は、カンマ区切り（Comma Separated Value）の略で、文字通り、データとデータの間をカンマで区切ったテキストファイルのことを言います。

Excel 2013の場合は

「データ」メニューの「外部データの取り込み」から、「テキストファイル」を選択します。

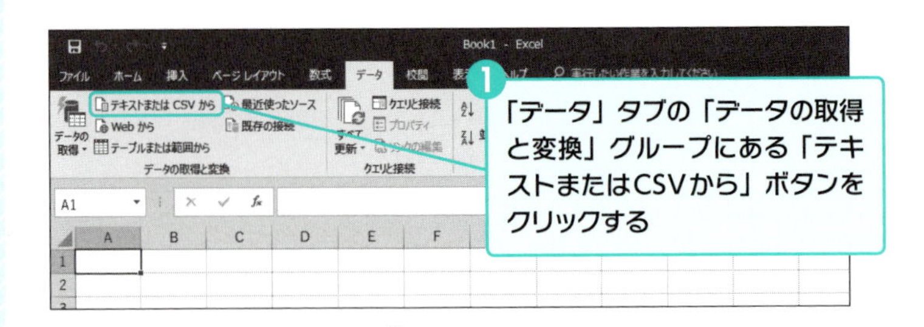

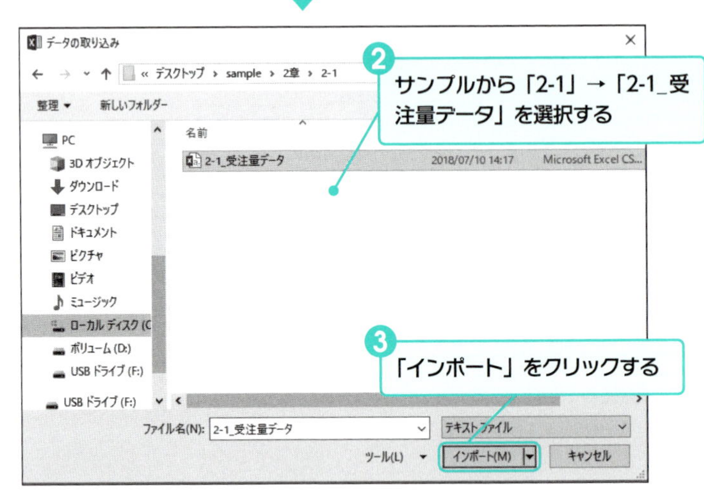

Excel 2013の場合は

「テキストファイルウィザード-1/3」で「カンマやタブなどの区切り文字によってフィールドごとに区切られたデータ」を選択し、「次へ」をクリックします。

受注日	商品コード	商品名	受注数量	受注単価	受注金額	最終出荷日	出荷済数量	出荷残数量
2018/11/01	S-001	牛乳1L	500	100	50000	2018/11/03	450	50
2018/11/01	S-003	牛乳200ml	200	50	10000	2018/11/03	200	0
2018/11/01	S-002	牛乳500ML	320	75	24000	2018/11/03	100	220
	S-004	粉チーズ150g	170	130	22100	2018/11/03		
2018/11/02	S-002	牛乳500ML			22500	2018/11/03	0	300
2018/11/02	S-004	粉チーズ150g	200	130	26000	2018/11/03	30	170
2018/11/02	S-005	粉チーズ75g	90	95	8550	2018/11/03	90	0
2018/11/02	S-006	スライスチーズ10枚入り	180	100	18000	2018/11/03	80	100
2018/11/02	S-007	スライスチーズ5枚入り	330	80	26400	2018/11/03	0	330
2018/11/02	S-009	バニラアイスカップ100	150	50		2018/11/03	100	50
2018/11/02	S-008	バニラアイスカップ300	80	120				

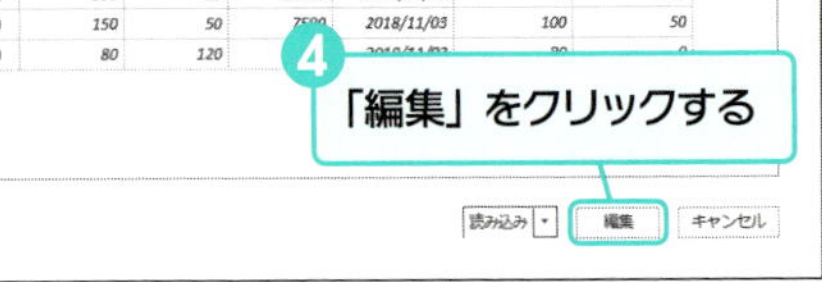

文字列の引用符

区切り文字として選択した文字と同じ文字が、データの一部に入力されている場合、データの文字列全体を引用符で囲まないと、その文字でデータが区切られてしまいます。「文字列の引用符」では、文字列を囲むときに使用する引用符の種類を指定することができます。標準では「 " 」が選択されています。

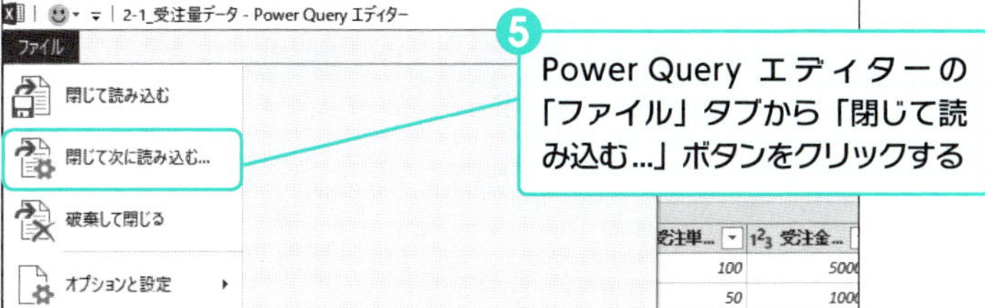
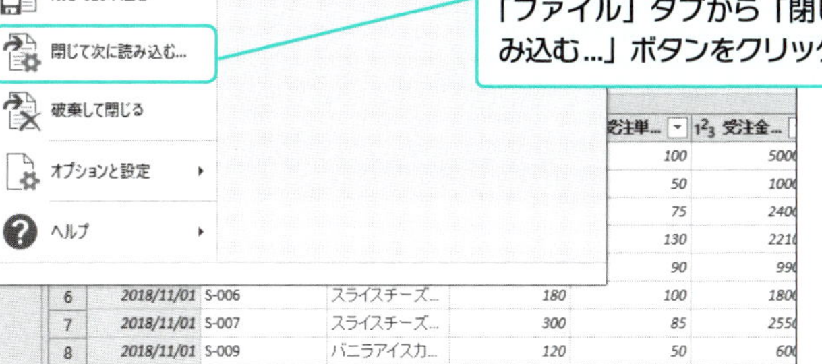

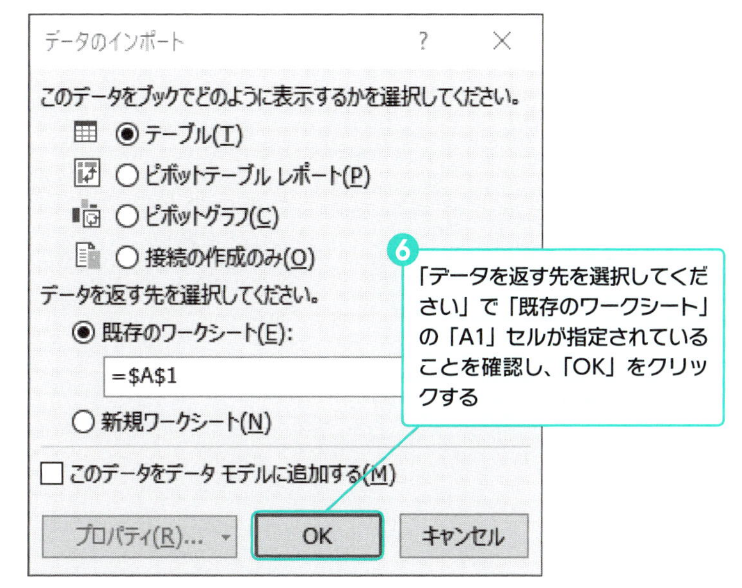

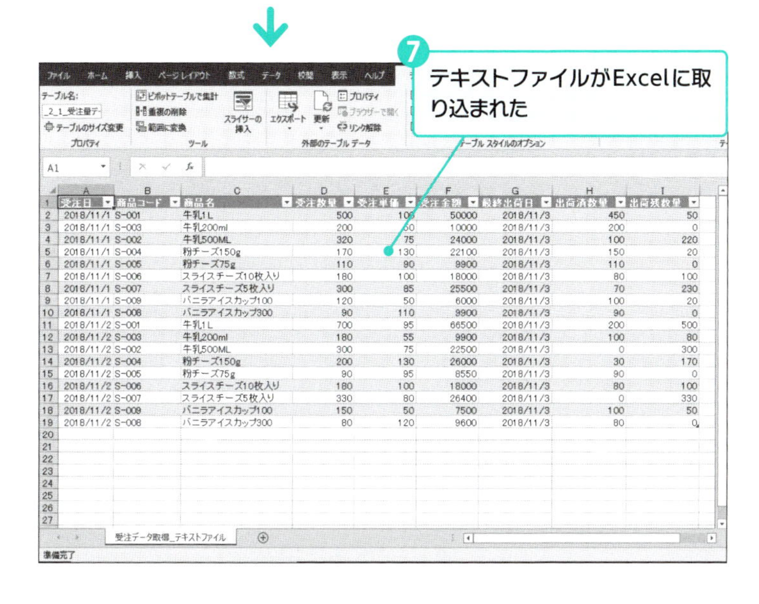

Excel 2013の場合は

「テキストファイルウィザード-2/3」で「区切り文字」の「カンマ」にチェックを入れ、「次へ」をクリックします。「テキストファイルウィザード-3/3」で、「列のデータ形式」がすべて「G/標準」になっていることを確認して、「完了」をクリックします。

セキュリティの警告が表示されたときは

外部データを取り込んだファイルをいったん保存して、再度開くと、「データ接続が無効にされました」という「セキュリティの警告」が表示されることがあります。「コンテンツの有効化」ボタンをクリックすると、データの接続が有効化されます。

セキュリティの警告 外部データ接続が無効になっています コンテンツの有効化

Column データ取り込み時のデータ型について

データ取り込みの際の列のデータ型としてExcel 2016以降では、多くの種類のデータ型が用意されていますが、頻繁に使用するものは、次の表の通りです。

表2-1-1　列のデータ型(頻繁に使用するもの)

列のデータ形式	取り込み方法
整数	整数型の列として取り込む
テキスト	文字列型の列として取り込む
日付	日付型の列として取り込む

通常はExcel側でデータ型を正しく判定してくれます。ただし、たとえば、システムから取得したファイルのコードが「001」、「002」など0（ゼロ）で始まる文字列になっている場合、自動的に整数として認識され、「1」、「2」として取り込まれてしまいます。

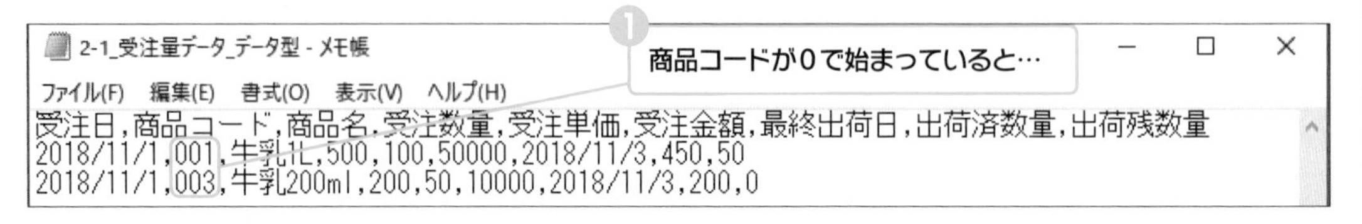

この状態で作業してしまうと、あるExcelでは「001」、「002」となっているのに、別のExcelでは「1」、「2」となって、データが一致しないといったことが起きる可能性があります。元のシステムと同じように「001」、「002」で取り込みたい場合は、該当の列のデータ形式を「テキスト」と指定してから取り込みます。

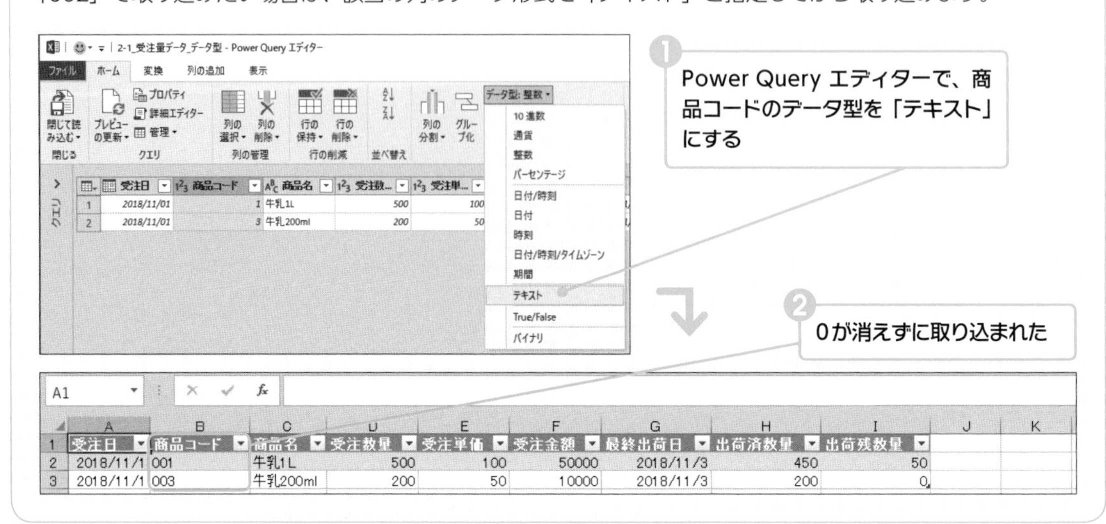

❷ データの更新 2013 2016 2019

取り込んだデータの数値を後から修正した場合や、テキストファイルの保管場所が変わってしまった場合は、その都度Excelに最新のデータを反映させる必要があります。データを常に最新の状態に保つようにしましょう。

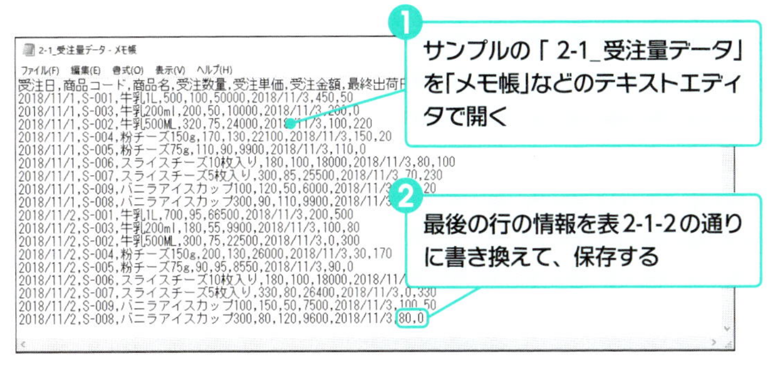

表2-1-2　変更する情報

変更する列名	変更前の値	変更後の値
出荷済数量	80	50
出荷残数量	0	30

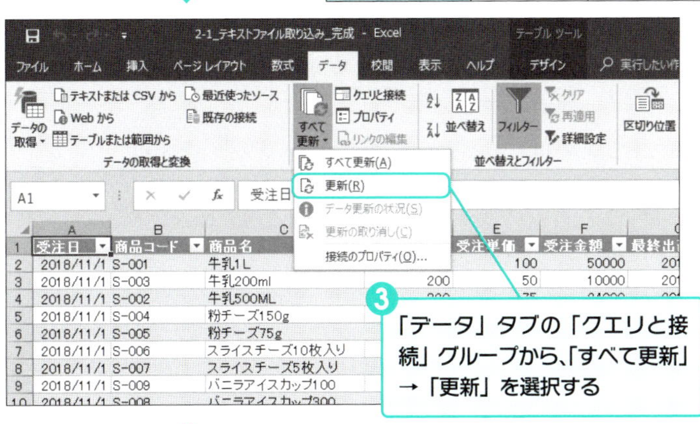

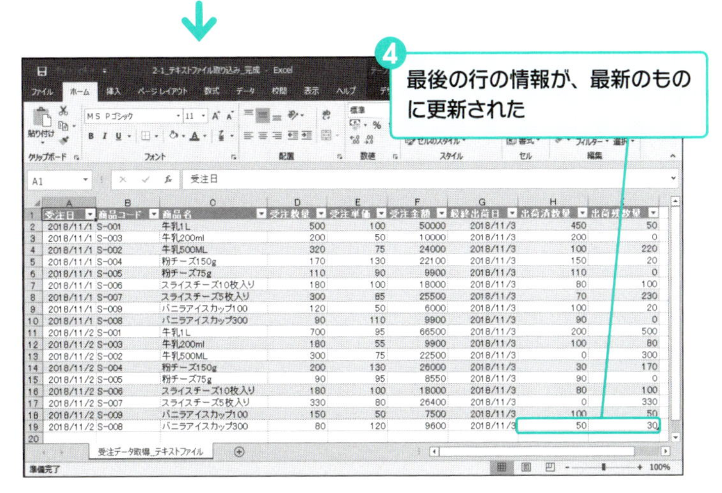

Excel 2013の場合は

「データ」タブの「接続」グループから、「すべて更新」→「更新」を選択します。

「すべて更新」について

同じブック内で複数の外部データとの接続がある場合、「すべて更新」を選択すれば、すべての外部データとの接続が更新されます。特定の接続だけを更新したい場合は「更新」を選択します。

ファイルの場所が変わっているときは

ファイルの保管場所が変わっていた場合は、ここで新しいファイルの保管場所を指定します。ファイル名が変わっていた場合も、ここで新しいファイル名を指定しなおします。

02 Accessからのデータ取り込み

業務がAccessを使用して行われている場合も、そのデータをExcelに取り込むことができます。Accessでは難しい分析も、Excelにデータを取り込むことでExcelの機能を使って行うことができます。

Point

日ごろの業務では、Accessを使用してデータを管理している光景をよく目にします。業務で活用されているAccessはデータが蓄積されている貴重な情報源です。ExcelではこのAccessのファイルをデータ元として取り込むことが可能です。

1 AccessのデータをExcelに取り込む
2 Accessのデータ更新をExcelに反映させる
3 取り込み対象のデータを変更する

これらの操作ができるようになれば、自在にAccessのデータを取り込むことができるようになり、Excelを使用したデータ分析の幅が広がります。

Sample AccessのテーブルとExcel取り込み後の結果

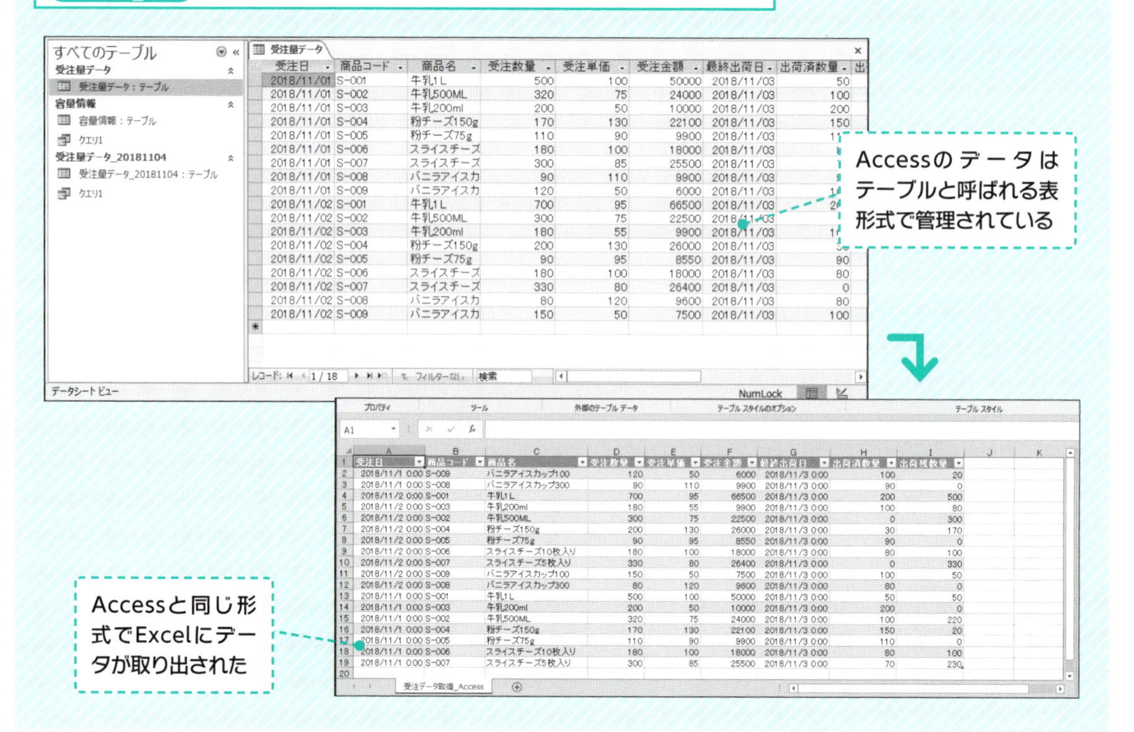

Accessからのデータ取り込みについて

Accessは、Microsoft社が提供するデータベース管理のためのソフトウェアです。Accessはデータを「テーブル」と呼ばれる表形式で管理しており、テーブルへのデータ追加や削除、更新が可能です。また、テーブル間を結び付けることも可能で、販売データに顧客データを結び付けて出力する、といった処理が可能です。Accessではこういった操作の情報を、「クエリ」として保存することができます。

Accessのデータを取り込むことのメリットとしては、以下が挙げられます。

1. Excelとの親和性が高い

Accessのテーブルデータは、Excelと同じ表形式で管理されているので、データを取り出して分析する場合のデータ元として使い勝手が良いです。

2. クエリにテーブルの結合結果を保存できる

Excelで表同士を結合しようとすると手間がかかりますが、Accessであれば画面操作で簡単にテーブルを結合させることができます。

3. データの質が守られる

Excelでデータ管理を行っていると、「データの入力ルールを無視したデータが入ってくる」、「勝手に列や数式が追加されてしまう」といった、データの質が保てなくなるリスクがあります。Accessであれば、テーブルの定義を無視したデータは入力できなくなります。

そのため、Access上で情報を管理するアプリケーションを構築しておけば、日常の業務をAccessでこなして、蓄積されたデータをExcelに取り込んでデータ分析することが可能になります。

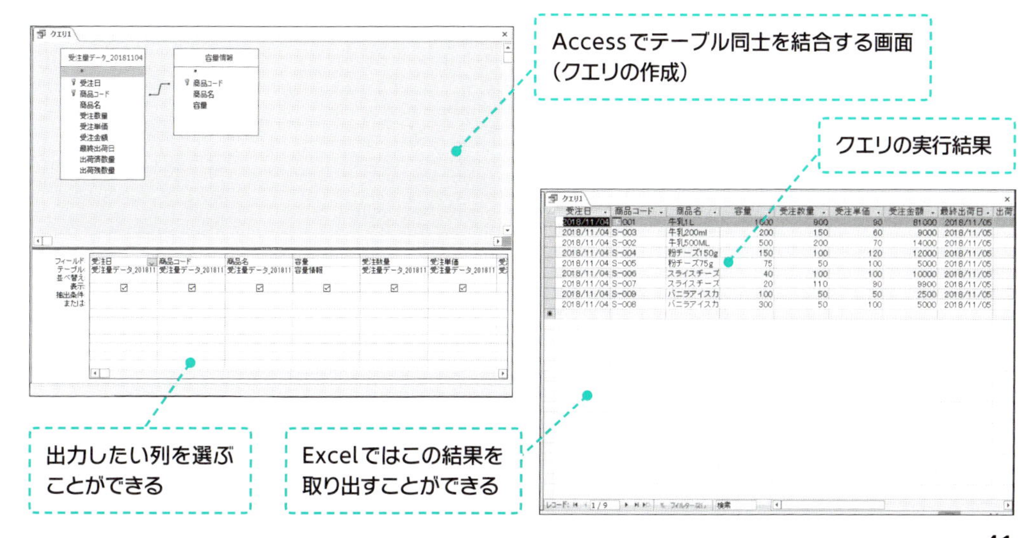

1 Accessのデータを取り込む 2013 2016 2019

Accessのデータを Excelに取り込めるようになれば、難しいデータベースの操作を覚えなくても、使い慣れたExcelでデータを操作することができます。また、この方法で取り込んだデータはAccessに書き戻されることはないので、元のデータが改ざんされる心配もありません。

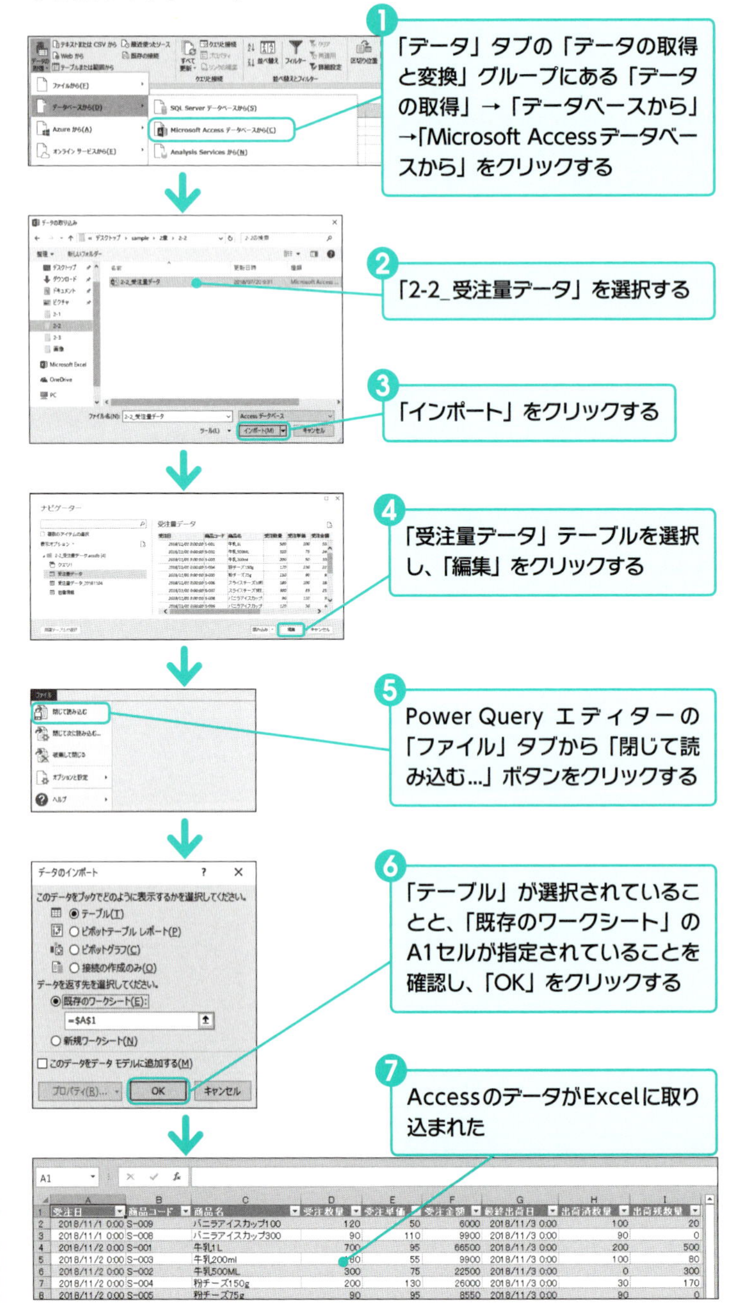

accdb形式とは

「accdb」はAccess 2007以降のデータベースファイル形式です。

Excel 2013の場合は

「データ」タブの「外部データの取り込み」グループにある「Accessデータベース」をクリックします。

Excel 2013の場合は

「開く」をクリックします。

Excel 2013の場合は

「テーブルの選択」で「受注量データ」テーブルを選択し、「OK」をクリックします。

データのインポート方式

Accessのデータは「テーブル」(3章)、「ピボットテーブルレポート」(4章)、「ピボットグラフ/ピボットテーブルレポート」(4章)の3パターンで取り出し可能です。

取り込んだデータの書式について

取り込んだデータには、セルの色などの書式が設定されています。これは「テーブル」としてデータをインポートしたためです。

❷ Accessのデータ更新を反映する 2013 2016 2019

日常業務がAccessを使用して行われている場合、Accessのデータは日々更新されていることになります。テキストファイルを取り込んだときと同様に、その更新をExcelに反映させ、Excel側のデータを最新に保つ必要があります。

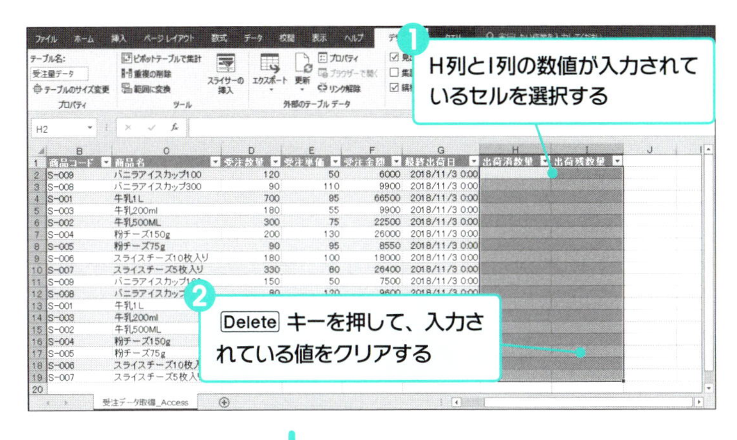

↓

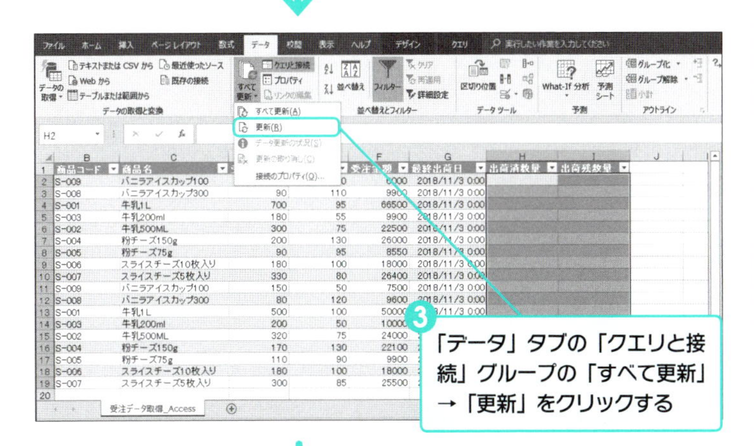

↓

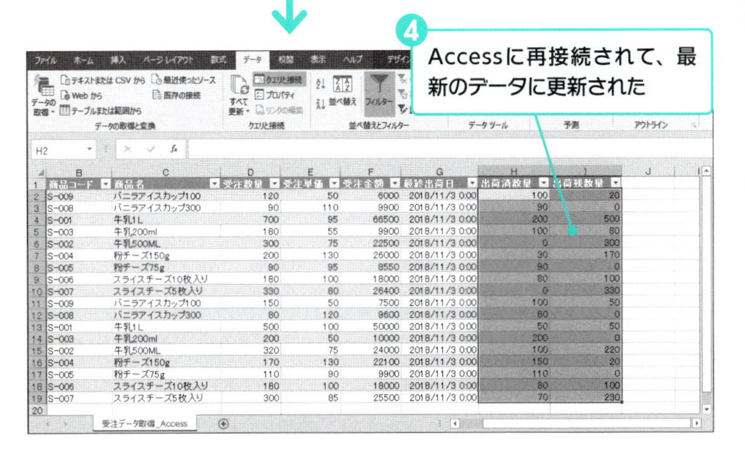

Excel 2013の場合は

「データ」タブの「接続」グループの「すべて更新」→「更新」を選択します。

❸ 取り込み対象データの変更 2013 2016 2019

取り込み対象のAccessデータの保管場所が変わったり、参照したいテーブルが変更になった場合、その変更をExcelのデータに反映する必要があります。Excelの「接続」機能を使用して、変更を管理します。

❶ 右側の「クエリと接続」リストにある「受注量データ」をダブルクリックする

Excel 2013の場合は

「データ」タブの「接続」グループにある「接続」をクリックします。

❷ Power Query エディターの画面右側の「適用したステップ」リストから「ナビゲーション」をダブルクリックする

Excel 2013の場合は

「ブックの接続」で「2-2_受注量データ」を選択し、「プロパティ」をクリックします。

❸「受注量データ_20181104」を選択する

❹「OK」をクリックする

Excel 2013の場合は

「接続のプロパティ」で「定義」タブの「コマンド文字列」を「受注量データ_20181104」に変更し、「OK」をクリックします。

❺ Power Query エディターの「ホーム」タブから「閉じる」グループの「閉じて読み込む」ボタンをクリックする

❻ 接続先のテーブルが変更され、データが更新された

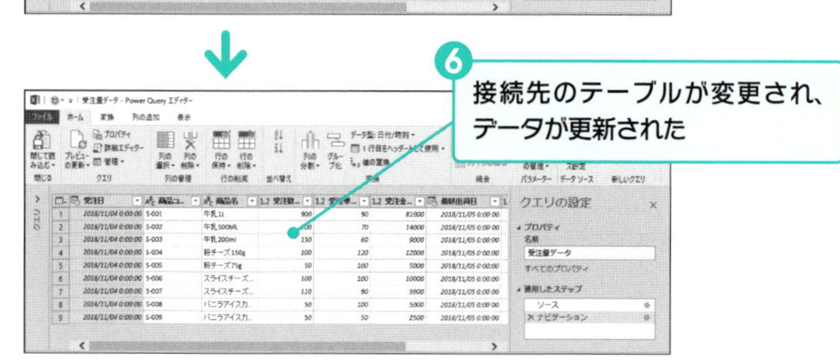

Column 「VLOOKUP関数」を利用したデータ作成

システムのデータベースから商品ごとの販売データを取得し、グループ内のExcelで管理している商品情報と組み合わせて分析したいとします。グループ内で管理している情報はシステム上に存在しないデータなので、Excel上で2つのデータを結び付ける必要があります。Excelに用意されている「VLOOKUP関数」を使用すれば、販売データの商品コードと、Excelの商品情報の商品コードを関連付けることができ、商品情報のデータから必要な情報を販売データに持ってくることができます。

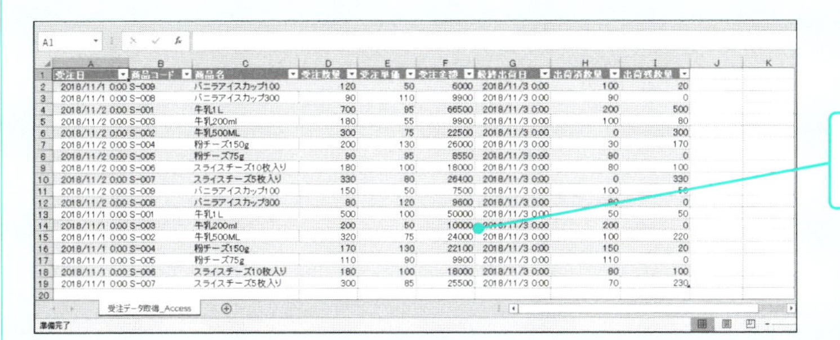

受注日	商品コード	商品名	受注数量	受注単価	受注金額	最終出荷日	出荷済数量	出荷残数量
2018/11/1 0:00	S-009	バニラアイスカップ100	120	50	6000	2018/11/3 0:00	100	20
2018/11/1 0:00	S-008	バニラアイスカップ300	90	110	9900	2018/11/3 0:00	90	0
2018/11/2 0:00	S-001	牛乳1L	700	95	66500	2018/11/3 0:00	200	500
2018/11/2 0:00	S-003	牛乳200ml	180	55	9900	2018/11/3 0:00	100	80
2018/11/2 0:00	S-002	牛乳500ML	300	75	22500	2018/11/3 0:00	0	300
2018/11/2 0:00	S-004	粉チーズ150g	200	130	26000	2018/11/3 0:00	30	170
2018/11/2 0:00	S-005	粉チーズ75g	90	95	8550	2018/11/3 0:00	90	0
2018/11/2 0:00	S-006	スライスチーズ10枚入り	180	100	18000	2018/11/3 0:00	80	100
2018/11/2 0:00	S-007	スライスチーズ5枚入り	330	80	26400	2018/11/3 0:00	0	330
2018/11/2 0:00	S-009	バニラアイスカップ100	150	50	7500	2018/11/3 0:00	100	50
2018/11/2 0:00	S-008	バニラアイスカップ300	80	120	9600	2018/11/3 0:00	80	0
2018/11/1 0:00	S-001	牛乳1L	500	100	50000	2018/11/3 0:00	50	50
2018/11/1 0:00	S-003	牛乳200ml	200	50	10000	2018/11/3 0:00	200	0
2018/11/1 0:00	S-002	牛乳500ML	320	75	24000	2018/11/3 0:00	100	220
2018/11/1 0:00	S-004	粉チーズ150g	170	130	22100	2018/11/3 0:00	150	20
2018/11/1 0:00	S-005	粉チーズ75g	110	90	9900	2018/11/3 0:00	110	0
2018/11/1 0:00	S-006	スライスチーズ10枚入り	180	100	18000	2018/11/3 0:00	80	100
2018/11/1 0:00	S-007	スライスチーズ5枚入り	300	85	25500	2018/11/3 0:00	70	230

受注データ取得_Access

システムから取得したデータ
（容量の情報がない）

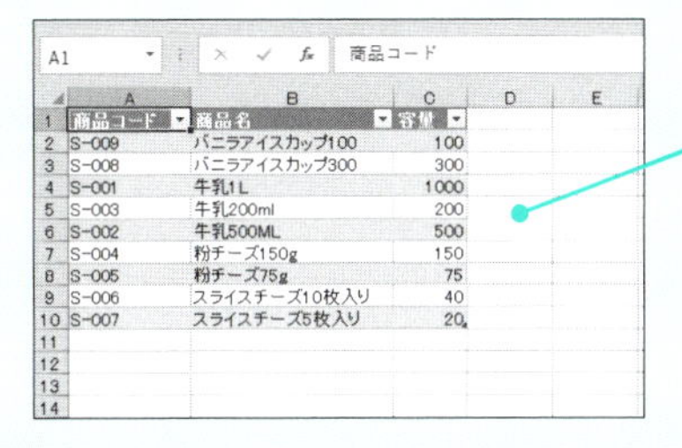

商品コード	商品名	容量
S-009	バニラアイスカップ100	100
S-008	バニラアイスカップ300	300
S-001	牛乳1L	1000
S-003	牛乳200ml	200
S-002	牛乳500ML	500
S-004	粉チーズ150g	150
S-005	粉チーズ75g	75
S-006	スライスチーズ10枚入り	40
S-007	スライスチーズ5枚入り	20

グループ内で管理しているExcel
の商品情報（容量の情報がある）

VLOOKUP関数を使用することで、システムから取得したデータに容量の情報が追加された

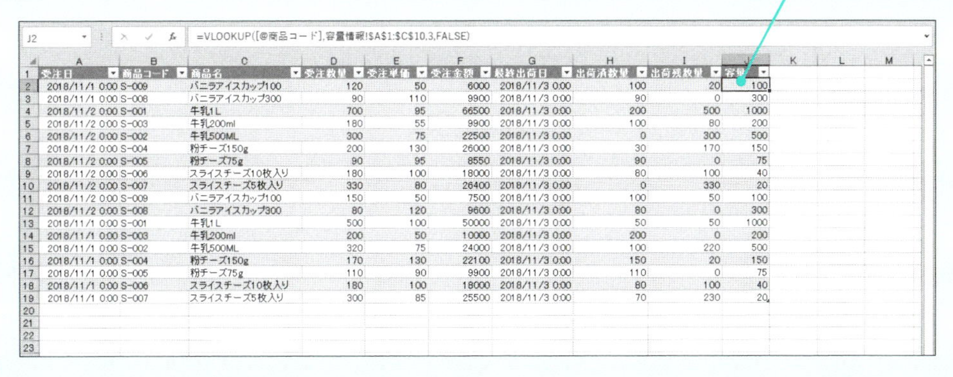

=VLOOKUP([@商品コード],容量情報!$A$1:$C$10,3,FALSE)

受注日	商品コード	商品名	受注数量	受注単価	受注金額	最終出荷日	出荷済数量	出荷残数量	容量
2018/11/1 0:00	S-009	バニラアイスカップ100	120	50	6000	2018/11/3 0:00	100	20	100
2018/11/1 0:00	S-008	バニラアイスカップ300	90	110	9900	2018/11/3 0:00	90	0	300
2018/11/2 0:00	S-001	牛乳1L	700	95	66500	2018/11/3 0:00	200	500	1000
2018/11/2 0:00	S-003	牛乳200ml	180	55	9900	2018/11/3 0:00	100	80	200
2018/11/2 0:00	S-002	牛乳500ML	300	75	22500	2018/11/3 0:00	0	300	500
2018/11/2 0:00	S-004	粉チーズ150g	200	130	26000	2018/11/3 0:00	30	170	150
2018/11/2 0:00	S-005	粉チーズ75g	90	95	8550	2018/11/3 0:00	90	0	75
2018/11/2 0:00	S-006	スライスチーズ10枚入り	180	100	18000	2018/11/3 0:00	80	100	40
2018/11/2 0:00	S-007	スライスチーズ5枚入り	330	80	26400	2018/11/3 0:00	0	330	20
2018/11/2 0:00	S-009	バニラアイスカップ100	150	50	7500	2018/11/3 0:00	100	50	100
2018/11/2 0:00	S-008	バニラアイスカップ300	80	120	9600	2018/11/3 0:00	80	0	300
2018/11/1 0:00	S-001	牛乳1L	500	100	50000	2018/11/3 0:00	50	50	1000
2018/11/1 0:00	S-003	牛乳200ml	200	50	10000	2018/11/3 0:00	200	0	200
2018/11/1 0:00	S-002	牛乳500ML	320	75	24000	2018/11/3 0:00	100	220	500
2018/11/1 0:00	S-004	粉チーズ150g	170	130	22100	2018/11/3 0:00	150	20	150
2018/11/1 0:00	S-005	粉チーズ75g	110	90	9900	2018/11/3 0:00	110	0	75
2018/11/1 0:00	S-006	スライスチーズ10枚入り	180	100	18000	2018/11/3 0:00	80	100	40
2018/11/1 0:00	S-007	スライスチーズ5枚入り	300	85	25500	2018/11/3 0:00	70	230	20

表2-2-1　VLOOKUP関数の引数

引数名	指定する値	指定例
検索値	データを追加したい側の関連付けに使うセル	システムから取得したデータの商品コード
範囲	追加したい情報を持っている側の検索範囲	グループ内で管理している情報で関連付けたい範囲
列番号	追加したい情報が何列目にあるか	3,5など何列目にあるか
検索方法	検索値と一致する値が範囲内にない場合の処理	TRUE …近い検索値の列番号の情報
		FALSE…エラー「#N/A」を返す

※「範囲」は、先頭の列を「検索値」と同じ情報を持つ列にする必要があります

03 Webデータの取り込み

社内で回覧されているレポートが、社内向けのWebサーバ上にhtml形式で公開されている場合があります。このhtml形式データもExcelに取り込むことができるので、社内情報の有効活用につなげることができます。

Point

今やネットワークに接続していない企業はほとんどありません。そのネットワークを活用して情報をやり取りする方法の1つに、社内Web（イントラネット）に情報を公開するという方法があります。Excelでは、このようなWeb上のhtml形式のデータを利用することができます。

1 Webのデータを Excelに取り込む
2 取り込み対象データを変更する

テキストファイル、Accessファイル、htmlファイルという3種類のデータ取り込みを覚えれば、データの取り込みで困ることはなくなるといって良いでしょう。

Sample Webデータと Excel取り込み後の結果

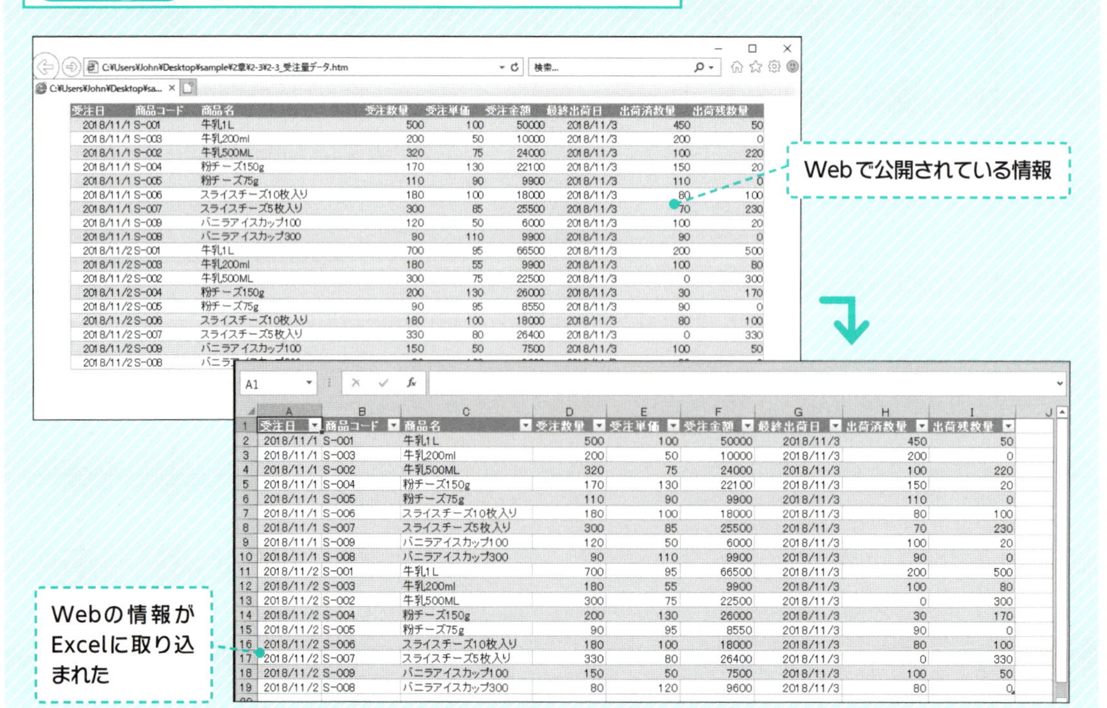

	受注日	商品コード	商品名	受注数量	受注単価	受注金額	最終出荷日	出荷済数量	出荷残数量
2	2018/11/1	S-001	牛乳1L	500	100	50000	2018/11/3	450	50
3	2018/11/1	S-003	牛乳200ml	200	50	10000	2018/11/3	200	0
4	2018/11/1	S-002	牛乳500ML	320	75	24000	2018/11/3	100	220
5	2018/11/1	S-004	粉チーズ150g	170	130	22100	2018/11/3	150	20
6	2018/11/1	S-005	粉チーズ75g	110	90	9900	2018/11/3	110	0
7	2018/11/1	S-006	スライスチーズ10枚入り	180	100	18000	2018/11/3	80	100
8	2018/11/1	S-007	スライスチーズ5枚入り	300	85	25500	2018/11/3	70	230
9	2018/11/1	S-009	バニラアイスカップ100	120	50	6000	2018/11/3	100	20
10	2018/11/1	S-008	バニラアイスカップ300	90	110	9900	2018/11/3	90	0
11	2018/11/2	S-001	牛乳1L	700	95	66500	2018/11/3	200	500
12	2018/11/2	S-003	牛乳200ml	180	55	9900	2018/11/3	100	80
13	2018/11/2	S-002	牛乳500ML	300	75	22500	2018/11/3	0	300
14	2018/11/2	S-004	粉チーズ150g	200	130	26000	2018/11/3	30	170
15	2018/11/2	S-005	粉チーズ75g	90	95	8550	2018/11/3	90	0
16	2018/11/2	S-006	スライスチーズ10枚入り	180	100	18000	2018/11/3	80	100
17	2018/11/2	S-007	スライスチーズ5枚入り	330	80	26400	2018/11/3	0	330
18	2018/11/2	S-009	バニラアイスカップ100	150	50	7500	2018/11/3	100	50
19	2018/11/2	S-008	バニラアイスカップ300	80	120	9600	2018/11/3	80	0

Webデータの取り込みについて

全社的な情報活用を行う中で、社内Web（イントラネット）にhtml形式でレポートを公開するという方法が取られることがあります。Webに公開することで、広く社内のユーザーに情報が行き渡るようになります。Excelでは、このWebに公開されているhtml形式のデータも取り込むことができます。

Webに公開された情報には、情報の信頼性、データの安全性の点で以下の利点があります。

1. 情報の信頼性

社内に公開されている情報であれば、多くの社員が見る情報なので、公式な情報として利用可能だと言えます。

2. データの安全性

データベースのデータをhtml形式で出力するようにしておけば、ユーザーは直接データベースに触ることなくデータを閲覧することができます。Web上のデータをユーザーが直接書き換えることもできないので、大元のデータの安全性を保つことができます。

受注日	商品コード	商品名	受注数量	受注単価	受注金額	最終出荷日	出荷済数量	出荷残数量
2018/11/1	S-001	牛乳1L	500	100	50000	2018/11/3	450	50
2018/11/1	S-003	牛乳200ml	200	50	10000	2018/11/3	200	0
2018/11/1	S-002	牛乳500ML	320	75	24000	2018/11/3	100	220
2018/11/1	S-004	粉チーズ150g	170	130	22100	2018/11/3	150	20
2018/11/1	S-005	粉チーズ75g	110	90	9900	2018/11/3	110	0
2018/11/1	S-006	スライスチーズ10枚入り	180	100	18000	2018/11/3	80	100
2018/11/1	S-007	スライスチーズ5枚入り	300	85	25500	2018/11/3	70	230
2018/11/1	S-009	バニラアイスカップ100	120	50	6000	2018/11/3	100	20
2018/11/1	S-008	バニラアイスカップ300	90	110	9900	2018/11/3	90	0
2018/11/2	S-001	牛乳1L	700	95	66500	2018/11/3	200	500
2018/11/2	S-003	牛乳200ml	180	55	9900	2018/11/3	100	80
2018/11/2	S-002	牛乳500ML	300	75	22500	2018/11/3	0	300
2018/11/2	S-004	粉チーズ150g	200	130	26000	2018/11/3	30	170
2018/11/2	S-005	粉チーズ75g	90	95	8550	2018/11/3	90	0
2018/11/2	S-006	スライスチーズ10枚入り	180	100	18000	2018/11/3	80	100
2018/11/2	S-007	スライスチーズ5枚入り	330	80	26400	2018/11/3	0	330
2018/11/2	S-009	バニラアイスカップ100	150	50	7500	2018/11/3	100	50
2018/11/2	S-008	バニラアイスカップ300	80	120	9600	2018/11/3	80	0

皆さんが日々インターネットで閲覧している一般的なWebページについても、Excelへのデータの取り込みが可能です。ただし、データの著作権に配慮する必要がありますので、社外のデータを取り込んで使用する際には、利用が可能かどうか公開元に確認しなくてはいけません。また、データを活用する上で、そのデータが間違いのない、正確なものなのかという点にも注意を払う必要があります。

❶ Webデータを取り込む 2013 2016 2019

社内Webのポータルサイト上に、毎日の売上レポートが公開されているようなケースがあります。そのレポート自体、優良な情報ですが、さらにその情報をExcelにデータとして取り込めば、情報活用の幅が広がります。

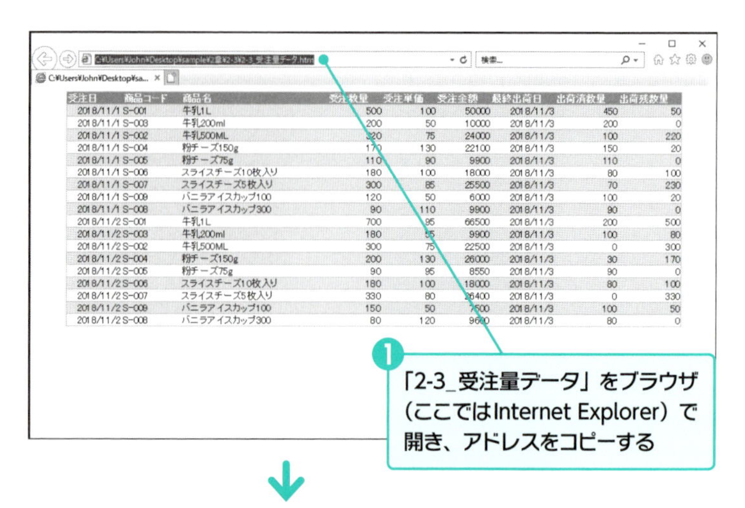

受注日	商品コード	商品名	受注数量	受注単価	受注金額	最終出荷日	出荷済数量	出荷残数量
2018/11/1	S-001	牛乳1L	500	100	50000	2018/11/3	450	50
2018/11/1	S-003	牛乳200ml	200	50	10000	2018/11/3	200	0
2018/11/1	S-002	牛乳500ML	320	75	24000	2018/11/3	100	220
2018/11/1	S-004	粉チーズ150g	170	130	22100	2018/11/3	150	20
2018/11/1	S-005	粉チーズ75g	110	90	9900	2018/11/3	110	0
2018/11/1	S-006	スライスチーズ10枚入り	180	100	18000	2018/11/3	80	100
2018/11/1	S-007	スライスチーズ5枚入り	300	85	25500	2018/11/3	70	230
2018/11/1	S-009	バニラアイスカップ100	120	50	6000	2018/11/3	100	20
2018/11/1	S-008	バニラアイスカップ300	90	110	9900	2018/11/3	90	0
2018/11/2	S-001	牛乳1L	700	95	66500	2018/11/3	200	500
2018/11/2	S-003	牛乳200ml	180	55	9900	2018/11/3	100	80
2018/11/2	S-002	牛乳500ML	300	75	22500	2018/11/3	0	300
2018/11/2	S-004	粉チーズ150g	200	130	26000	2018/11/3	30	170
2018/11/2	S-005	粉チーズ75g	90	95	8550	2018/11/3	90	0
2018/11/2	S-006	スライスチーズ10枚入り	180	100	18000	2018/11/3	80	100
2018/11/2	S-007	スライスチーズ5枚入り	330	80	26400	2018/11/3	0	330
2018/11/2	S-009	バニラアイスカップ100	150	50	7500	2018/11/3	100	50
2018/11/2	S-008	バニラアイスカップ300	80	120	9600	2018/11/3	80	0

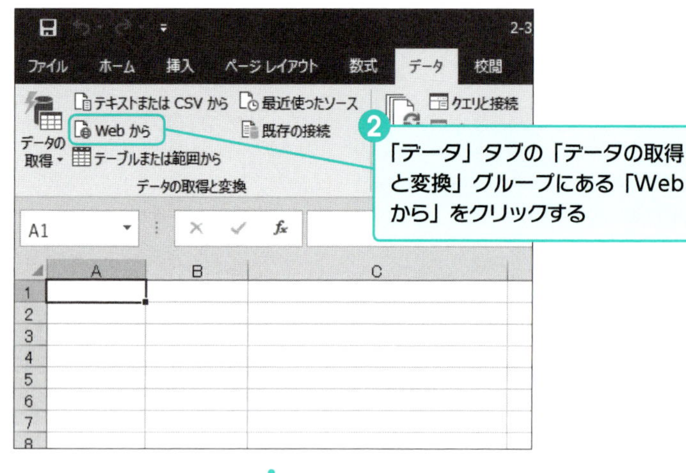

Excel 2013の場合は

「データ」タブの「外部データの取り込み」グループにある「Webクエリ」をクリックします。

Excel 2013の場合は

「新しいWebクエリ」で、「アドレス」にステップ1 でコピーしたアドレスを貼り付け、「移動」をクリックします。
表の左にある「→」をクリックして、「2-3_受注量データ」が開かれたら、「取り込み」をクリックします。

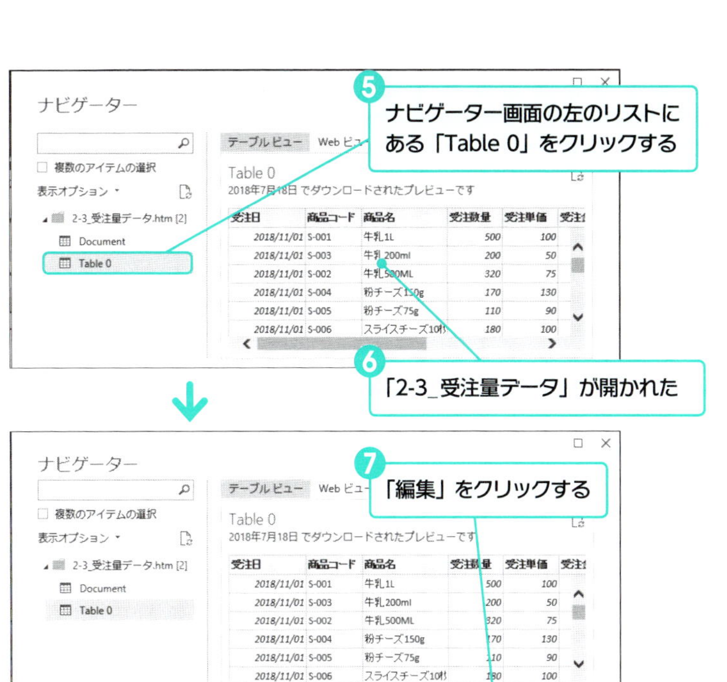

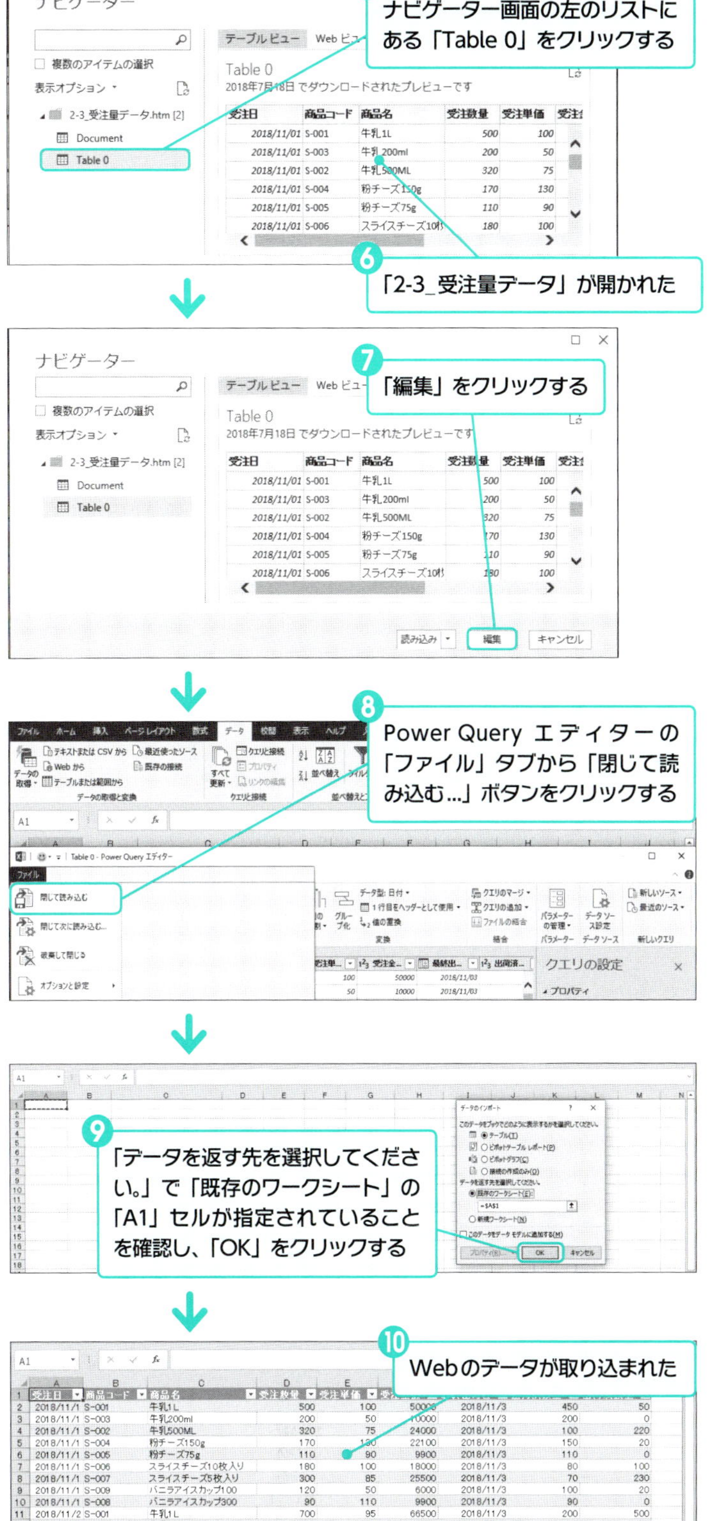

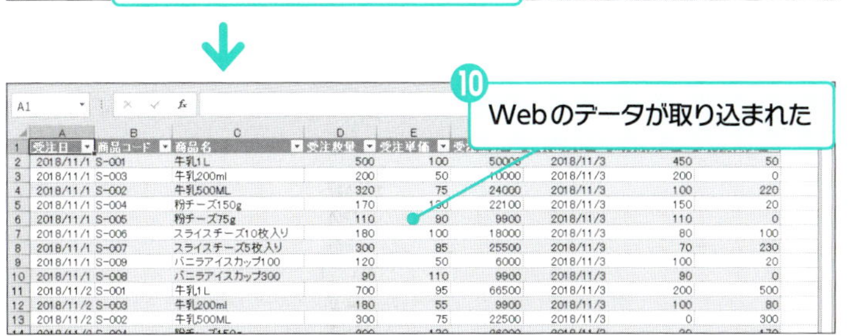

Webブラウザーの警告が表示されたら

URLに日本語が含まれていると「パスまたはインターネットアドレスが正しいかどうかを確認してください。」という「Webブラウザーの警告」が表示されることがありますが、データの取り込みには問題ありませんので、「OK」ボタンをクリックして、作業を続けてください。

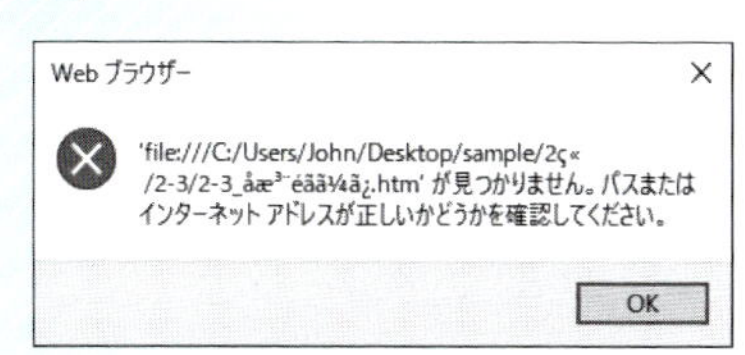

❷ 取り込み対象データの変更 2013 2016 2019

ポータルサイト上の売上レポートの公開場所が変更された場合、接続情報を修正しないままだと、売上レポートをExcelに取り込めなくなってしまいます。更新されたデータを取り込むには、新しいアドレスに更新する必要があります。

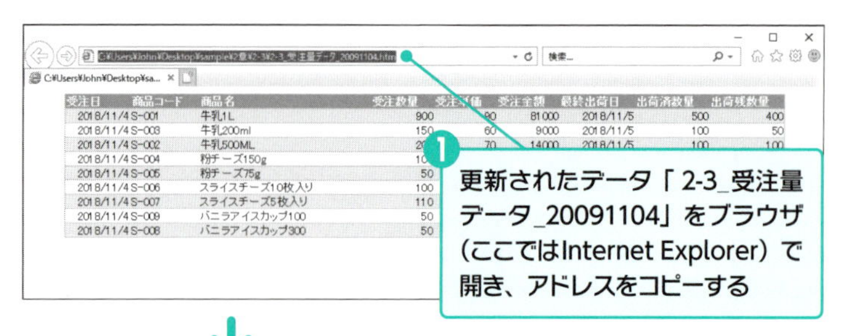

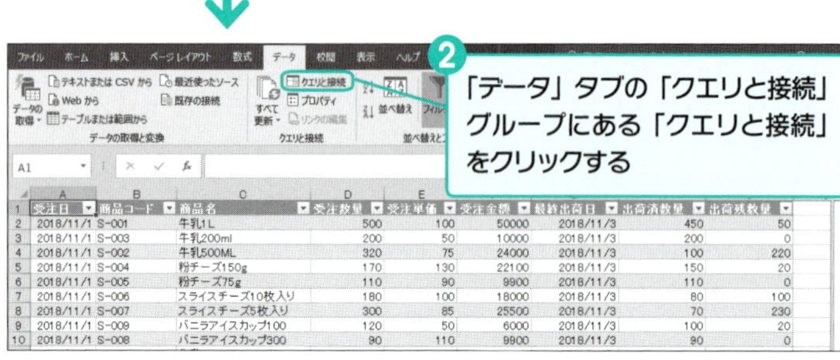

Excel 2013の場合は

「データ」タブの「接続」グループにある「接続」をクリックします。

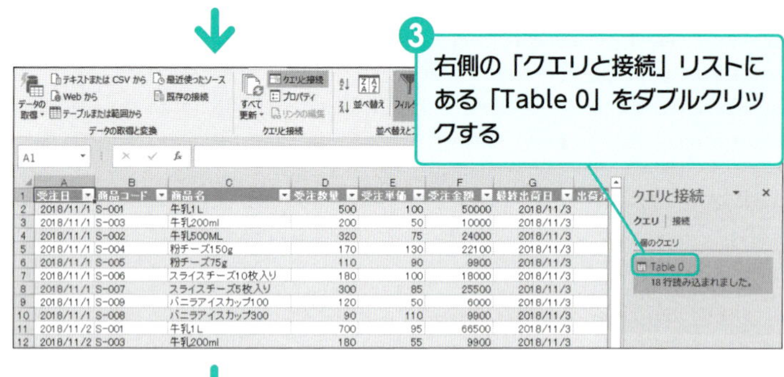

Excel 2013の場合は

「ブックの接続」で「接続」を選択し、「プロパティ」をクリックします。

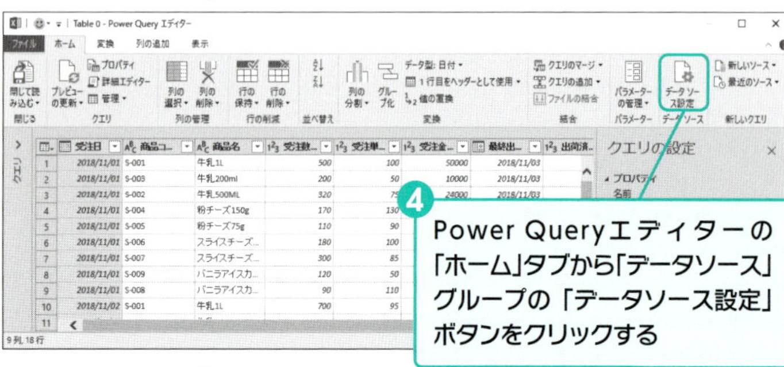

Excel 2013の場合は

「接続のプロパティ」で「定義」タブを選択し、「クエリの編集」をクリックします。

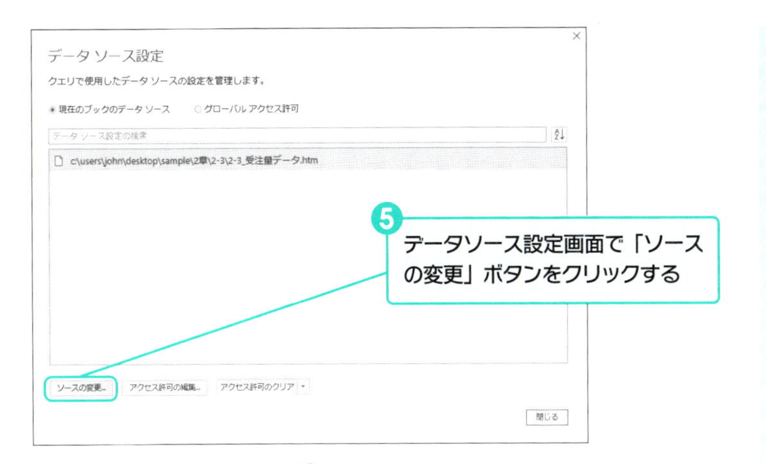

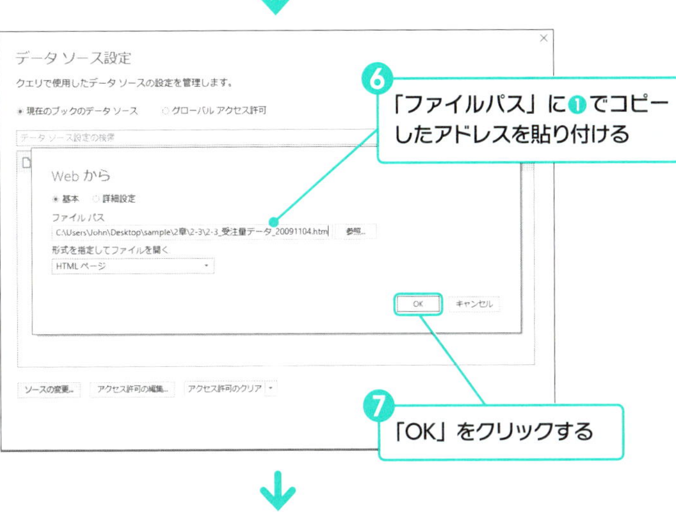

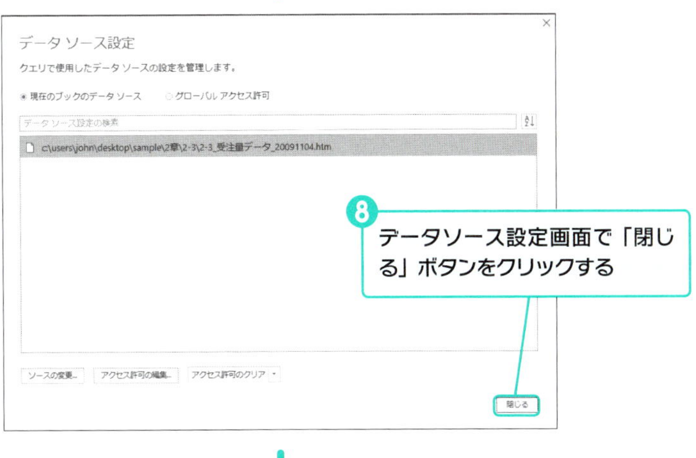

Excel 2013の場合は

「Webクエリの編集」で、「アドレス」にステップ1 でコピーしたアドレスを貼り付け、「移動」をクリックします。
「2-3_受注量データ_20181104」が開かれたら、表の左にある「→」をクリックします。表が取り込み対象として選択されたら、「取り込み」をクリックします。
「接続のプロパティ」の画面を「OK」をクリックして閉じて、「ブックの接続」画面を「閉じる」をクリックして閉じます。

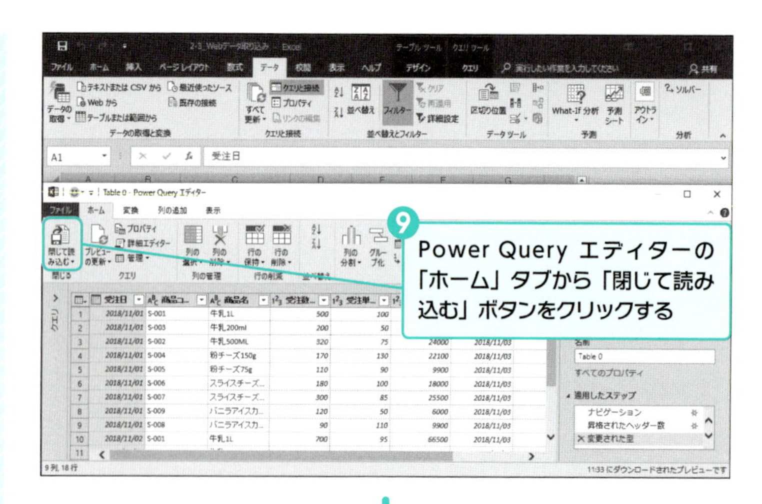
9
Power Query エディターの「ホーム」タブから「閉じて読み込む」ボタンをクリックする

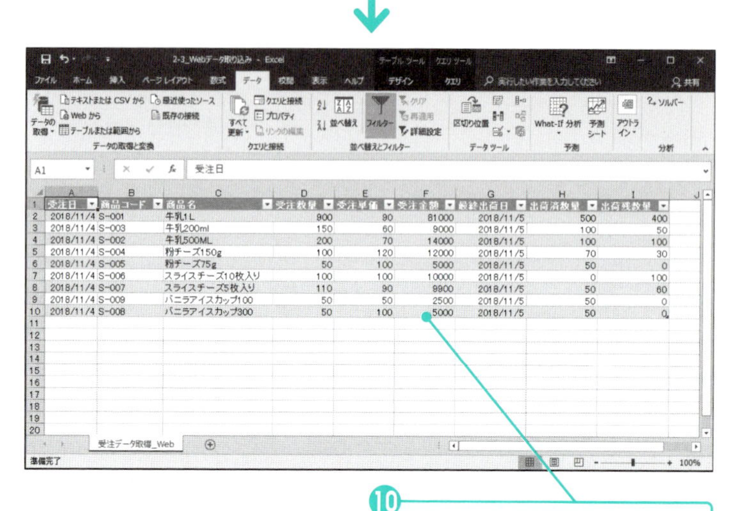
10
接続先が変更され、データが更新された

Chapter 03

表を使いこなす

テーブルを利用することにより、表の作成、編集や、デザインの設定が簡単に行えるようになります。また、データの絞り込みや集計などの分析操作も、テーブルを使用することで、より便利になります。この章では、テーブルの作成と基本的な操作方法について解説するとともに、テーブルを使用したフィルター、並べ替えと集計、条件付き書式についても解説します。

01 テーブルの活用

表をテーブルとして定義することで、データの編集や見た目の変更が、簡単に行えるようになります。

Point

表をテーブルとして定義することで、以下のような操作を効率的に行えるようになります。

1 計算式列を追加する
2 新しい行を追加する
3 テーブルスタイルを使って表を見やすくする

ただデータを入力しただけの表では、相手から見るとわかりにくいため、説得力のある資料にはなりません。テーブルを活用することで、相手の心に訴えかける表にレベルアップさせることができます。

Sample テーブルとして定義された表

テーブルスタイルを使用することで、表の見た目を簡単に変更できる

テーブル見出し

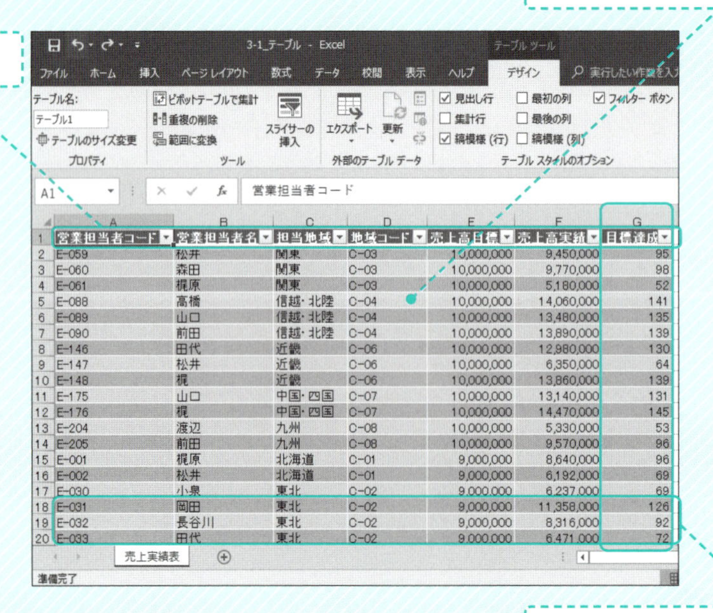

	営業担当者コード	営業担当者名	担当地域	地域コード	売上高目標	売上高実績	目標達成
2	E-059	松井	関東	C-03	10,000,000	9,450,000	95
3	E-060	森田	関東	C-03	10,000,000	9,770,000	98
4	E-061	梶原	関東	C-03	10,000,000	5,180,000	52
5	E-088	高橋	信越・北陸	C-04	10,000,000	14,060,000	141
6	E-089	山口	信越・北陸	C-04	10,000,000	13,480,000	135
7	E-090	前田	信越・北陸	C-04	10,000,000	13,890,000	139
8	E-146	田代	近畿	C-06	10,000,000	12,980,000	130
9	E-147	松井	近畿	C-06	10,000,000	6,350,000	64
10	E-148	梶	近畿	C-06	10,000,000	13,860,000	139
11	E-175	山口	中国・四国	C-07	10,000,000	13,140,000	131
12	E-176	梶	中国・四国	C-07	10,000,000	14,470,000	145
13	E-204	渡辺	九州	C-08	10,000,000	5,330,000	53
14	E-205	前田	九州	C-08	10,000,000	9,570,000	96
15	E-001	梶原	北海道	C-01	9,000,000	8,640,000	96
16	E-002	松井	北海道	C-01	9,000,000	6,192,000	69
17	E-030	小泉	東北	C-02	9,000,000	6,237,000	69
18	E-031	岡田	東北	C-02	9,000,000	11,358,000	126
19	E-032	長谷川	東北	C-02	9,000,000	8,316,000	92
20	E-033	田代	東北	C-02	9,000,000	6,471,000	72

新しい列、新しい行を、テーブルの見た目にあう形で追加できる

テーブルとは

「テーブル」とは、データの範囲を明示的な形で定義したものです。テーブルの代表的な機能としては、次のようなものがあります。

- 追加した列や行に、書式を自動反映できる
- 列に追加した数式を、すべての行に自動反映できる
- テーブルスタイルを使用することで、見た目を簡単に変更できる
- 行をスクロールしても、テーブル見出しが残り続ける

また、次節以降で説明する以下の機能も、データ範囲をテーブルとして定義しておけば、ぐっと使いやすくなります。

- フィルターを使用したデータの絞り込み
- データの並べ替え
- データの集計

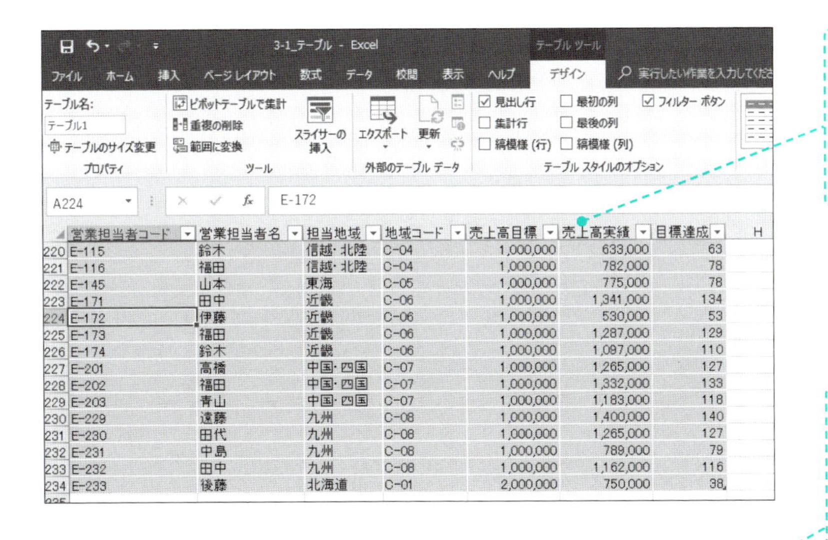

	営業担当者コード	営業担当者名	担当地域	地域コード	売上高目標	売上高実績	目標達成	H
220	E-115	鈴木	信越・北陸	C-04	1,000,000	633,000	63	
221	E-116	福田	信越・北陸	C-04	1,000,000	782,000	78	
222	E-145	山本	東海	C-05	1,000,000	775,000	78	
223	E-171	田中	近畿	C-06	1,000,000	1,341,000	134	
224	E-172	伊藤	近畿	C-06	1,000,000	530,000	53	
225	E-173	福田	近畿	C-06	1,000,000	1,287,000	129	
226	E-174	鈴木	近畿	C-06	1,000,000	1,097,000	110	
227	E-201	高橋	中国・四国	C-07	1,000,000	1,265,000	127	
228	E-202	福田	中国・四国	C-07	1,000,000	1,332,000	133	
229	E-203	青山	中国・四国	C-07	1,000,000	1,183,000	118	
230	E-229	遠藤	九州	C-08	1,000,000	1,400,000	140	
231	E-230	田代	九州	C-08	1,000,000	1,265,000	127	
232	E-231	中島	九州	C-08	1,000,000	789,000	79	
233	E-232	田中	九州	C-08	1,000,000	1,162,000	116	
234	E-233	後藤	北海道	C-01	2,000,000	750,000	38	

テーブル見出しが残り続けるので、何の情報が入っている列かわかりやすい

テーブルを選択すると、「テーブルツール」の「デザイン」タブが表示される

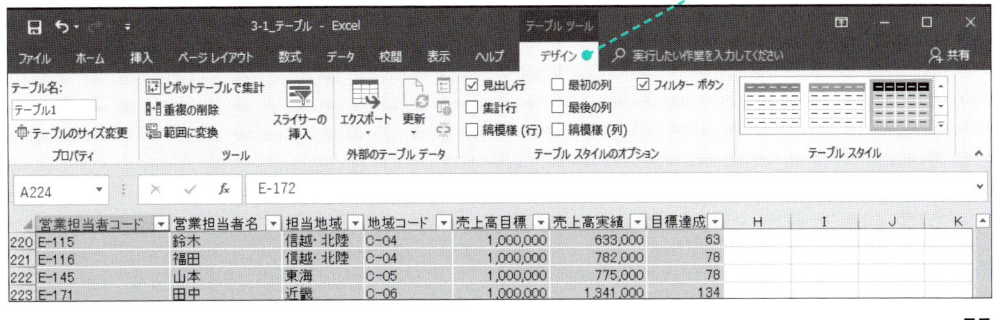

	営業担当者コード	営業担当者名	担当地域	地域コード	売上高目標	売上高実績	目標達成	H	I	J	K
220	E-115	鈴木	信越・北陸	C-04	1,000,000	633,000	63				
221	E-116	福田	信越・北陸	C-04	1,000,000	782,000	78				
222	E-145	山本	東海	C-05	1,000,000	775,000	78				
223	E-171	田中	近畿	C-06	1,000,000	1,341,000	134				

1 テーブルへの変換

2013 2016 2019

空白行、空白列がないとき

テーブルにしたい表に空白行、空白列がない場合は、表の中の任意の1セルを選択して、「テーブル」ボタンを押せば、表全体がデータ範囲として利用されます。

テーブルの機能を利用するには、最初に表をテーブルに変換する必要があります。その方法は非常に簡単で、テーブルにしたいデータ範囲を選択し、「テーブル」ボタンをクリックするだけです。

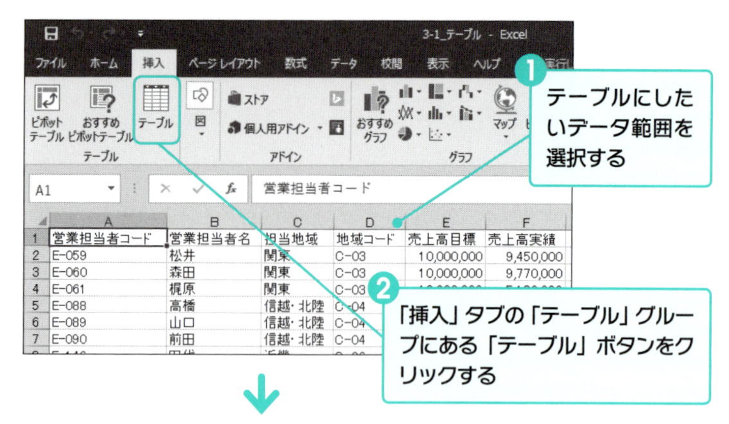

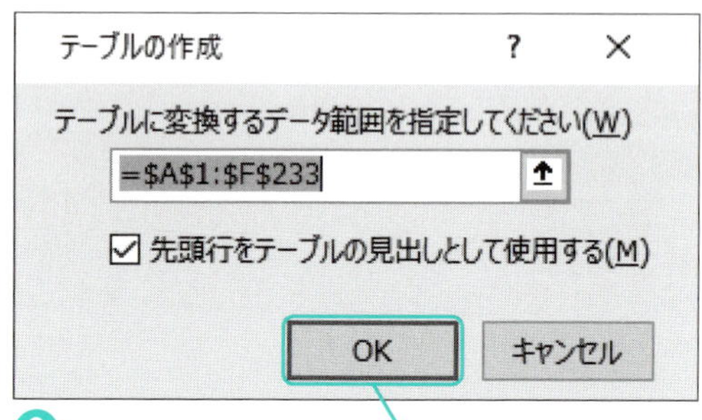

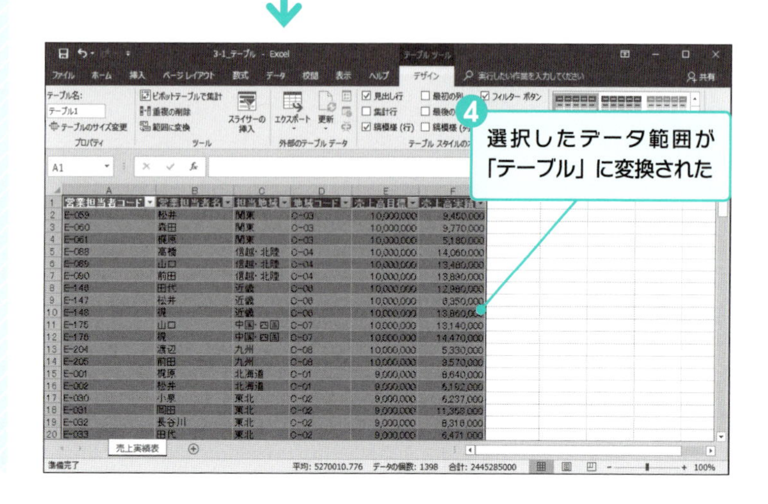

テーブルをデータ範囲に戻すときには

テーブルを元のデータ範囲に戻したいときは、テーブルの任意の場所を選択した状態で、「デザイン」タブの「ツール」グループにある「範囲に変換」ボタンをクリックします。もしくは、テーブルの任意の場所を選択した状態で、右クリックし、「テーブル」から「範囲に変換」を選択します。

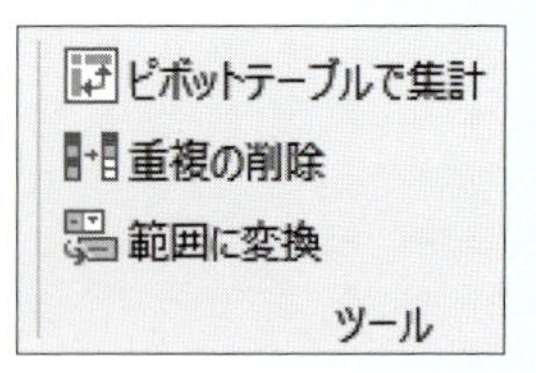

03 表を使いこなす

❷ テーブルへの列追加

2013 2016 2019

テーブルに変換した状態で新しい列を追加すると、その列もテーブルとして認識されます。書式の設定やデータの編集を一括で行うことができるので、個別に設定する場合と比較して効率的に作業できます。

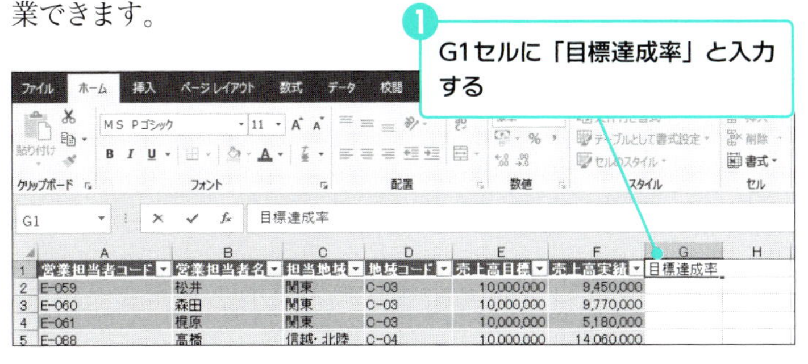

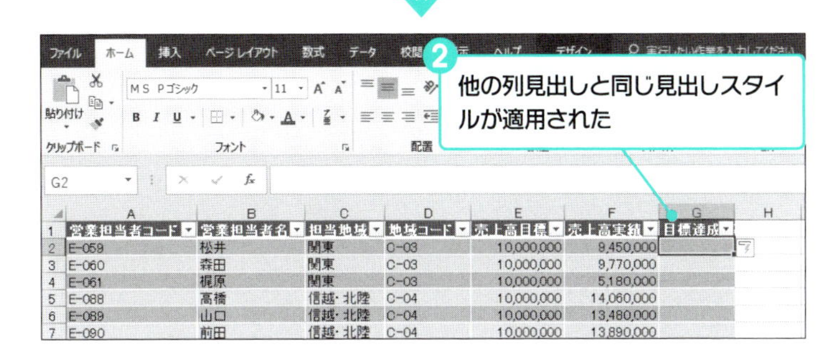

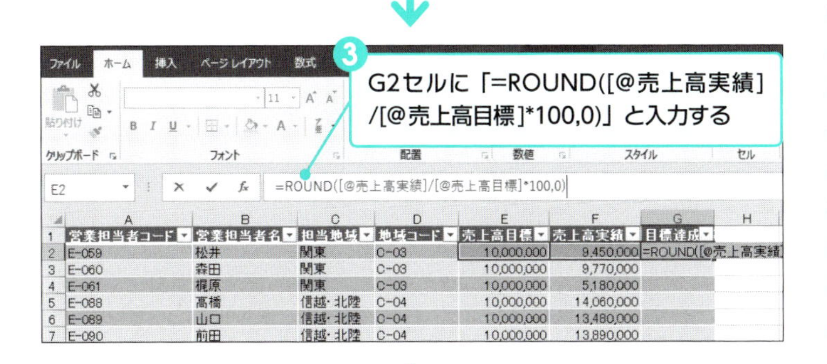

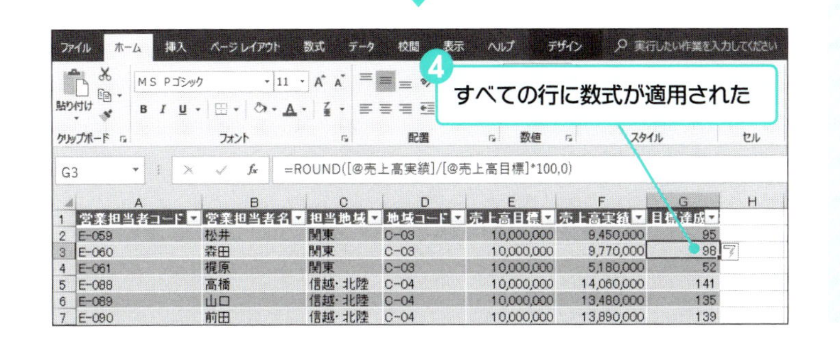

テーブルでのセル参照について

右の数式は、テーブル内の参照式で表現されていますが、数式を入力するときには「F2セルを選択」→「"/" を入力」→「E2セルを選択」という順番で入力しましょう。

ROUND関数について

ROUND関数は四捨五入を行う関数です。「ROUND(数値,桁数)」の形で入力します。桁数に0を指定すると整数が、1を指定すると少数第1位までの結果が返ってきます。-1と指定すると、1の位で四捨五入した結果が出力されます。

❸ テーブルへの行追加　2013 2016 2019

列を追加した場合と同様に、テーブルに行を追加した場合も、その行はテーブルとして認識されます。既存の行が持つ情報が新しい行にも反映されるので、書式の設定や数式の入力等を行う手間が省けます。

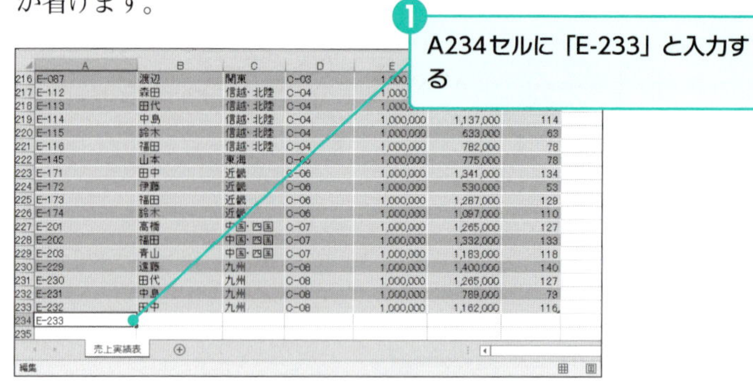

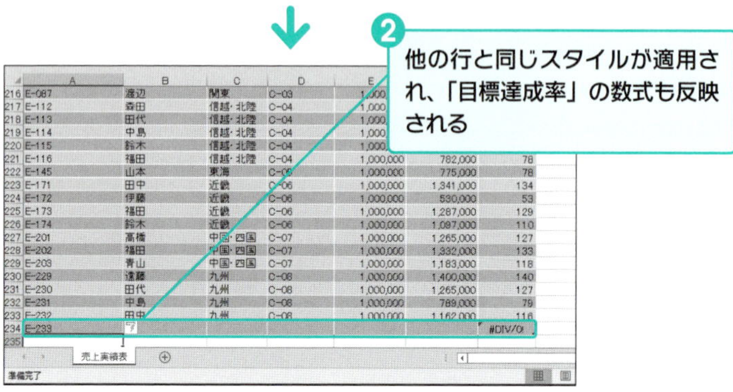

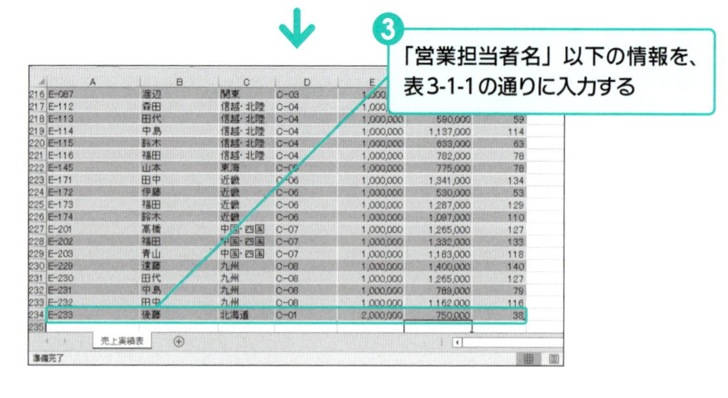

売上高目標、売上高実績の入力

他の行と同じスタイルが自動的に適用されているので、「2000000」と入力すれば、桁区切りが適用されます。

表3-1-1　入力する情報

営業担当者名	後藤
担当地域	北海道
地域コード	C-01
売上高目標	2000000
売上高実績	750000

❹ テーブルスタイルの設定方法

2013 2016 2019

56ページでデータ範囲をテーブルに変換したときに、表がカラフルなテーブルになりました。これは「テーブルスタイル」と呼ばれる機能で、最初に適用されたもの以外にもいくつかのパターンが用意されており、用途にあわせてスタイルを選ぶことが可能です。

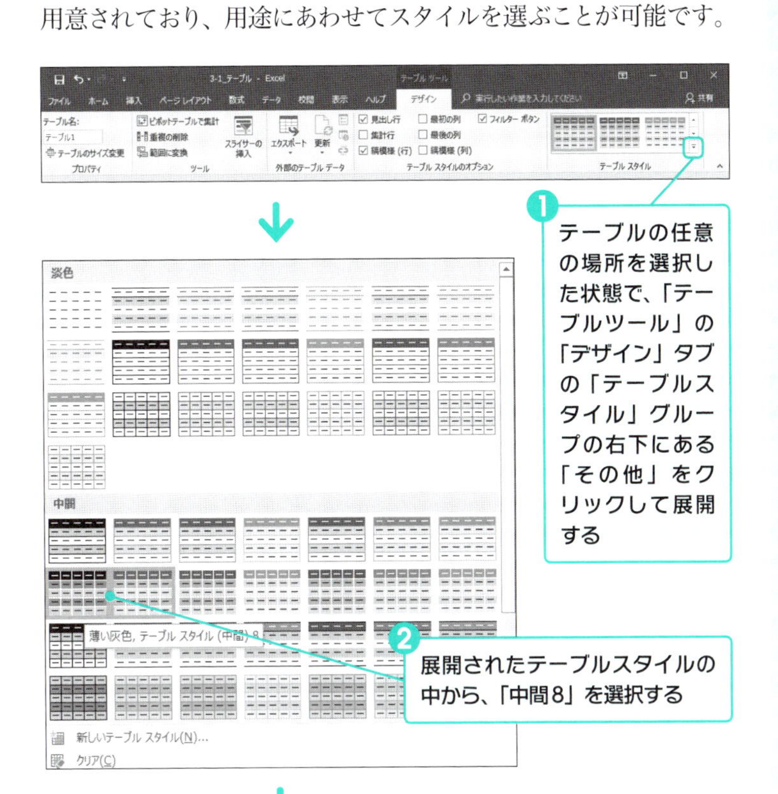

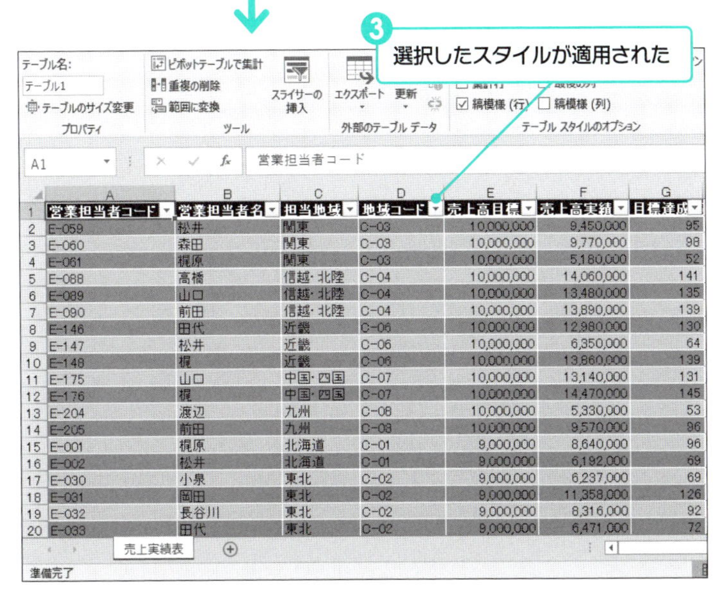

	A	B	C	D	E	F	G
1	営業担当者コード	営業担当者名	担当地域	地域コード	売上高目標	売上高実績	目標達成
2	E-059	松井	関東	C-03	10,000,000	9,450,000	95
3	E-060	森田	関東	C-03	10,000,000	9,770,000	98
4	E-061	梶原	関東	C-03	10,000,000	5,180,000	52
5	E-088	高橋	信越・北陸	C-04	10,000,000	14,060,000	141
6	E-089	山口	信越・北陸	C-04	10,000,000	13,480,000	135
7	E-090	前田	信越・北陸	C-04	10,000,000	13,890,000	139
8	E-146	田代	近畿	C-06	10,000,000	12,980,000	130
9	E-147	松井	近畿	C-06	10,000,000	6,350,000	64
10	E-148	梶	近畿	C-06	10,000,000	13,860,000	139
11	E-175	山口	中国・四国	C-07	10,000,000	13,140,000	131
12	E-176	梶	中国・四国	C-07	10,000,000	14,470,000	145
13	E-204	渡辺	九州	C-08	10,000,000	5,330,000	53
14	E-205	前田	九州	C-08	10,000,000	9,570,000	96
15	E-001	梶原	北海道	C-01	9,000,000	8,640,000	96
16	E-002	松井	北海道	C-01	9,000,000	6,192,000	69
17	E-030	小泉	東北	C-02	9,000,000	6,237,000	69
18	E-031	岡田	東北	C-02	9,000,000	11,358,000	126
19	E-032	長谷川	東北	C-02	9,000,000	8,316,000	92
20	E-033	田代	東北	C-02	9,000,000	6,471,000	72

テーブルとして書式設定

❶と同様の操作は「ホーム」タブの「スタイル」グループにある「テーブルとして書式設定」ボタンからも実行できます。こちらは、テーブルに変換する前の表にも適用可能です。

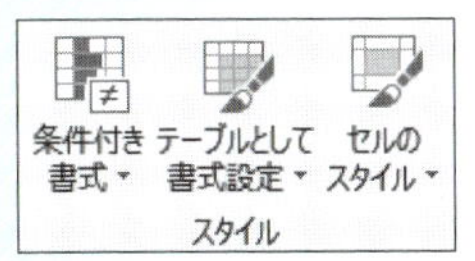

テーブルスタイルのプレビュー

任意のテーブルスタイルにマウスカーソルを当てると、テーブルスタイルのプレビューを見ることができます。

❺ テーブルスタイルのオプション 2013 2016 2019

「テーブルスタイル」を使用することで、無機質だった表が見栄えの良いテーブルになりました。さらに「テーブルスタイルのオプション」機能を使用することで、テーブルの見た目を細かく設定することができます（表3-1-2参照）。

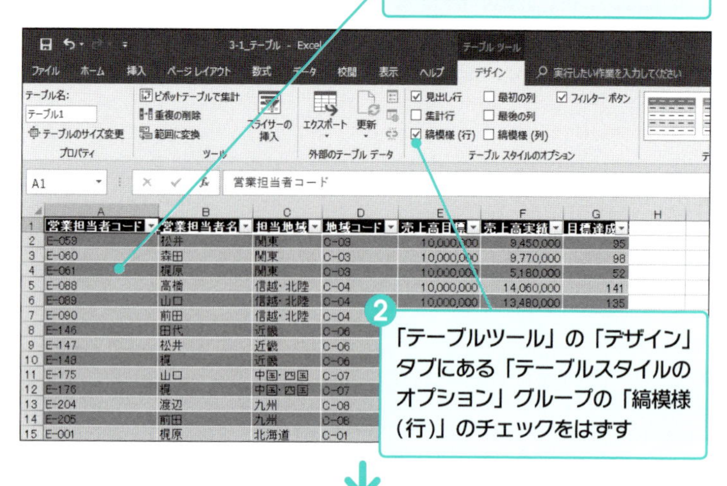

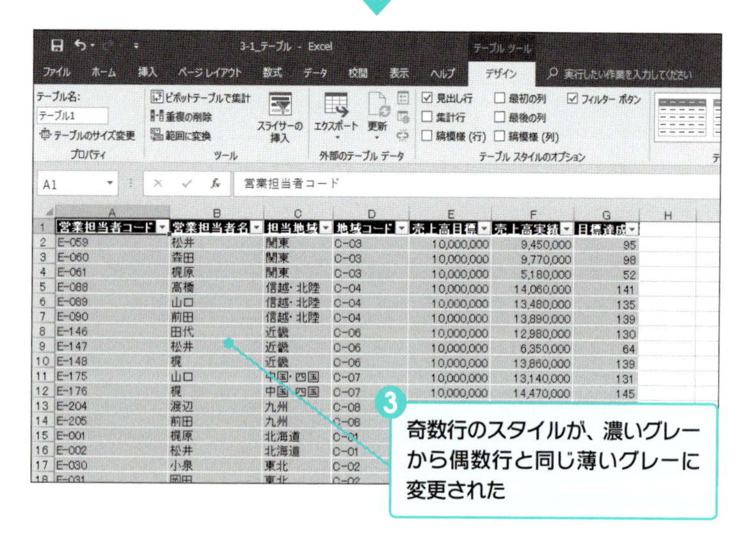

表3-1-2　テーブルスタイルのオプション

見出し行	見出し行の表示・非表示を選択
集計行	最終行の集計行の表示・非表示を選択
縞模様（行）	行に縞模様を入れるかを選択
最初の列	最初の列を強調するかを選択
最後の列	最後の列を強調するかを選択
縞模様（列）	列に縞模様を入れるかを選択

Column オリジナルのテーブルスタイルを作成、登録する

最初から用意されているテーブルスタイル以外にも、自分でテーブルスタイルを作成し、登録することが可能です。ただし、登録したテーブルスタイルは、登録したブック内でしか使用できないので、注意が必要です。

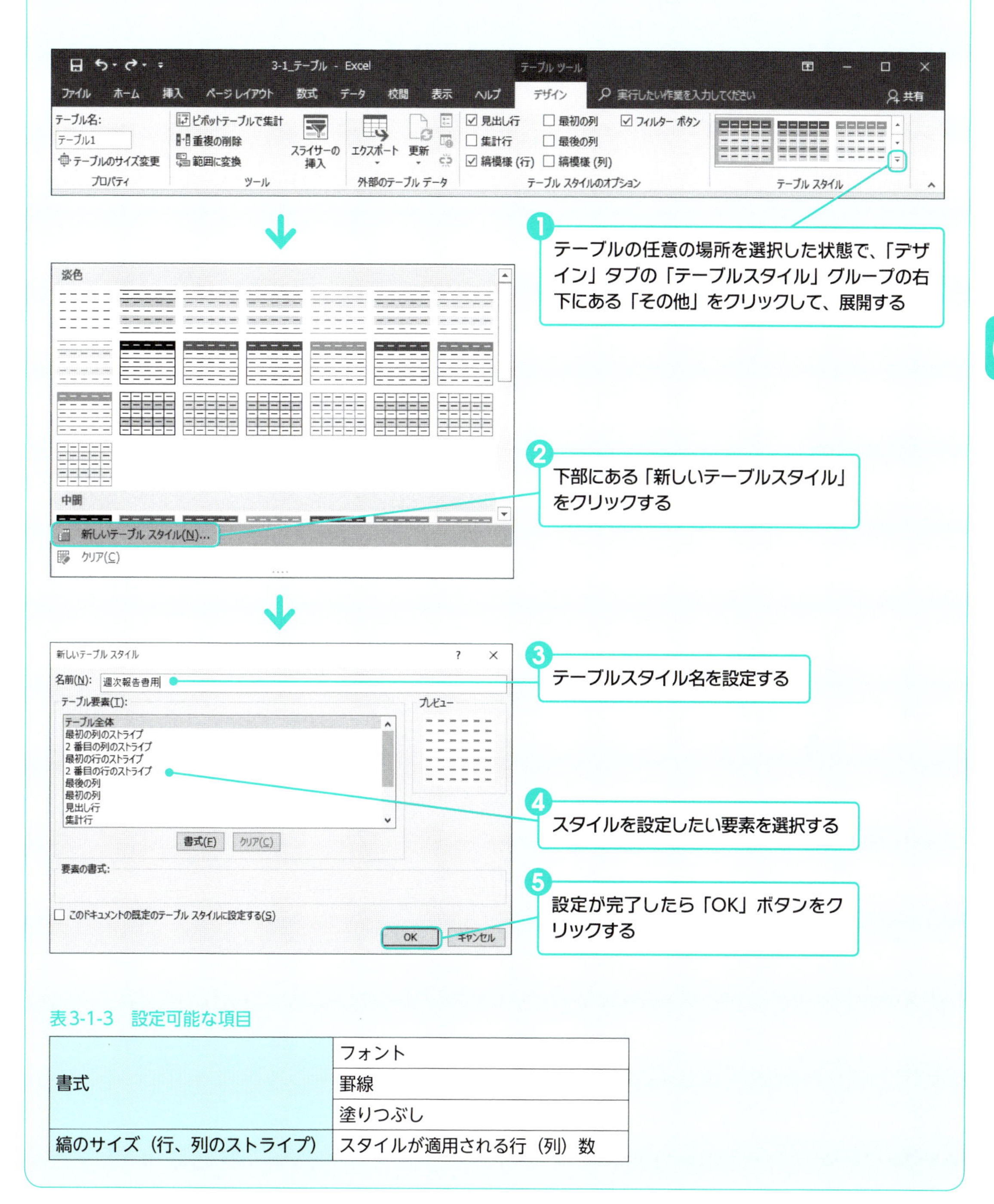

表3-1-3　設定可能な項目

書式	フォント
	罫線
	塗りつぶし
縞のサイズ（行、列のストライプ）	スタイルが適用される行（列）数

02 フィルターの活用

膨大なデータから必要なデータを取り出したいとき、1件ずつ探していたのでは日が暮れてしまいます。Excelの「フィルター」機能を利用すれば、必要としているデータをすぐに見つけることができます。

Point

フィルターは、データを絞り込む機能です。以下のような、条件を指定した絞り込みが可能です。

1 文字列での指定
2 数値での指定
3 日付での指定

これらの指定方法を組み合わせることで、より細かい条件でデータを絞り込んでいくことができます。たとえば、「東京」かつ「2018年1月1日」かつ「100万円」を超えるデータなどを見つけるときに役立ちます。

Sample フィルターをかける前のデータとかけた後のデータ

	A	B	C	D	E	F
1	販売日	営業担当者コード	担当者名	地域	地域コード	売上高実績
2	2018/4/1	E-059	松井	関東	C-03	10,000,000
3	2018/4/2	E-060	森田	関東	C-03	11,500,000
4	2018/4/3	E-061	梶原	関東	C-03	5,180,000
5	2018/4/4	E-088	高橋	信越・北陸	C-04	14,060,000
6	2018/4/5	E-089	山口	信越・北陸	C-04	13,480,000
7	2018/4/6	E-090	前田	信越・北陸	C-04	13,890,000
8	2018/4/7	E-146	田代	近畿	C-06	12,980,000
9	2018/4/8	E-147	松井	近畿	C-06	6,350,000
10	2018/4/9	E-148	梶	近畿	C-06	13,860,000
11	2018/4/10	E-175	山口	中国・四国	C-07	13,140,000
12	2018/4/11	E-176	梶	中国・四国	C-07	14,470,000
13	2018/4/12	E-204	渡辺	九州	C-08	5,330,000
14	2018/4/13	E-205	前田	九州	C-08	9,570,000
15	2018/4/14	E-001	梶原	北海道	C-01	8,640,000
16	2018/4/15	E-002	松井	北海道	C-01	6,192,000
17	2018/4/16	E-030	小泉	東北	C-02	6,237,000
18	2018/4/17	E-031	岡田	東北	C-02	11,358,000
19	2018/4/18	E-032	長谷川	東北	C-02	8,316,000

フィルターをかける前のデータ

↓

フィルターをかけたことで、大量のデータが必要なものだけに絞り込まれている

各列に条件を指定することで、本当に必要なデータだけを抽出することができる

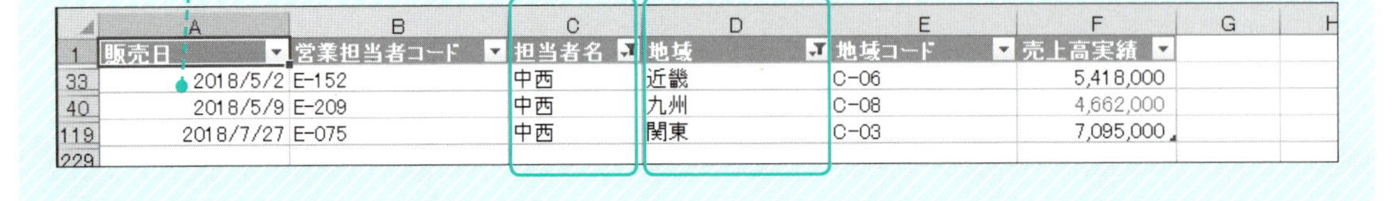

	A	B	C	D	E	F
1	販売日	営業担当者コード	担当者名	地域	地域コード	売上高実績
33	2018/5/2	E-152	中西	近畿	C-06	5,418,000
40	2018/5/9	E-209	中西	九州	C-08	4,662,000
119	2018/7/27	E-075	中西	関東	C-03	7,095,000
229						

フィルターとは

「フィルター」とは、列に対して条件を指定することで、データを絞り込む機能です。「フィルター」では、列に含まれるデータの種類（文字列、数値、日付）を判定し、その種類に応じた条件の指定方法を提供してくれます。

●文字列での抽出方法

指定した文字列に一致する(しない)もの、指定の文字列を含む(含まない)もの、など。
例:「東京」と一致するデータ、「東京」で始まるデータ（後者は「東京都」も抽出対象に含まれる）

●数値での抽出方法

指定した数値に一致する(しない)もの、指定の範囲に含まれる(含まれない)もの、平均以上(以下)、上位（下位)、など。
例：「100」と等しいデータ、「100以上」のデータ（後者は「200」が含まれる)、上位10位まで

●日付での抽出方法

指定した日のデータ、今日（昨日、明日）のデータ、今年（昨年、来年）のデータ、など。
例:「2018年1月1日」のデータ、「昨年」のデータ（昨年の1月1日から12月31日までが対象となる）

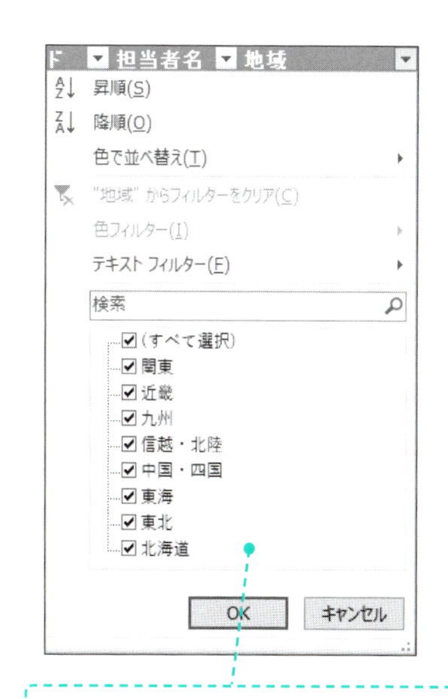

ドロップダウンメニューのリストで、チェックを入れた値と等しいデータが抽出される

抽出の方法には、以下の3つの方法があります。

●リストからの抽出

チェックを入れたものと同じ値のデータを抽出する。

●オートフィルターオプションからの抽出

ある文字列を含む、ある数値以上、といった条件による抽出を行う。

●期間での抽出

「今日」、「来年」などの期間で抽出を行う（日付による抽出の場合のみ)。

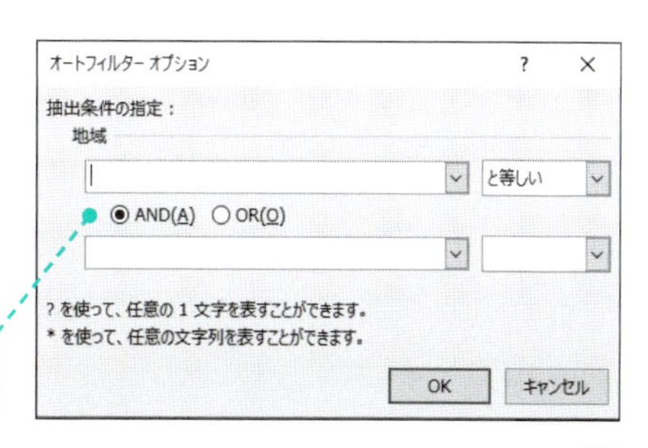

オートフィルターオプションで抽出したい条件を入力する。条件は2つまで設定することができる

❶ 条件を満たす文字列でフィルターをかける 2013 2016 2019

まず最初に特定の地域や商品名など文字列でデータを絞る方法を学習します。フィルタードロップダウンリストボックスのチェックボックスから対象を選択する方法と、「テキストフィルター」から設定する方法があります。

チェックボックスから対象を選択する方法

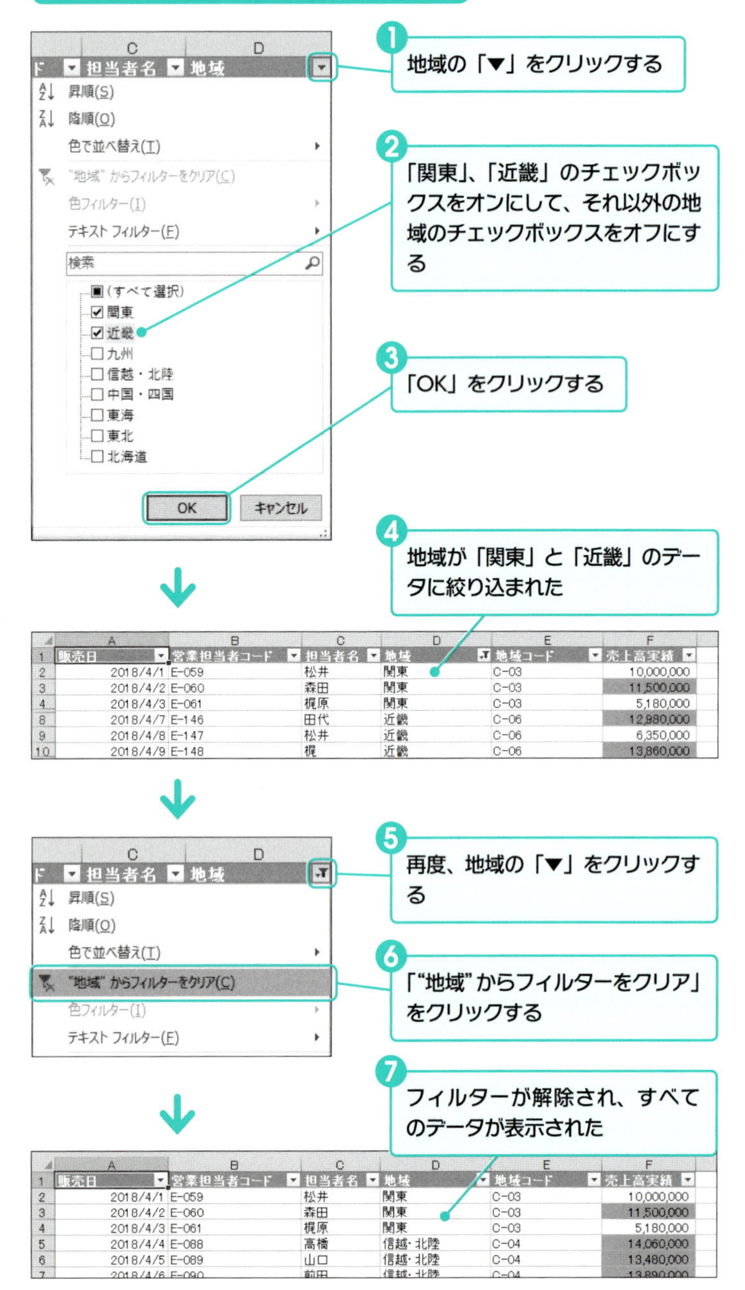

フィルターが表示されていない場合

フィルターを利用したいデータ範囲を選択した状態で「データ」タブの「フィルター」ボタンをクリックすればフィルターが設定されます。

チェックボックスのオン、オフについて

オンにしたい文字列の数が少ない場合は、一度「(すべて選択)」のチェックボックスをオフにして、選択したい文字列のチェックボックスだけをオンにすると効率的です。

フィルターを使用している状態表示

フィルターを使用しているとき、フィルター実行中の列の「▼」はフィルター機能オン表示に切り替わります。

フィルターのクリア方法

フィルターのクリアは、「データ」タブの「並べ替えとフィルター」メニューにある「クリア」ボタンで行うこともできます。

テキストフィルターから対象を選択する方法

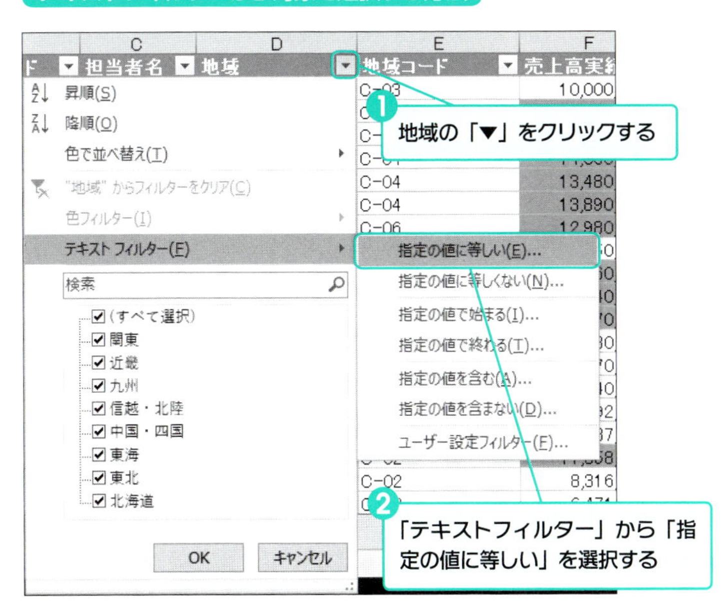

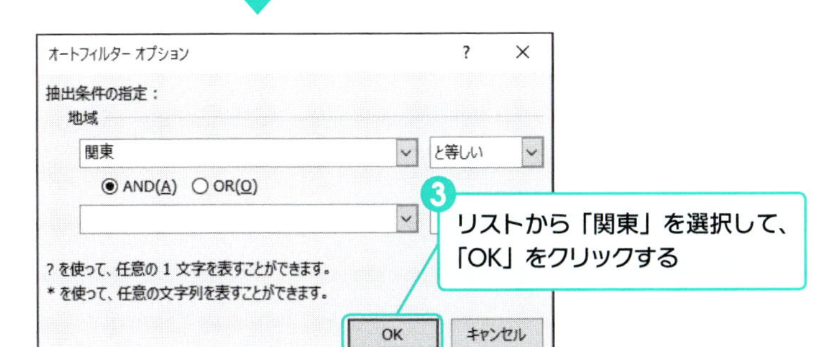

	A	B	C	D	E	F
1	販売日	営業担当者コード	担当者名	地域	地域コード	売上高実績
2	2018/4/1	E-059	松井	関東	C-03	10,000,000
3	2018/4/2	E-060	森田	関東	C-03	11,500,000
4	2018/4/3	E-061	梶原	関東	C-03	5,180,000
21	2018/4/20	E-062	岡田	関東	C-03	13,050,000
47	2018/5/16	E-063	小泉	関東	C-03	4,888,000
48	2018/5/17	E-064	伊藤	関東	C-03	11,464,000

4 地域が「関東」のデータに絞り込まれた

表3-2-1　テキストフィルターで使用可能な条件

条件
指定の値に等しい
指定の値に等しくない
指定の値で始まる
指定の値で終わる
指定の値を含む
指定の値を含まない

AND条件とOR条件

テキストフィルターでは、抽出条件を2つ設定できます。「AND」を指定すると、2つの条件を満たすデータを抽出できます。一方、「OR」を選択すると、どちらか1つを満たすデータを抽出することができます。

❷ 条件を満たす数値でフィルターをかける 2013 2016 2019

続いて、数値を条件としてデータを絞る方法を解説します。「目標売上を達成している地域を知りたい」、「売上上位の営業担当者を抽出したい」といったケースでの活用が可能です。

数値の範囲を指定する方法

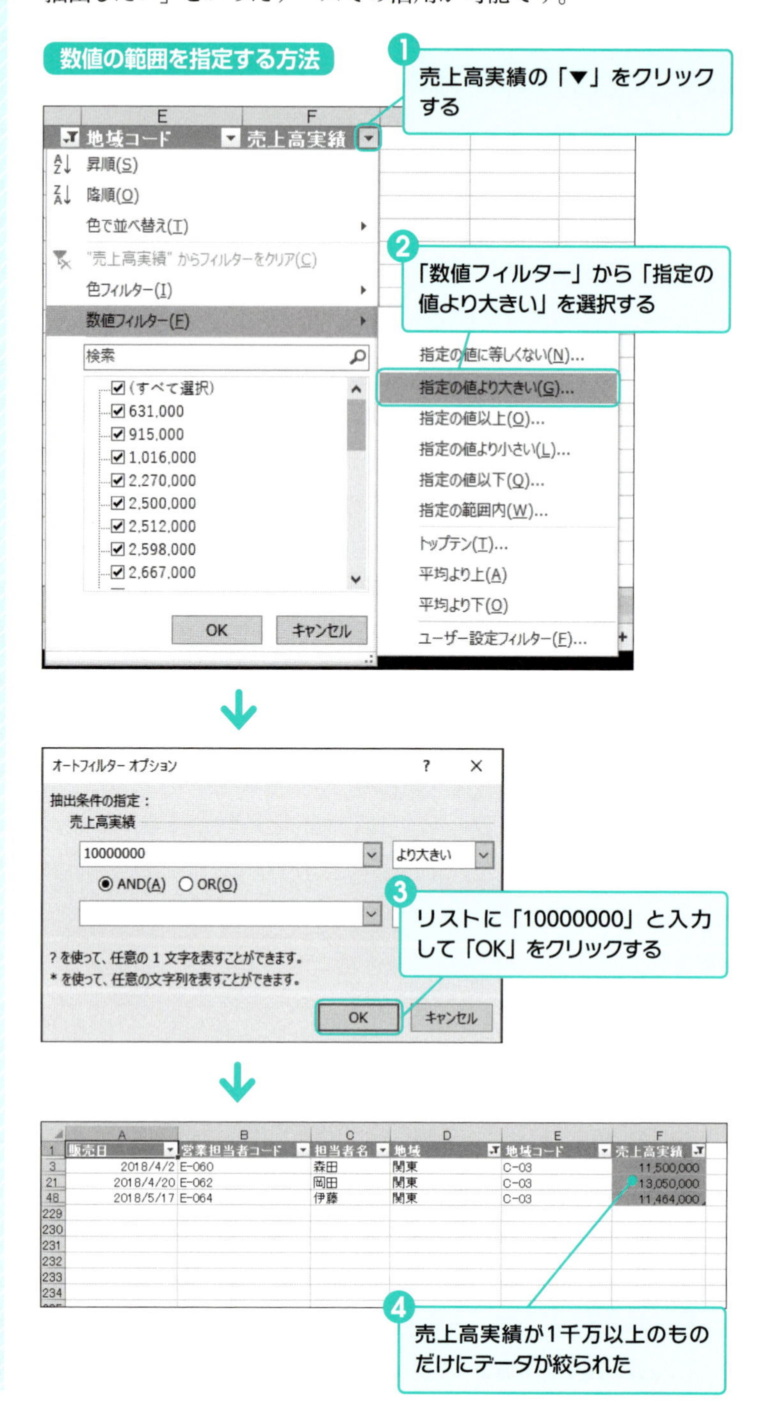

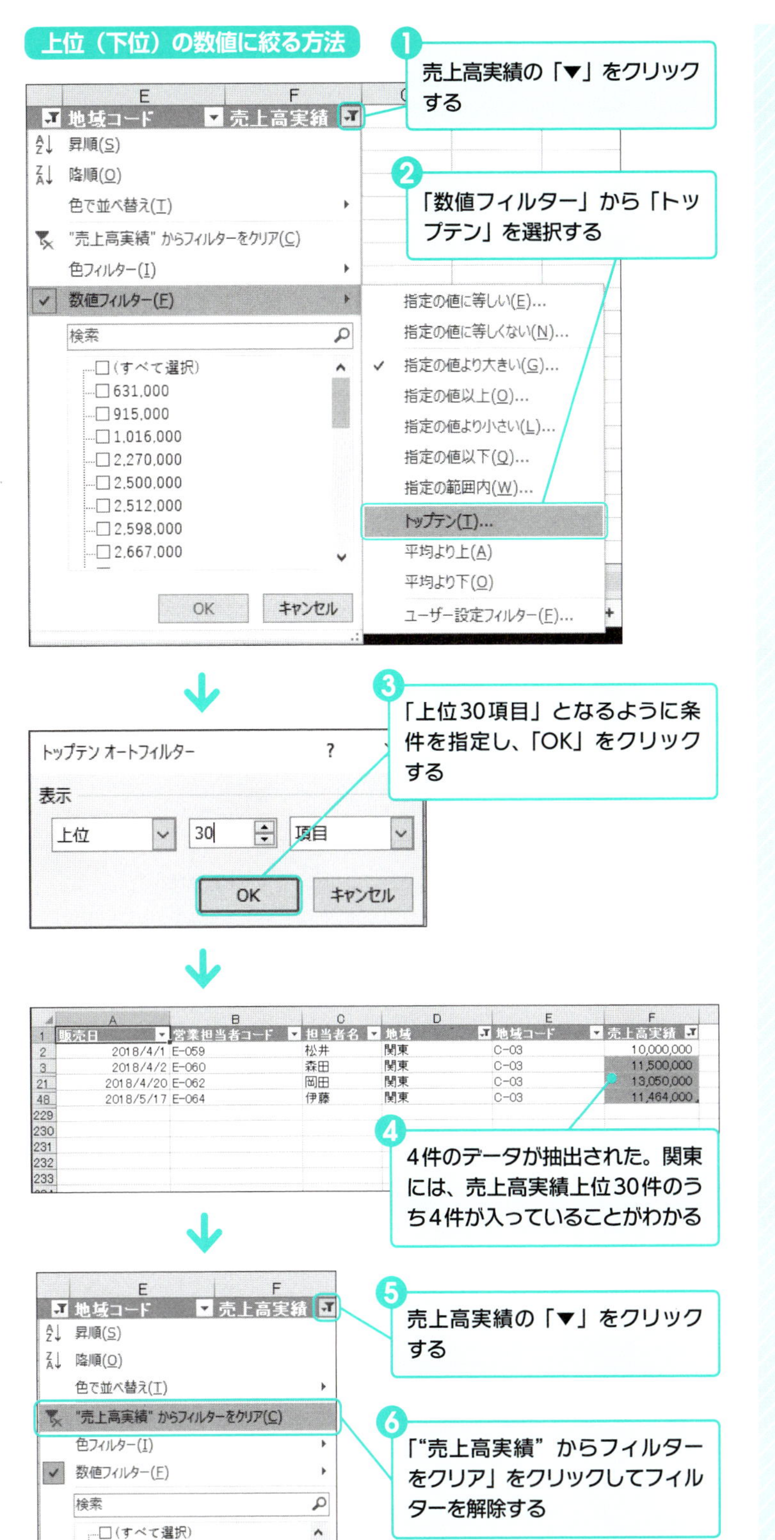

トップテンの算出について

トップテンは、テーブル全体での上位（下位）を判定しています。そのため、「関東の上位5位」を知りたい場合などは、別途データを関東に絞ったテーブルを作成する必要があります。

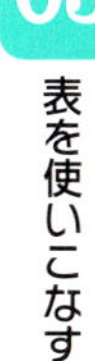

❸ 条件を満たす日付でフィルターをかける 2013 2016 2019

「フィルター」では、日付によるデータの絞り込みが可能です。「先月の売上を確認したい」場合や、「前年と今年の比較をしたい」場合などに、日付でのフィルターが有効です。

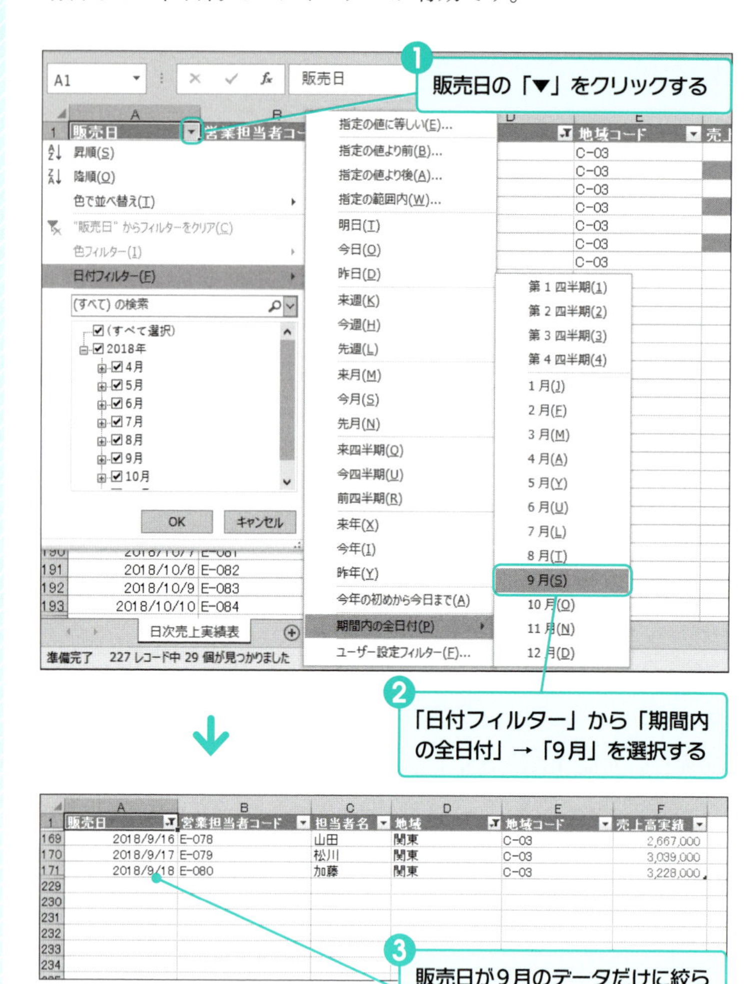

表3-2-2　日付フィルターで使用可能な条件

条件	選択可能な値
日単位	明日、今日、昨日
週単位	来週、今週、先週
月単位	来月、今月、先月
四半期単位	来四半期、今四半期、前四半期
年単位	来年、今年、昨年
今年	今年の初めから今日まで
期間内の全日付	1月、2月～12月

Column セル、フォントの色でフィルターをかける

「フィルター」では、セルとフォントの色でフィルターをかけることもできます。条件付き書式（76ページ参照）でセルやフォントに色を付けているような場合に、この機能を利用すると、条件を満たすデータを簡単に取り出すことができます。

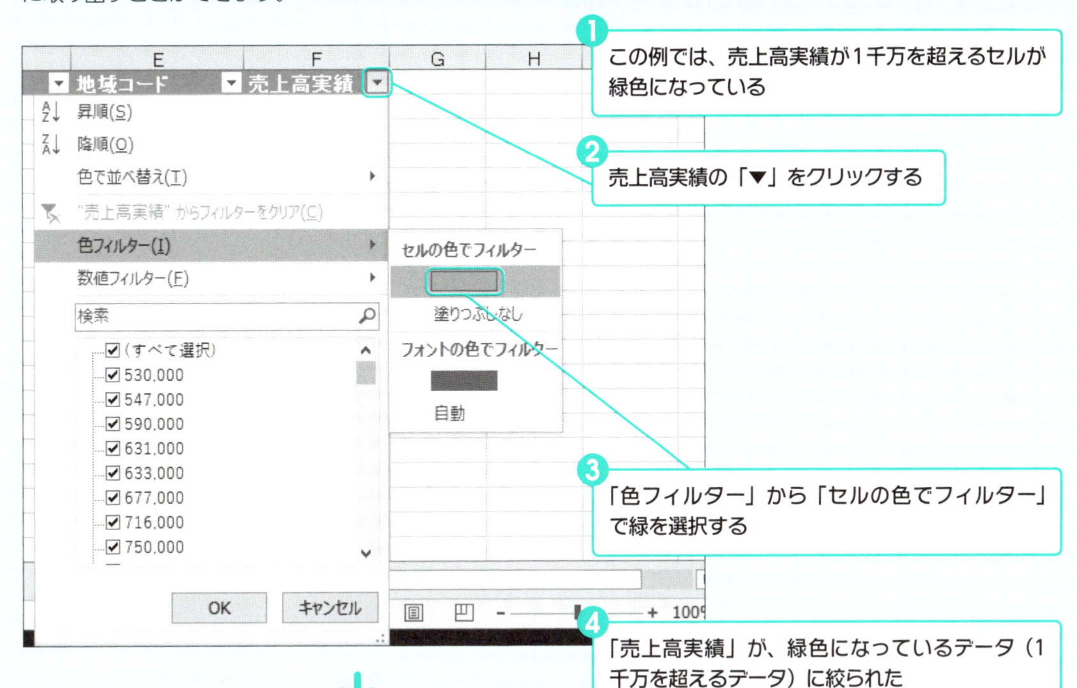

	A	B	C	D	E	F
1	販売日	営業担当者コード	担当者名	地域	地域コード	売上高実績
3	2018/4/2	E-060	森田	関東	C-03	11,500,000
5	2018/4/4	E-088	高橋	信越・北陸	C-04	14,060,000
6	2018/4/5	E-089	山口	信越・北陸	C-04	13,480,000
7	2018/4/6	E-090	前田	信越・北陸	C-04	13,890,000
8	2018/4/7	E-146	田代	近畿	C-06	12,980,000
10	2018/4/9	E-148	梶	近畿	C-06	13,860,000
11	2018/4/10	E-175	山口	中国・四国	C-07	13,140,000
12	2018/4/11	E-176	梶	中国・四国	C-07	14,470,000
18	2018/4/17	E-031	岡田	東北	C-02	11,358,000
21	2018/4/20	E-062	岡田	関東	C-03	13,050,000
23	2018/4/22	E-092	田中	信越・北陸	C-04	13,005,000
27	2018/4/26	E-119	田代	東海	C-05	11,331,000
28	2018/4/27	E-120	福田	東海	C-05	12,339,000
29	2018/4/28	E-121	田中	東海	C-05	10,827,000
31	2018/4/30	E-150	中島	近畿	C-06	11,961,000
36	2018/5/5	E-179	坂本	中国・四国	C-07	11,511,000
38	2018/5/7	E-207	青山	九州	C-08	11,016,000
44	2018/5/13	E-035	伊藤	東北	C-02	11,184,000
48	2018/5/17	E-064	伊藤	関東	C-03	11,464,000

日次売上実績表

準備完了　227 レコード中 23 個が見つかりました

03 並べ替えと集計

データが順序立って整理されていると、分析が行いやすくなります。この節ではデータの整理方法として、並べ替え機能を学習します。また、整理したデータの傾向をつかむために、集計機能も覚えておくと便利です。

Point

規則性なく並んだデータを眺めても、どういった傾向があるかを読み取ることはできません。データの傾向をつかむために、以下の処理を行うことが重要です。

1 データを規則正しく並べる
2 集計を行い、データの傾向をとらえる

規則正しくデータが並んでいれば、大まかな傾向をつかむことが可能になり、次にどういった分析を行うべきかを考えやすくなります。その上で、データの集計を行えば、その傾向をより詳しく把握することができます。

Sample 並べ替え、集計の前と後

	A	B	C	D	E	F	G
1	営業担当者コード	営業担当者名	担当地域	地域コード	売上高目標	売上高実績	目標達成率
2	E-197	山本	中国・四国	C-07	2,000,000	1,308,000	65
3	E-211	梶	九州	C-08	8,000,000	7,208,000	90
4	E-087	渡辺	関東	C-03	1,000,000	631,000	63
5	E-048	青山	東北	C-02	3,000,000	4,104,000	137
6	E-095	梶原	信越・北陸	C-04	7,000,000	8,834,000	126
7	E-199	中西	中国・四国	C-07	2,000,000	1,284,000	64
8	E-216	岡田	九州	C-08	6,000,000	8,748,000	146
9	E-061	梶原	関東	C-03	10,000,000	5,180,000	52
10	E-058	山田	東北	C-02	1,000,000	716,000	72
11	E-083	青山	関東	C-03	2,000,000	2,598,000	130
12	E-215	長谷川	九州	C-08	7,000,000	8,785,000	126
13	E-213	伊藤	九州	C-08	7,000,000	7,035,000	101
14	E-119	田代	東海	C-05	9,000,000	11,331,000	126

並べ替え、集計前のデータはばらばらに並んでいて見づらい

	営業担当者コード	営業担当者名	担当地域	地域コード	売上高目標	売上高実績	目標達成率
226	E-221	山本	九州	C-08	5,000,000	5,650,000	76
227	E-204	渡辺	九州	C-08	10,000,000	5,330,000	144
228	E-223	井上	九州	C-08	5,000,000	5,275,000	101
229	E-225	福田	九州	C-08	4,000,000	5,224,000	134
230	E-209	中西	九州	C-08	9,000,000	4,662,000	130
231	E-224	松川	九州	C-08	4,000,000	4,032,000	79
232	E-226	松井	九州	C-08	3,000,000	3,960,000	77
233	E-220	秋田	九州	C-08	5,000,000	3,420,000	76
234	E-228	森田	九州	C-08	2,000,000	2,604,000	101
235	E-227	小泉	九州	C-08	3,000,000	2,163,000	72
236			九州 集計		160,000,000	160,611,000	
237			総計		1,211,000,000	1,223,904,000	

並べ替えを行ったことで、データが見やすくなった

集計を加えると、データの傾向がわかりやすくなる

並べ替えとは、集計とは

「並べ替え」とは文字通り、データの並び順を変えて、整列する機能です。データが整列していない状態では、そこから規則性をつかむことは容易ではありません。たとえば、以下のようなパターンでデータが並んでいたとします。

- 10月の売上データの次に5月の売上データがきている
  →この状態では、時系列で売上の推移を理解することができません
- 複数の商品が含まれているデータで、同じ商品のデータが離れたところに並んでいる
  →この状態では、商品の置かれている状況を知ることはできません

「並べ替え」を行うことは、データ分析を行うための最初のステップです。

並べ替えたデータを見るだけでもある程度の傾向をつかむことはできますが、さらに「集計」を行うことで、その傾向を詳しく把握することができます。Excelでは合計や平均、最大値、最小値といった値を集計値として出力することができます。集計機能を使いこなすことで、1つの表から様々な情報を得ることができます。

表3-3-1　並べ替え前の表

月	商品	単価(円)	数量	売上(円)
1月	コーヒー	500	200	100,000
2月	紅茶	350	250	87,500
3月	コーヒー	550	150	82,500
1月	紅茶	300	300	90,000
3月	紅茶	300	280	84,000
2月	コーヒー	450	400	180,000

表3-3-2　月、商品の順に並べ替えた表

月	商品	単価(円)	数量	売上(円)
1月	コーヒー	500	200	100,000
1月	紅茶	300	300	90,000
1月 集計			500	190,000
2月	コーヒー	450	400	180,000
2月	紅茶	350	250	87,500
2月 集計			650	267,500
3月	コーヒー	550	150	82,500
3月	紅茶	300	280	84,000
3月 集計			430	166,500

表3-3-3　商品、月の順に並べ替えた表

月	商品	単価(円)	数量	売上(円)
1月	コーヒー	500	200	100,000
2月	コーヒー	450	400	180,000
3月	コーヒー	550	150	82,500
	コーヒー 集計		750	362,500
1月	紅茶	300	300	90,000
2月	紅茶	350	250	87,500
3月	紅茶	300	280	84,000
	紅茶 集計		830	261,500
	総計		1580	624,000

表3-3-2は、月ごとに商品の売上を比較したい場合の整列パターン、表3-3-3は、商品ごとに月別の売上推移を見たい場合の整列パターンです。並べ方を変えることによって、異なる目的の分析が可能になります。また、集計行を作ることで、左の表では全体の売上推移が、右の表では商品別の売上合計値が一目で確認できます。

❶ 並べ替えの方法

2013 2016 2019

データを規則正しく並べることは、データ分析を行う第一歩です。データが整列していることで、データの全体像をつかむことができます。また、整列後のデータは、集計などの分析を行う上で扱いやすい状態と言えます。

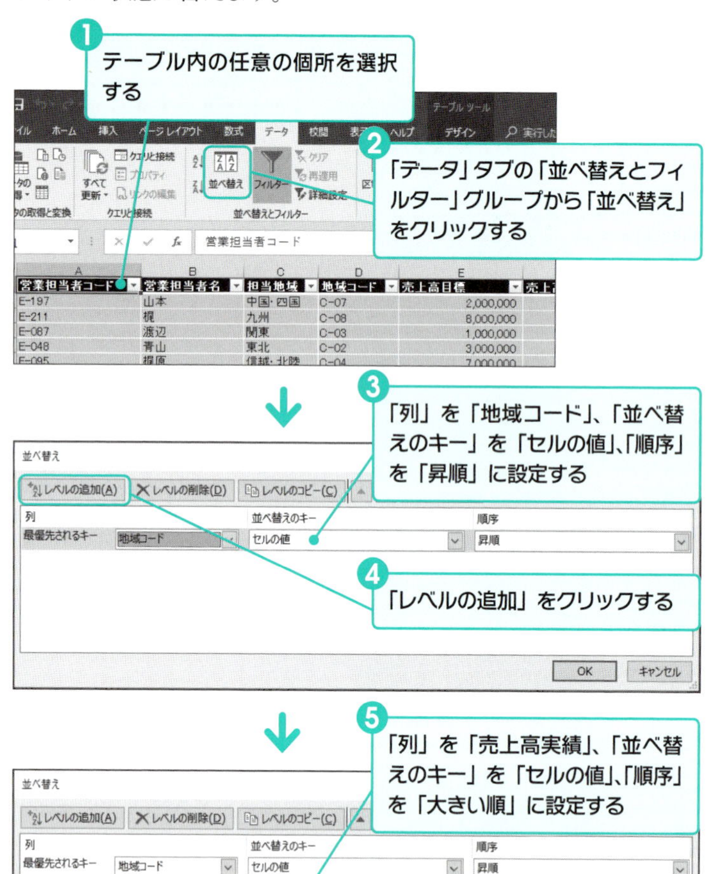

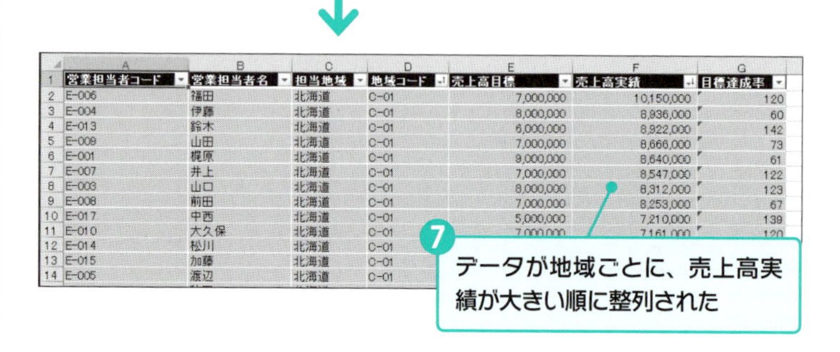

「ホーム」タブからの並べ替え

「ホーム」タブの「編集」グループから「並べ替えとフィルター」→「ユーザー設定の並べ替え」を使用しても、同様の操作が可能です。

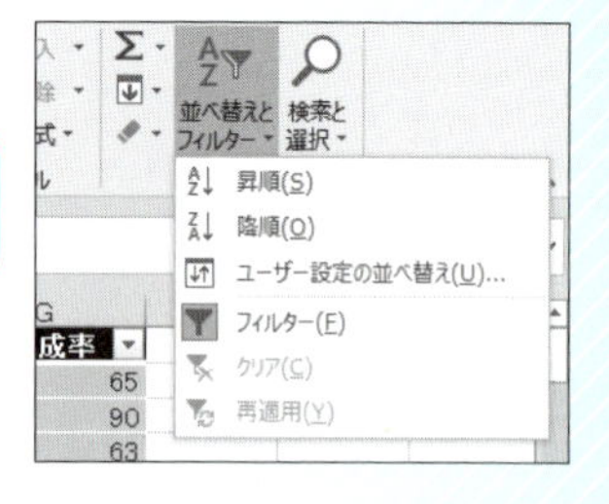

Excel 2013の場合は

「列」を「地域コード」、「並べ替えのキー」を「値」、「順序」を「昇順」に設定します。

Excel 2013の場合は

「列」を「売上高実績」、「並べ替えのキー」を「値」、「順序」を「降順」に設定します。

❷ テーブルに総計を追加する 2013 2016 2019

全体の傾向をつかむために、総計を算出します。データがテーブルとして定義されていれば、簡単に総計を算出することができます。

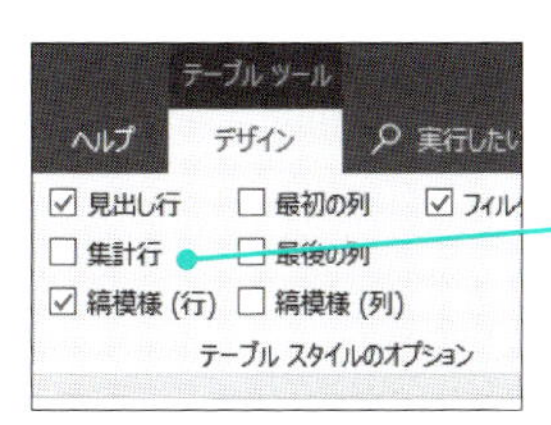

❶ テーブルの任意の場所を選択した状態で、「デザイン」タブの「テーブルスタイルのオプション」グループにある「集計行」にチェックを入れる

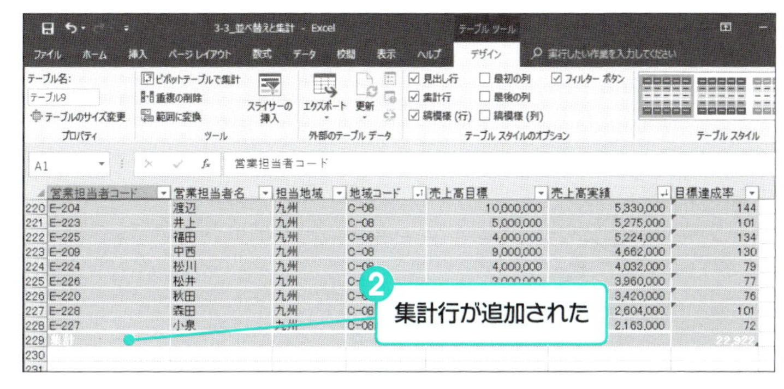

❷ 集計行が追加された

❸ 「目標達成率」の集計セルを選択して「▼」をクリックし、「なし」を選ぶ

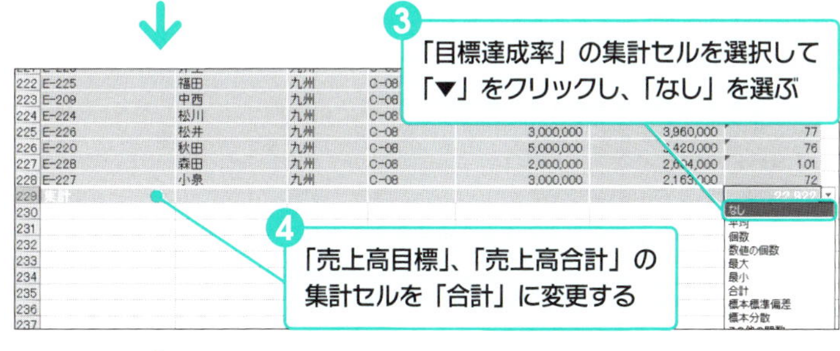

❹ 「売上高目標」、「売上高合計」の集計セルを「合計」に変更する

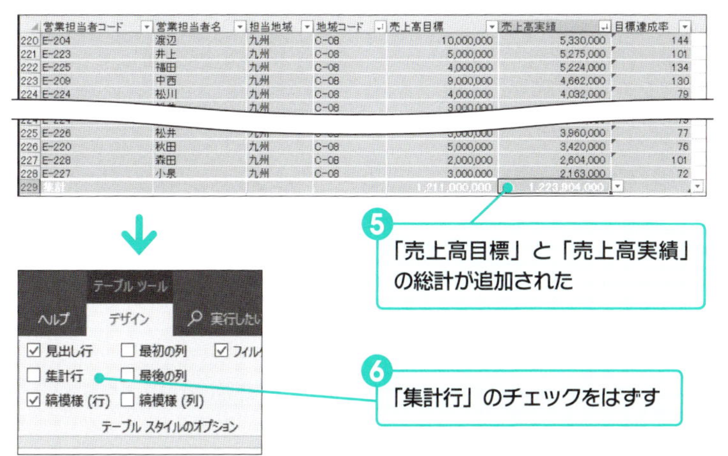

❺ 「売上高目標」と「売上高実績」の総計が追加された

❻ 「集計行」のチェックをはずす

❸ 小計を追加する

2013 2016 2019

傾向をより詳細につかむためには、より細かい単位で集計を行う必要があります。地域や年月といった細かい単位で小計を計算すれば、どの部分が良い（悪い）結果をもたらしているかを特定することができます。

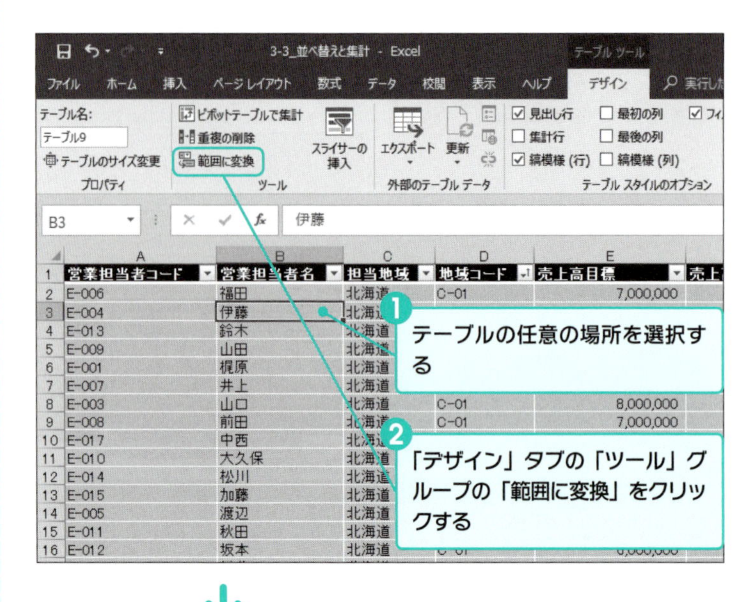

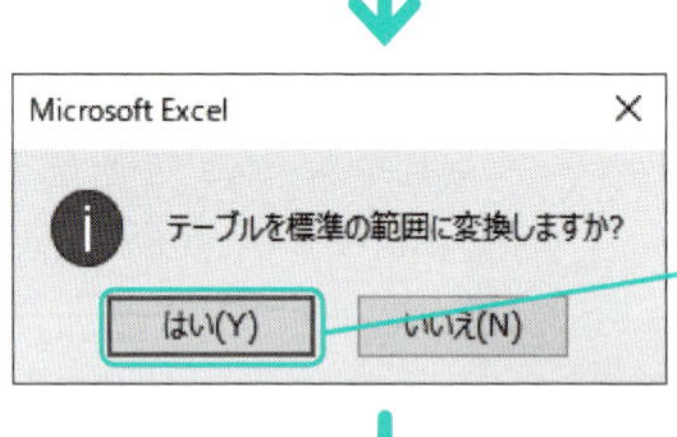

3 「テーブルを標準の範囲に変換しますか？」のメッセージが表示されたら「はい」をクリックする

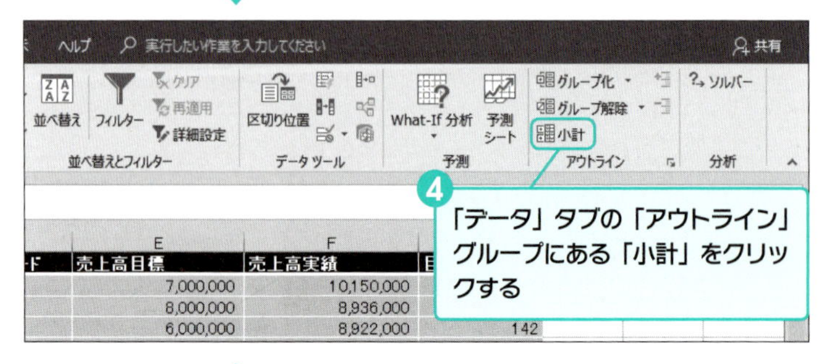

テーブルの状態では小計を追加できない

データをテーブルとして定義している状態では、小計を追加することができません。一度「範囲に変換」を実行してテーブルを解除する必要があります。

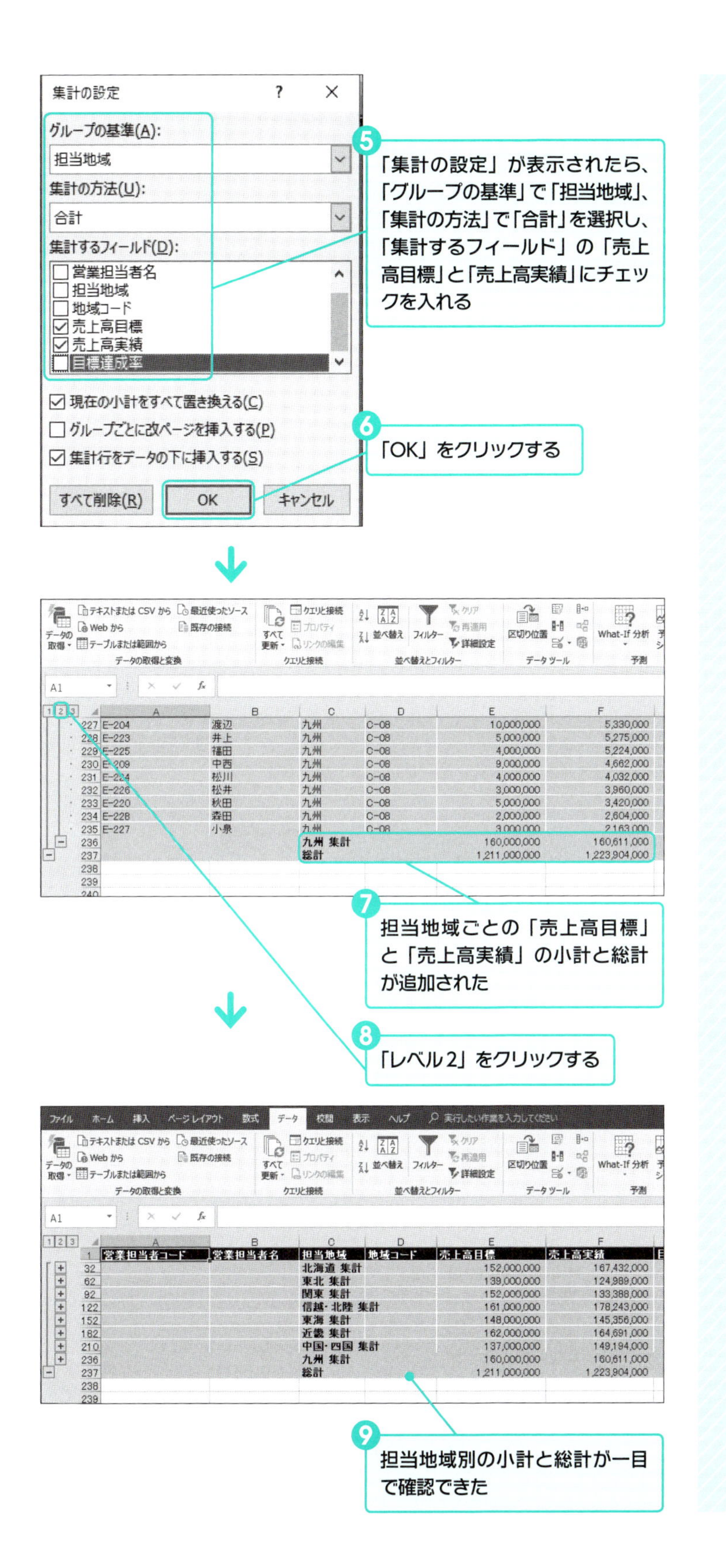

	A	B	C	D	E	F
227	E-204	渡辺	九州	C-08	10,000,000	5,330,000
228	E-223	井上	九州	C-08	5,000,000	5,275,000
229	E-225	福田	九州	C-08	4,000,000	5,224,000
230	E-209	中西	九州	C-08	9,000,000	4,662,000
231	E-224	松川	九州	C-08	4,000,000	4,032,000
232	E-226	松井	九州	C-08	3,000,000	3,960,000
233	E-220	秋田	九州	C-08	5,000,000	3,420,000
234	E-228	森田	九州	C-08	2,000,000	2,604,000
235	E-227	小泉	九州	C-08	3,000,000	2,163,000
236			九州 集計		160,000,000	160,611,000
237			総計		1,211,000,000	1,223,904,000

	営業担当者コード	営業担当者名	担当地域	地域コード	売上高目標	売上高実績
32			北海道 集計		152,000,000	167,432,000
62			東北 集計		139,000,000	124,989,000
92			関東 集計		152,000,000	133,388,000
122			信越・北陸 集計		161,000,000	178,243,000
152			東海 集計		148,000,000	145,356,000
182			近畿 集計		162,000,000	164,691,000
210			中国・四国 集計		137,000,000	149,194,000
236			九州 集計		160,000,000	160,611,000
237			総計		1,211,000,000	1,223,904,000

04 条件付き書式

「条件付き書式」を使用すれば、視覚的にデータの傾向をとらえることができます。

Point

「条件付き書式」を使用すれば、予算の達成状況の確認や、異常値の発見などが視覚的に行えます。「条件付き書式」では、5つの強調方法が提供されています。

1 セルの色
2 フォントの強調
3 データバー
4 カラースケール
5 アイコンセット

これらを利用して、分析、報告などの用途にあわせた書式設定を行うことがポイントです。

Sample 条件付き書式の設定前と設定後

条件付き書式設定前のデータ

担当地域	地域コード	売上高目標	売上高実績	目標達成率	前年度売上高	売上高前年比
北海道	C-01	152,000,000	167,432,000	110	195,088,000	117
東北	C-02	139,000,000	124,989,000	90	138,678,000	111
関東	C-03	152,000,000	133,388,000	88	137,237,000	103
信越・北陸	C-04	161,000,000	178,243,000	111	188,874,000	106
東海	C-05	148,000,000	145,356,000	98	171,211,000	118

データバーによって値の大きさが表現されている

アイコンセットによって目標の達成状況が表されている

担当地域	地域コード	売上高目標	売上高実績	目標達成率	前年度売上高	売上高前年比
近畿	C-06	162,000,000	164,691,000	102	190,591,000	116
信越・北陸	C-04	161,000,000	178,243,000	111	188,874,000	106
九州	C-08	160,000,000	160,611,000	100	150,450,000	94
北海道	C-01	152,000,000	167,432,000	110	195,088,000	117
関東	C-03	152,000,000	133,388,000	88	137,237,000	103
東海	C-05	148,000,000	145,356,000	98	171,211,000	118
東北	C-02	139,000,000	124,989,000	90	138,678,000	111
中国・四国	C-07	137,000,000	149,194,000	109	163,895,000	110

カラースケールによってデータが区分されている

セルの色で前年比を上回るセルが強調されている

条件付き書式とは

「条件付き書式」とは、セルの値に応じて、フォントの色やセルの色、アイコンなどを変化させ、セルの強調表示を行う機能です。活用場面としては、以下のような場面が想定されます。

● 売上高が目標額を上回っているところを強調したい
「セルの強調表示ルール」を使用します

● 営業成績の上位10位までを強調したい
「上位/下位ルール」を使用します

● 営業成績の良し悪しを比較したい
「データバー」や「カラースケール」を使用します

● 目標の達成状況をアイコンで一目でわかるようにしたい
「アイコンセット」を使用します

これらの条件付き書式は、最初からExcelのグループ上に用意されているため、簡単に設定することができます。作成した条件付き書式は「ルール」と呼ばれ、「ルールの管理」機能を使用して、削除や編集、新規追加などを行うことができます。

表3-4-1　条件付き書式の種類

条件付き書式の種類	選択可能なもの
セルの強調表示ルール	指定の値より大きい
	指定の値より小さい
	指定の範囲内
	指定の値に等しい
	文字列
	日付
	重複する値
上位/下位ルール	上位10項目
	上位10%
	下位10項目
	下位10%
	平均より上
	平均より下
データバー	データバーの色が選択可能
カラースケール	カラースケールの種類が選択可能
アイコンセット	アイコンの種類が選択可能

❶ セルの強調表示

2013 2016 2019

「セルの強調表示ルール」は、指定した条件を満たすセルを強調表示します。たとえば「売上百万円以上を強調したい」場合などに、このルールを使用します。

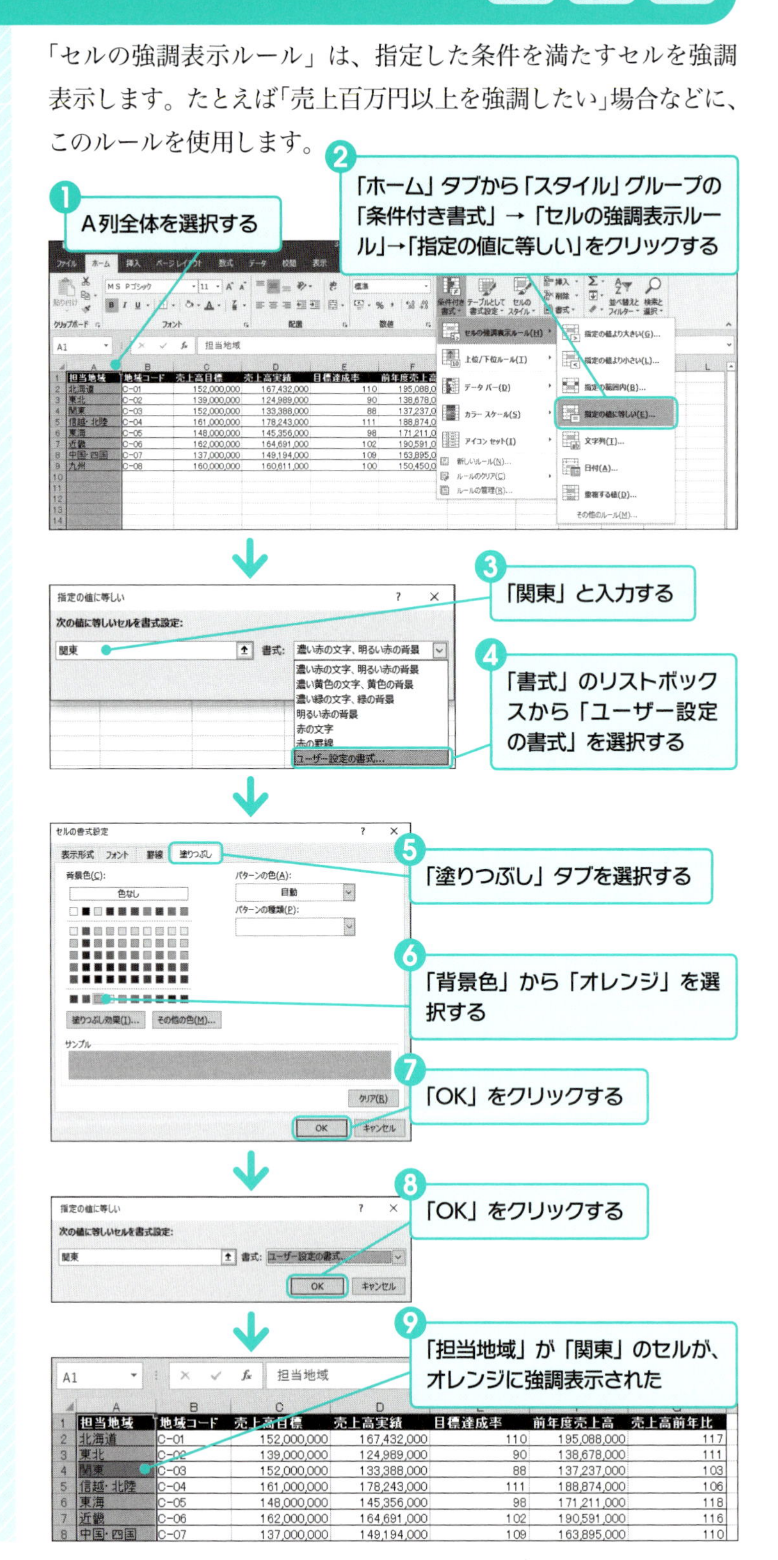

❷ 上位/下位ルール

2013 2016 2019

「上位/下位ルール」は、データ全体から上位、下位の判定を行い、該当するセルを強調表示します。たとえば「売上が昨年と比較して伸びている地域を上位5件強調したい」といった場合に利用可能です。

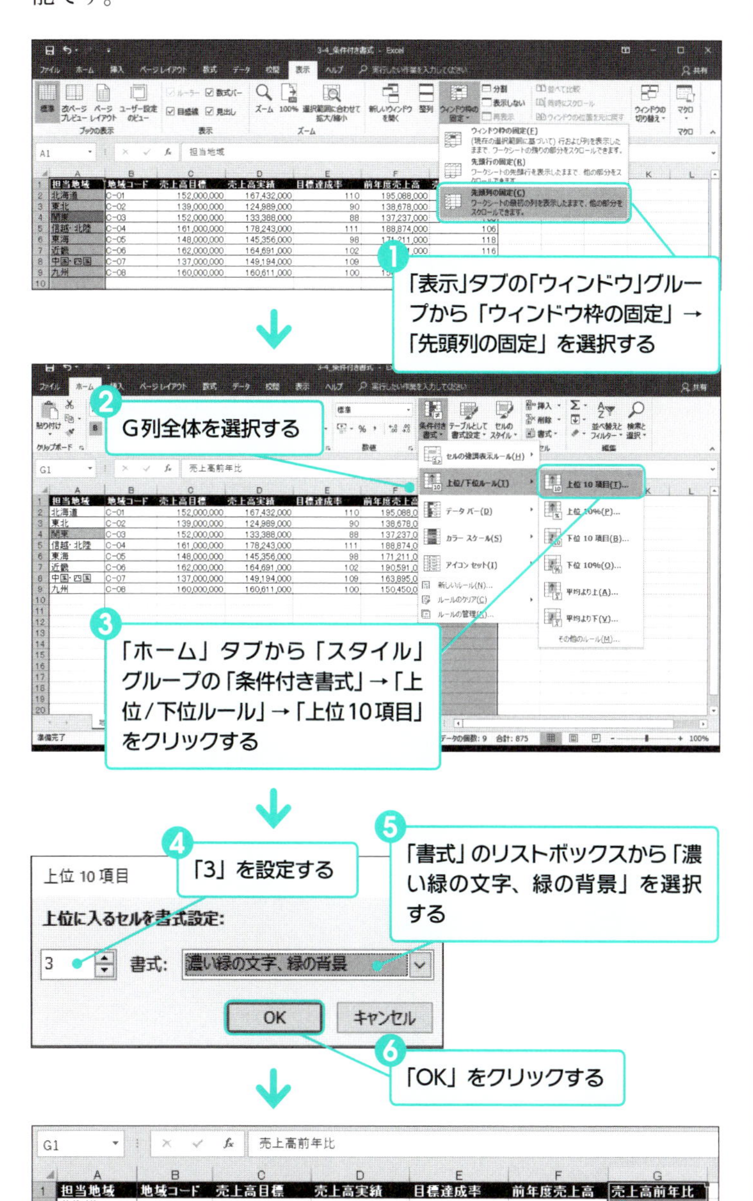

ウィンドウ枠の固定

「ウィンドウ枠の固定」を使用すると、指定した場所でウィンドウ枠が固定され、スクロールしても表示が残ります。縦長や横長の表で、先頭にタイトルがあるような場合に活用します。

❸ データバー

2013 2016 2019

「データバー」を使用すると、数値の大小や高低をバーの長さから視覚的にとらえることができます。細かく数字を見ていくのではなく、傾向をとらえるだけで良い場合などに効果的です。

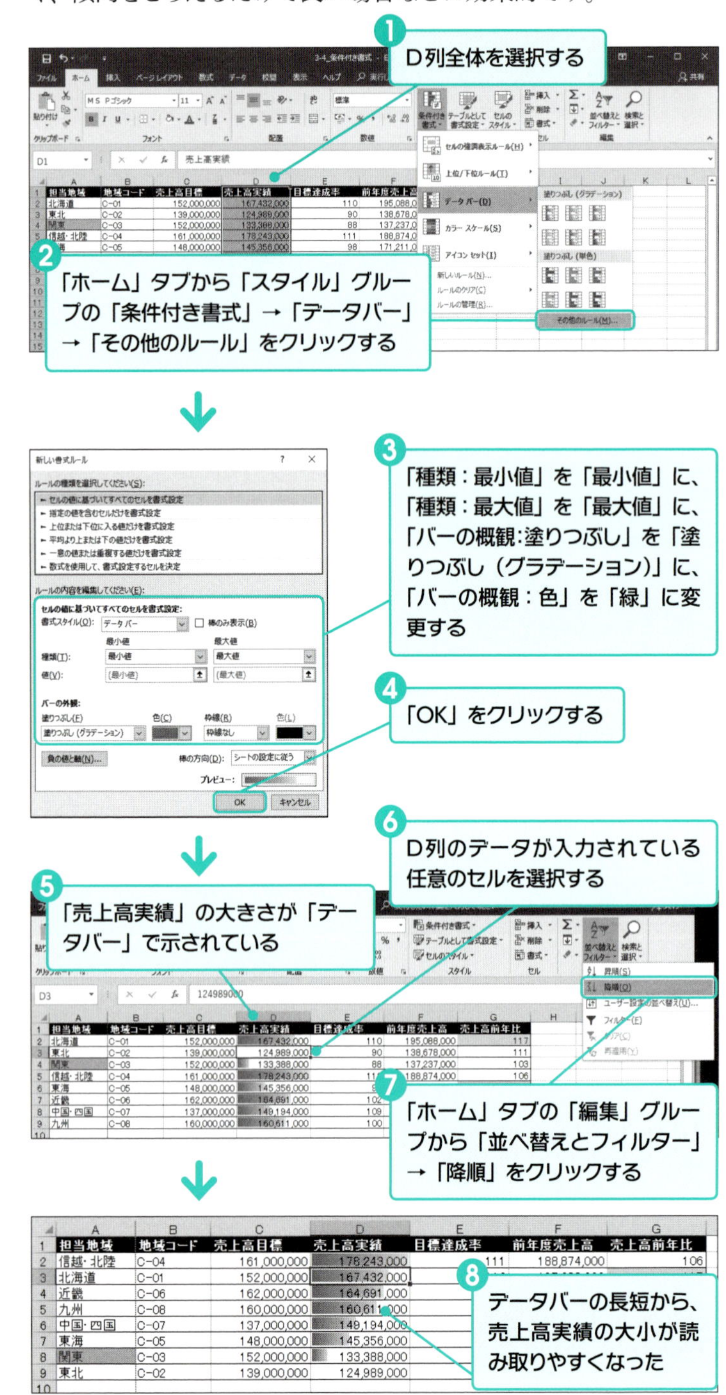

❹ カラースケール

2013 2016 2019

「カラースケール」を使うと、数値の大小や高低をグラデーションで表現できます。グラデーションで表現されているので、数値の大きいところ、小さいところ、中間のところといった数値の相対的な位置を知ることができます。

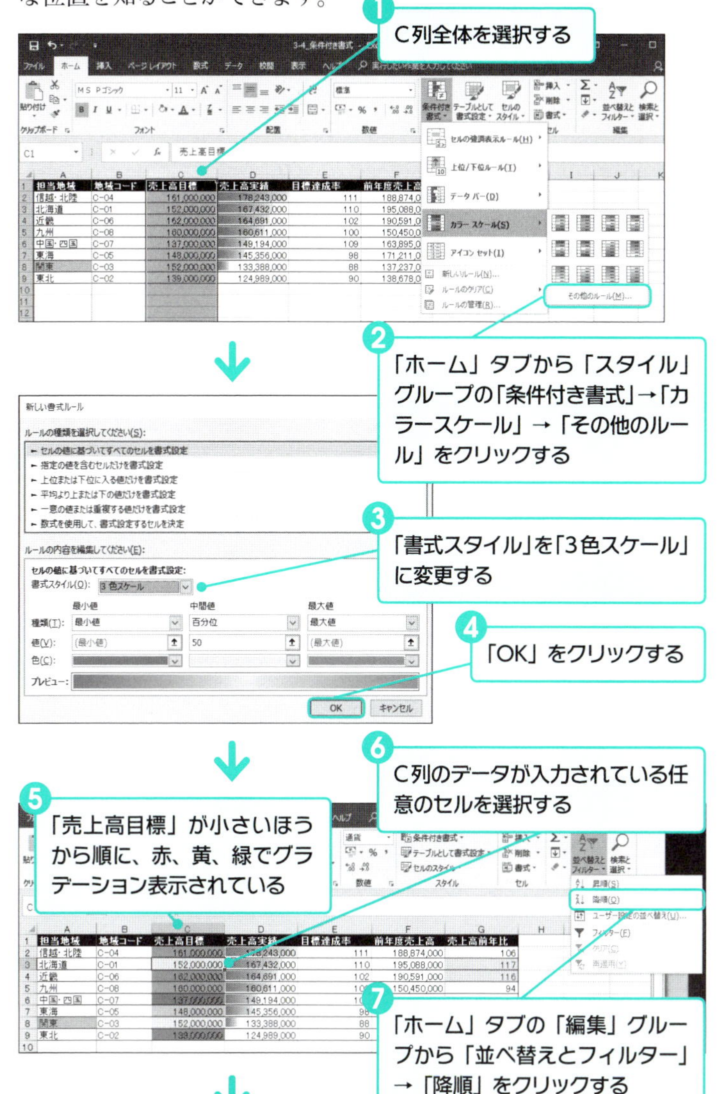

❺ アイコンセット

2013 2016 2019

「アイコンセット」を使うと、信号や矢印といった記号で数値を評価できます。たとえば、「売上目標の達成具合」でアイコンを使い分ければ、目標の達成状況が一目でわかります。

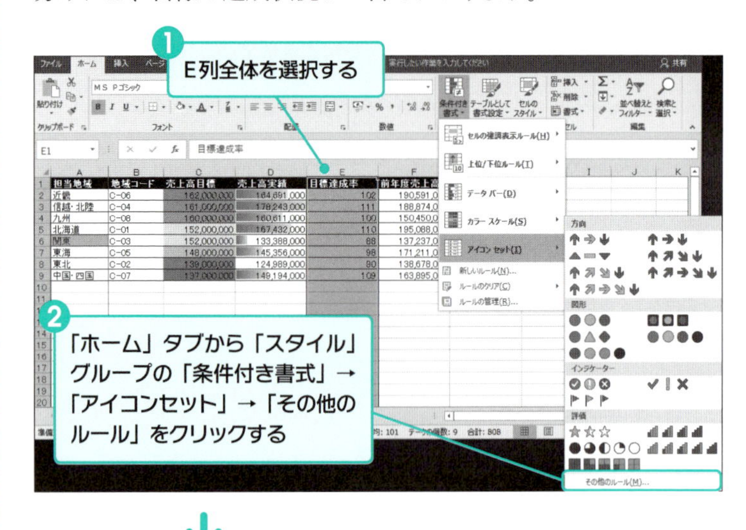

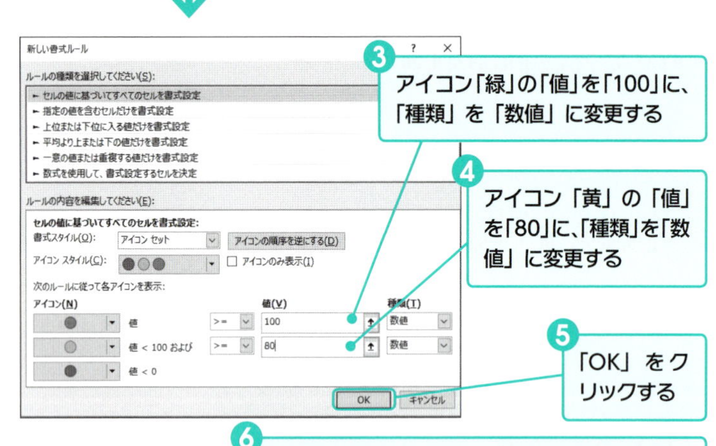

❻ 「目標達成率」が100%以上の場合は「緑」、80%以上100%未満の場合は「黄」、80%未満の場合は「赤」のアイコンが表示されている

	A	B	C	D	E	F	G
1	担当地域	地域コード	売上高目標	売上高実績	目標達成率	前年度売上高	売上高前年比
2	近畿	C-06	162,000,000	164,691,000	102	190,591,000	116
3	信越・北陸	C-04	161,000,000	178,243,000	111	188,874,000	106
4	九州	C-08	160,000,000	160,611,000	100	150,450,000	94
5	北海道	C-01	152,000,000	167,432,000	110	195,088,000	117
6	関東	C-03	152,000,000	133,388,000	88	137,237,000	103
7	東海	C-05	148,000,000	145,356,000	98	171,211,000	118
8	東北	C-02	139,000,000	124,989,000	90	138,678,000	111
9	中国・四国	C-07	137,000,000	149,194,000	109	163,895,000	110
10							
11							

❼ 「中国・四国」は、「売上高目標」は高くないが目標は達成しており、「売上高実績」も中位に位置していることがわかった

種類「パーセント」について

「種類」で「パーセント」を選択すると、そのセルが選択範囲全体の上位何%に入っているかで値が評価されます。この例では、達成率の大小を評価したいので「数値」を使用しています。

❻ ルールの管理

2013 2016 2019

最後に、設定した条件付き書式の管理方法を学習します。「ルールの管理」を使用すれば、設定されている条件付き書式の確認と変更、新規作成、削除を行うことができます。

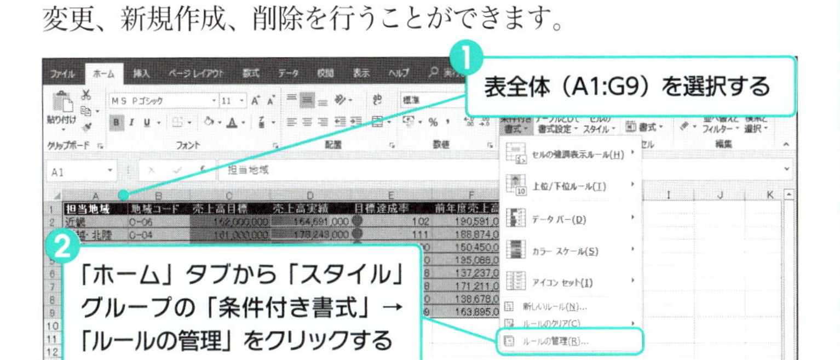

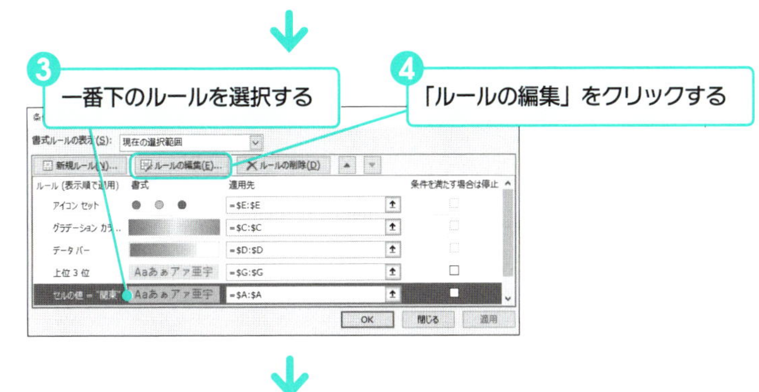

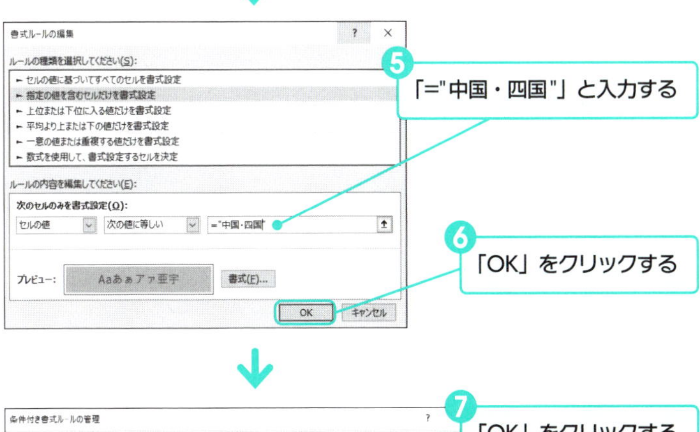

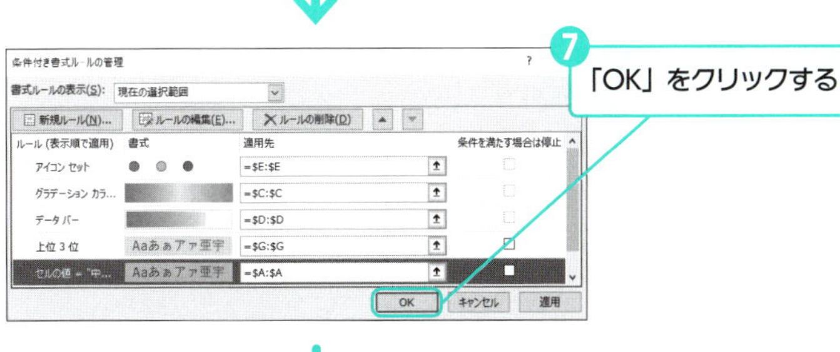

新規ルールの追加

「新規ルール」ボタンをクリックすれば、「ルールの管理」画面上で条件を追加することができます。

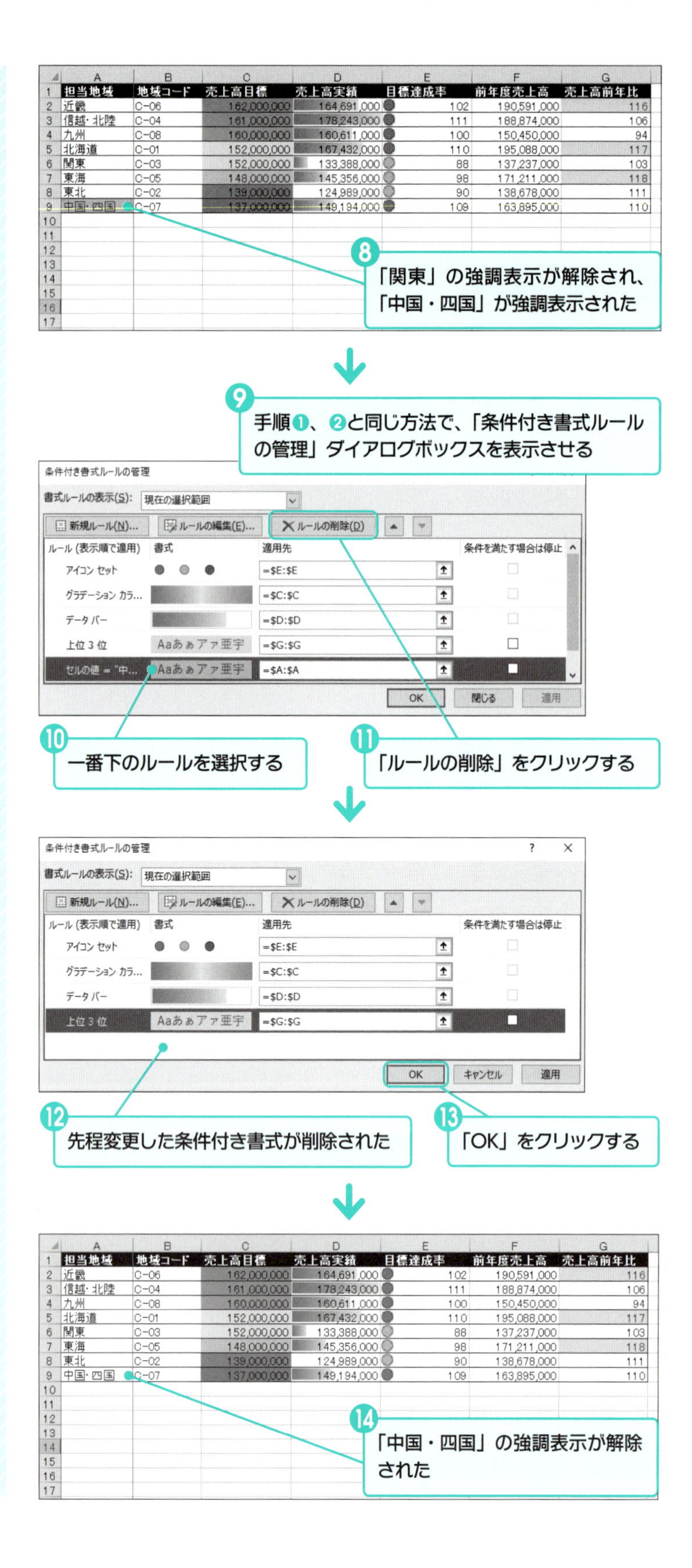
8 「関東」の強調表示が解除され、「中国・四国」が強調表示された
9 手順1、2と同じ方法で、「条件付き書式ルールの管理」ダイアログボックスを表示させる
10 一番下のルールを選択する
11 「ルールの削除」をクリックする
12 先程変更した条件付き書式が削除された
13 「OK」をクリックする
14 「中国・四国」の強調表示が解除された

Chapter
04

ピボットテーブル

「ピボットテーブル」はデータをいろいろな角度から集計することができる分析ツールです。固定的な帳票ではないので、その時その時の要件に応じた形での分析が可能です。また、ピボットテーブルのデータをデータソースとする「ピボットグラフ」をあわせて使用することで、より視覚的にわかりやすく分析を行うことができます。この章では、「ピボットテーブル」と「ピボットグラフ」を使用した分析操作を解説します。

01 ピボットテーブルの基本操作

「ピボットテーブル」は、Excelの強力な分析ツールです。ピボットテーブルを使えば、定型のレポートでは難しい、いろいろな切り口からの集計が可能になります。切り口を変えながら分析することで、新しい問題点の発見につなげることができます。

Point

ピボットテーブルの特徴は、非定型の分析が可能な点にあります。

1 分析軸（行と列）を変更する
2 分析の断面を変える
3 データを絞り込む

といった操作をスムーズに行うことができ、ストレスを感じることなく様々な仮説の検証を行うことができます。また、明細データを表示する機能を使用すれば、分析結果の裏付けとなるピボットテーブルの元データを、簡単に取得することができます。

Sample ピボットテーブルと明細レポート

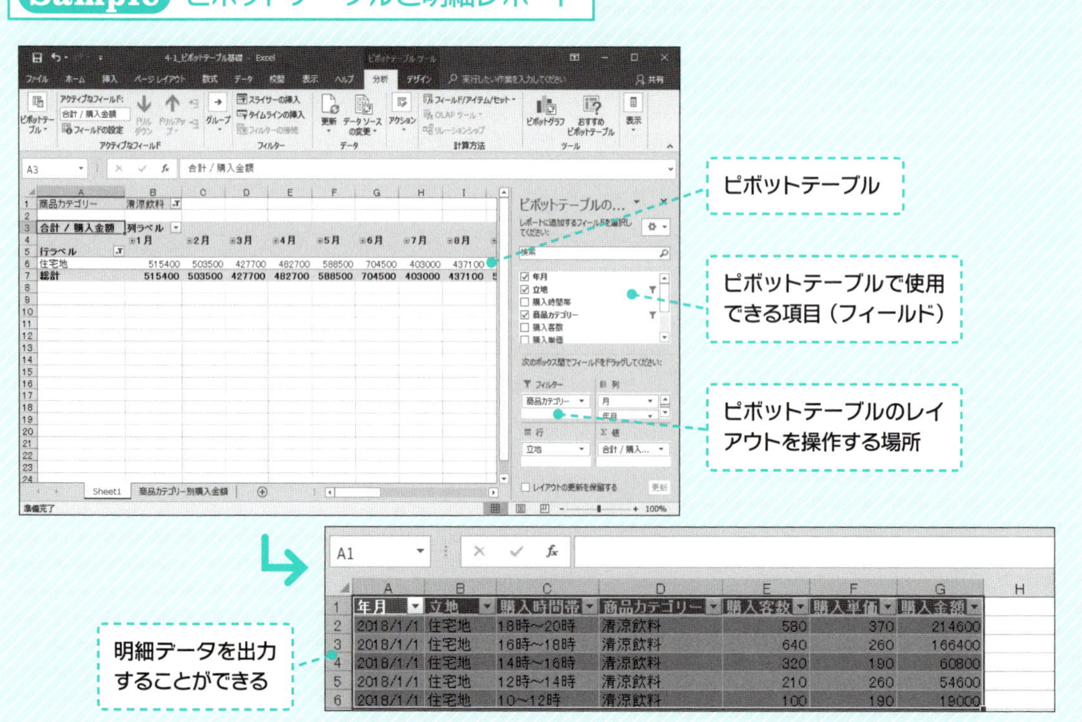

ピボットテーブルとは

「ピボットテーブル」は、データをいろいろな角度から集計することができる分析ツールです。固定的な帳票ではないので、そのときそのときの要件に応じた形での分析が可能です。ピボットテーブルの基本的な操作として、以下のものがあります。

●分析軸（行と列）を変更する

行に商品、列に日付を配置すれば、時系列の分析が可能になりますし、列の日付を地域に変更すれば、地域と商品別の分析を行うことができます。

●分析の断面を変える

地域と商品別の分析を行う場合、全期間のデータから評価することもできれば、ある1日のデータから評価することも可能です。

●データを絞り込む

特定の2地域間の比較がしたい場合などで、表示対象のデータを絞って分析することができます。

また、ピボットテーブルの集計元となる明細データの出力機能を使用すれば、より深い原因分析が可能となります。

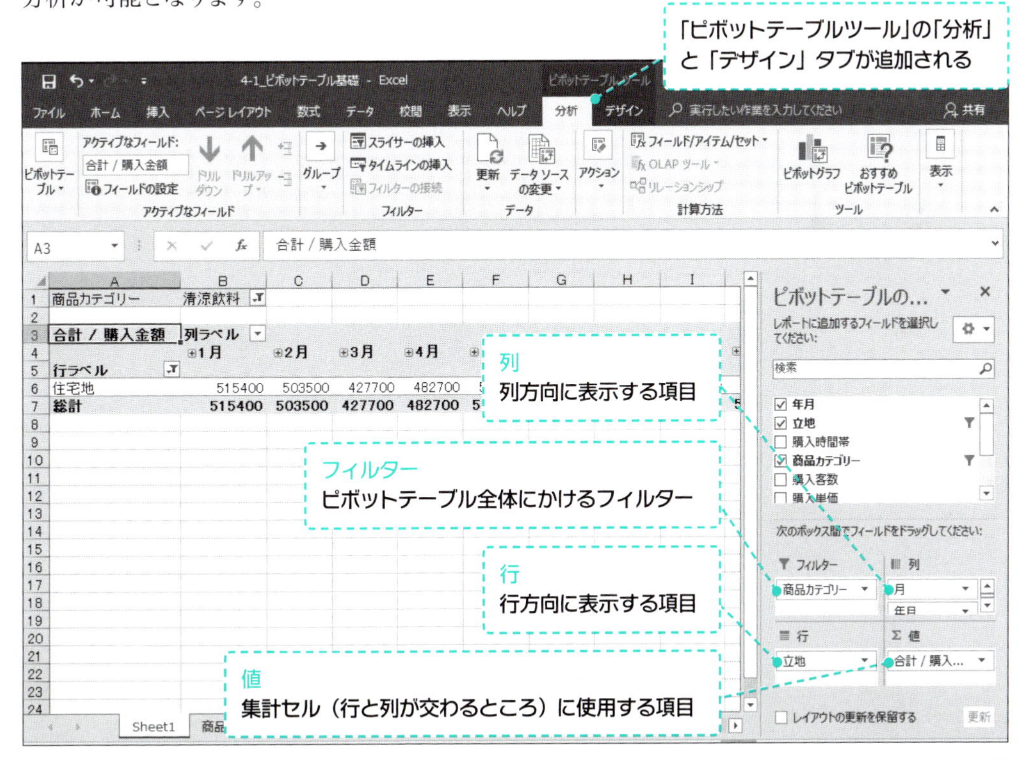

❶ ピボットテーブルの作成

2013 2016 2019

ピボットテーブルの作成は、元となるデータ範囲を指定するだけです。ピボットテーブルの操作も簡単で、「フィールド（列）」を行や列など表示させたい場所に配置するだけで、集計表を作成することができます。

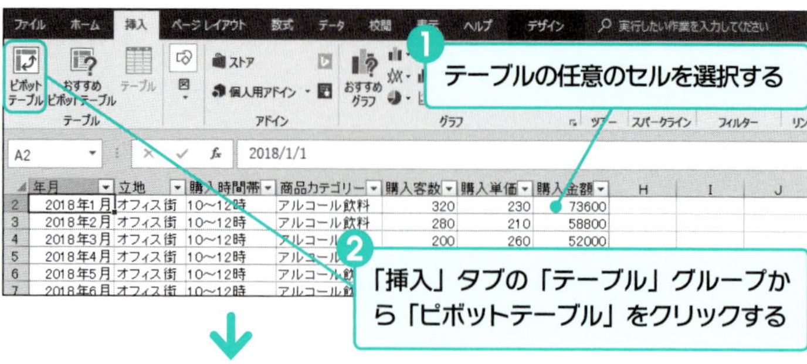

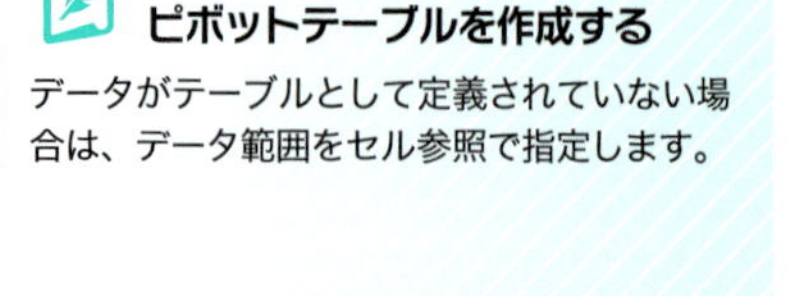

範囲を指定して ピボットテーブルを作成する

データがテーブルとして定義されていない場合は、データ範囲をセル参照で指定します。

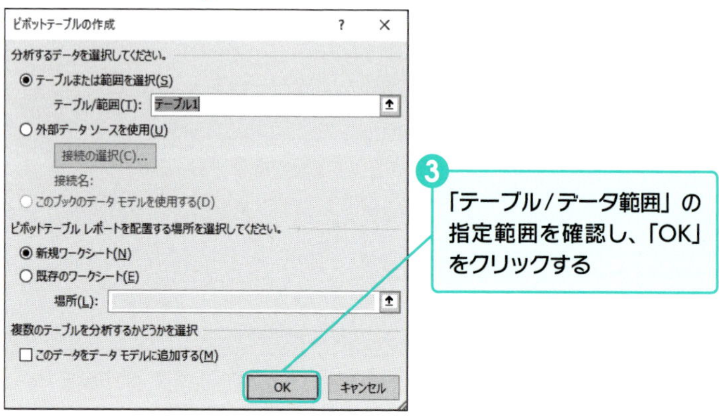

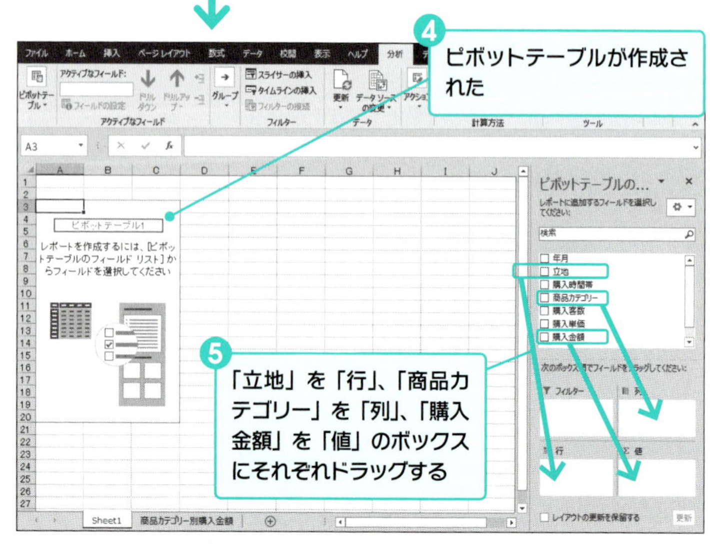

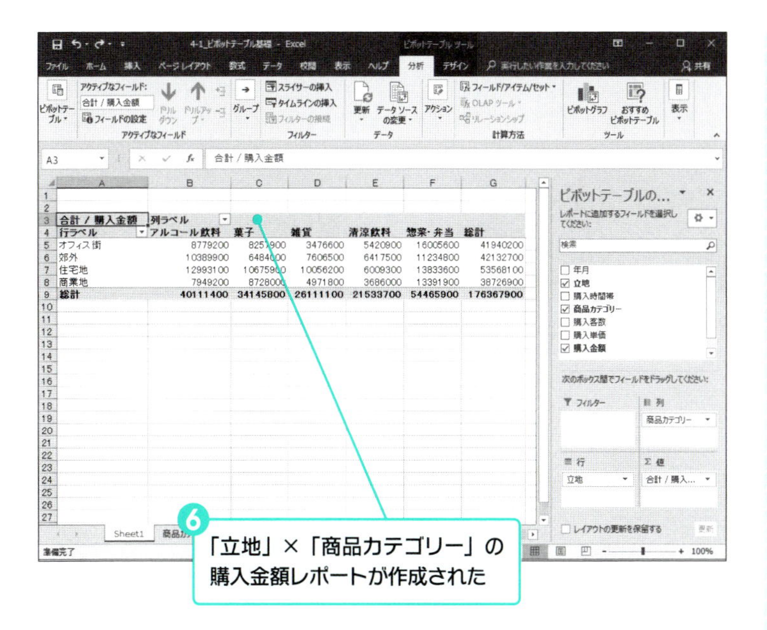

Column ピボットテーブルのデータを更新する

入力されている元データが間違っているときや、追加のデータが発生した場合は、データの変更が必要になりますが、単に元データに修正／追加を加えただけではピボットテーブルにデータが反映されません。「ピボットテーブルツール」の「オプション」の「分析」グループにある「更新」や「データソースの変更」を使って、データの変更を反映する必要があります。

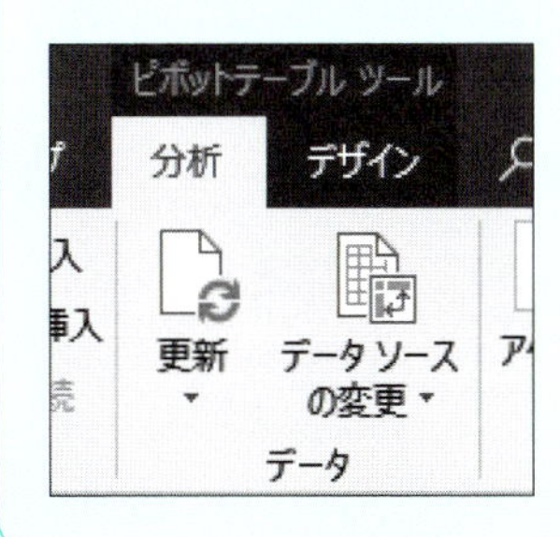

表4-1-1　更新とデータソースの変更

機能	使う場面
更新	元データを修正したとき
	データソースを「テーブル」で指定している状態で、データを追加したとき
データソースの変更	データソースをセルの「範囲」で指定している状態で、データを追加したとき

❷ 分析軸の入れ替え

2013 2016 2019

ピボットテーブルでは、分析の軸（行と列）を自由に切り替えることができます。商品別の時系列分析から地域別の時系列分析に、さらに商品×地域別の分析に、といった具合に様々な分析を1つのピボットテーブルで行うことができます。

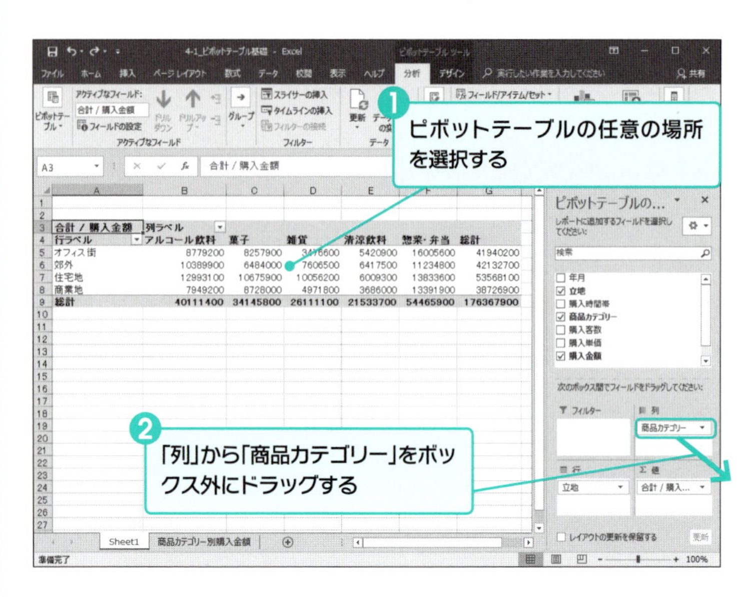

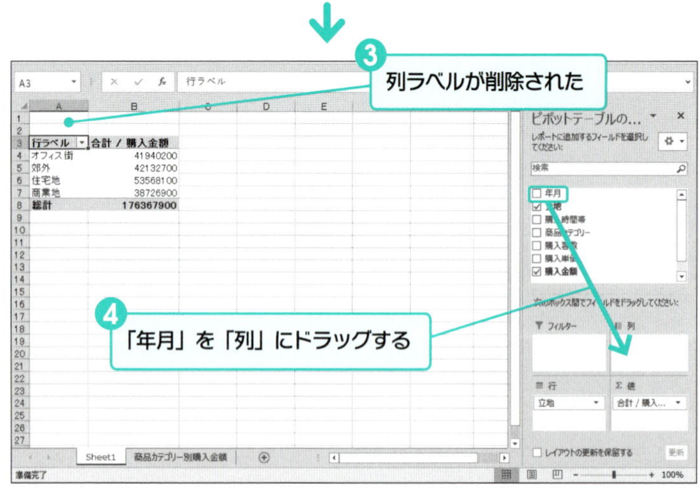

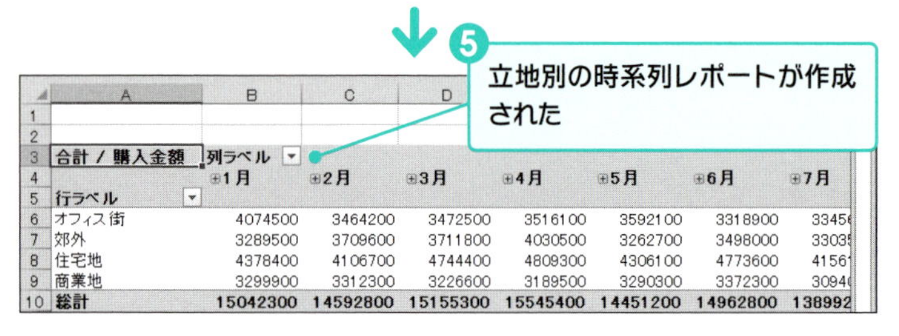

❸ 分析の断面の変更

2013 2016 2019

ピボットテーブルの「フィルター」機能を使用すれば、集計表のレイアウトを変更することなく、集計対象を絞ることができます。たとえば、商品全体の売上を確認してから、特定の商品の売上を確認する、といったことが可能になります。

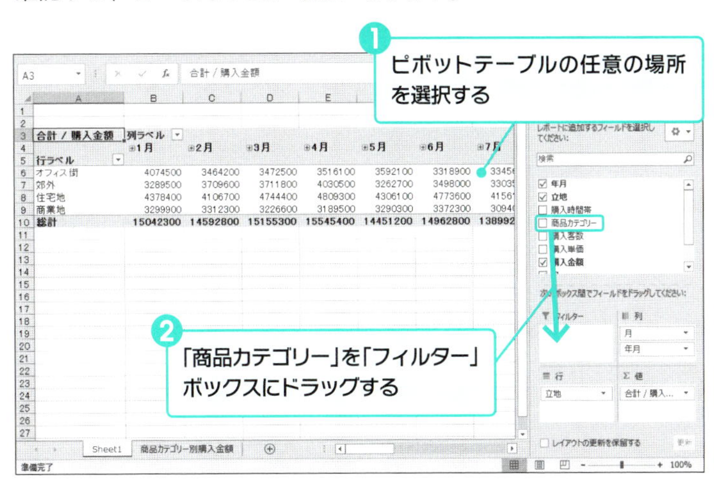

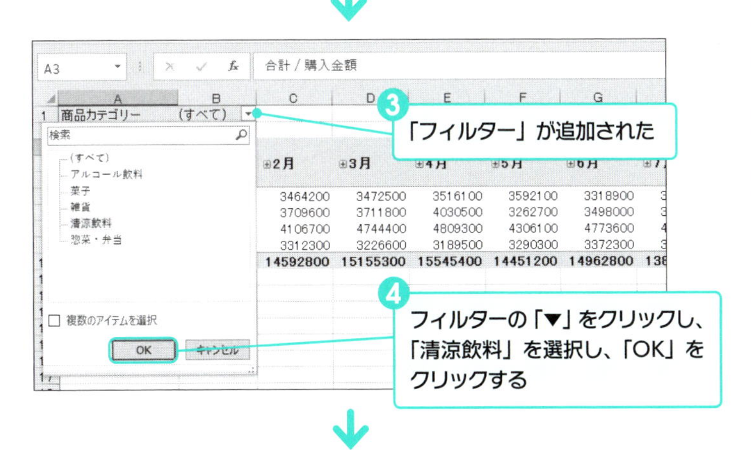

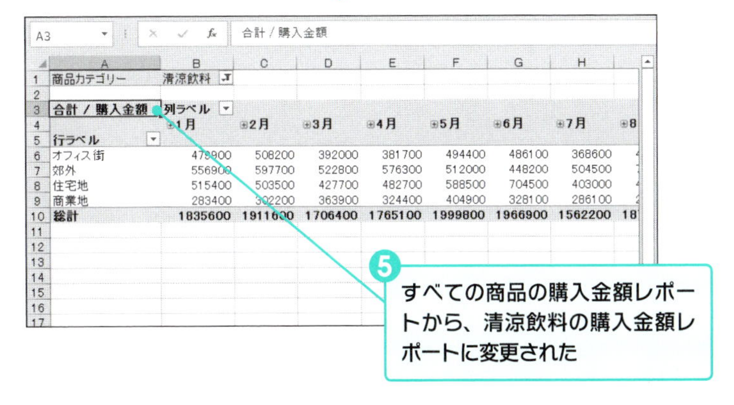

❹ 行（列）フィルターを使ったデータの絞り込み 2013 2016 2019

行や列に含まれている項目が多いと、非常に見づらいピボットテーブルになってしまい、分析もしづらくなってしまいます。行(列)フィルター機能を使って表示させるデータを絞れば、分析に必要なポイントがわかりやすくなります。

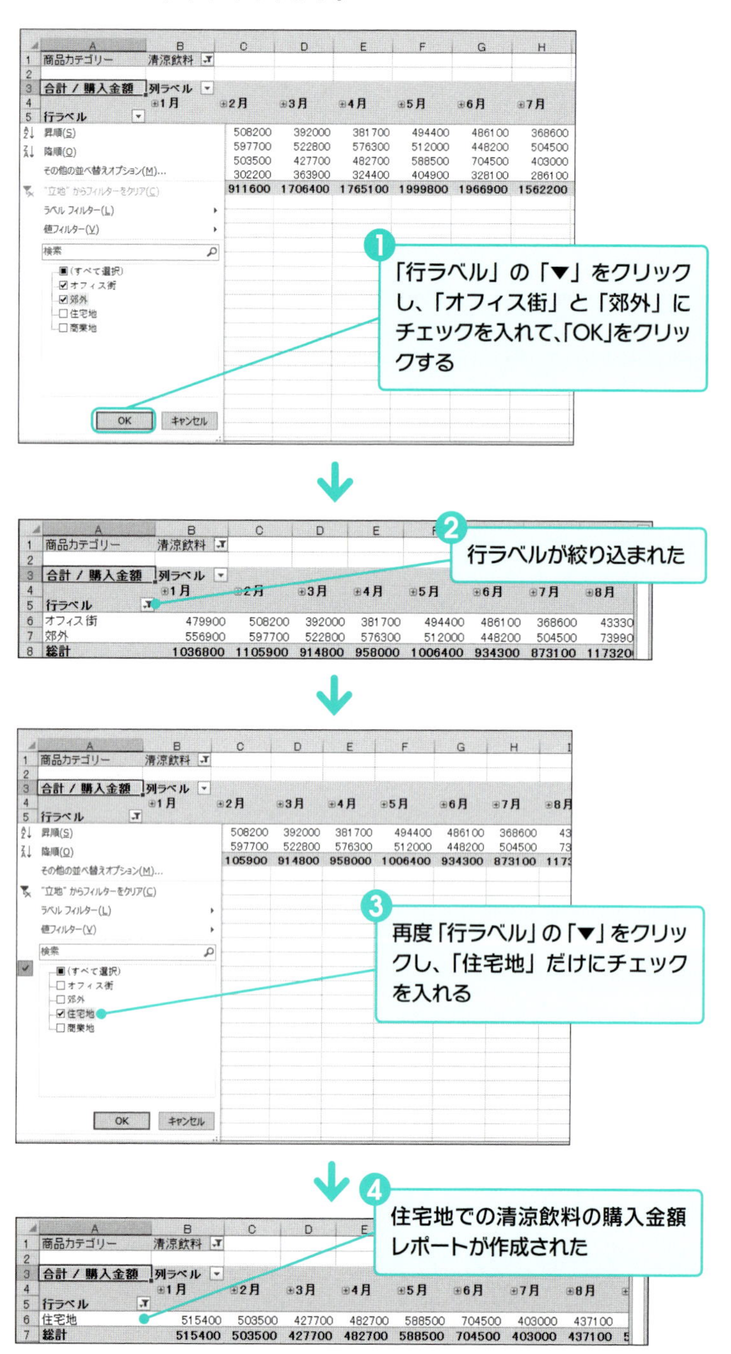

❺ 明細データの表示 2013 2016 2019

ピボットテーブルでは、集計結果から明細データを出力することが可能です。たとえば、売上の集計表から売上明細に移動することで、どの取引が売上に貢献したのかを確認する、といった活用ができます。

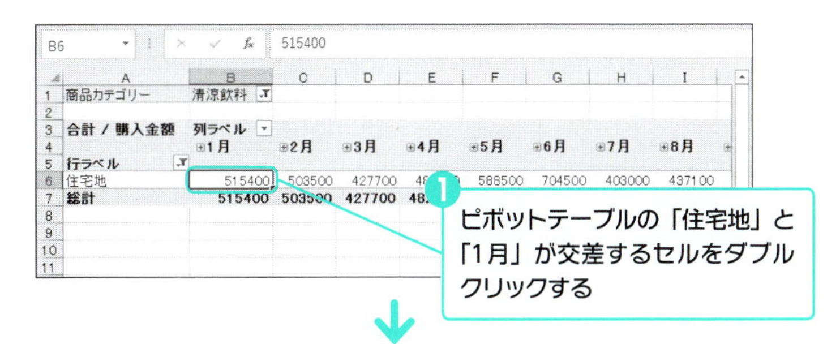

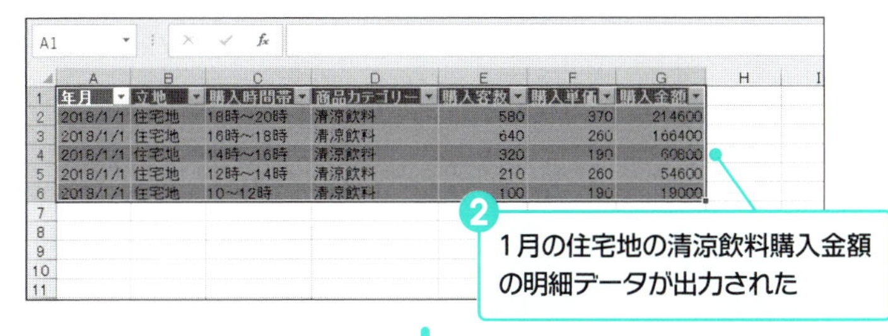

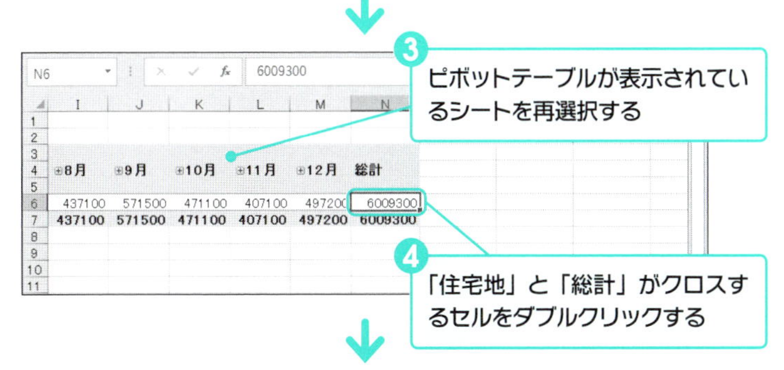

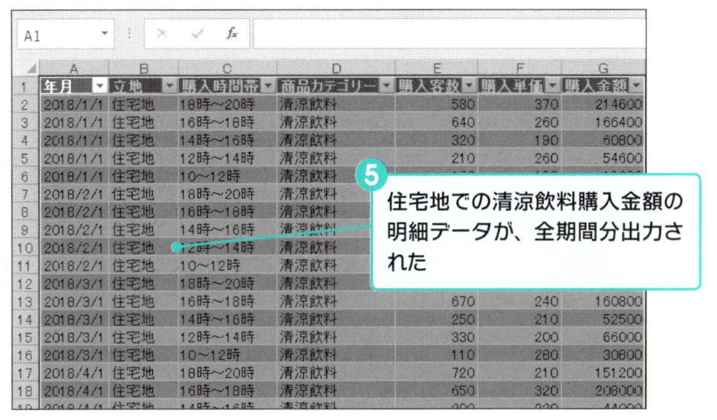

明細データのシート

明細データは、新しいシートとして作成されます。データが不要になった場合はシートごと削除してください。

02 ピボットテーブルを使いこなす

計算式の追加やデータのグルーピングなど、元のデータが持っていない情報を反映させる方法や、見た目を整える方法、「フィルター」を活用したピボットテーブルの展開などを覚えておくと、ピボットテーブルによるデータ活用の幅が広がります。

Point

前節の基本操作だけでも十分に分析を行うことができますが、この節では、次の4つの方法でピボットテーブルをさらに活用する方法を学習します。

1 数式の追加
2 データのグループ化
3 デザインの変更
4 レポートの展開

Sample デザインなどを変更したピボットテーブル

フィルターの条件でレポートを展開する

デザインを変更し、見やすいピボットテーブルに変更する

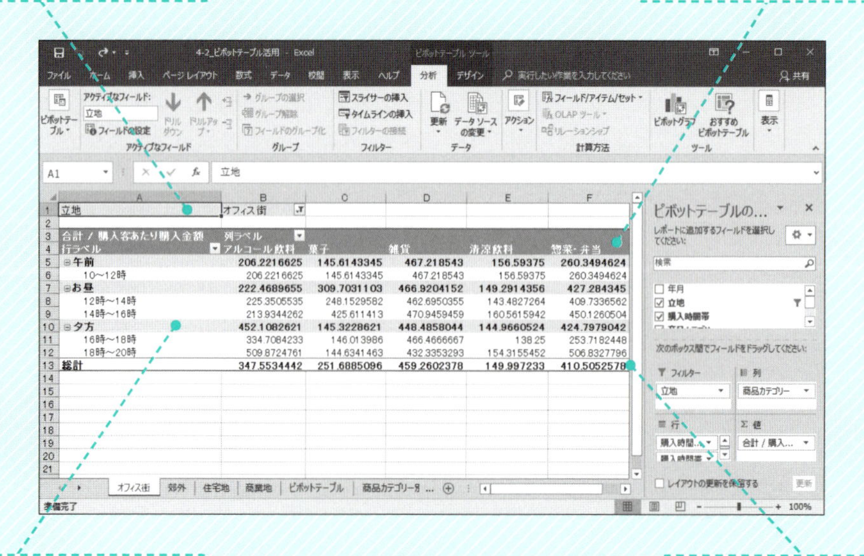

元のデータにはない時間帯の区分を追加する

元のデータにはない計算式を追加する

ピボットテーブルのその他の機能

ピボットテーブルには、前節で紹介した機能以外にも役立つ機能が多く存在します。それらを使いこなすことで、より深いデータ分析、わかりやすいデータ分析が可能になります。

●数式の追加

元のデータの数値から計算できる数式を追加することができます。売上と売上原価から粗利を計算する、実績と目標から達成率を計算する、といった活用が可能です。

●データのグループ化

データをより大きなくくりで分析したい場合に使用します。1歳単位のデータを10歳単位に分類しなおしたり、時間帯別のデータを午前と午後に分けたりすることができます。

●見た目の修正

3章で紹介したテーブルと同じように、ピボットテーブルもデザインを変更することができます。また、レイアウトも自由に変更可能なので、用途にあわせてピボットテーブルの見た目を整えることができます。

●レポート機能

同じレイアウトのレポートを、「フィルター」に設定された軸で展開することができます。たとえば、営業所ごとに営業成績のレポートを配布したいとき、全営業所のレポートを一度に作成することができます。

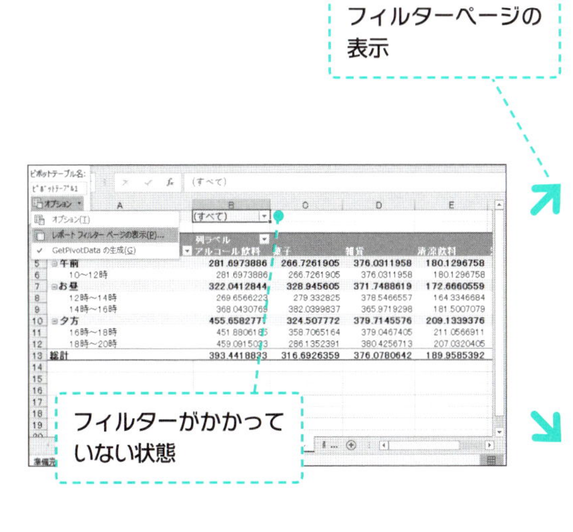

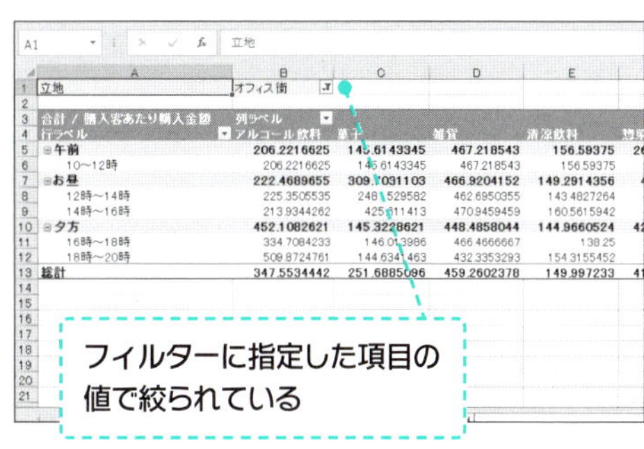

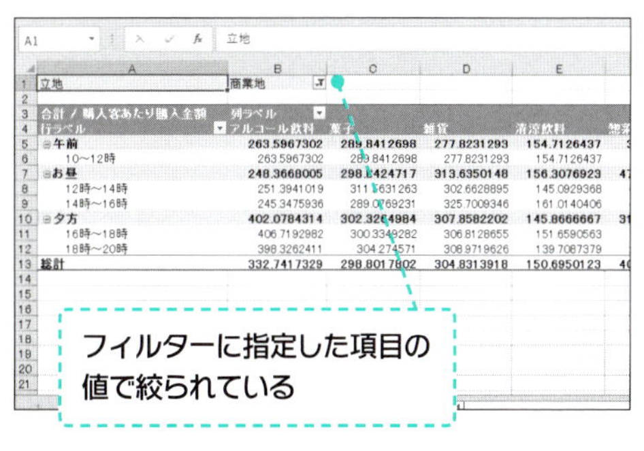

❶ 計算式の追加 2013 2016 2019

元のデータに粗利が用意されていなくても、売上と売上原価のデータがあれば、ピボットテーブル上で粗利を計算することができます。ピボットテーブルでは、数式を追加することで、元のデータにはない指標を計算することができます。

購入単価が使用できない理由

元のデータには「購入単価」列が存在しますが、この列を集計してしまうと、購入単価が合計されてしまいます。また、集計方法を「平均」に変更しても加重されていない単純平均が集計されてしまうため、ここでは新たに集計アイテムを追加します。

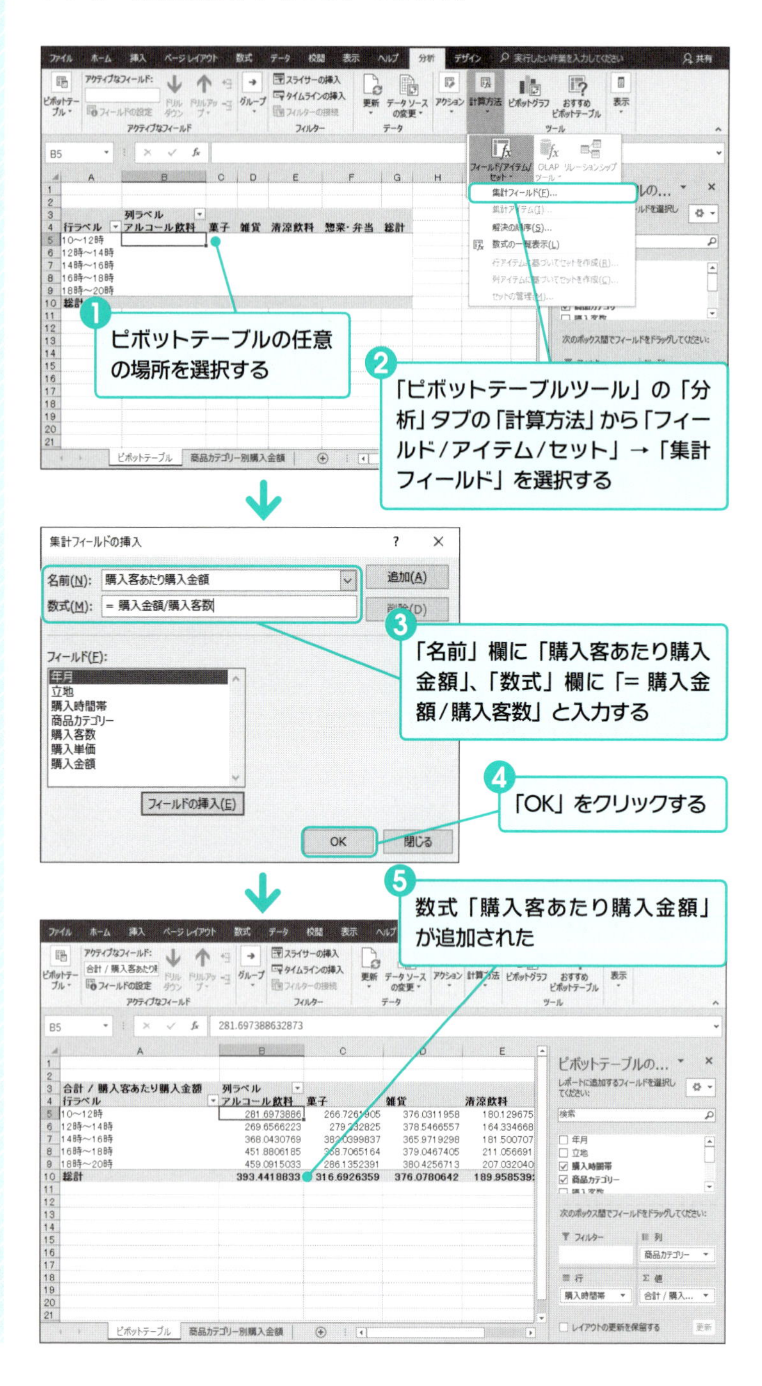

❷ データのグループ化 2013 2016 2019

たとえば、1歳ごとの年齢別に集計されたピボットテーブルがあった場合に、10歳ごとなどのもう少し大きなくくりで分析したいとします。そんなときは、データのグループ化機能を使えば、好きな単位でデータをまとめて分析することができます。

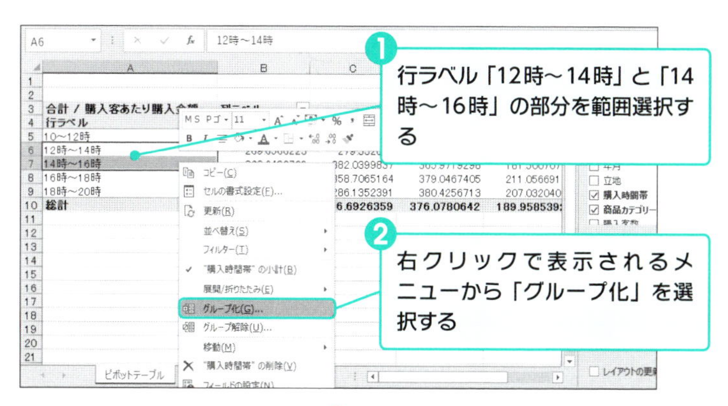

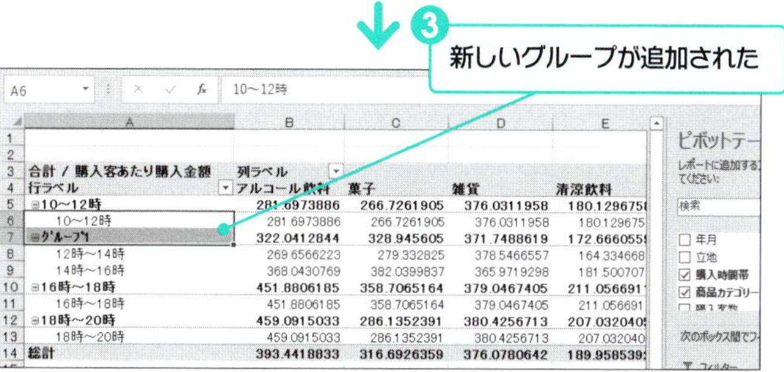

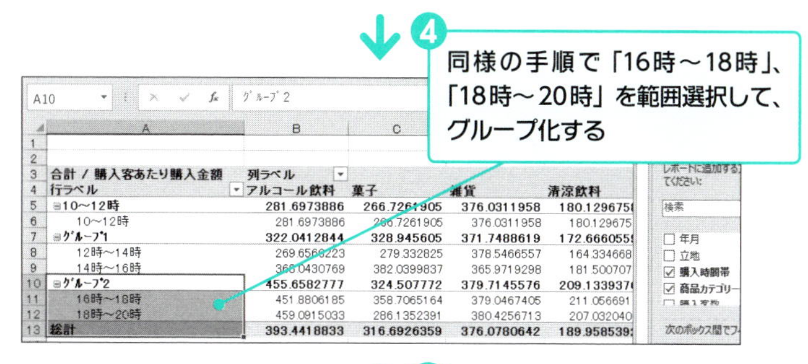

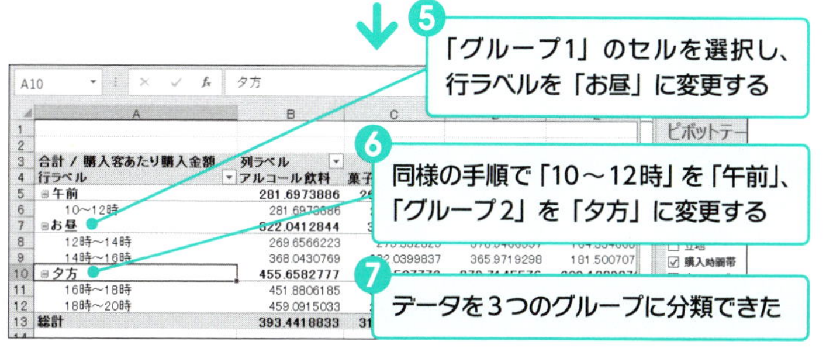

リボンからグループ化を実行する

「ピボットテーブルツール」の「分析」タブの「グループ」グループにある「グループの選択」からもグループ化が可能です。

❸ ピボットテーブルの見た目を整える　2013 2016 2019

自分だけが使用するピボットテーブルであれば、見た目にこだわる必要はありませんが、報告に使用したい場合は見る人にとってわかりやすいデザインにすべきです。ここでは、ピボットテーブルのデザインを変更する方法を学習します。

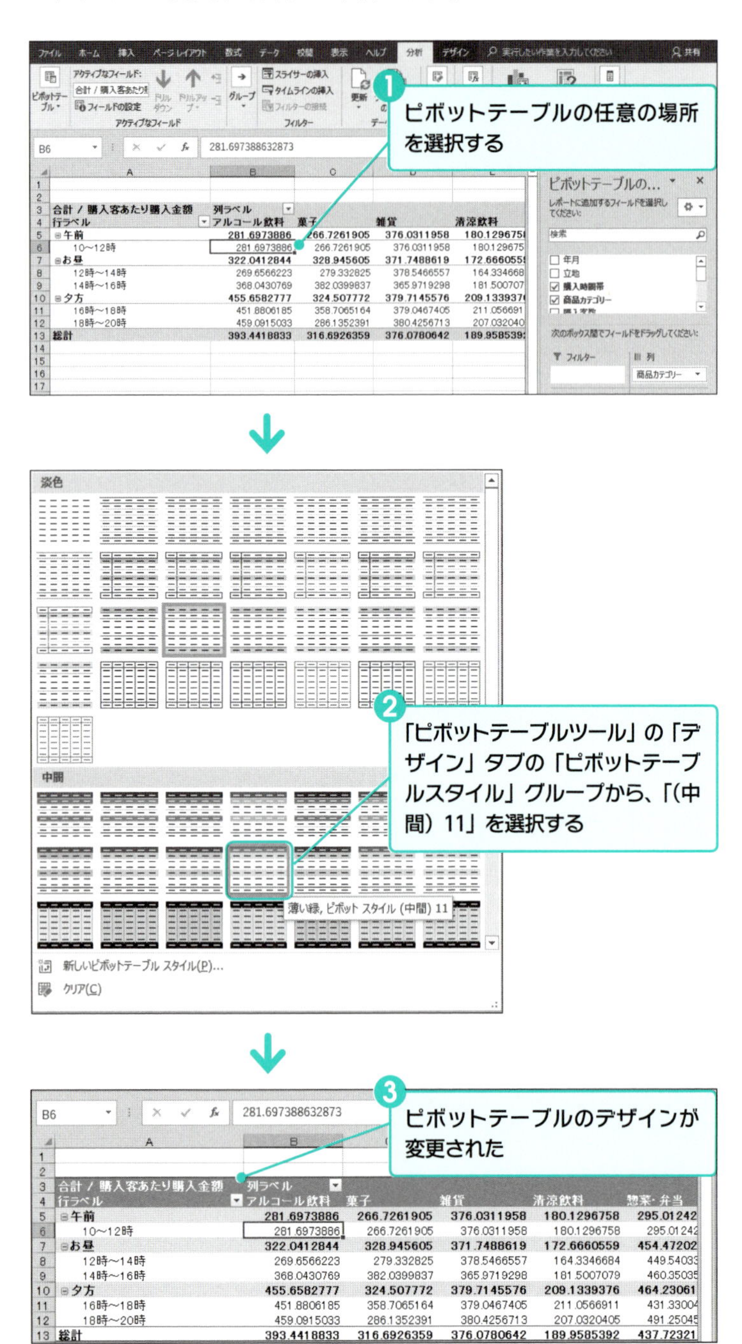

❹ レポートを展開する

2013 2016 2019

営業所別に同じレイアウトの売上推移レポートを配布したい場合などでは、1つ1つ「フィルター」を切り替えて作成していたのでは時間がかかります。ピボットテーブルの展開機能を使用すれば、一気にレポートを作成することができるので便利です。

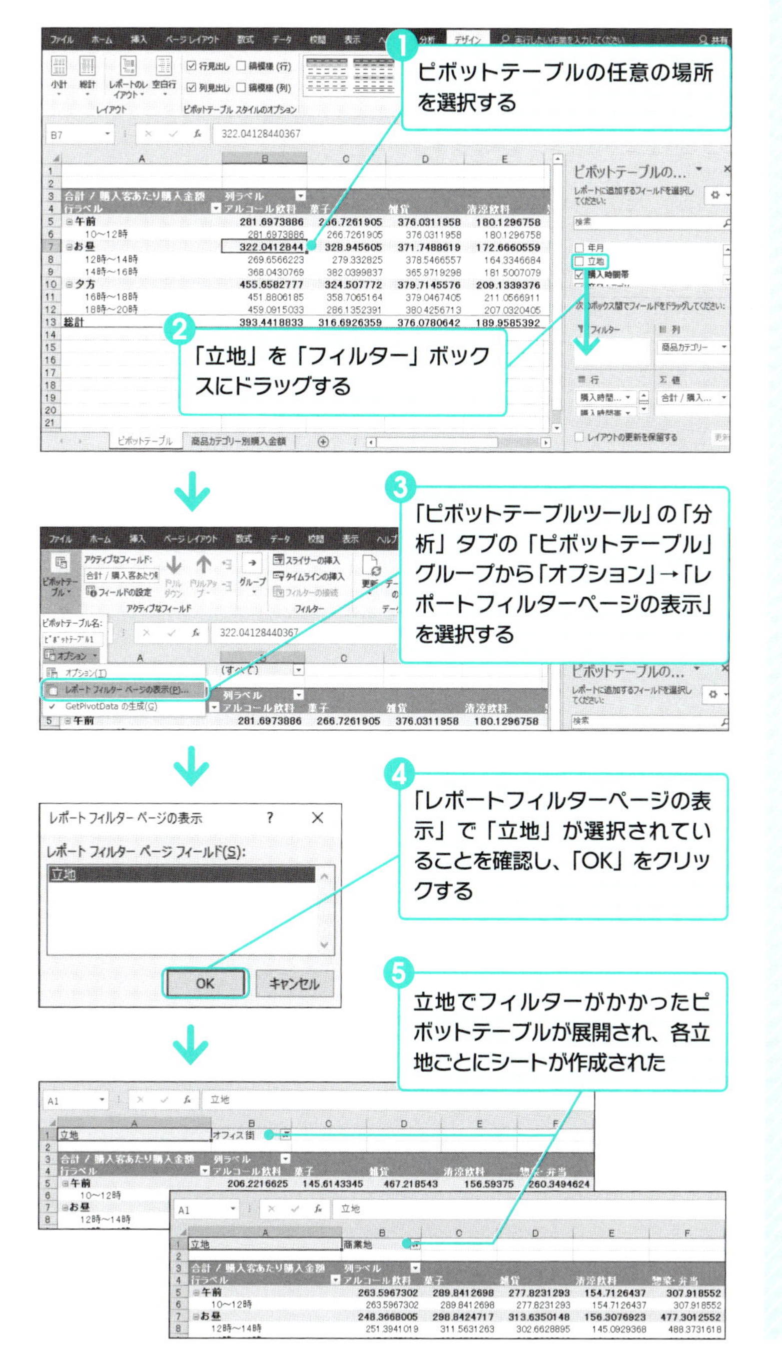

03 ピボットグラフ

「ピボットグラフ」を使用すれば、ピボットテーブルの利点である切り口を変えながらの分析を、グラフを交えて行うことができます。分析したデータがグラフで可視化されるので、傾向の把握や比較を簡単にできるようになります。

Point

ピボットテーブルを使用すれば、いろいろな切り口での集計が可能となりますが、その結果は数表で提供されます。そのため、傾向を読み取るには、表を読む経験や元データに対しての知見が必要です。「ピボットグラフ」を使えば、そういった経験や知見がなくても傾向をつかむことができます。

ピボットテーブルをグラフ化する利点は、以下の通りです。

1 一目でデータの傾向を読み取ることができる
2 ピボットテーブルの操作がすぐにグラフに反映される
3 通常のグラフと同じように種類の変更や見た目の変更ができる

Sample ピボットグラフ

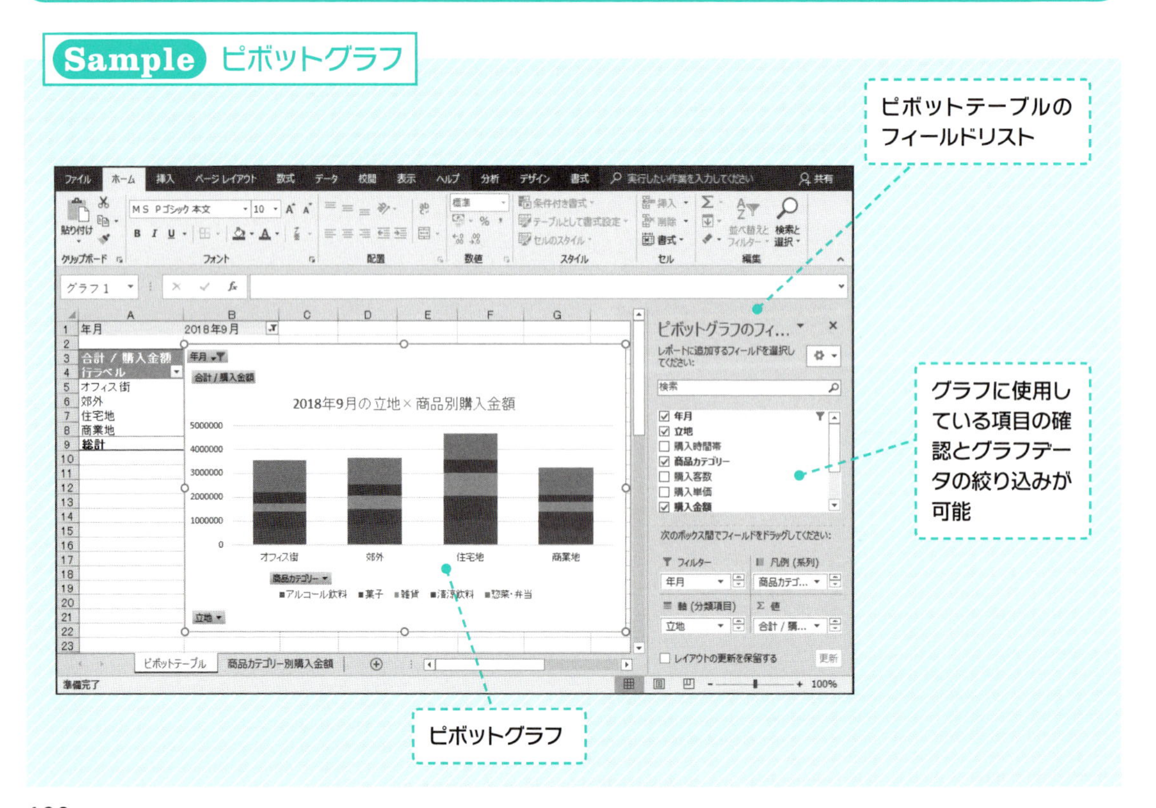

ピボットグラフとは

「ピボットグラフ」は、ピボットテーブルのデータをデータソースとしたグラフです。ピボットグラフの特徴としては、以下が挙げられます。

●データがグラフ化されているので、一目で傾向を読み取ることができる

ピボットテーブルのままだと、数字の羅列から情報を読み取る必要がありますが、グラフ化されていれば、時系列のデータの推移などを簡単につかむことができます。データに精通していない人でもグラフを見ればどういった傾向があるかを理解することができます。

●ピボットテーブルの操作がすぐにグラフに反映される

データソースとなっているピボットテーブルの変更は、そのままピボットグラフにも反映されるので、流れを切ることなくスムーズに分析を行うことができます。

●通常のグラフと同じように種類変更や見た目の変更が可能

ピボットグラフでも通常のグラフと同じ機能が使用できます。用途に適したグラフを選んだり、報告用にわかりやすい見た目に変更したりすることができます。

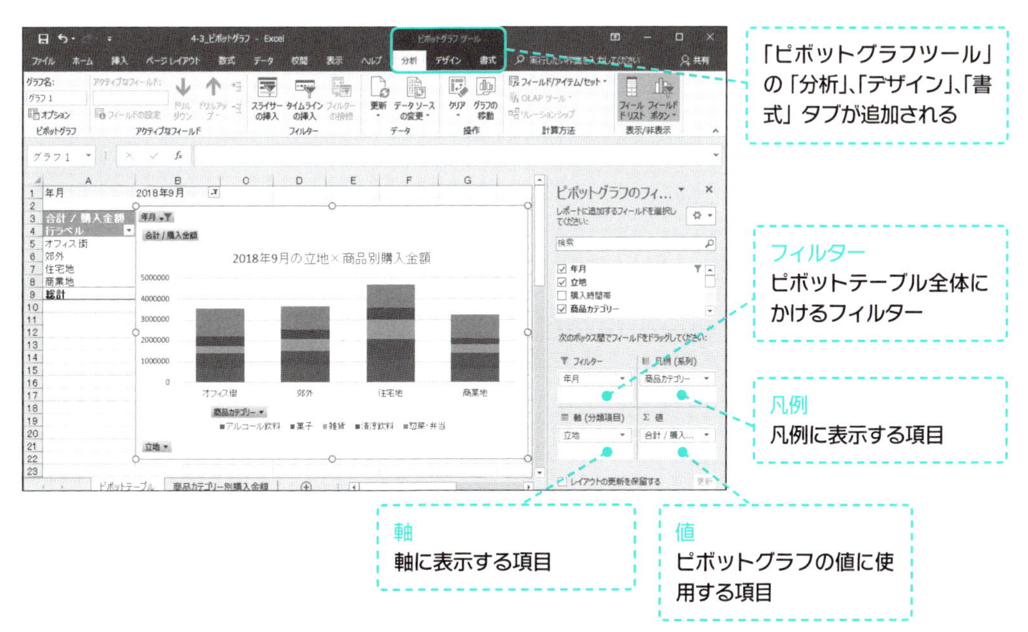

表4-3-1　ピボットグラフの要素とピボットテーブルの要素の対応

ピボットグラフの要素	ピボットテーブルの要素
フィルター	フィルター
凡例	列
軸	行
値	値

❶ ピボットグラフの作成 2013 2016 2019

ピボットテーブルからピボットグラフを作成する方法は簡単です。グラフを作成することで、数表を見ただけではわかりづらかった傾向がつかみやすくなります。

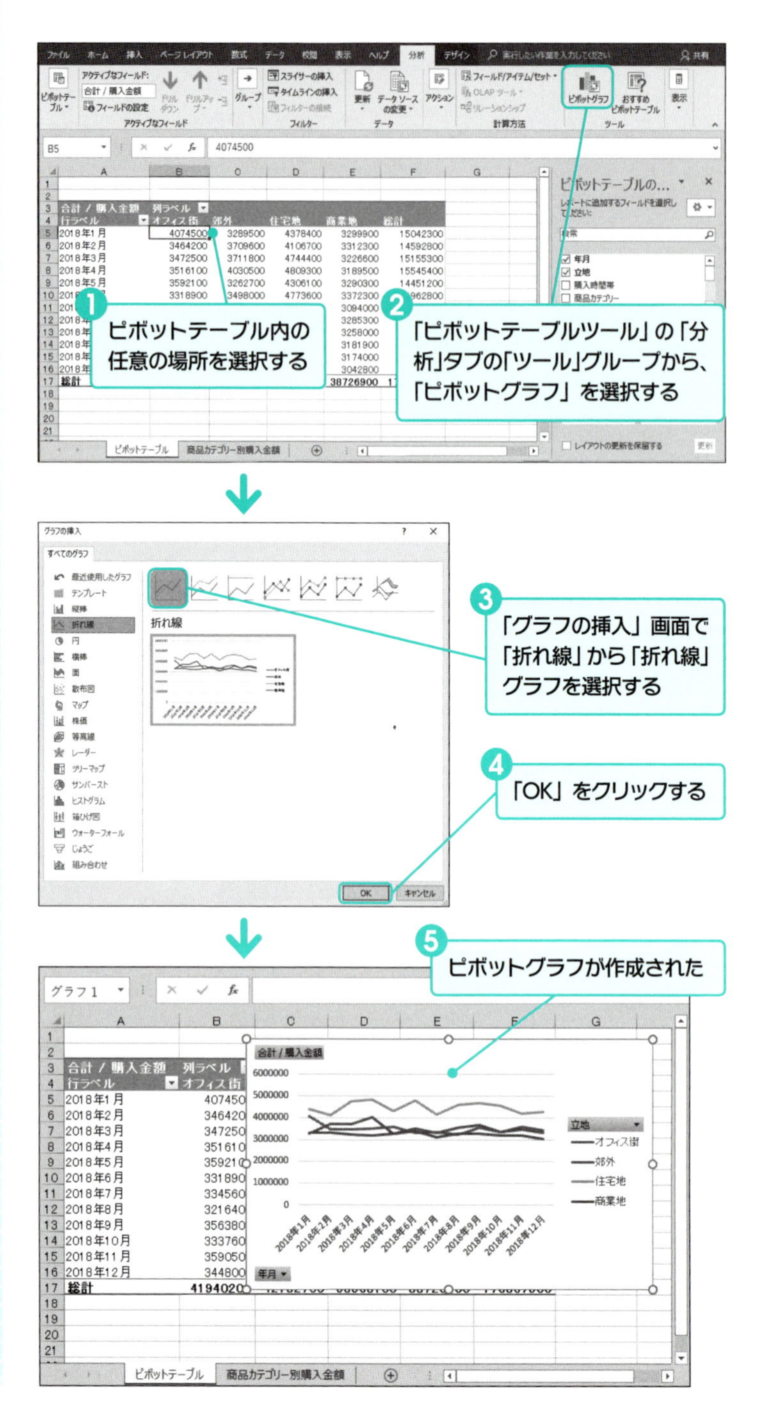

❷ ピボットグラフの基本操作 2013 2016 2019

ピボットグラフの利点として、ピボットテーブルの変更がすぐにグラフに反映される点が挙げられます。グラフを自由に変化させながら分析ができるので、仮説の立案と検証を、ストレスなく行うことができます。

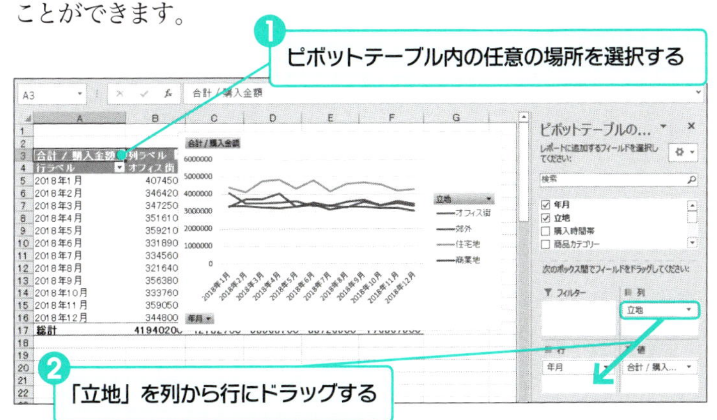

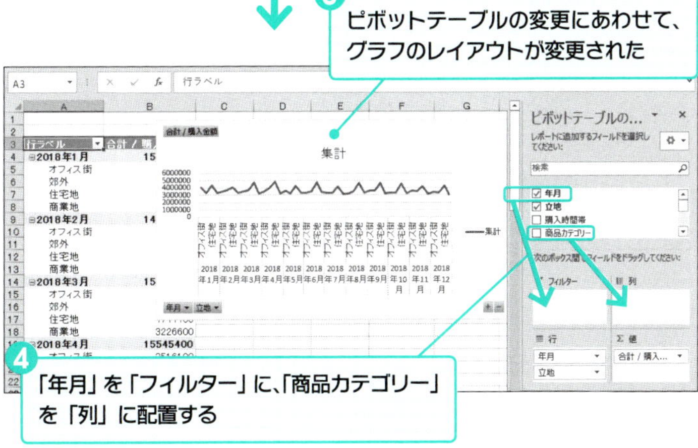

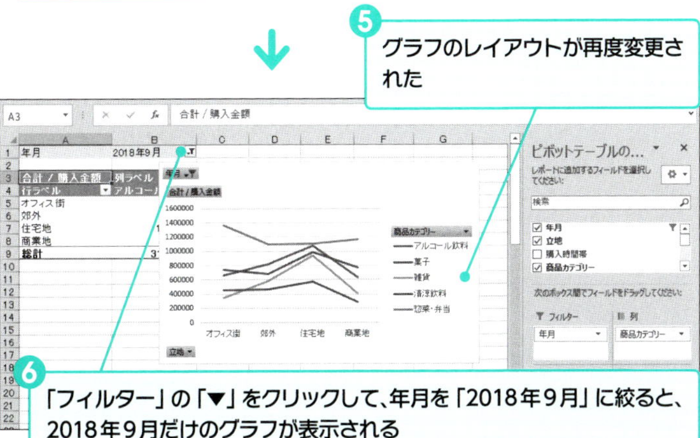

フィルターを追加したピボットグラフ

フィルターを追加したピボットテーブルをグラフ化すると、レポートごとに同じレイアウトでグラフを表示できます。

❸ ピボットグラフの見た目を整える

2013 2016 2019

ピボットテーブルの変更はグラフにすぐに反映されますが、グラフの種類や見た目までは瞬時に変えることができません。グラフを用途に適した種類に変更しておくことが、分析や報告を行う上でのポイントとなります。

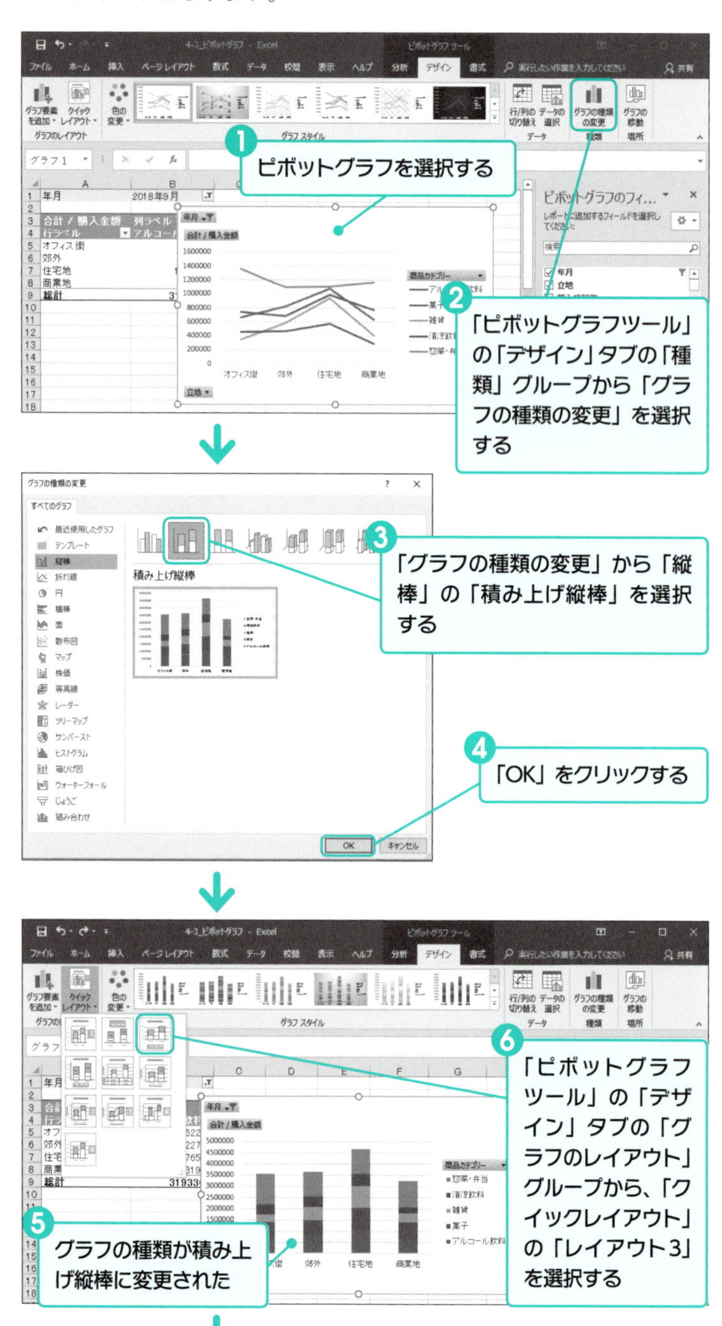

04 ピボットテーブル

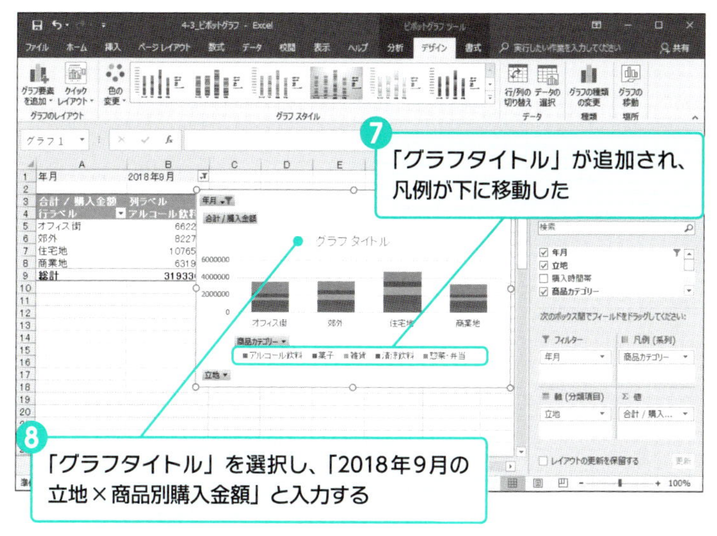

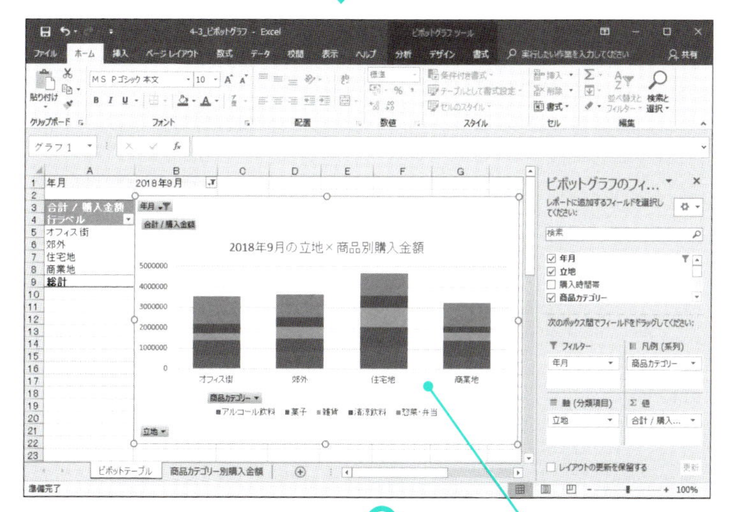

9 グラフの種類とグラフレイアウトが修正されたグラフが完成した

Column スライサーを使う

スライサーは、ピボットテーブル／ピボットグラフの補助機能です。

フィルターでデータの絞込みを行う場合、リストを表示させ、アイテムを選択し、リストを閉じるという操作を、1回ごとに繰り替えし行う必要があります。スライサーを使用すると、絞り込み対象のフィールドとそのアイテムリストが常に表示されている状態で、すばやく簡単にデータの絞込みを行うことができます。

●スライサーを表示する

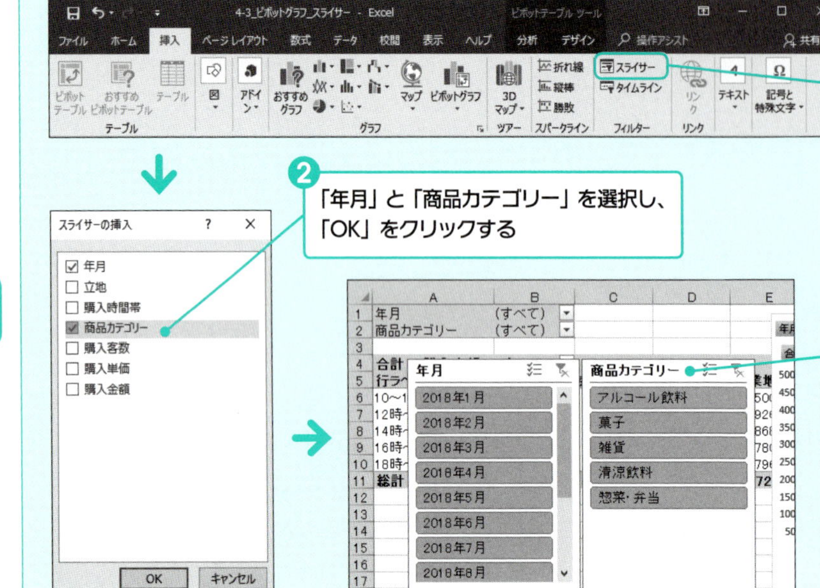

●表示させたスライサーを使用する

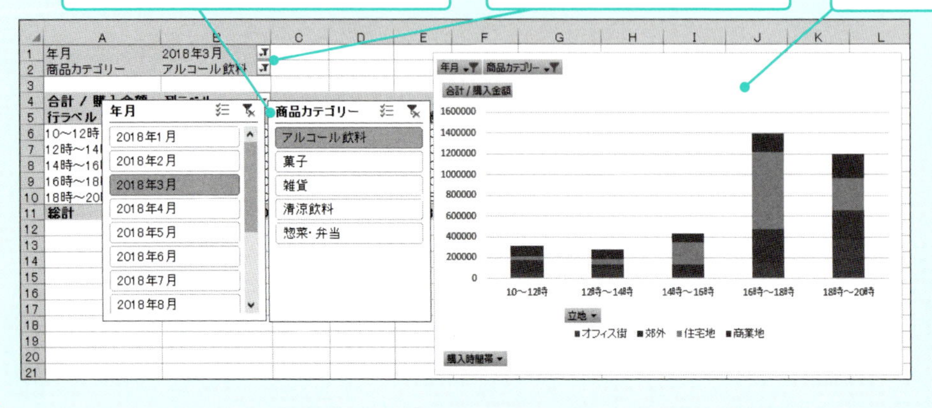

Chapter

05

グラフ

グラフを使用することにより、データを直感的に分析し、分析した結果を視覚的に伝えることができます。Excelで作成できるグラフには、たくさんの種類があるため、どのようなグラフが使用できるかを知った上で、分析の用途にあったグラフの種類を選ぶことが重要です。この章では、棒グラフ、折れ線グラフといった基本的なグラフの作成方法から、複合グラフ、散布図、バブルチャートといった複雑なグラフの作成方法までを解説します。

01 グラフの基本操作

グラフを使用すれば、データを視覚的に表現することができます。そのため、ビジネスの現場では分析結果をグラフ化して報告する場面がよく出てきます。ここではグラフの作成、書式の設定など、グラフの基本的な操作を覚えましょう。

Point

グラフを使用すれば、分析結果を視覚的に伝えることができるので、数表を見てもらう場合よりもその結果を伝えやすくなります。グラフを使う際は、

1 グラフを作成する
2 グラフの見た目を整える

という順序で作業すると効率的です。Excelではいろいろな種類のグラフを作成することができるので、分析結果を最も適切に伝えることができるグラフを選ぶことが重要です。

Sample 積み上げ横棒グラフと折れ線グラフ

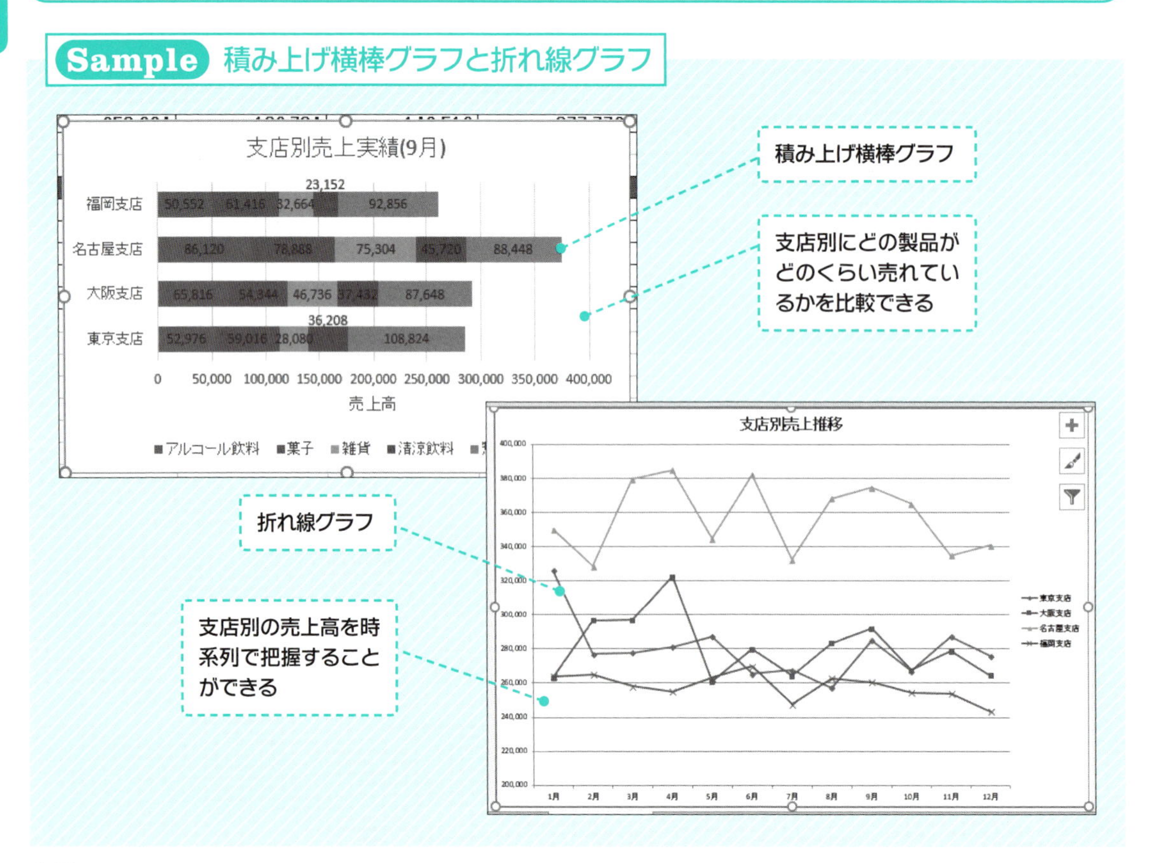

グラフの構成要素と編集内容

グラフは、データを視覚的に表現できる強力な分析ツールですが、グラフの持つ情報を正しく伝えないと、誤った解釈が広がってしまう恐れがあります。グラフの構成要素と編集可能な内容を覚えて、グラフの持つ情報を正しく説明できるようになりましょう。

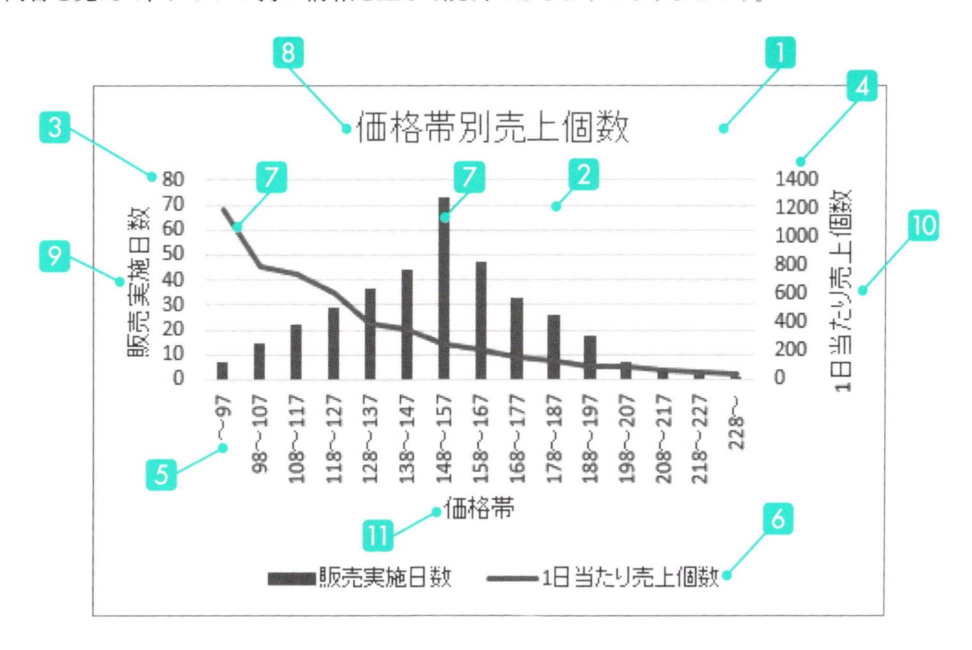

表5-1-1　グラフの構成要素

要素番号	要素名	おもな編集内容
1	グラフエリア	グラフ全体のサイズと書式
2	プロットエリア	グラフの表示領域のサイズと背景色
3	第1縦軸	目盛の表示幅、表示間隔、書式
4	第2縦軸	3と同様。異なる単位のデータを1つのグラフに表示したいときに使用
5	第1横軸	目盛の表示幅、表示間隔、書式
6	凡例	表示位置、表示/非表示の切り替え
7	系列	系列の色、使用する軸(第1軸、第2軸)の切り替え
8	グラフタイトル	書式、表示位置、タイトルやラベルの内容の変更
9	第1縦軸ラベル	
10	第2縦軸ラベル	
11	第1横軸ラベル	

❶ グラフの作成 2013 2016 2019

グラフの元となるデータが準備できていれば、グラフを作成することは簡単です。グラフがあれば、数表を見るだけではわからない傾向を発見することができます。データを視覚的にとらえられるようになりましょう。

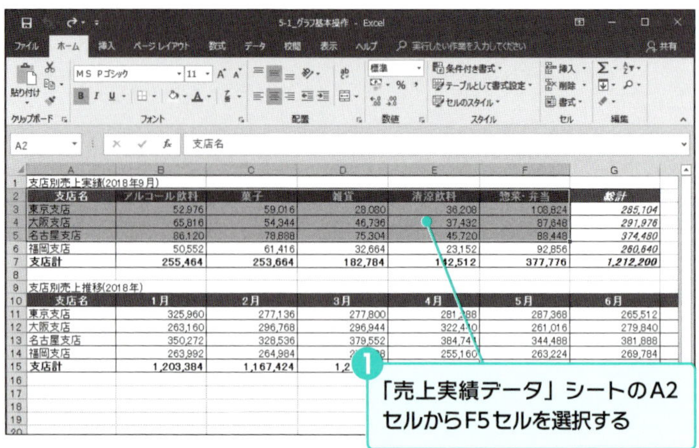

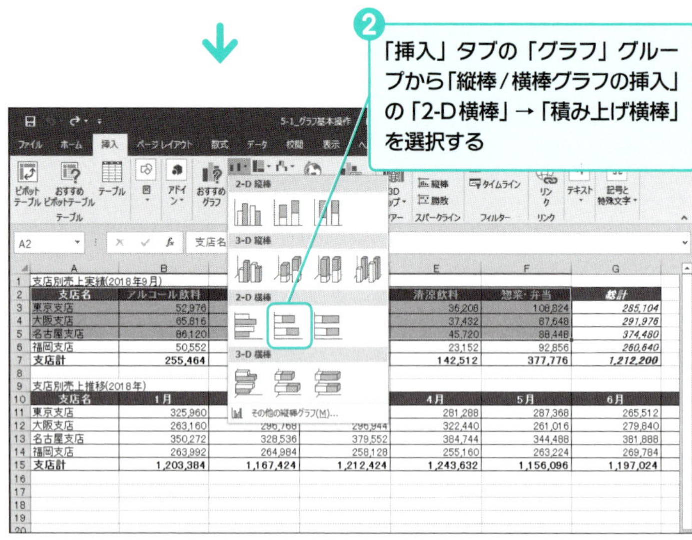

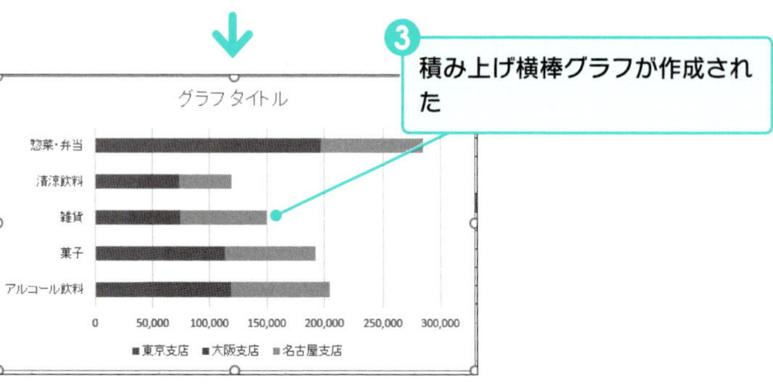

Excel 2013の場合は

「挿入」タブの「グラフ」グループから「横棒グラフの挿入」の「2-D横棒」→「積み上げ横棒」を選択します。

「その他の縦棒グラフ」について

グラフの種類の一番下に表示される「その他の縦棒グラフ」を選択すると、縦棒、折れ線など、Excelが持つすべてのグラフから選択することが可能です。

❷ データ系列の入れ替え 2013 2016 2019

グラフに説得力を持たせるためには、その見せ方が重要となります。同じ情報から作成したグラフでも、X軸とY軸を入れ替えるだけで分析観点が変わり、そこから導かれる結論にも違いが出てきます。

❶ 現在の積み上げ横棒グラフは、製品別に支店ごとの売上を積み上げている

❷ グラフを選択する

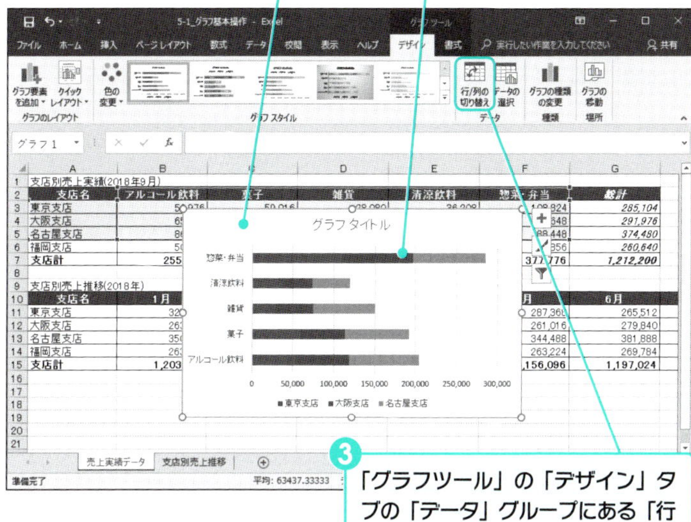

❸ 「グラフツール」の「デザイン」タブの「データ」グループにある「行/列の切り替え」をクリックする

↓

❹ 支店別に、製品の売上が比較できるグラフに変わった

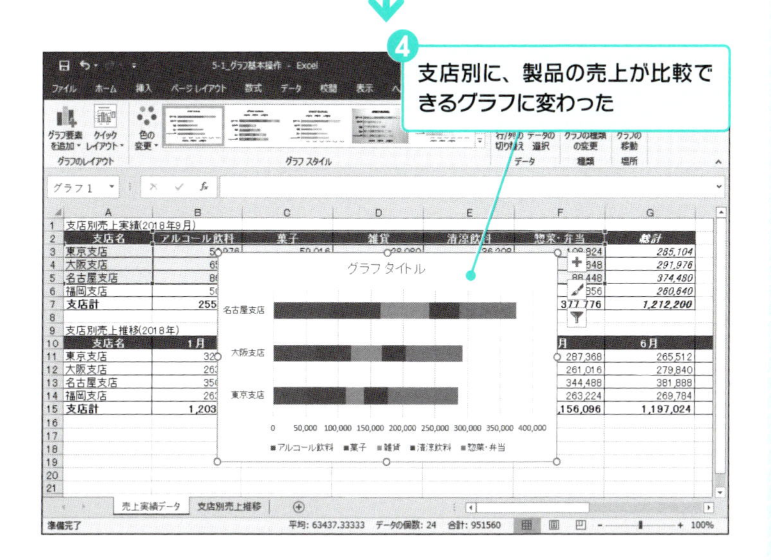

❸ データの追加

2013 2016 2019

グラフを作成した後に、新しい要素を追加したくなる場面に出くわすことがよくあります。グラフにデータを追加する方法を覚えておけば、そういったときも1からグラフを作り直すことなく、新しい要素をグラフに反映させることができます。

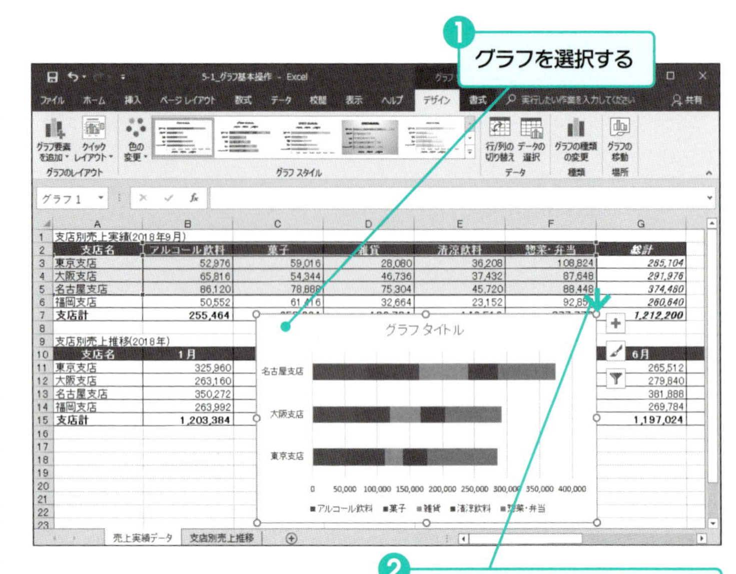

❷ グラフに使用しているデータ範囲が強調されるので、右下のハンドルをF5セルからF6セルにドラッグする

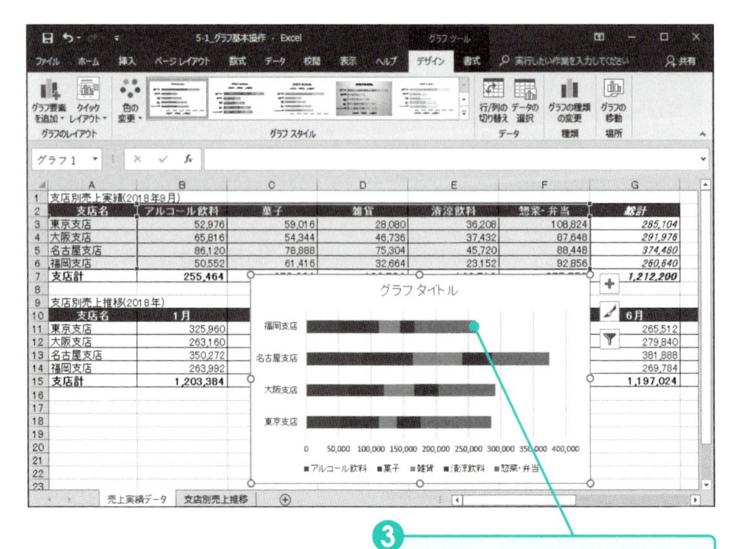

❸ グラフに「福岡支店」のデータが追加された

05 グラフ

❹ レイアウトテンプレートの活用 2013 2016 2019

グラフがどういった情報を含んだものなのかを説明することは重要です。説明がないと、グラフが独り歩きしてしまい、間違った解釈がされてしまう恐れがあります。Excelには、各要素のラベルを適切に表示できるレイアウトテンプレートが用意されています。

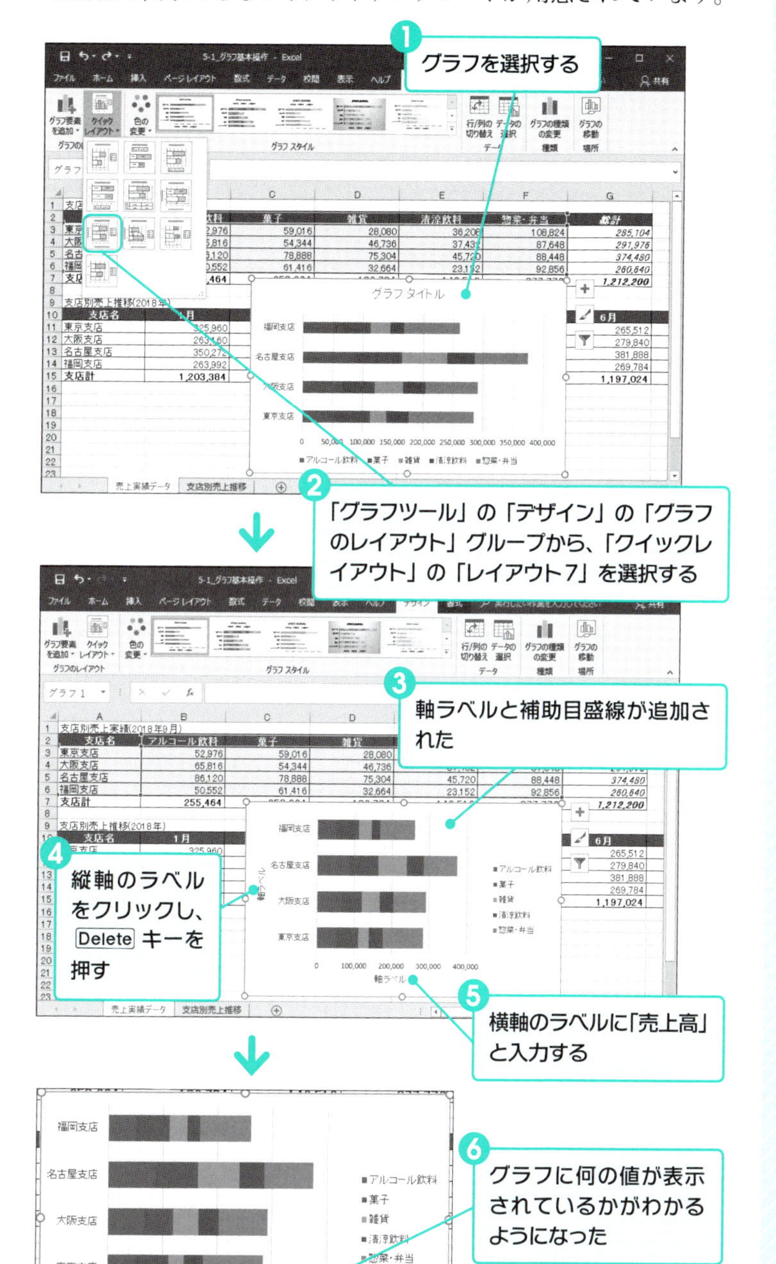

横軸のラベルを編集する方法

横軸のラベルを一度クリックすると、ラベルが選択された状態になります。その状態でラベルにマウスのカーソルを当てると、カーソルが文字入力のカーソルに変わるので、もう一度クリックすれば、編集できるようになります。

❺ グラフの書式設定

2013 2016 2019

テンプレートだけでは、グラフに必要な情報を持たせられないことがあります。また、グラフの見栄えを整えることも重要です。どれだけ有用な情報を持っているグラフであっても、見づらいものでは相手に読んでもらえなくなってしまいます。書式を整えて、見栄えの良いグラフにしていきましょう。

その他のオプションについて

「その他のタイトルオプション」をクリックすると、タイトルの書式や塗りつぶしなどを編集することができます。軸ラベル、凡例などについても同様の操作が可能です。

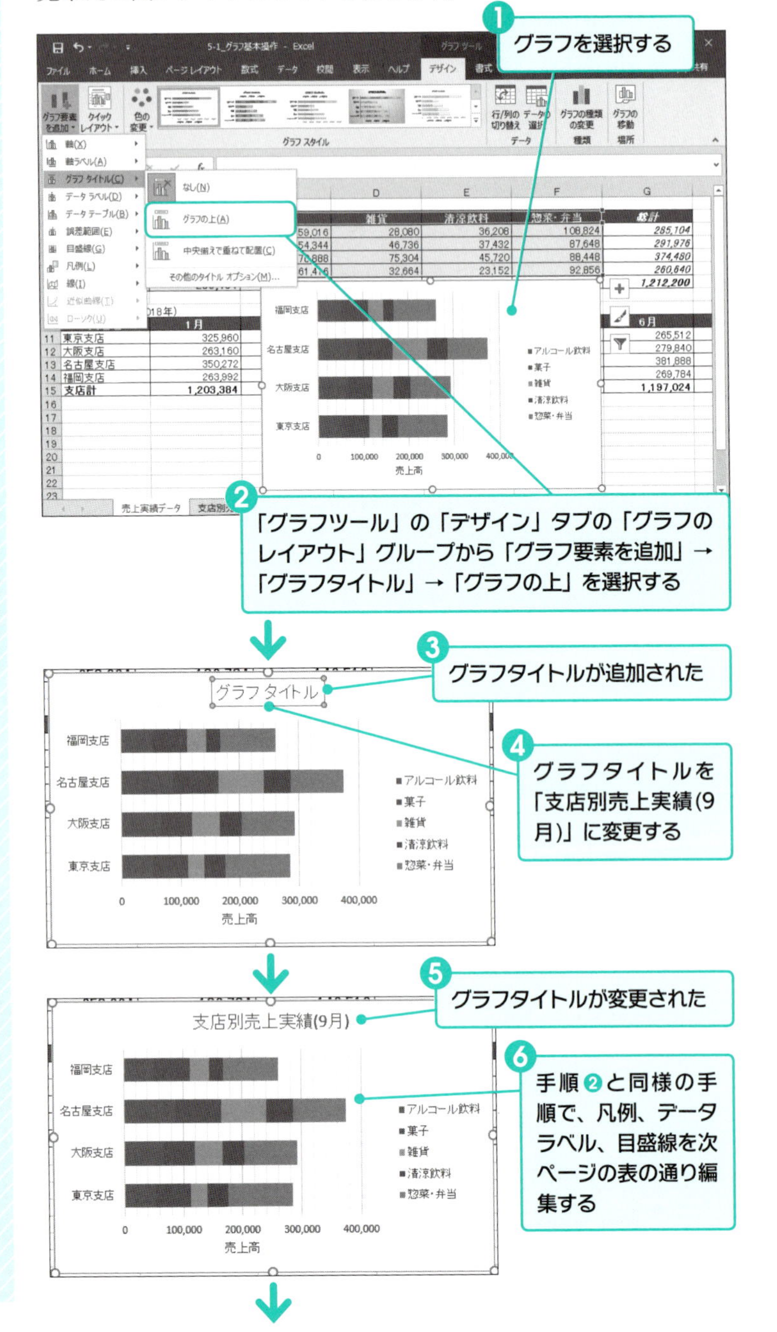

表5-1-2　レイアウトの修正内容

修正対象	修正内容
凡例	下
データラベル	中央
目盛線	第１主縦軸のみ

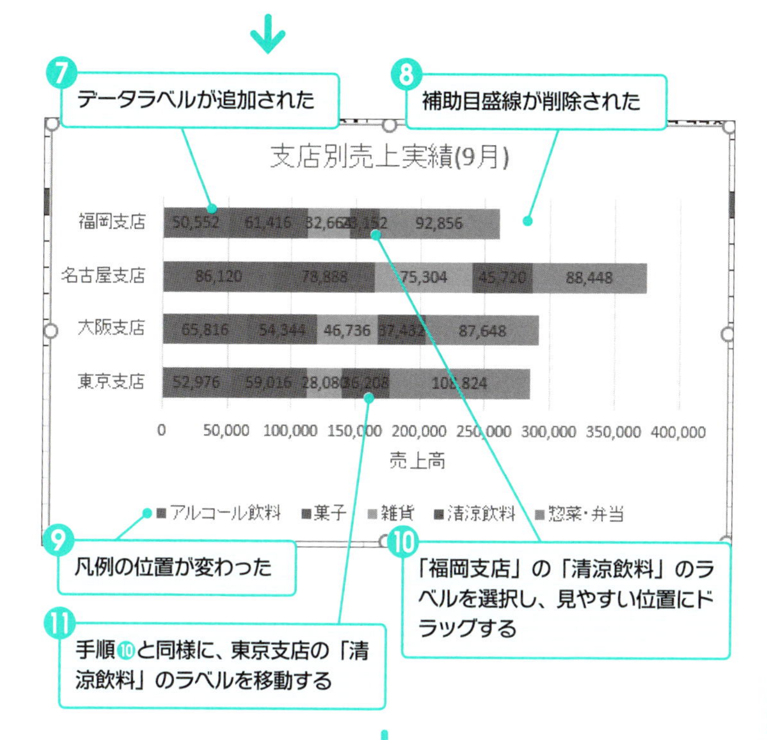

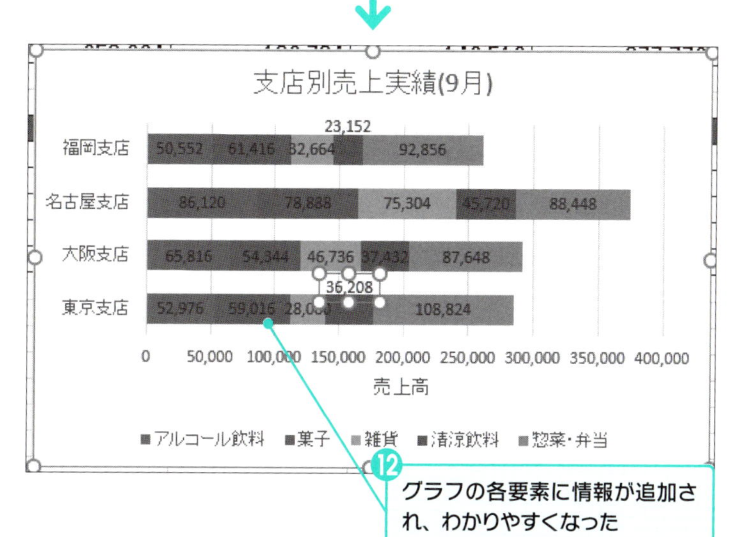

データラベルを編集する方法

任意のデータラベルをクリックすると、同じ系列のすべてのデータラベルが選択されます。その状態で編集したいデータラベルをクリックすると、特定のデータラベルが編集可能になります。

Column Excelの情報を図としてコピーする

Excelで作ったグラフや数表を、WordやPowerPointなどに張り付けて報告書を作成することは、ビジネスの現場でよく見られる光景です。ですが、グラフ、数表をExcelでコピーしてそのまま貼り付けると、次のような現象が起こります。

●グラフの場合

グラフが元のExcelとリンクしてしまう。リンクした状態だと、WordやPowerPointに貼り付けたグラフからExcelを開いてデータ編集ができるようになるが、他の人に元のデータを改ざんされてしまう恐れがある。また、リンクが適切に保たれていないと、データの編集をしようとしたときに、エラーが発生してしまう。

●数表の場合

Excelではなく、WordやPowerPointの表として貼り付けられてしまう。
グラフの場合と同様に、表のデータが他の人に改ざんされてしまう恐れがある。

こういった現象を防ぐためにも、Excelの情報を報告書にする際には、次の操作を行って、図としてコピー、貼り付けすることをお勧めします。

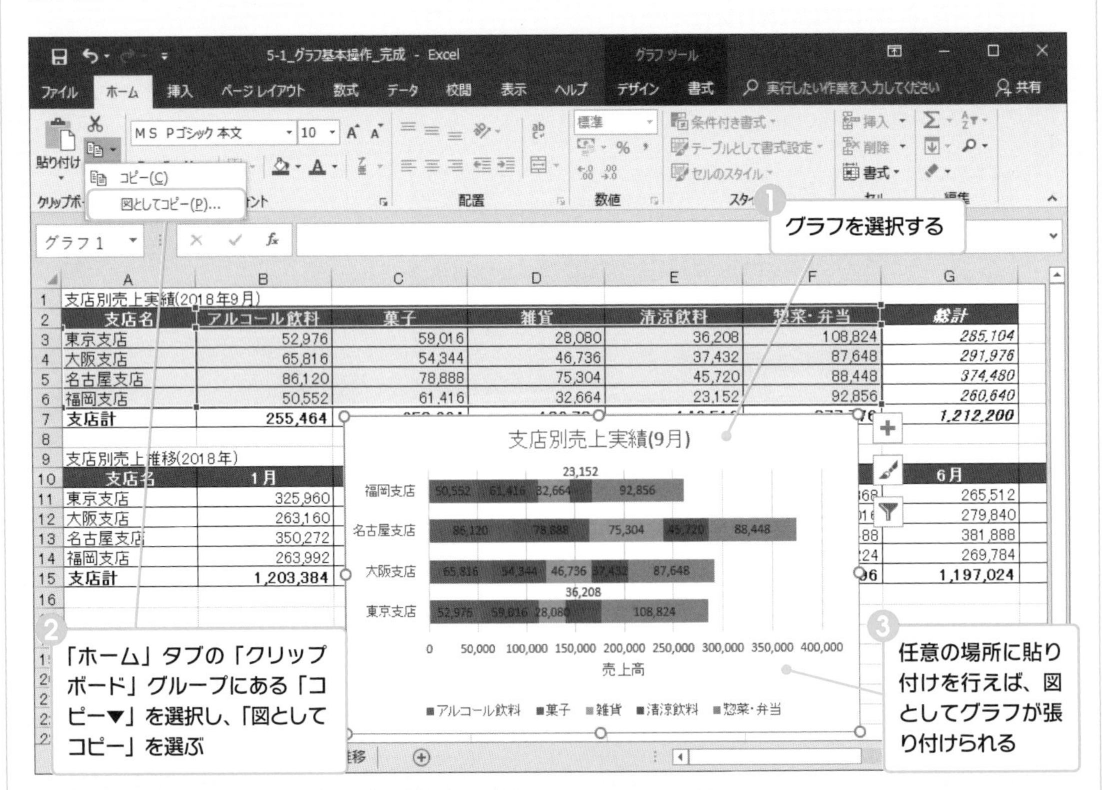

同様の手順で数表を操作すれば、数表を図としてコピーすることができます。

❻ グラフの種類変更

2013 2016 2019

グラフを作成する際に、どのグラフを使えばいいか迷うことがあります。グラフの種類変更は簡単にできるので、グラフを作る前に迷うよりは、いろいろとグラフを変更してみて、用途にあったグラフを見つけることが大事です。

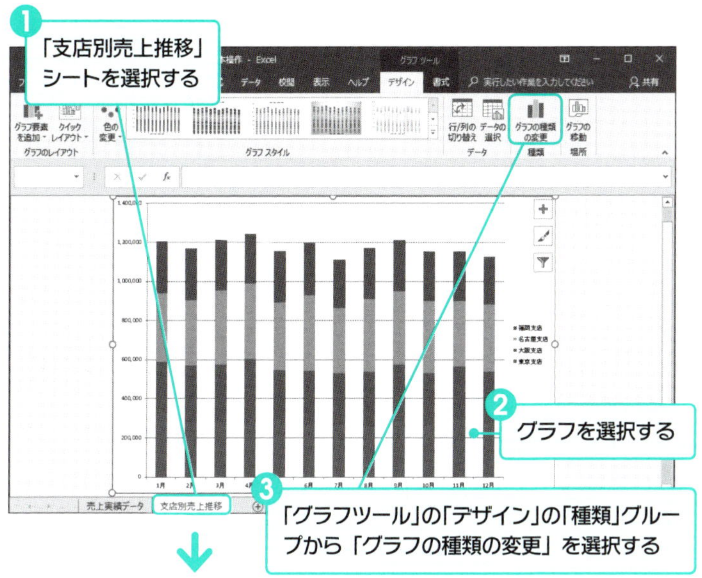

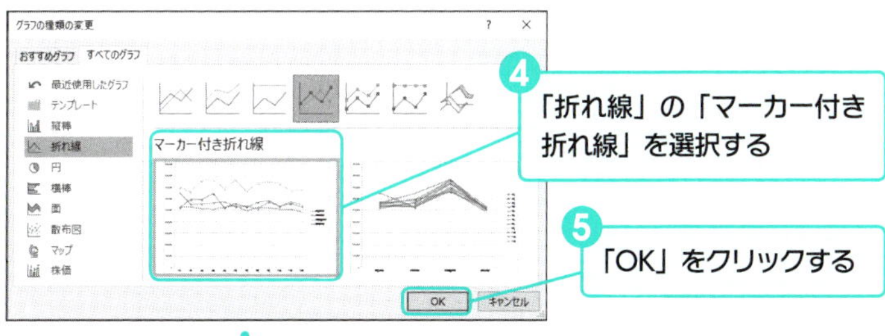

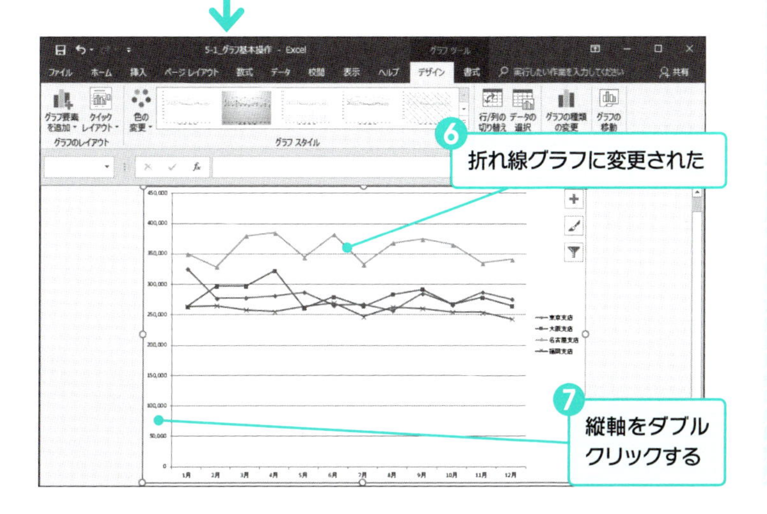

グラフシートについて

グラフは、オブジェクトとしてデータシート上に表示する方法と、グラフシートとして独立して表示させる方法があります。表示する場所は、「グラフツール」の「デザイン」タブの「場所」グループにある「グラフの移動」ボタンで変更することができます。

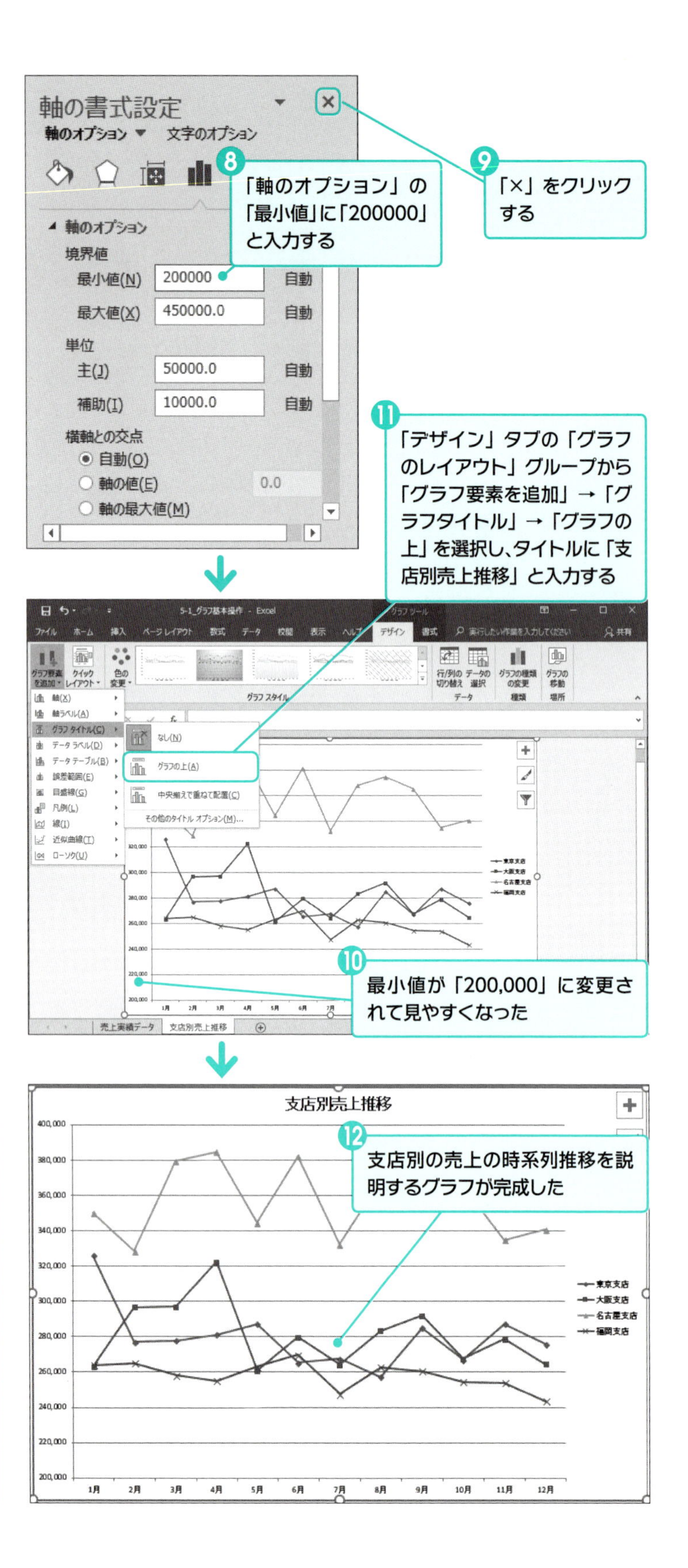
軸の書式設定
軸のオプション
文字のオプション
軸のオプション
境界値
最小値(N)
200000
自動
最大値(X)
450000.0
自動
単位
主(J)
50000.0
自動
補助(I)
10000.0
自動
横軸との交点
自動(O)
軸の値(E)
0.0
軸の最大値(M)
8 「軸のオプション」の「最小値」に「200000」と入力する
9 「×」をクリックする
11 「デザイン」タブの「グラフのレイアウト」グループから「グラフ要素を追加」→「グラフタイトル」→「グラフの上」を選択し、タイトルに「支店別売上推移」と入力する
なし(N)
グラフの上(A)
中央揃えで重ねて配置(C)
その他のタイトル オプション(M)...
10 最小値が「200,000」に変更されて見やすくなった
支店別売上推移
12 支店別の売上の時系列推移を説明するグラフが完成した
東京支店
大阪支店
名古屋支店
福岡支店
1月
2月
3月
4月
5月
6月
7月
8月
9月
10月
11月
12月

Column 用途にあったグラフを選択する

117ページでは、積み上げ縦棒グラフを折れ線グラフに変更しました。これは、支店ごとに売上の時系列推移を比較したいという意図があったためです。時系列などの推移を分析する際は、折れ線グラフが最も適しています。

その他にも、グラフの種類とその分析用途には、次のような密接な関係があります。

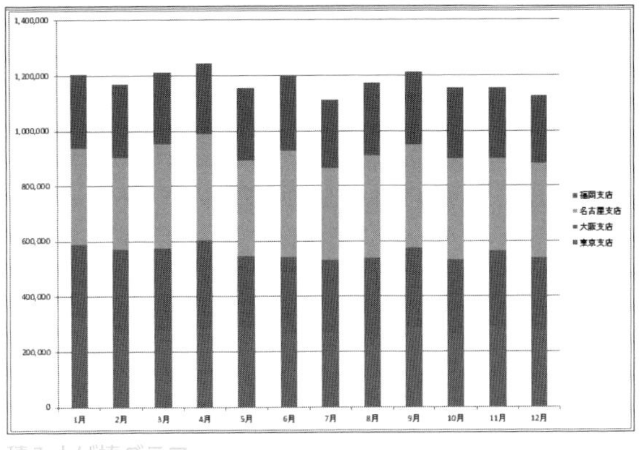

積み上げ棒グラフ

・項目間の値を比較したい場合

棒グラフが適しています。項目の中でさらに要素を分けたいときは（たとえば、支店別の売上を製品単位で比較したいなど）、積み上げ棒グラフを使用します。

・項目間の要素の構成比を比較したい場合

項目間で値の大きさに差がある場合は、100%積み上げ棒グラフが便利です。たとえば、全国の構成比と特定の地域の構成比の違いを分析する場合などが該当します。

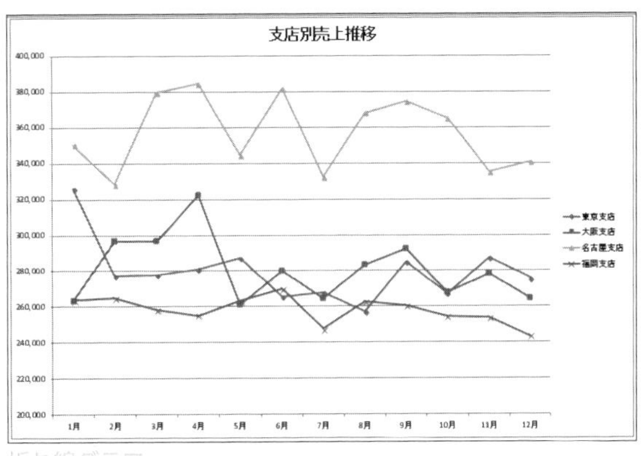

折れ線グラフ

・単純に値の構成比を分析したい場合

円グラフやドーナツグラフが適しています。

・2つの変数の関係を分析したい場合

散布図を使用します。気温と売上の関係を分析したい場合などが該当します。

・3つの変数の関係を分析したい場合

バブルチャートが適しています。市場シェアと売上の伸び率と売上実績から製品のポジションを分析する、PPM（プロダクトポートフォリオマネジメント）でよく用いられます。

・項目間で複数の変数の比較をしたい場合

レーダーチャートが適しています。新製品開発時にいくつかの新製品候補を5つの軸で評価する、といった場合に用います。

さらに、これらのグラフを組み合わせて使用する（縦棒グラフと折れ線グラフを組み合わせるなど）ことで、より高度な分析を行うことも可能です（120ページ参照）。用途にあったグラフを選べるようになれば、より説得力のある分析が可能になります。

02 複合グラフの作成

複合グラフを使えば、単位の異なる複数の数値を1つのグラフ上で表現することができます。複合グラフはExcelの既定のグラフとしては用意されていませんが、さまざまな分析で使用できるので、作成方法を覚えておきましょう。

Point

たとえば、当年の売上を評価する際、当年の実績だけでなく前年比を併用するとより正確な評価を下すことができます。当年の実績と前年比ではデータの単位が異なりますが、複合グラフは2つの数値を1つのグラフ上に表現できるので、一度に両方の情報を得ることができます。

1 複数の数値を含んだグラフを作成する
2 数値をプロットする軸を分ける
3 グラフの種類をわかりやすいものに変更する

という順序で複合グラフの作成を行います。

Sample 複合グラフの元となるデータと複合グラフ

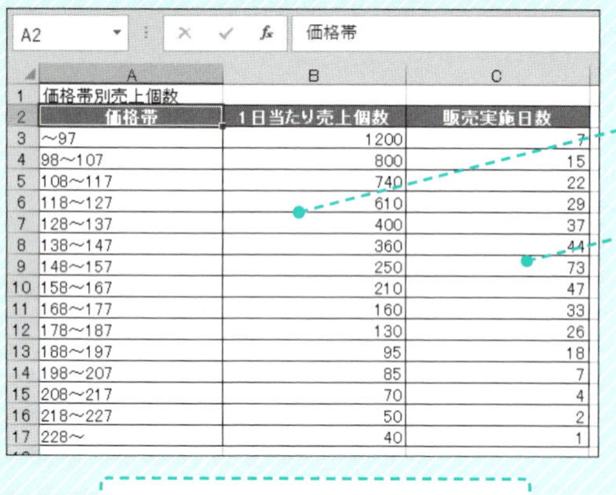

A2　価格帯

	A	B	C
1	価格帯別売上個数		
2	価格帯	1日当たり売上個数	販売実施日数
3	～97	1200	7
4	98～107	800	15
5	108～117	740	22
6	118～127	610	29
7	128～137	400	37
8	138～147	360	44
9	148～157	250	73
10	158～167	210	47
11	168～177	160	33
12	178～187	130	26
13	188～197	95	18
14	198～207	85	7
15	208～217	70	4
16	218～227	50	2
17	228～	40	1

複合グラフの元となるデータ

1日当たり売上個数と販売実施日数は、単位が異なる

1日当たり売上個数は第2軸にプロットされ、折れ線グラフで表現されている

販売実施日数は第1軸にプロットされ、縦棒グラフで表現されている

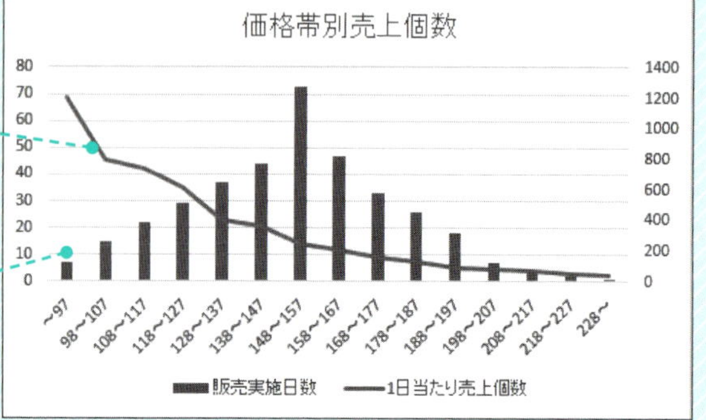

複合グラフとは

複合グラフは、異なる単位のデータを1つのグラフとして表現するものです。たとえば、下図のようなグラフを作成したとします。

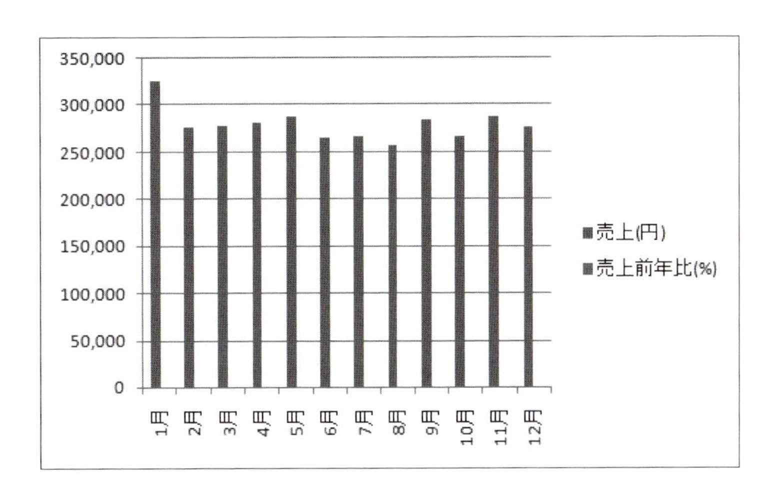

凡例を見ると、「売上前年比」のデータもグラフには存在するようですが、目では確認できません。これは、「売上」が円なのに対して、「売上前年比」は%であり、単位が異なるためです。そのため、実際には「売上前年比」もプロットされているのですが、値が小さすぎて視認できなくなっています。

そんなとき、複合グラフを使用すれば、「売上」と「売上前年比」を別々の軸にプロットできるので、単位の違いを気にする必要はなくなります。

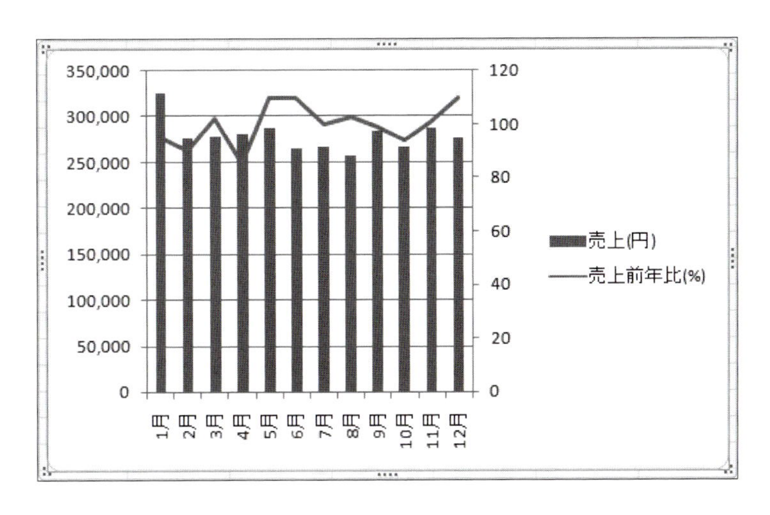

上図のように、異なる単位の系列を異なる軸にプロットし、グラフの種類も変えておけば、1つのグラフで売上とその前年比の推移を一目で読み取ることができます。

1 複合グラフの作成

2013 2016 2019

複合グラフはExcelの既定のグラフに含まれていないので、規定のグラフを編集して手作業で作成する必要があります。多少の手間はかかりますが、複数の情報を1つのグラフに持たせられるので、より深い分析結果を相手に見せることができます。

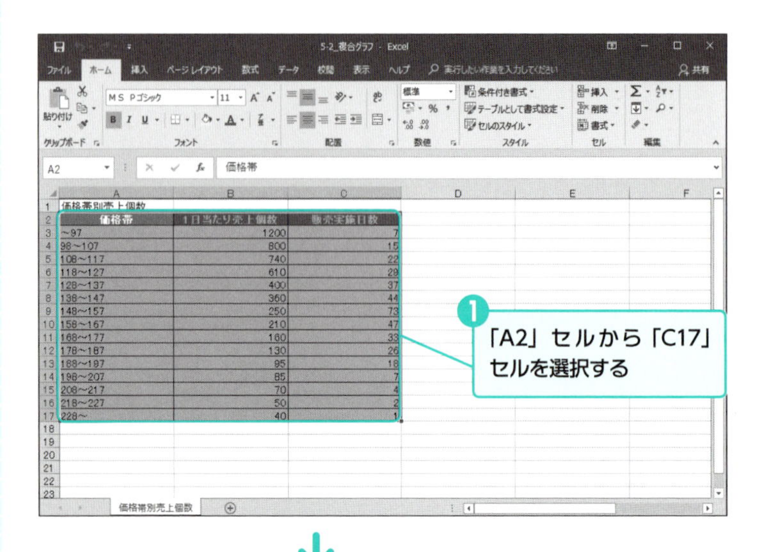

価格帯	1日当たり売上個数	販売実績日数
~97	1200	7
98~107	800	15
108~117	740	22
118~127	610	29
128~137	400	37
138~147	360	44
148~157	250	73
158~167	210	47
168~177	160	33
178~187	130	26
188~197	95	18
198~207	85	7
208~217	70	4
218~227	50	2
228~	40	1

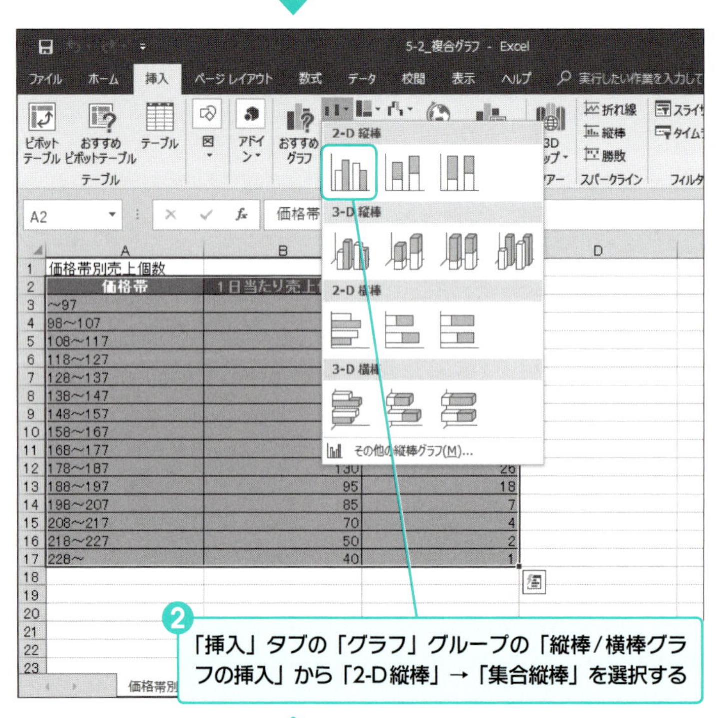

Excel 2013の場合は

「挿入」タブの「グラフ」グループから「縦棒グラフの挿入」の「2-D縦棒」→「集合縦棒」を選択します。

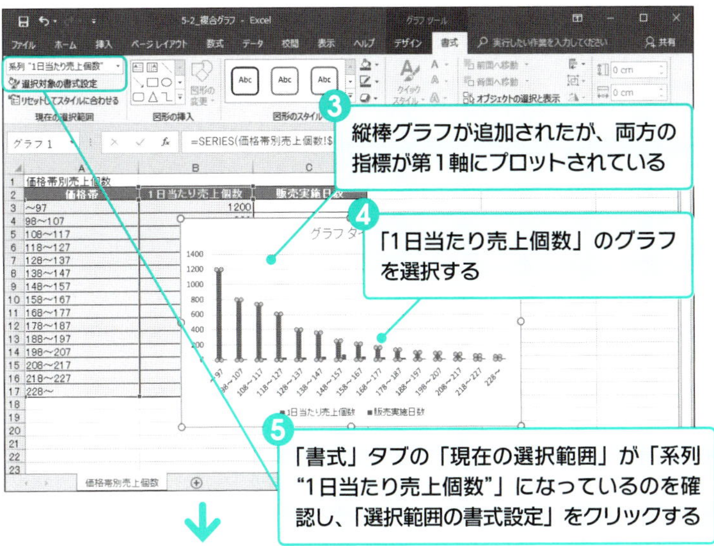

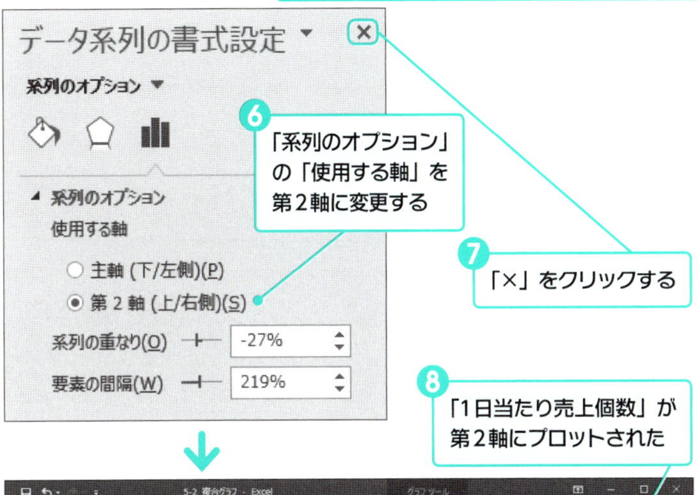

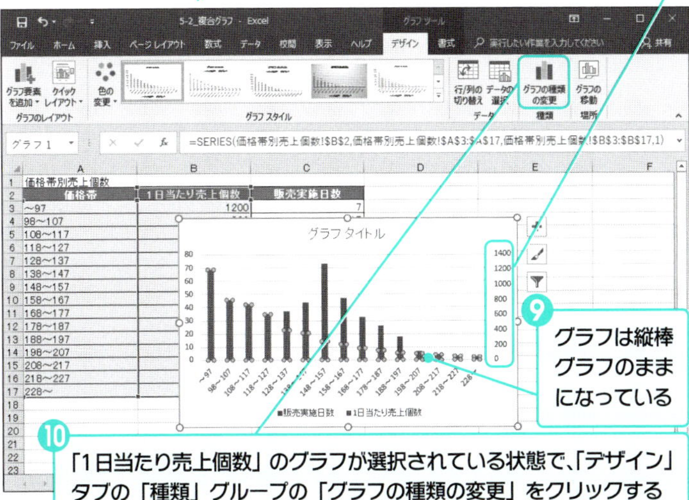

系列の選択方法

「1日当たり売上個数」のグラフの縦棒のうち、どれか1つをクリックすれば、系列全体が選択できます。その状態でさらに縦棒をクリックすると、特定の1要素が選択されます。この手順では、系列全体を選択しています。

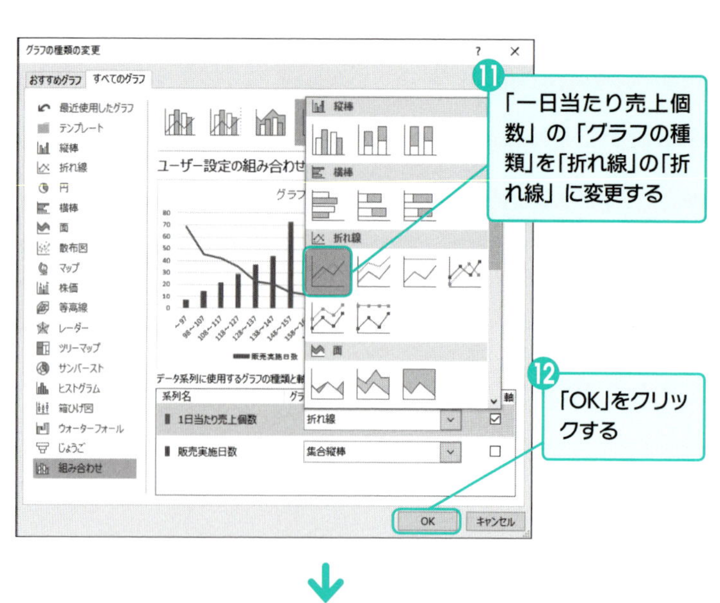
グラフの種類の変更
おすすめグラフ
すべてのグラフ
最近使用したグラフ
テンプレート
縦棒
折れ線
円
横棒
面
散布図
マップ
株価
等高線
レーダー
ツリーマップ
サンバースト
ヒストグラム
箱ひげ図
ウォーターフォール
じょうご
組み合わせ
ユーザー設定の組み合わせ
データ系列に使用するグラフの種類と軸
系列名
1日当たり売上個数
折れ線
販売実施日数
集合縦棒
OK
キャンセル
⑪「一日当たり売上個数」の「グラフの種類」を「折れ線」の「折れ線」に変更する
⑫「OK」をクリックする

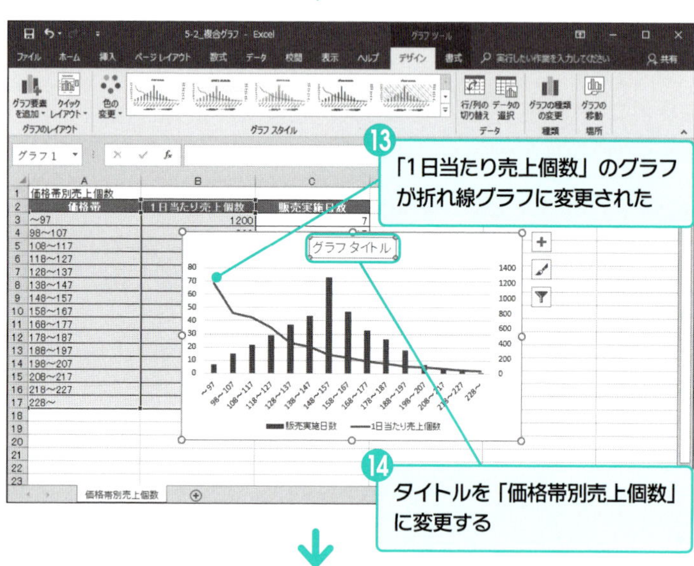
5-2_複合グラフ - Excel
ファイル
ホーム
挿入
ページレイアウト
数式
データ
校閲
表示
ヘルプ
デザイン
書式
グラフ タイトル
価格帯別売上個数
価格帯
1日当たり売上個数
販売実施日数
販売実施日数
1日当たり売上個数
⑬「1日当たり売上個数」のグラフが折れ線グラフに変更された
⑭タイトルを「価格帯別売上個数」に変更する

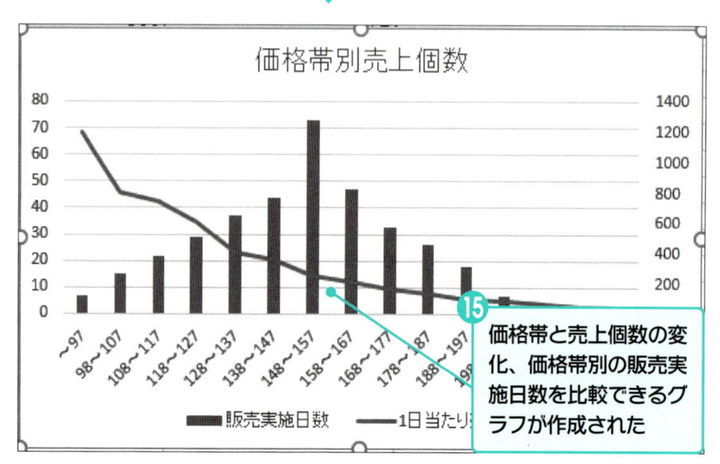
価格帯別売上個数
販売実施日数
1日当たり
⑮価格帯と売上個数の変化、価格帯別の販売実施日数を比較できるグラフが作成された

05
グラフ

Column よく使うグラフを登録する

複合グラフのような既定のグラフとして用意されていないグラフを作成する場合、毎回同じ作成手順を踏んでいては手間がかかります。そこで、グラフをテンプレートとして保存しておいて、グラフ作成時にそのテンプレートを使用すれば、作成の手間が省けます。また、グラフのテンプレートはグラフの種類だけではなく、書式やレイアウト情報も保存しているので、定期的に報告するような定型グラフの作成にも活用できます。

●グラフを登録する

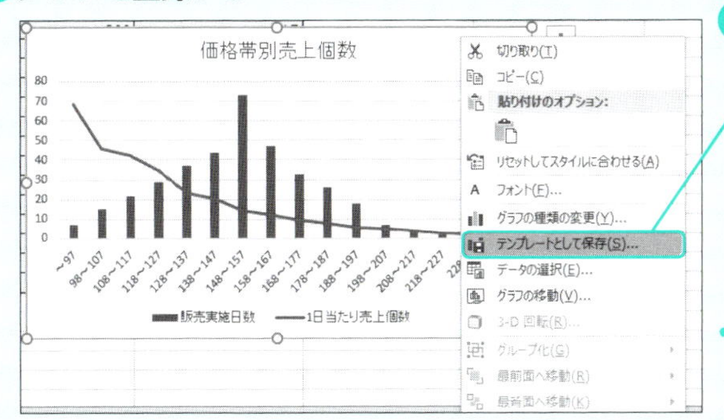

❶ グラフを選択した状態で、マウスを右クリックして「テンプレートとして保存」を選択する

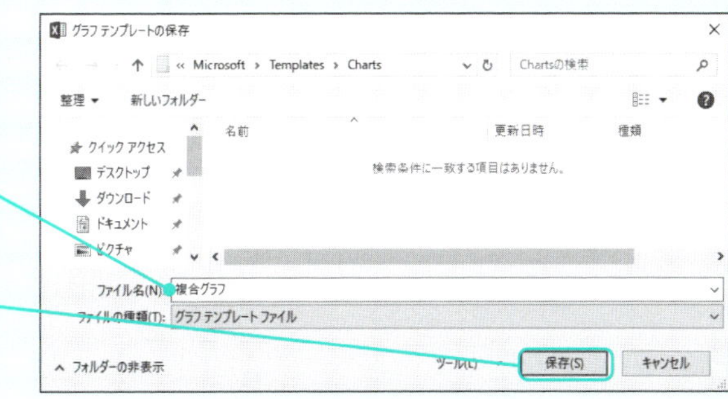

❷ グラフテンプレートに名前を付ける

❸「保存」をクリックする

●登録したグラフを使用する

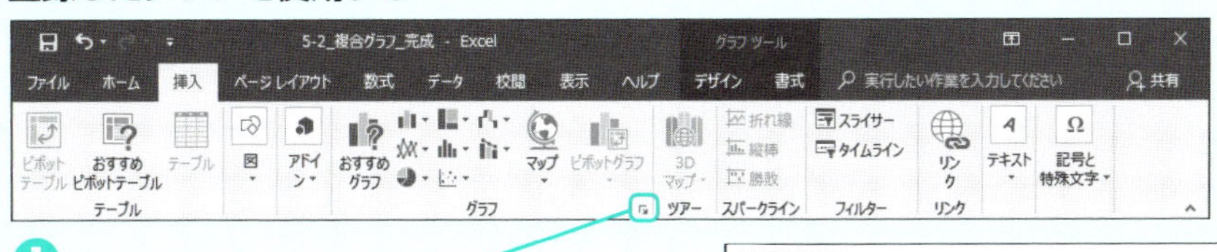

❶「挿入」タブの「グラフ」グループの「すべてのグラフを表示」をクリックする

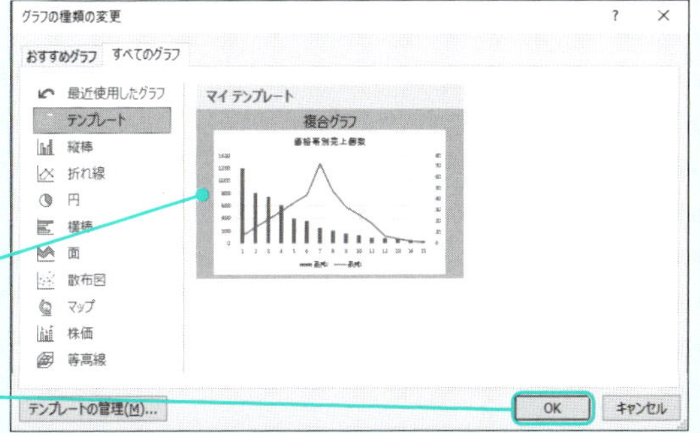

❷「テンプレート」から登録したグラフを選ぶ

❸「OK」をクリックする

03 散布図の作成

散布図は、2つの変数間の関係をグラフ上にプロットしたものです。散布図を見れば、変数間の関係を大まかにつかむことができるので、データ解析の第一歩として散布図を作成してみることは有効です。

Point

統計解析は難しそうなので、敬遠しているという方は多いかと思います。しかし、そういった方でも、散布図で2つの変数の関係をグラフ化すれば、次のような大まかな傾向をつかむことができます。

1 変数間に正の関係（一方が増加すれば他方も増加する）がある
2 変数間に負の関係（一方が増加すれば他方は減少する）がある
3 変数間には関係がない

Excelで散布図を描くことは簡単なので、解析を始める際はまず散布図を書いてみることをお勧めします。

Sample 散布図の元となるデータと散布図

B3　360025

	A	B	C
1	顧客別機器作動時間と保守コスト		
2	顧客番号	稼働時間(分)	保守コスト(千円)
3	C-0001	360025	1353
4	C-0002	340581	274
5	C-0003	350101	225
6	C-0004	341375	572
7	C-0005	325308	400
8	C-0006	302933	1138
9	C-0007	311084	338
10	C-0008	306713	335
11	C-0009	313715	1652
12	C-0010	304813	1697
13	C-0011	300270	219
14	C-0012	284826	1086
15	C-0013	295369	1278
16	C-0014	293934	1341
17	C-0015	276329	1290
18	C-0016	265557	740
19	C-0017	263501	39
20	C-0018	257662	561
21	C-0019	255529	1039
22	C-0020	264543	726
23	C-0021	257319	1462
24	C-0022	262148	534
25	C-0023	255006	364
26	C-0024	259432	996
27	C-0025	250006	873

顧客別機器作動時間と保守コスト

散布図の元となるデータ。2つの変数から構成されている

個別の点に各行の「稼働時間(分)」と「保守コスト(千円)」がプロットされている

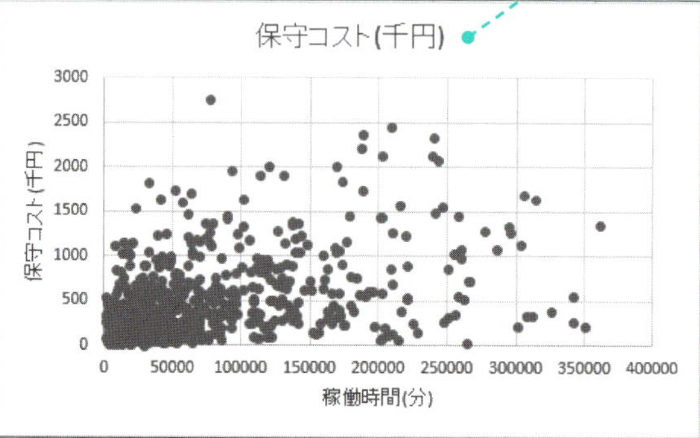

散布図とは

たとえば、学生のテストの結果について考えてみましょう。「数学の点数と物理の点数の関係」、「数学の点数と世界史の点数の関係」を考えた場合、どういった関係がありそうでしょうか。

● 「数学」と「物理」

どちらも理系科目なので、一方が高い人は他方も高いかもしれない

● 「数学」と「世界史」

分野が違う科目なので、あまり関連はないかもしれない

しっかり勉強している人はどちらも力を入れているはずなので、両方高いはずだ

といった仮説が立てられます。このような2つの変数の関係を読み取るときに、散布図を用います。散布図は2つの変数を縦軸と横軸にプロットしたグラフですので、散布図を見れば2変数の関係を読み取ることができます。

変数間の関係が強い例

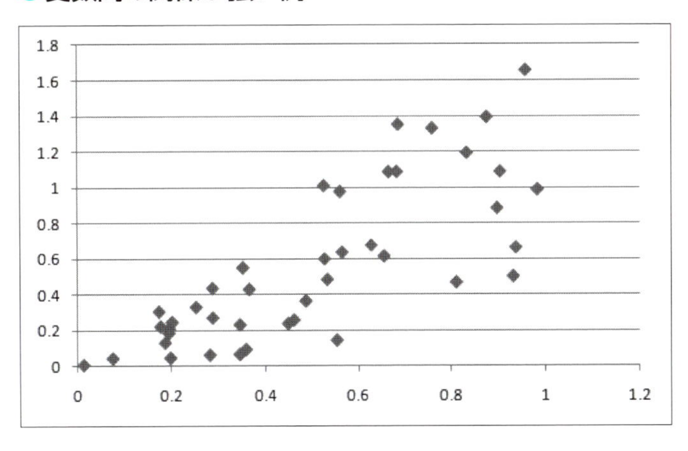

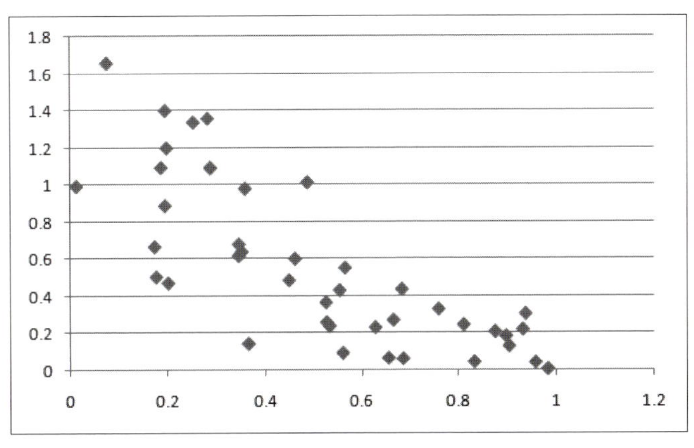

前ページの2つの散布図は、ともに変数間の関係が強い場合のものです。上の散布図は変数間に正の関係（一方が増加すれば他方も増加する）がある場合、2番目の散布図は負の関係（一方が増加すれば他方は減少する）がある場合です。
この関係のことを、統計学では「相関」と呼びます。

➲変数間に関係がない例

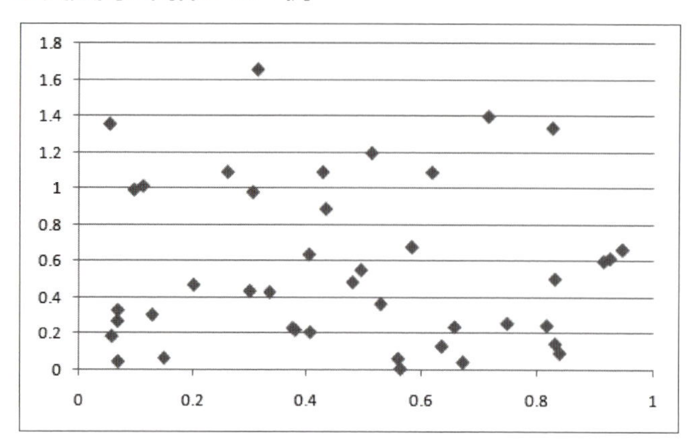

この散布図は、変数間の関係がない（相関がない）場合のグラフです。この散布図からは、片方の変数が増えると一方も増える（減る）といった関係を見出すことができません。

散布図を使った分析の詳細については後の章に譲りますが、散布図を使えば変数間の関係を可視化できるということと、散布図を作成することは統計解析の第一歩だということを、ここでは覚えておいてください。

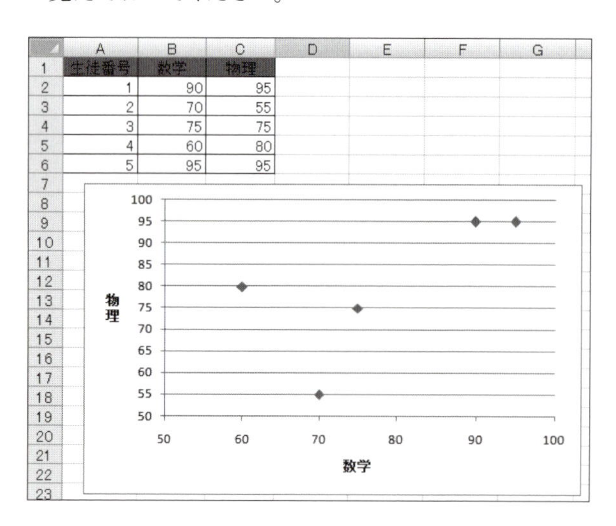

生徒番号	数学	物理
1	90	95
2	70	55
3	75	75
4	60	80
5	95	95

最後に、散布図を作成する際は、集計される前のデータを使用するようにしてください。1つの点が1組のデータを表す（上図の場合は1人の生徒を示す）ものなので、集計してしまうと散布図を描くことができなくなってしまいます。

❶ 散布図の作成

2013 2016 2019

散布図を使用すれば、2変数間の関係を視覚的にとらえることができます。変数間に相関関係があるかどうか、変数間の関係を回帰曲線で表現するとどうなるか、などがわかる散布図は、データ解析の入り口となります。

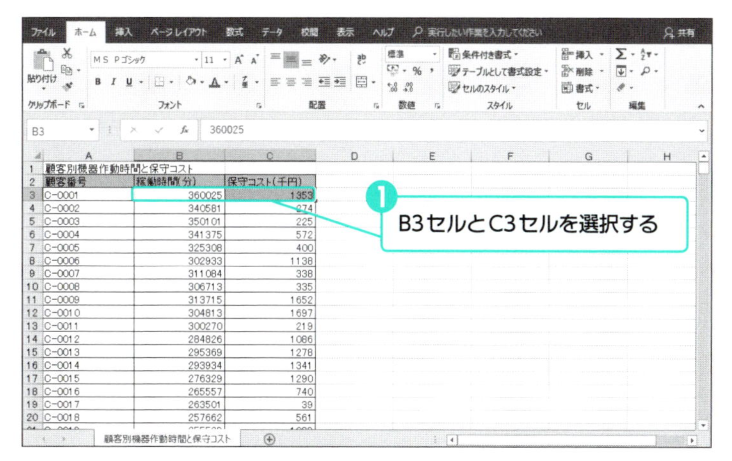

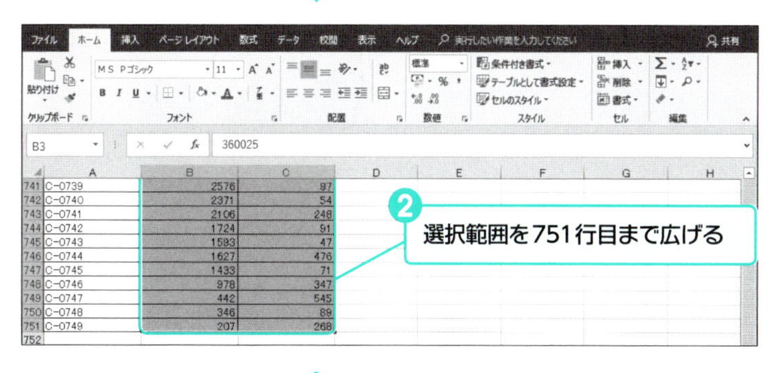

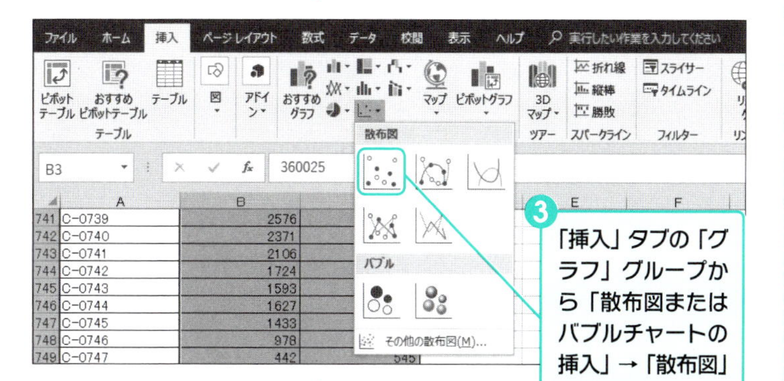

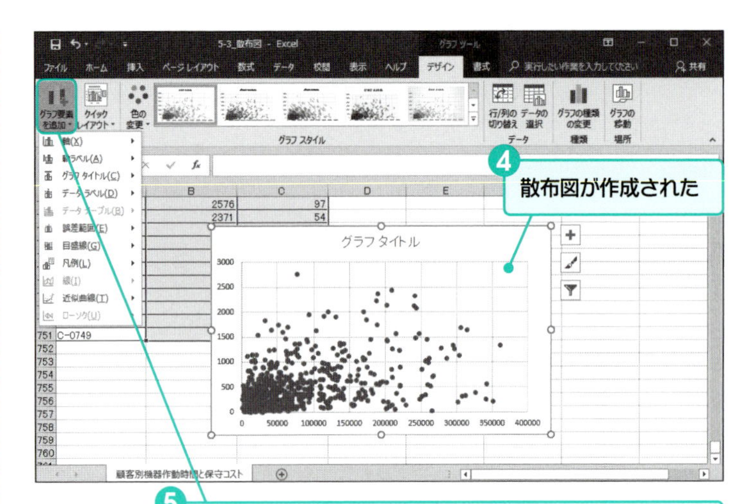

「グラフツール」の「デザイン」タブの「グラフのレイアウト」グループの「グラフ要素を追加」を使用して、「表5-3-1」、「表5-3-2」の通りにグラフを編集する

表5-3-1　レイアウトの修正内容

修正対象	修正内容
グラフタイトル	なし
軸ラベル	第１横軸と第１縦軸

表5-3-2　軸ラベルに入力する内容

対象	入力内容
第１横軸	稼働時間(分)
第１縦軸	保守コスト(千円)

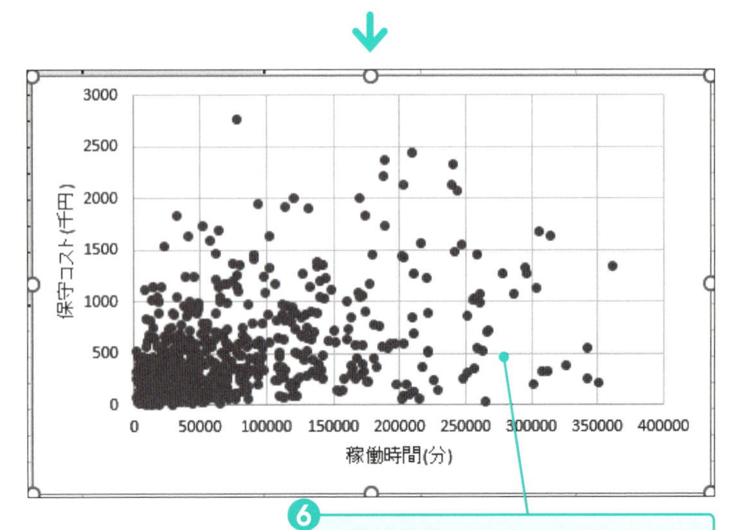

「稼働時間(分)」と「保守コスト(千円)」の関係が散布図として表現された

05 グラフ

Column 相関関係と因果関係の違い

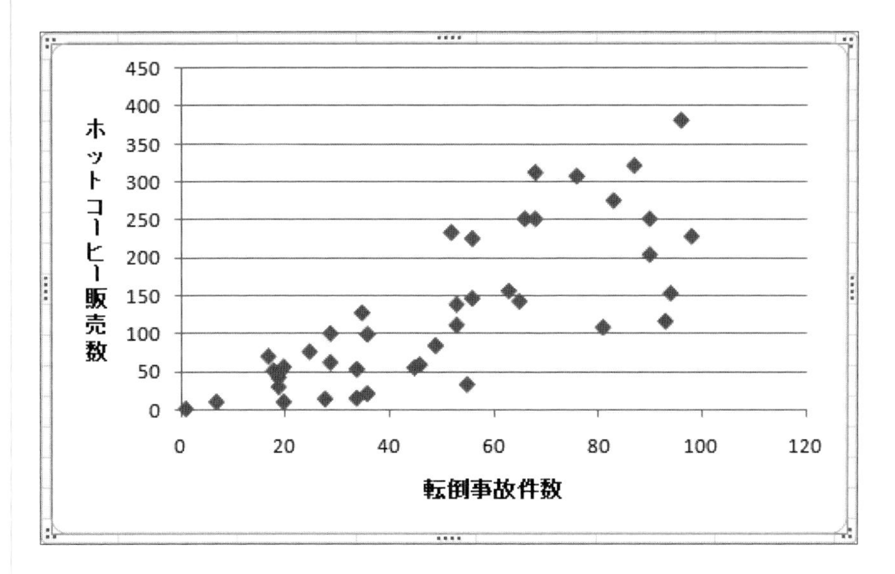

上の散布図は、A店のホットコーヒー販売数とB市内での転倒事故件数をプロットしたものです。この散布図から判断すると、A店のホットコーヒーの売り上げとB市の転倒事故件数との間には強い関係があるように見えます。

このとき、次の結論は正しいでしょうか。

結論1：A店のホットコーヒーを売れなくすればB市での転倒事故は減らせる
結論2：B市の転倒事故が増えれば、A店のホットコーヒーはもっと売れるようになる

答えはどちらも「NO」です。

たとえば、季節がそれぞれの変数に影響を与えている可能性があります。冬になって寒くなると、ホットコーヒーの売り上げは大きくなりますし、路面が凍結するので転ぶ人が増えるかもしれません。このことから、次のことが言えます。

相関関係は因果関係ではない

散布図を使用すれば、2つの変数の相関関係をグラフに描けてしまいますが、そのグラフは何の因果関係も示しません。

今回の例では、仮に2番目の結論を導き出してしまうと、A店の店主は道に障害物を置いたり、穴を掘ったりすることで、コーヒーの販売数を伸ばそうとするかもしれません。この例は架空の話なのでわざと極端にしていますが、ビジネスの現場でも同じようなことが起きる可能性はあります。因果関係がない変数の組み合わせにもかかわらず、相関関係がみられることから因果関係があると勘違いして決断を下してしまうと、大きな損失につながるかもしれません。散布図の読み取り方には、くれぐれも注意してください。

04 バブルチャートの作成

バブルチャートは特殊なグラフで、散布図のように2つの変数を縦軸、横軸にプロットし、さらに3つ目の変数としてデータの大きさをバブルで表現します。3つの変数の組み合わせを適切に選択すれば、分析ツールとして大きな効果を発揮します。

Point

バブルチャートは3つの変数を縦軸、横軸、バブルサイズとして、1つのグラフ上に表現できます。縦軸と横軸の数値が同じデータであれば、バブルサイズの違いでデータを比較することができますし、バブルサイズがほぼ同じくらいでも、縦軸と横軸の数値が異なれば、異なる傾向があることが読み取れます。

バブルチャートは、次の順序で作成します。

1 バブルチャートを作成する
2 書式、データラベルを編集する

バブルだけでは、どの項目のバブルなのか、実際の値はいくつかがわからなくなるので、データラベルの編集を行うことが重要です。

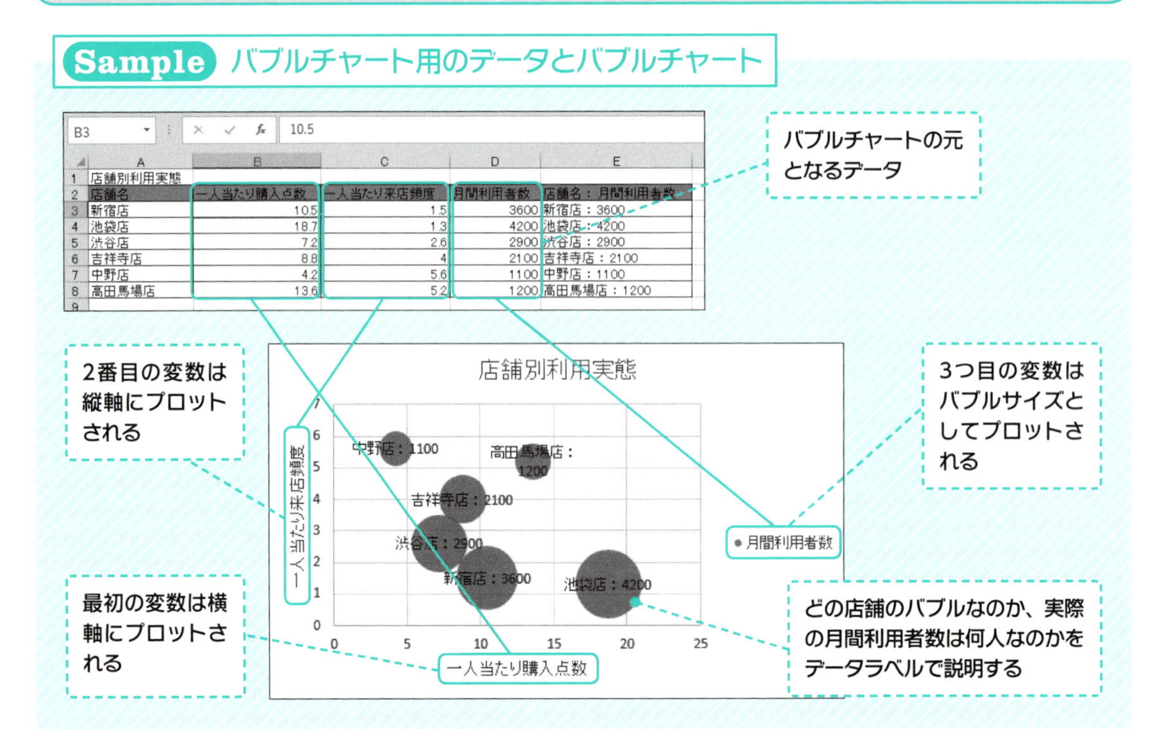

	A	B	C	D	E
1	店舗別利用実態				
2	店舗名	一人当たり購入点数	一人当たり来店頻度	月間利用者数	店舗名：月間利用者数
3	新宿店	10.5	1.5	3600	新宿店：3600
4	池袋店	18.7	1.3	4200	池袋店：4200
5	渋谷店	7.2	2.6	2900	渋谷店：2900
6	吉祥寺店	8.8	4	2100	吉祥寺店：2100
7	中野店	4.2	5.6	1100	中野店：1100
8	高田馬場店	13.6	5.2	1200	高田馬場店：1200

バブルチャートとは

2つの散布図による分析

バブルチャートとは3つの変数から構成される特殊なグラフです。では、どのような状況でこのグラフが役に立つのでしょうか？ まずは次の散布図を見てください。

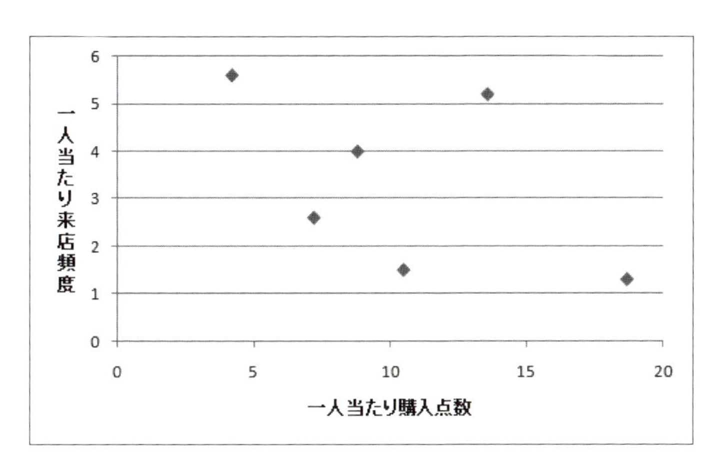

各点は、各店舗を表しています。このグラフからは、一人当たりの購入点数と来店頻度の関係を知ることができます。たとえば、右下の点（店）は「購入点数」は多いが「来店頻度」が少ないことがわかります。しかし、ここで使われている指標は両方「一人当たり」の数値なため、実際にどれくらいの人が来ているのかがわかりません。

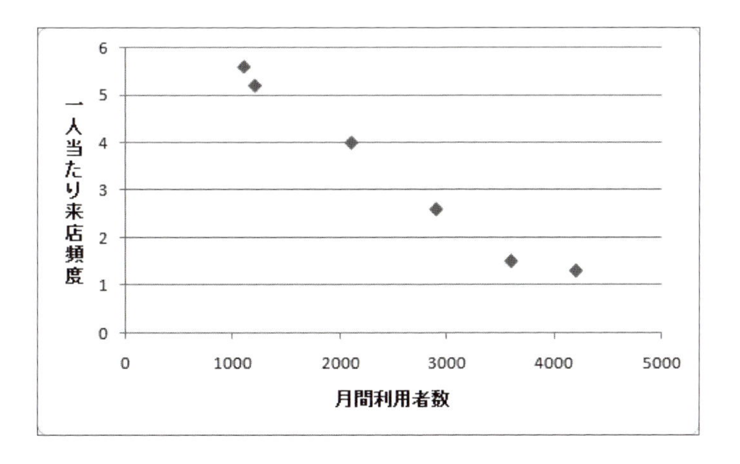

今度の散布図は横軸に「月間利用者数」がプロットされています。先ほどの右下の点は「月間利用者数」も「一人当たり購入点数」と同様に大きいがわかります。このことから、「一人当たり来店頻度」の低さを利用者数の多さでカバーしている店舗だということが言えます。また、最初のグラフの2番目の点は「一人当たり購入点数」、「一人当たり来店頻度」がともに大きい店舗だということが言えますが、2つ目のグラフから、「月間利用者数」が1000人強と少なく、こちらは固定客に支えられている店舗だと言えそうです。

バブルチャートの利点

2つの散布図を並べてみることで、ある程度の傾向は理解できましたが、毎回グラフを並べて分析しているようでは、時間がかかりますし、読み間違いをする恐れもあります。バブルチャートを使えば、1つのグラフだけで前ページで行った分析のすべてをカバーできます。

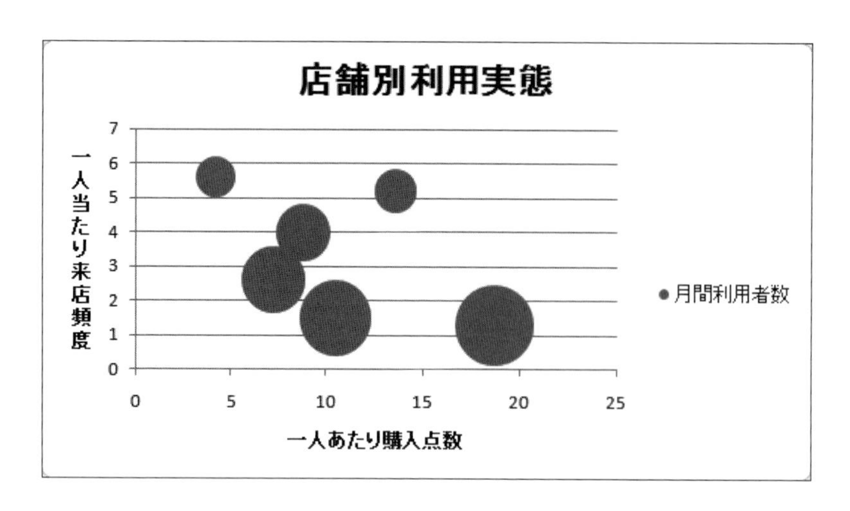

上図のバブルチャートは、最初の散布図の点を「月間利用者数」の大きさで変化を付けています。それぞれの店舗の来店頻度、購入点数、利用者数の関係が一目でわかります。バブルチャートは、このように3つの変数の関係を可視化できて便利です。

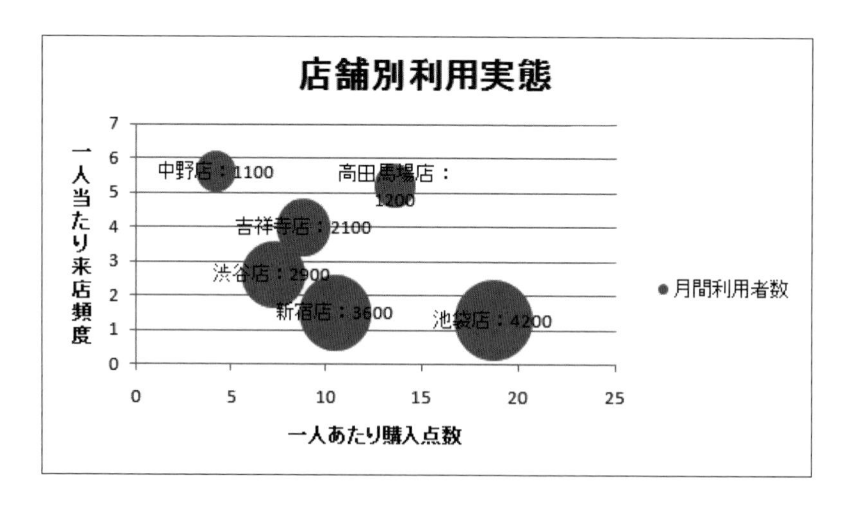

さらに、上図のように、各データラベルの値に店舗名を指定すれば、どれがどの店舗のバブルなのかも一目でわかります。

ただし、バブルチャートの欠点として、要素数が増えすぎると、バブルに重なりができてしまい、読みづらくなってしまう点が挙げられます。バブルチャートを使うか、グラフを2つに分けるかは、実際にグラフを作成しながら判断することをお勧めします。

❶ バブルチャートの作成 2013 2016 2019

バブルチャートは、Excelに既定で登録されているグラフなので、作成は簡単です。ここでは、バブルチャートを作成するためにどういった形で表を作成しておけば良いかに注目してください。

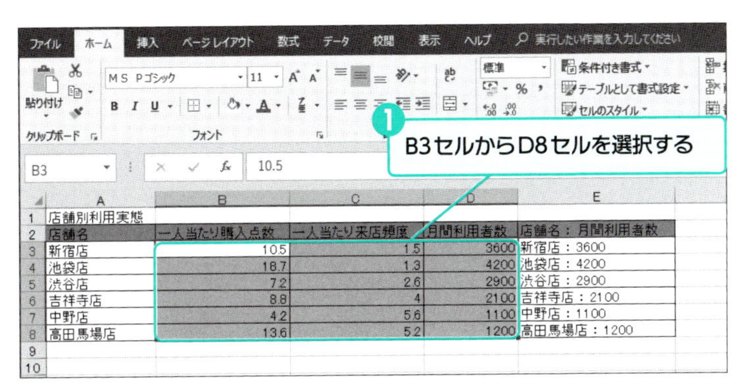

	A	B	C	D	E
1	店舗別利用実態				
2	店舗名	一人当たり購入点数	一人当たり来店頻度	月間利用者数	店舗名：月間利用者数
3	新宿店	10.5	1.5	3600	新宿店：3600
4	池袋店	18.7	1.3	4200	池袋店：4200
5	渋谷店	7.2	2.6	2900	渋谷店：2900
6	吉祥寺店	8.8	4	2100	吉祥寺店：2100
7	中野店	4.2	5.6	1100	中野店：1100
8	高田馬場店	13.6	5.2	1200	高田馬場店：1200

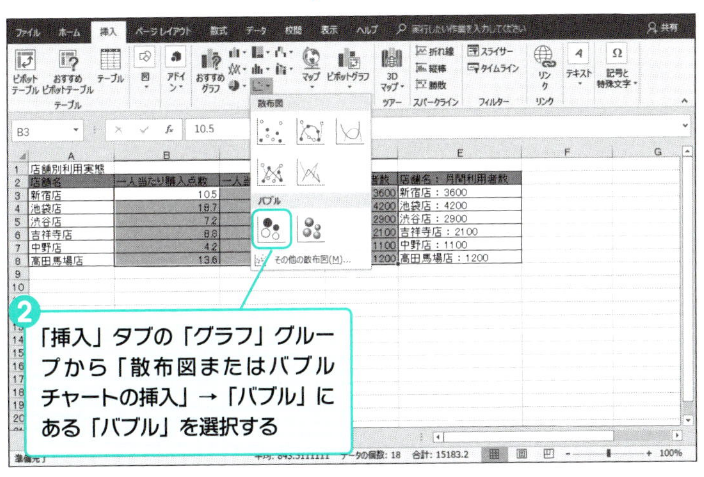

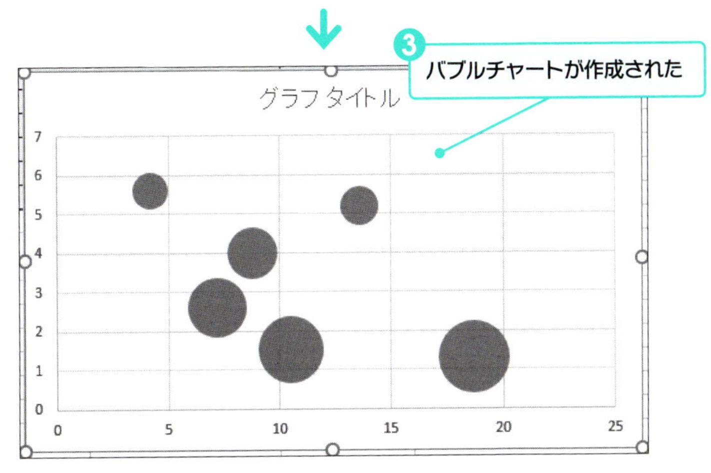

バブルチャートの元データ

バブルチャートの元になる表には、1つの要素につき、3つの変数を用意します。この例では、「一人当たり購入点数」「一人当たり来店頻度」「月間利用者数」の3つが相当します。

❷ バブルチャートのレイアウトを整える 2013 2016 2019

バブルチャートは簡単に作成できましたが、この状態ではどのバブルがどの店舗かといった対応付けや、バブルの大きさが実数としてどの程度なのかがわかりません。グラフを見るだけで、各店舗にどういった問題があるかがわかるようにしましょう。

表5-4-1　レイアウトの修正内容

修正対象	修正内容
軸ラベル	第１横軸と第１縦軸
凡例	右
データラベル	中央

表5-4-2　軸ラベルに入力する内容

対象	入力内容
第１横軸	一人当たり購入点数
第１縦軸	一人当たり来店頻度

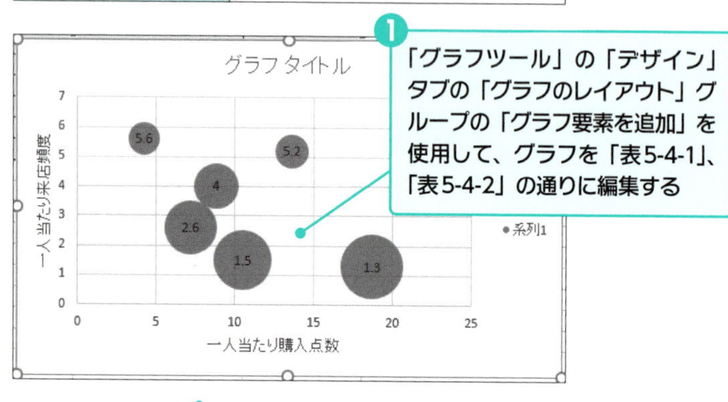

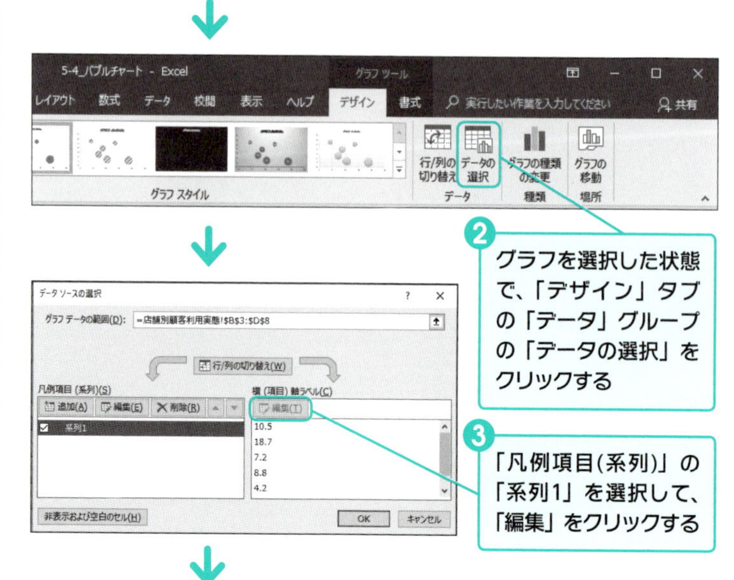

05 グラフ

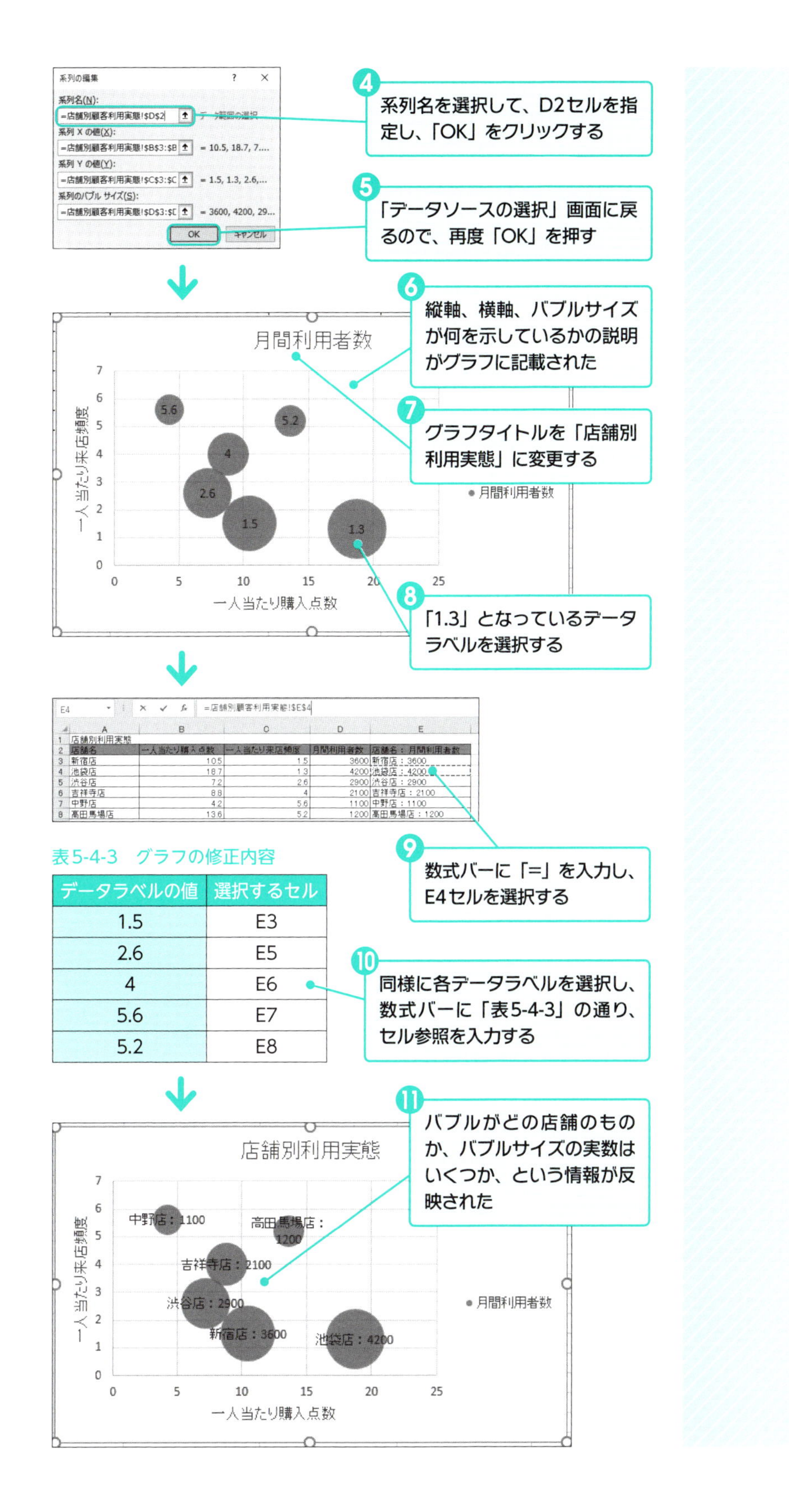

表5-4-3　グラフの修正内容

データラベルの値	選択するセル
1.5	E3
2.6	E5
4	E6
5.6	E7
5.2	E8

Column スパークラインを使う

スパークラインは、セルの中に縮小版のグラフを表示する機能です。

簡単な操作で表のすぐそばにグラフを表示させることができるため、一時的に数値の傾向を調べたい時や、表とグラフの両方を限られたスペースで混在させたい場合に有効です。また、スパークラインツールを使用して、グラフの種類やスタイルなどをカスタマイズすることもできます。

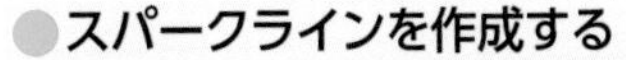

●スパークラインを作成する

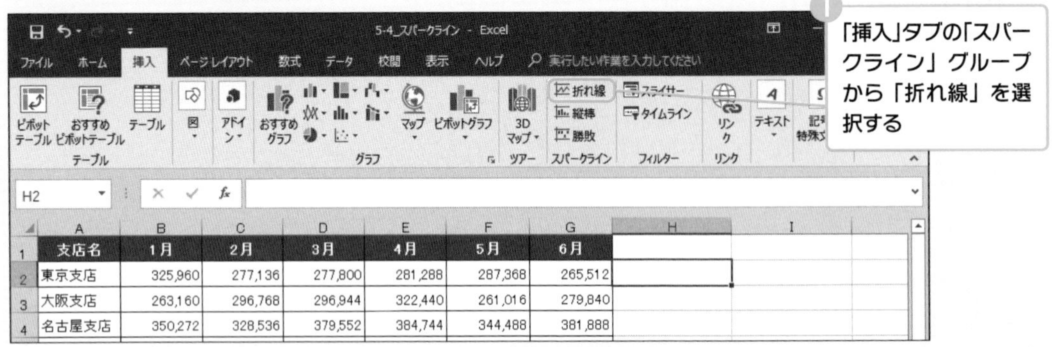

	A	B	C	D	E	F	G	H
1	支店名	1月	2月	3月	4月	5月	6月	
2	東京支店	325,960	277,136	277,800	281,288	287,368	265,512	
3	大阪支店	263,160	296,768	296,944	322,440	261,016	279,840	
4	名古屋支店	350,272	328,536	379,552	384,744	344,488	381,888	

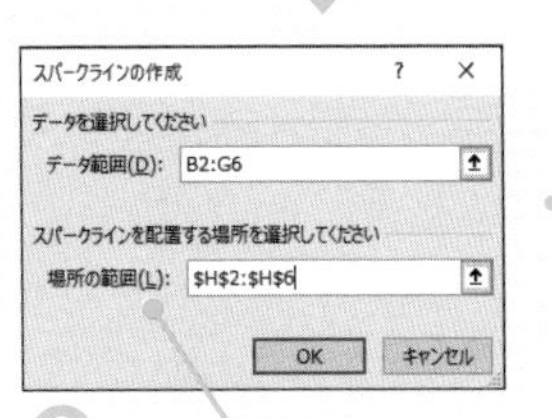

	A	B	C	D	E	F	G	H
1	支店名	1月	2月	3月	4月	5月	6月	
2	東京支店	325,960	277,136	277,800	281,288	287,368	265,512	
3	大阪支店	263,160	296,768	296,944	322,440	261,016	279,840	
4	名古屋支店	350,272	328,536	379,552	384,744	344,488	381,888	
5	福岡支店	263,992	264,984	258,128	255,160	263,224	269,784	
6	支店計	1,203,384	1,167,424	1,212,424	1,243,632	1,156,096	1,197,024	

❸表の横のセルに各行のデータの推移を示す線グラフが表示された

●スパークラインをカスタマイズする

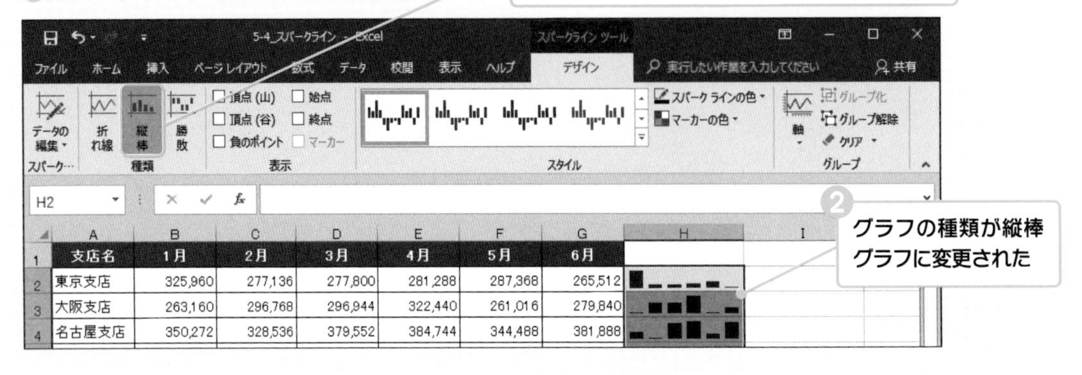

	A	B	C	D	E	F	G	H
1	支店名	1月	2月	3月	4月	5月	6月	
2	東京支店	325,960	277,136	277,800	281,288	287,368	265,512	
3	大阪支店	263,160	296,768	296,944	322,440	261,016	279,840	
4	名古屋支店	350,272	328,536	379,552	384,744	344,488	381,888	

Chapter
06

シミュレーション機能

シミュレーション機能を使用することにより、さまざまな値の組み合わせを使って自動的に計算を行い、その結果から最適な利益や在庫の数量を求めることができます。Excelのシミュレーション機能にはたくさんの種類があるため、どのようなシミュレーションが行えるかを知った上で、用途にあった機能を選ぶことが重要です。この章では、Excelの代表的なシミュレーション機能である、ゴールシーク、シナリオ、ソルバーについて解説します。

01 ゴールシーク

「ゴールシーク」を使えば、「収益額100万円を満たす販売量」や「販売量を100個としたときの最適な単価」といった、目標値を満たす値を求めることができます。簡単に条件を変えて実行できるので、試行錯誤しながら最適な値を探していきましょう。

Point

「ゴールシーク」は以下の3つの条件を指定することで、目標値を満たす変数の値を探索する機能です。

1 目標値の数式が入力されているセル（例：収益額の計算式を入力したセル）
2 目標値（例：収益額100万円）
3 変数が入力されているセル（例：収益額の算出に使用する販売量のセル）

最初は複雑に感じられるかもしれませんが、どこに何を指定すれば良いかを覚えれば、簡単に使いこなすことができます。

Sample ゴールシークを使った最適解の探索

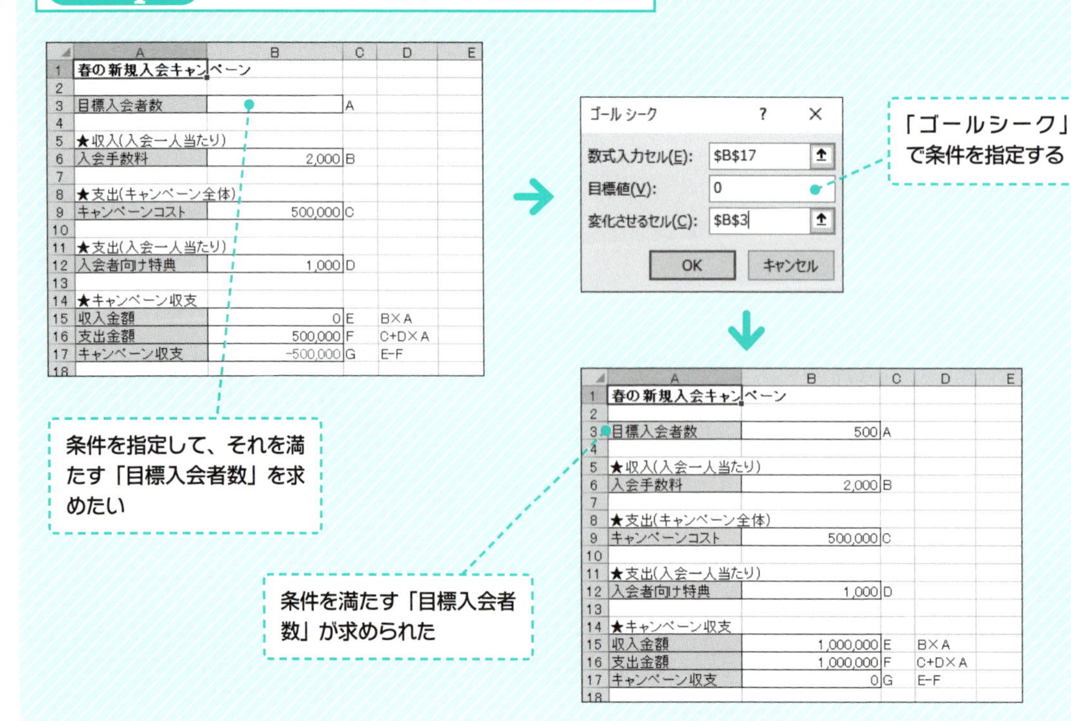

ゴールシークとは

「予算1万円で単価100円の商品を何個買えるか」を考えると、すぐに「100個」という答えがわかります。このとき、3つの数字の間には以下の関係が成立しています。

単価（100円）×購入個数（？個）＝購入金額＝予算（10,000円）

↓

「？」は100

ゴールシークを使うと、先に「単価×購入個数」という「購入金額」を求める数式を準備しておくことで、購入金額が予算を満たす場合の「購入個数」を探すことができます。

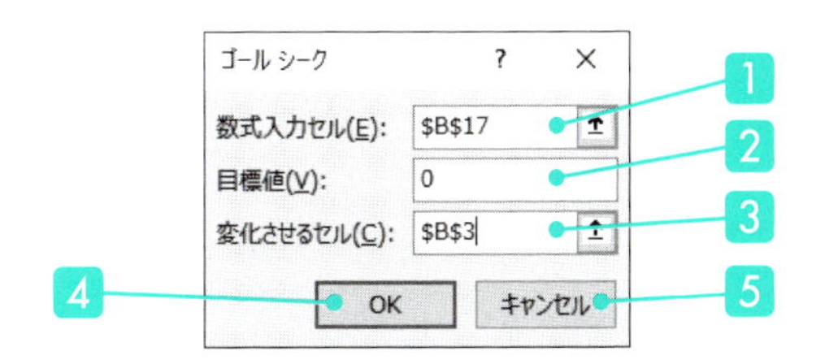

表6-1-1　ゴールシーク画面の構成要素

要素番号	要素名	要素の説明
1	数式入力セル	目標値を求めたいセルを指定します →（例：単価×購入個数）
2	目標値	1の目標値を指定します →（例：1万円）
3	変化させるセル	変数となるセルを指定します →（例：個数）
4	OK	ゴールシークを実行します
5	キャンセル	ゴールシーク画面を閉じます

ここで、「変化させるセル」に指定することができるのは「数値セル」に限られるという点に注意が必要です。「ゴールシーク」では、1つの数値しか変数として指定することができません。複数の数値を変数にしたい場合は、6-2で解説する「ソルバー」機能を使用する必要があります。

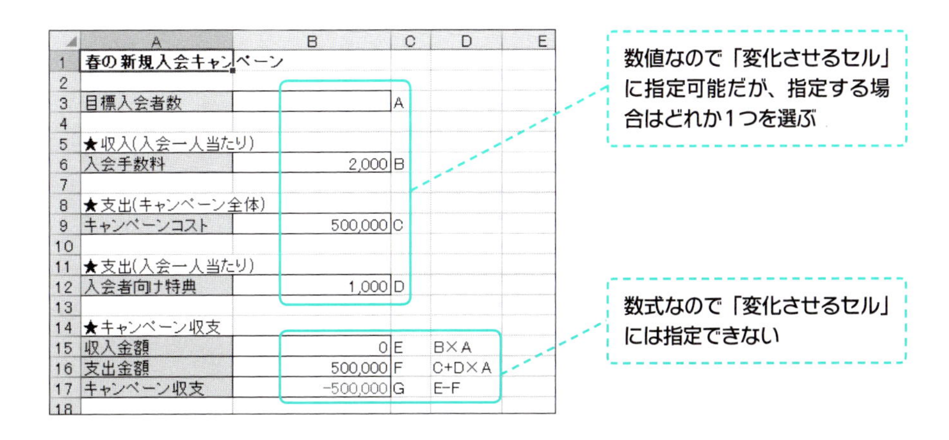

❶ ゴールシークの設定 2013 2016 2019

ゴールシークの使い方は簡単です。「目標値の数式が入力されているセル」、「目標値」、「変数として値を変化させるセル」の3つを指定するだけで、簡単に最適な変数の値を求めることができます。

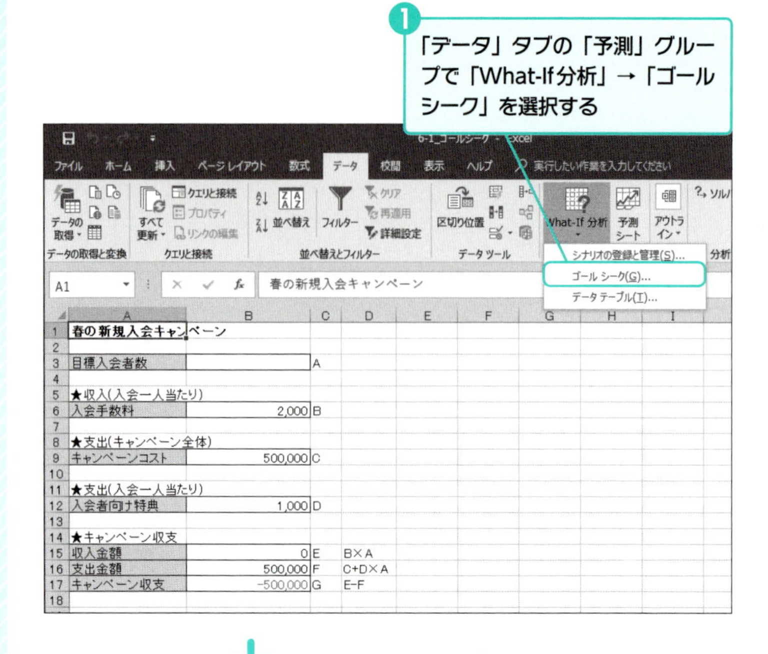

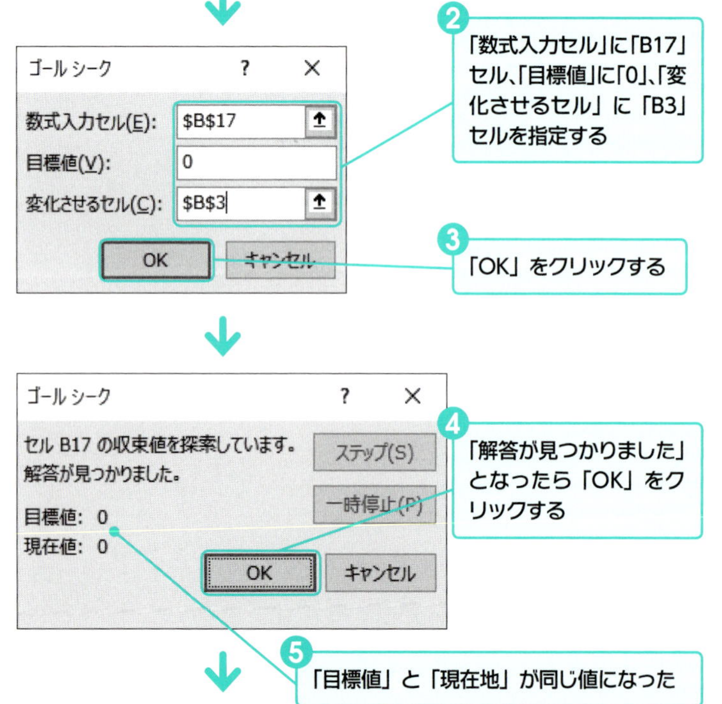

Excel 2013の場合は

「データ」タブの「データツール」グループで「What-If分析」→「ゴールシーク」を選択します。

ここで求める値

キャンペーン収支を計算する数式を使って、収支が0円になるための入会者数を求めます。

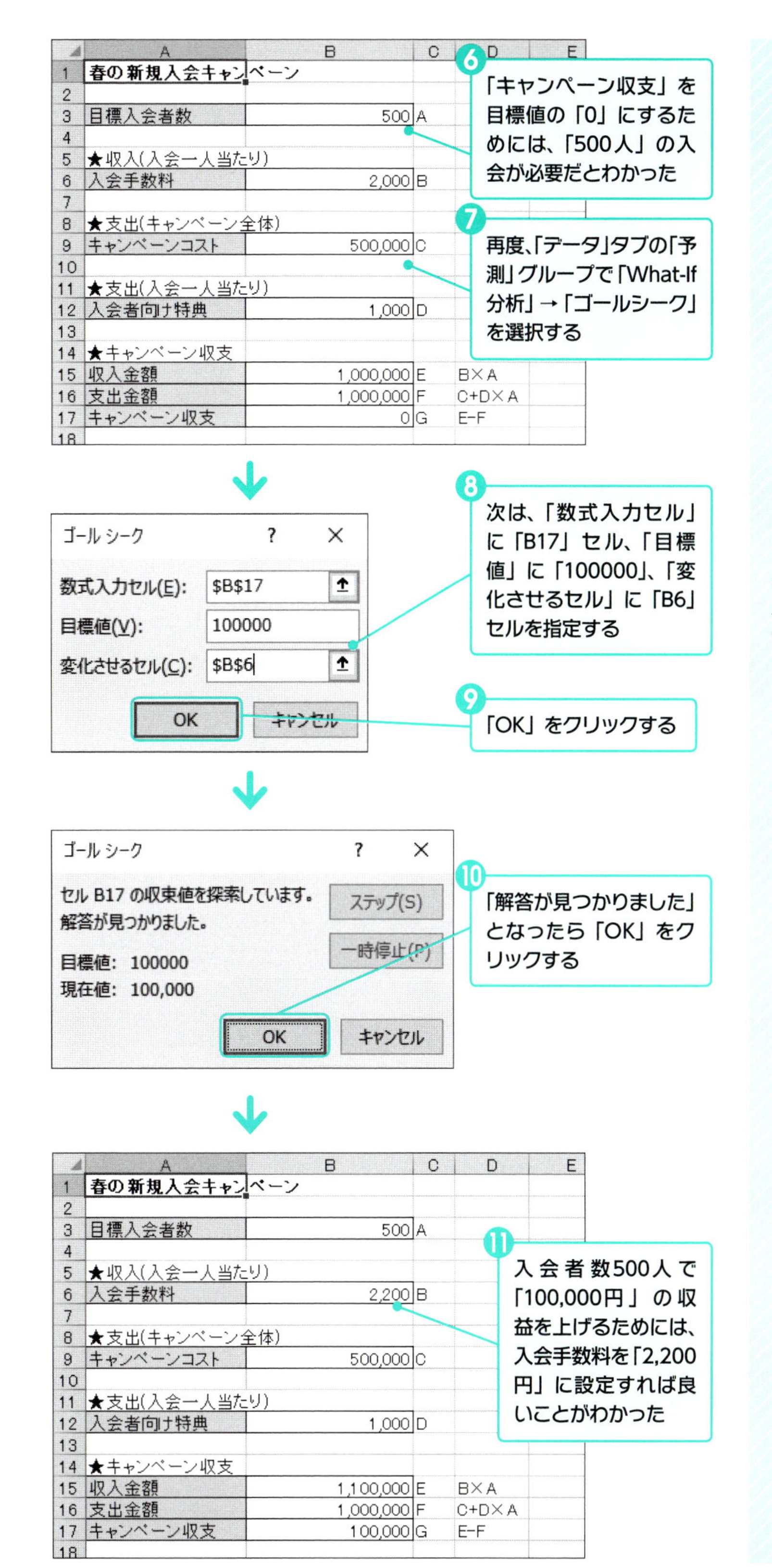

ここで求める値

キャンペーン収支を計算する数式を使って、入会者数500人で収支が10万円になるための入会手数料を求めます。

Column ゴールシークの設定を変える

ゴールシークを実行すると、解が見つかるまで代入する値を変えながら計算を繰り返します。そのため、場合によっては解を見つけられず何度も試行を繰り返し、最終的に解が見つからない、ということもあります。ここでは、ゴールシークの試行を中断する方法と、一回ずつ試行する方法、試行回数を増やす（減らす）方法を確認しましょう。

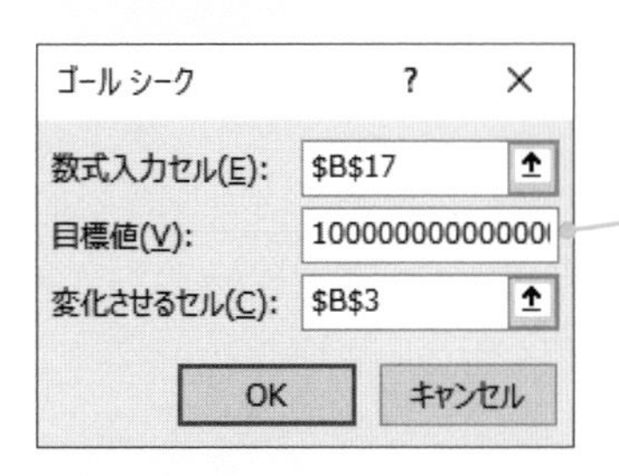

まず、目標値として解が見つかりそうにない値を指定しておく

●試行を中断する方法

❶ 試行回数が増えていくので、解の探索中であることがわかる

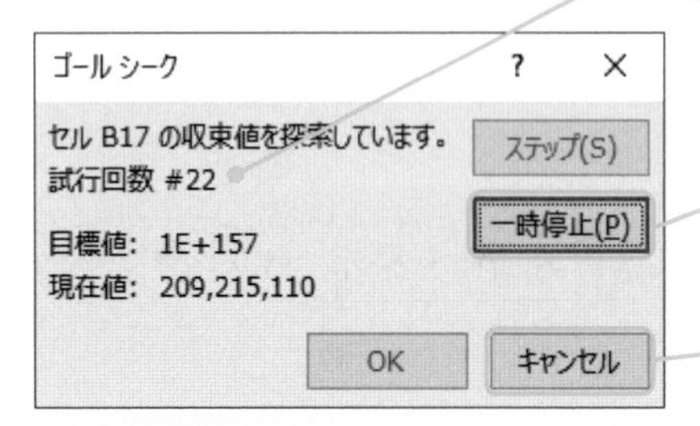

❷「一時停止」をクリックすると、解の探索が中断される

❸「キャンセル」を押すと、ゴールシークを終了することができる

●一回ずつ試行する方法

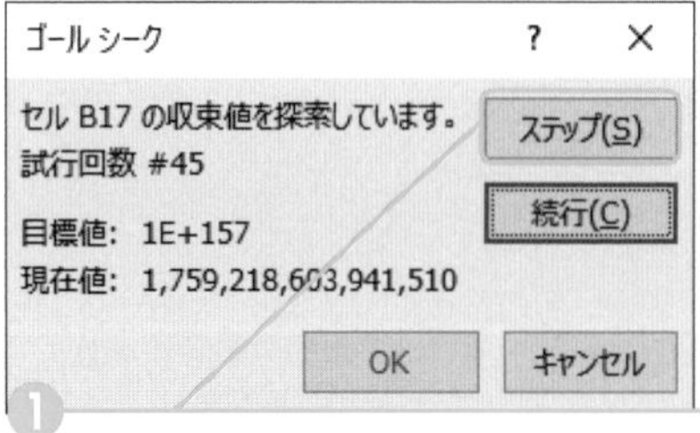

❶ 試行を中断した後、「ステップ」をクリックすると、解の探索が再開される

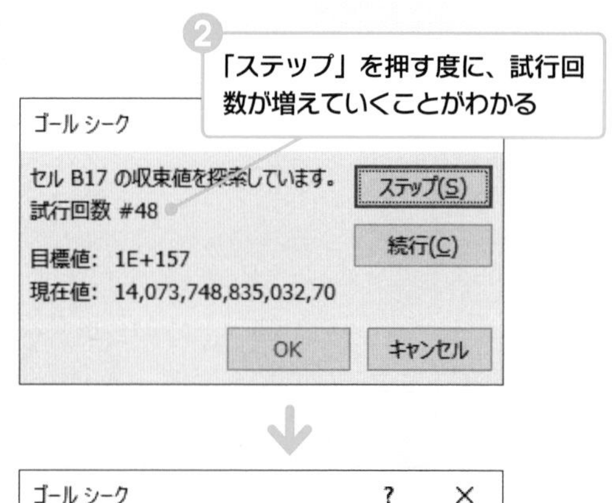

❷「ステップ」を押す度に、試行回数が増えていくことがわかる

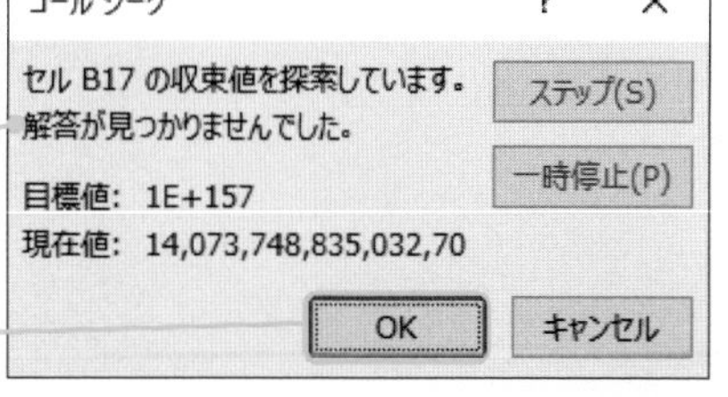

❸ 解が見つからずに試行回数が上限に達した場合、「解答が見つかりませんでした」と表示される

❹「OK」をクリックして閉じる

試行回数を増やす（減らす）方法

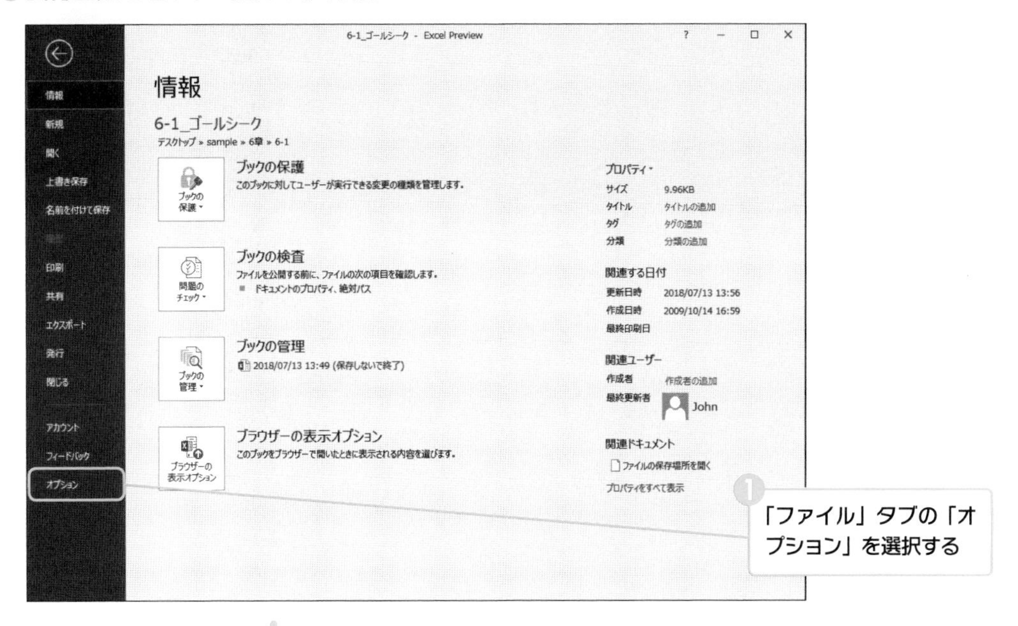

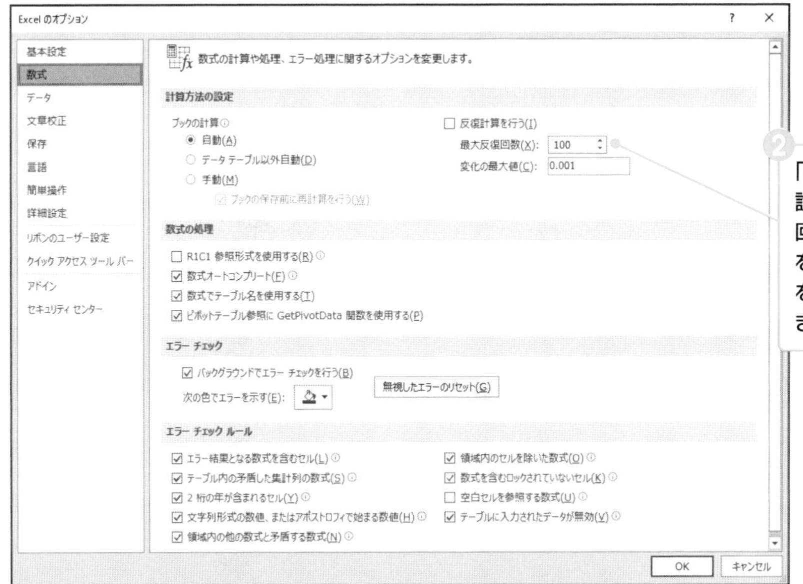

表6-1-2　設定した値と反復計算の回数の関係

	反復計算の回数	
	増やしたい場合	減らしたい場合
最大反復回数	大きくする	小さくする
変化の最大幅	小さくする	大きくする

02 シナリオ

予算編成や社内の各種計画を立案する際は、計数を変更しながら検討したい場合があります。「シナリオ」を使用すれば、変更した値を「シナリオ」として管理することができます。複数のシナリオを登録しておけば、それぞれを比較して最適なプランを採用することができます。

Point

予算などの計数を決定する際に、Excelで値を変化させながら検討している方は多いかと思います。そんなとき「シナリオ」を使用すれば、値の組み合わせをExcelに登録することができます。どのような係数を入力したか忘れることがありませんし、シナリオ間の比較を行って最適解を選ぶことも可能となります。

1 値の組み合わせを登録する
2 登録した結果を呼び出す
3 複数のシナリオを比較する

シナリオによって上記のことができるようになれば、数字の管理で悩む場面も減らせるはずです。

Sample シナリオの管理画面とシナリオの代入結果

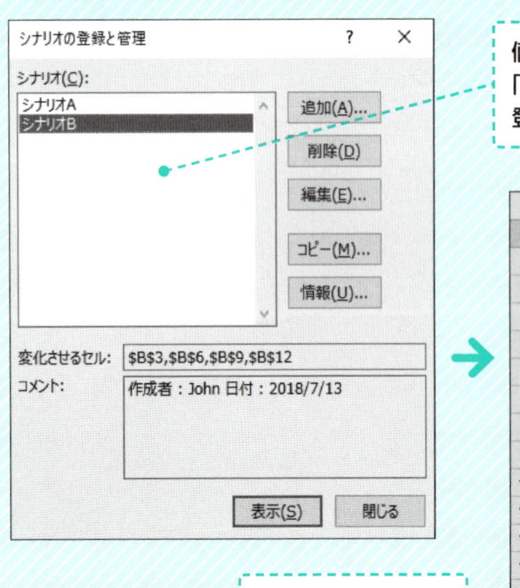

値の組み合わせを「シナリオ」として登録しておく

	A	B	C	D
1	春の新規入会キャンペーン			
2				
3	目標入会者数	1,500	A	
4				
5	★収入(入会一人当たり)			
6	入会手数料	1,800	B	
7				
8	★支出(キャンペーン全体)			
9	キャンペーンコスト	550,000	C	
10				
11	★支出(入会一人当たり)			
12	入会者向け特典	1,200	D	
13				
14	★キャンペーン収支			
15	収入金額	2,700,000	E	B×A
16	支出金額	2,350,000	F	C+D×A
17	キャンペーン収支	350,000	G	E-F

いつでも値の組み合わせを呼び出すことができる

シナリオとは

計数管理をExcelで行う場合、値を変化させるセルが1つであれば、どういった値を入力したかを覚えておくことも可能かもしれません。しかし、複数のセルの値を変化させて計数を管理するようになると、値の組み合わせは膨大なものになり、その1つ1つを覚えておくというのは現実的ではありません。

シナリオを使用すれば、そういった複雑な数字の管理も簡単に行えるようになります。

1. 値の組み合わせを登録し、呼び出すことができる
   →シナリオとして組み合わせを登録しておけば、いつでも表示させることができます。

2. シナリオ間の比較を行うことができる
   →複数のシナリオの結果を一覧に出力すれば、シナリオ間の差を一目で確認することができます。

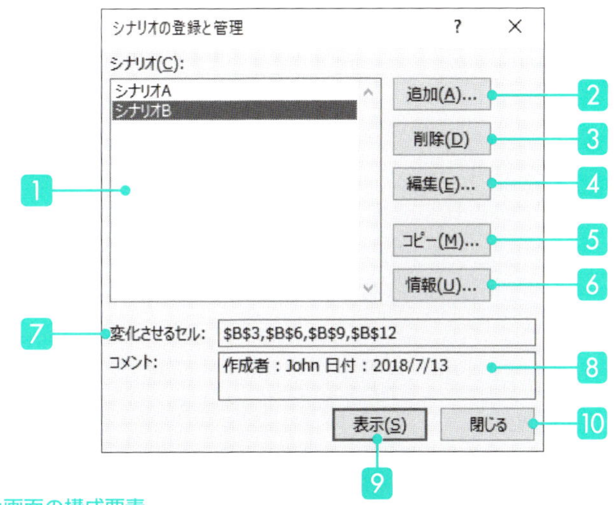

表6-2-1　シナリオ画面の構成要素

要素番号	要素名	要素の説明
1	シナリオ	登録されているシナリオが表示されます
2	追加	シナリオを追加します
3	削除	シナリオを削除します
4	編集	シナリオの条件を修正します
5	コピー	他のブックやシートのシナリオを取得します
6	情報	シナリオの情報をレポートとして表示します
7	変化させるセル	値が変化するセルが表示されます
8	コメント	シナリオに付けたコメントが表示されます
9	表示	シナリオに登録されている値を反映します
10	閉じる	「シナリオの登録と管理」画面を閉じます

❶ シナリオの登録

2013 2016 2019

セルの値を直接編集する場合と比べて、シナリオへの値の登録は若干手間がかかります。しかし、値の組み合わせをシナリオにしておけば、いつでも呼び出せますし、どんな値の組合わせを検討していたか忘れることもありません。

Excel 2013の場合は

「データ」タブの「データツール」グループで「What-If分析」→「シナリオの登録と管理」を選択します。

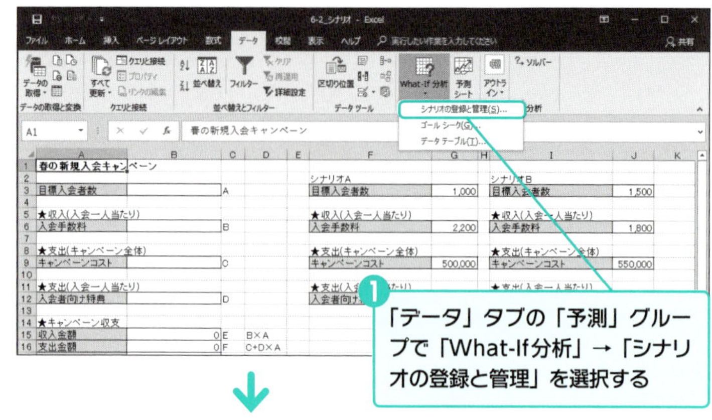

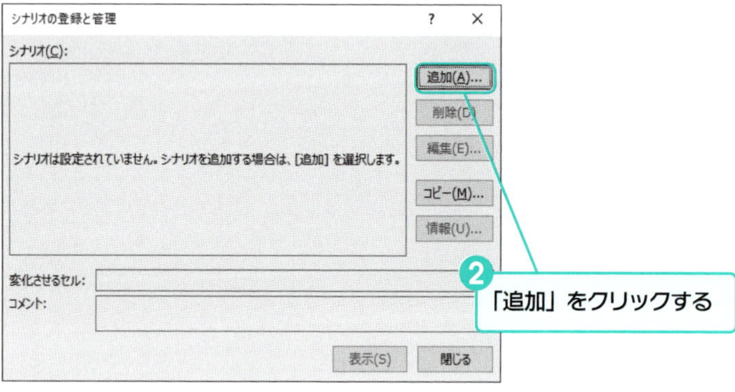

ここで入力する値

「目標入会者数」「入会手数料」「キャンペーンコスト」「入会者向け特典」に入力する4つの値のセットを、シナリオとして登録します。

変化させるセルの選択方法

手順❸では、Ctrl キーを押しながら各セルをクリックすれば、離れた所にあるセルを複数選択することができます。

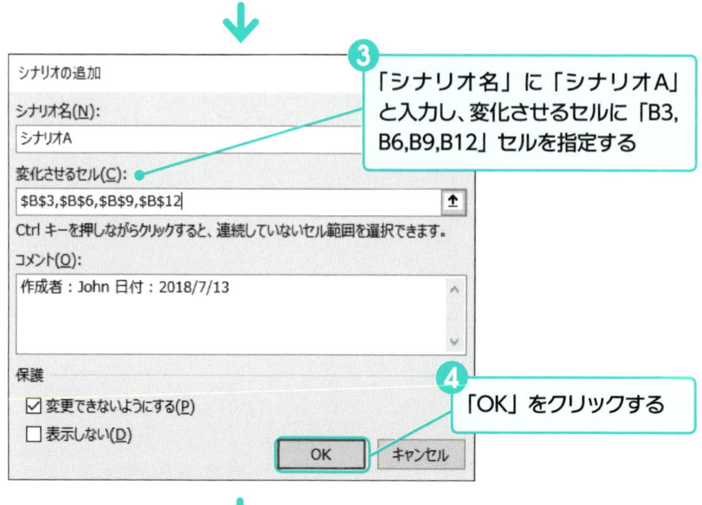

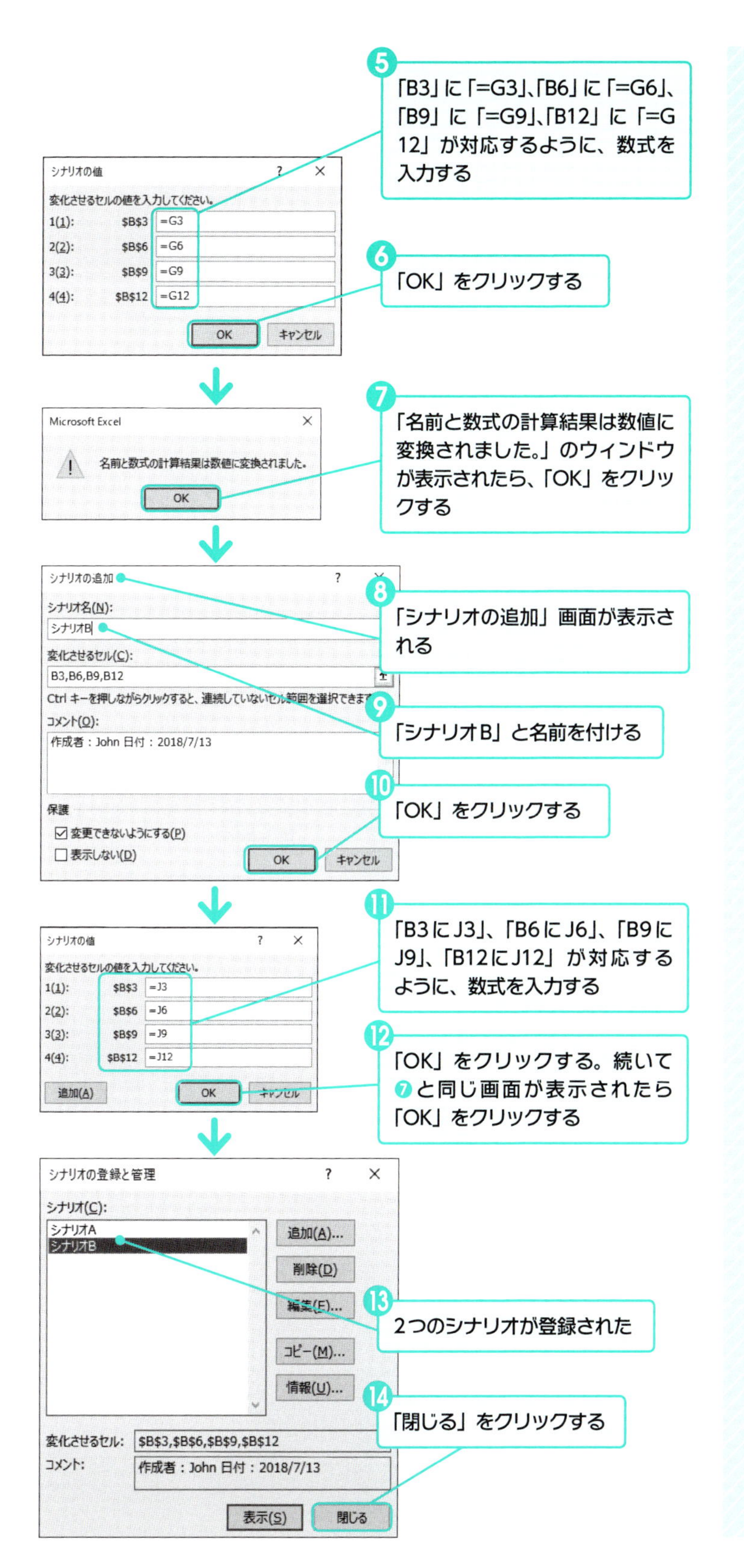

数式は数値に変換される

手順5では、「=G3」といった参照式の形でセルの値を指定しましたが、シナリオには、その時点でセルに表示されている数値そのものが保存されます。シナリオ登録後に参照先のセルの値を変化させても、シナリオの値は変わらないので、注意が必要です。

❷ シナリオの実行

2013 2016 2019

シナリオは、登録しただけでは無意味です。登録したシナリオを呼び出して、実際に値を代入してみましょう。シナリオを変えたときその結果がどう変わるか、比較する視点を忘れずにシナリオを実行することが肝心です。

Excel 2013の場合は

「データ」タブの「データツール」グループで「What-If分析」→「シナリオの登録と管理」を選択します。

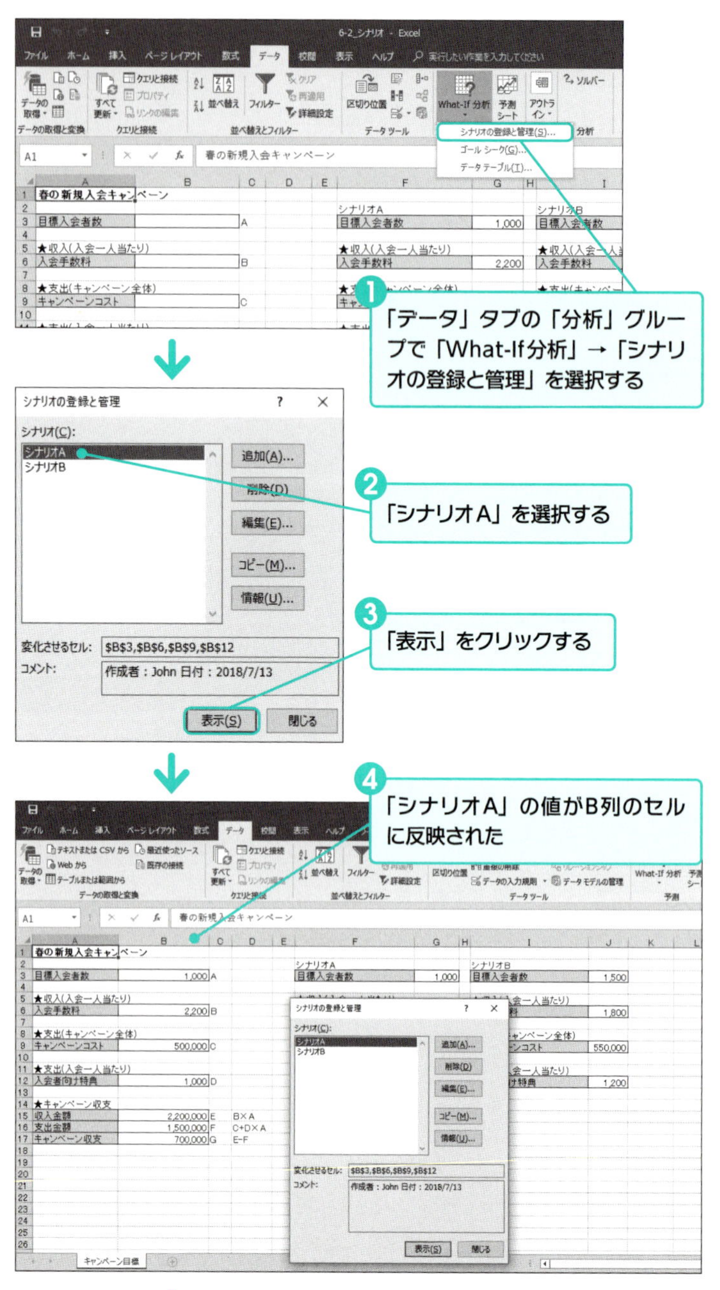

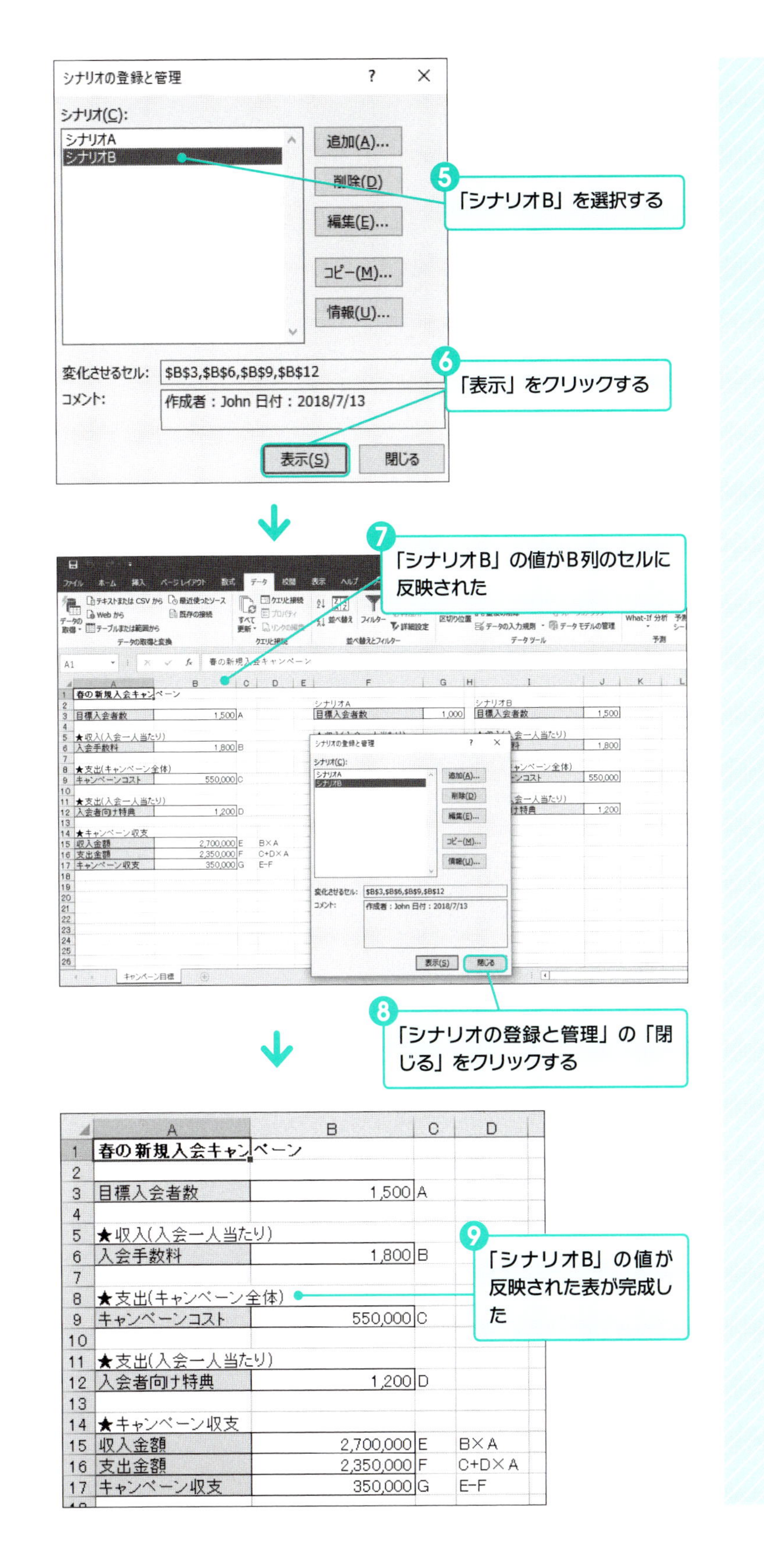
シナリオの登録と管理
シナリオ(C):
シナリオA
シナリオB
追加(A)...
削除(D)
編集(E)...
コピー(M)...
情報(U)...
変化させるセル: $B$3,$B$6,$B$9,$B$12
コメント: 作成者：John 日付：2018/7/13
表示(S)
閉じる
5 「シナリオB」を選択する
6 「表示」をクリックする
7 「シナリオB」の値がB列のセルに反映された
8 「シナリオの登録と管理」の「閉じる」をクリックする
9 「シナリオB」の値が反映された表が完成した
春の新規入会キャンペーン
目標入会者数 1,500 A
★収入(入会一人当たり)
入会手数料 1,800 B
★支出(キャンペーン全体)
キャンペーンコスト 550,000 C
★支出(入会一人当たり)
入会者向け特典 1,200 D
★キャンペーン収支
収入金額 2,700,000 E B×A
支出金額 2,350,000 F C+D×A
キャンペーン収支 350,000 G E-F

❸ シナリオの実行結果一覧を出力する 2013 2016 2019

先ほどの「シナリオの表示」では、シナリオごとの代入結果しか確認することができませんでした。複数のシナリオの実行結果を一覧で出力すれば、シナリオ間の比較が簡単にできるので、最適なプランを検討するのに役立ちます。

Excel 2013の場合は

「データ」タブの「データツール」グループで「What-If 分析」→「シナリオの登録と管理」を選択します。

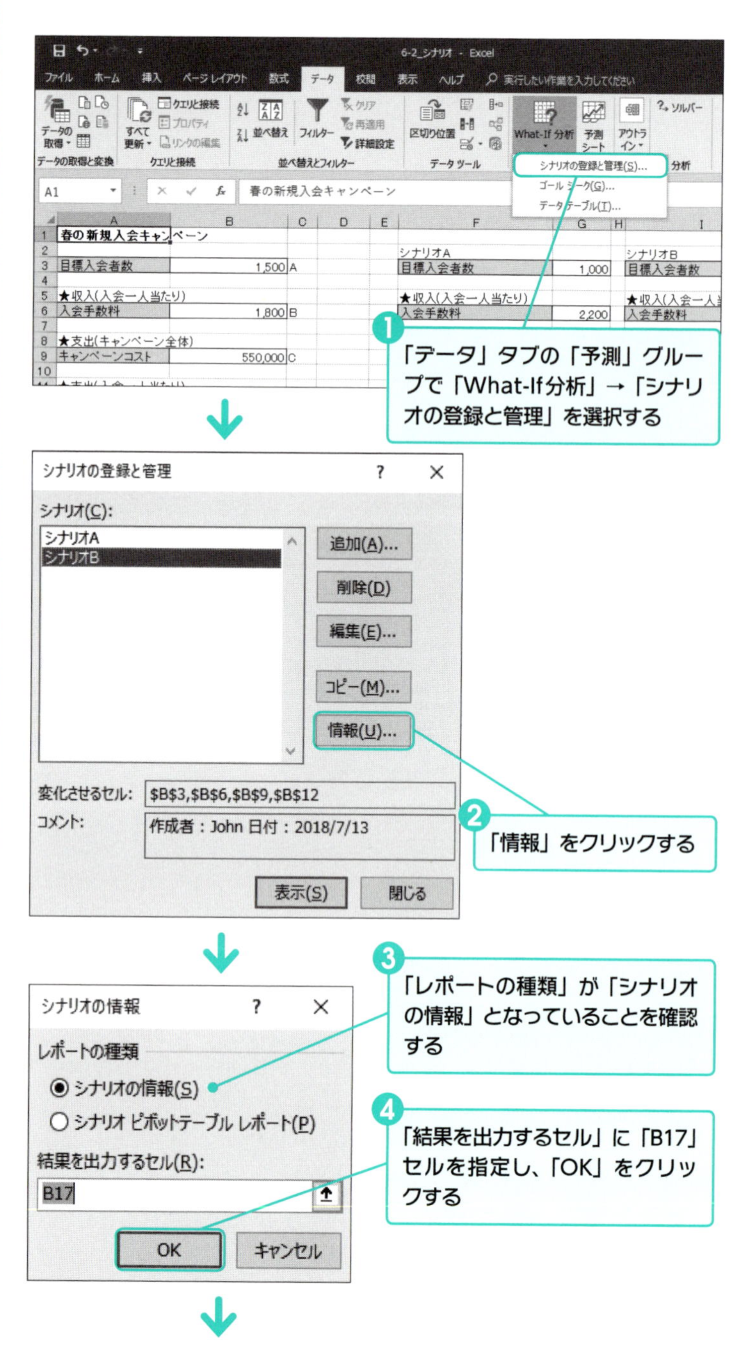

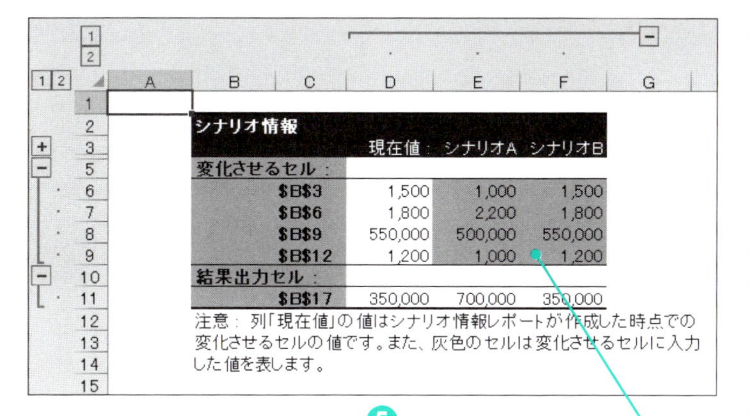

❺「シナリオA」と「シナリオB」の結果を一覧で比較できるシートが作成された

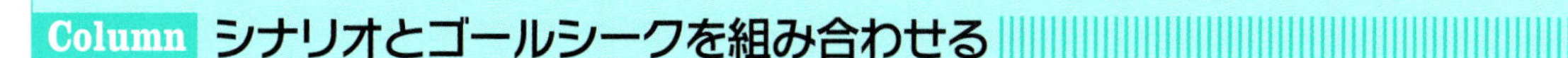

Column シナリオとゴールシークを組み合わせる

本節で学習した「シナリオ」機能は、「ゴールシーク」や「ソルバー」と組み合わせて使用すると効果的です。ゴールシークで見つけた解をその都度シナリオに登録しておけば、いつでも分析結果を呼び出すことができます。

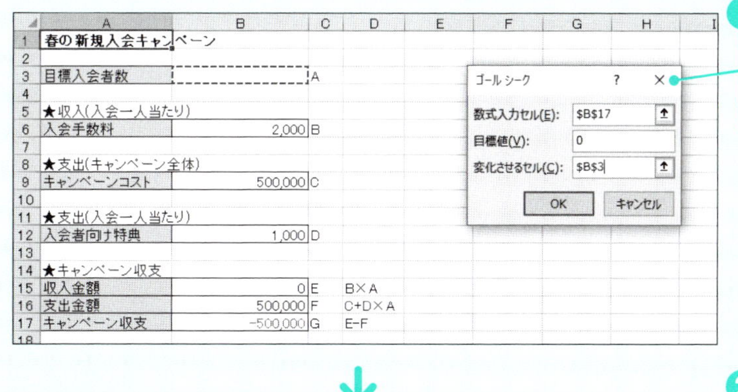

❶「キャンペーン収支」が0になる目標入会者数を「ゴールシーク」で探す（6-1参照）

❷この解の値をシナリオとして保存しておけば、いつでも呼び出して再現できる

03 ソルバー

「ゴールシーク」では、変化させられる値は1つでしたが、「ソルバー」を使用すれば、複数の値を変化させて最適解を分析することができます。「最適な販売量の組み合わせ」や「投資ポートフォリオの検討」といった場面での活用が可能です。

Point

「ソルバー」の特徴は、複数の値を変化させて最適な解を求められることです。条件は以下の4つです。

1 目標値の数式が入力されている目的セル（例：収益額の計算式を入力したセル）
2 目標値（例：収益額100万円）
3 値を変化させるセル（例：商品A、商品B、商品Cの販売量）
4 制約条件（例：販売量は必ず整数で、合計が○○個以内になる）

「ソルバー」では「ゴールシーク」と比較して、指定する条件が多くなりますが、その分複雑な条件の分析も可能となります。

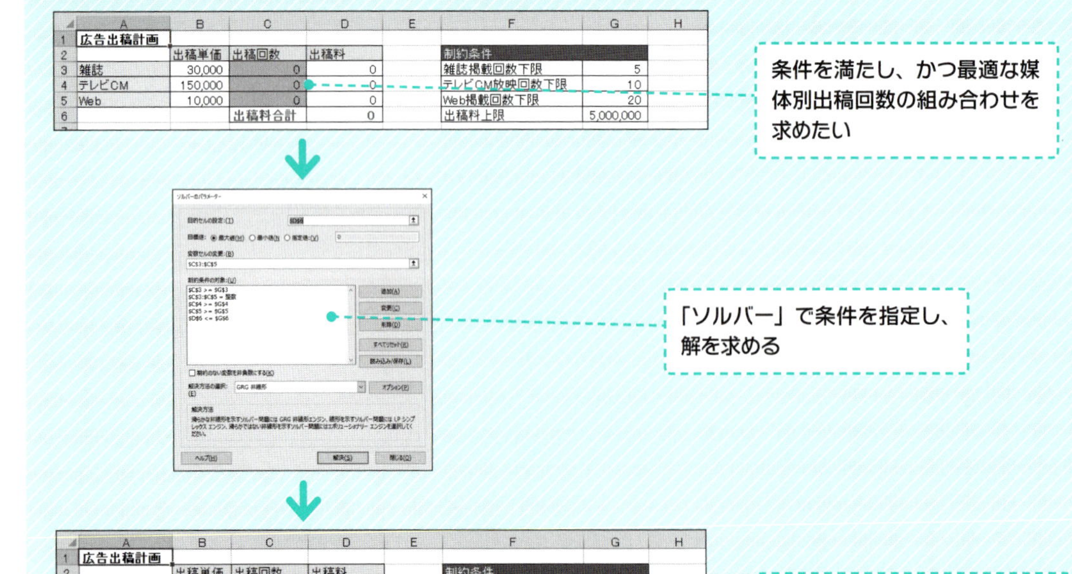

	A	B	C	D	E	F	G
1	広告出稿計画						
2		出稿単価	出稿回数	出稿料		制約条件	
3	雑誌	30,000	0	0		雑誌掲載回数下限	5
4	テレビCM	150,000	0	0		テレビCM放映回数下限	10
5	Web	10,000	0	0		Web掲載回数下限	20
6			出稿料合計	0		出稿料上限	5,000,000

	A	B	C	D	E	F	G
1	広告出稿計画						
2		出稿単価	出稿回数	出稿料		制約条件	
3	雑誌	30,000	9	270,000		雑誌掲載回数下限	5
4	テレビCM	150,000	30	4,500,000		テレビCM放映回数下限	10
5	Web	10,000	23	230,000		Web掲載回数下限	20
6			出稿料合計	5,000,000		出稿料上限	5,000,000

ソルバーとは

ソルバー（Solver）とは、直訳すると「解法」のことです。その名の通り、「ソルバー」を使用すれば、Excelが「解」を探し出してくれます。ゴールシークとの違いとしては、次の点が挙げられます。

- 複数のセルを変数として指定することができる
- 制約条件を付けることができる

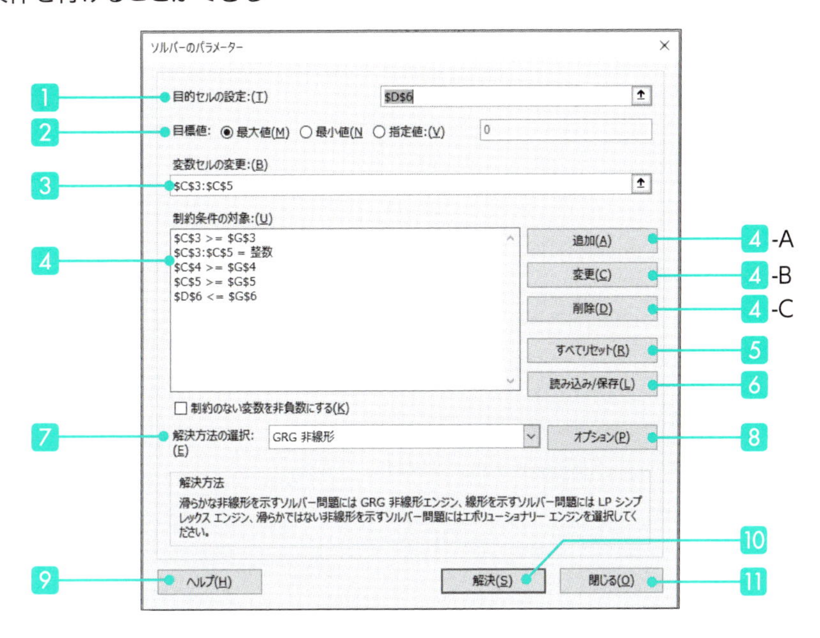

表6-3-1　ソルバー画面の構成要素

要素番号	要素名	要素の説明
1	目的セルの設定	目標値を求めたいセルを指定します
2	目標値	目的セルの値をどうしたいかを指定します （「最大化」、「最小化」、「指定した値」）
3	変数セルの変更	変数となるセルを指定します
4	制約条件の対象	分析実行時の制約条件が表示されます
4-A	追加	制約条件を追加します
4-B	変更	制約条件を変更します
4-C	削除	制約条件を削除します
5	すべてリセット	ソルバーに登録した情報を削除します
6	読み込み／保存	ソルバーに登録した情報の保存と再登録を行います
7	解決方法の選択	解を求めるアルゴリズムを選択します
8	オプション	ソルバーの分析オプションを設定します
9	ヘルプ	Excelのヘルプを表示します
10	解決	設定した条件で分析を実行します
11	閉じる	ソルバー パラメータ設定の画面を閉じます

❶ ソルバーのインストール　2013 2016 2019

Excelを「標準インストール」でインストールした場合、最初の状態では「ソルバー」は有効になっていません。「ソルバー」を使うためには、「ソルバーアドイン」をインストールする必要があります。

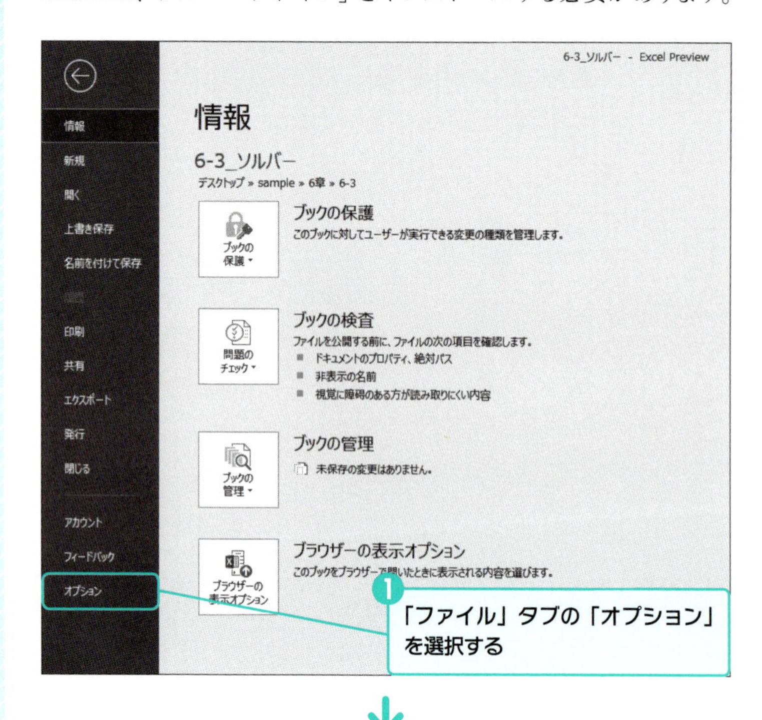

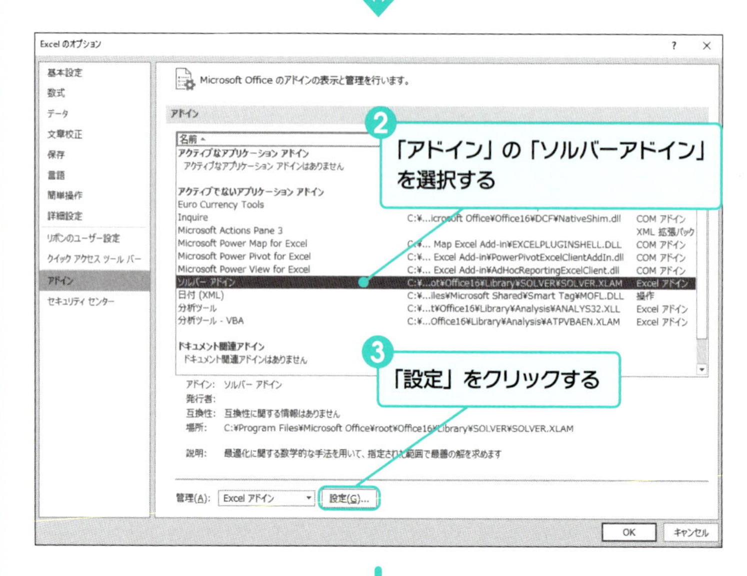

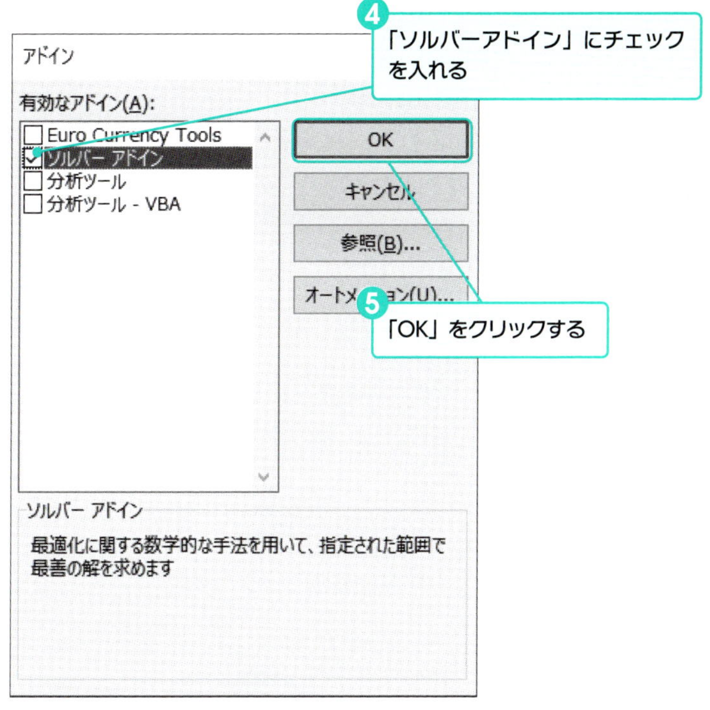
アドイン
有効なアドイン(A):
Euro Currency Tools
ソルバー アドイン
分析ツール
分析ツール - VBA
OK
キャンセル
参照(B)...
ソルバー アドイン
最適化に関する数学的な手法を用いて、指定された範囲で最善の解を求めます
4 「ソルバーアドイン」にチェックを入れる
5 「OK」をクリックする

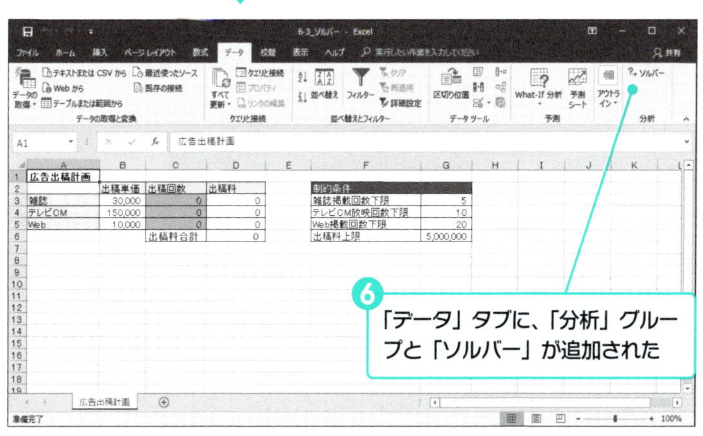
6-3_ソルバー - Excel
ファイル
ホーム
挿入
ページレイアウト
数式
データ
校閲
表示
ヘルプ
ソルバー
分析
広告出稿計画
出稿単価
出稿回数
出稿料
雑誌
30,000
テレビCM
150,000
Web
10,000
出稿料合計
制約条件
雑誌掲載回数下限
5
テレビCM放映回数下限
10
Web掲載回数下限
20
出稿料上限
5,000,000
広告出稿計画
準備完了
6 「データ」タブに、「分析」グループと「ソルバー」が追加された

❷ ソルバーの使用 2013 2016 2019

さっそく「ソルバー」を使ってみましょう。「ソルバー」による分析では、「目標値」と目標値が入っている「目的セル」、「変化させるセル」、「制約条件」を指定します。

ソルバーは、「変化させるセル」が複数指定できる点、「制約条件」を指定できる点が特徴です。いろいろな制約条件を満たしつつ、目標値を達成する解（値の組み合わせ）を求めることができます。

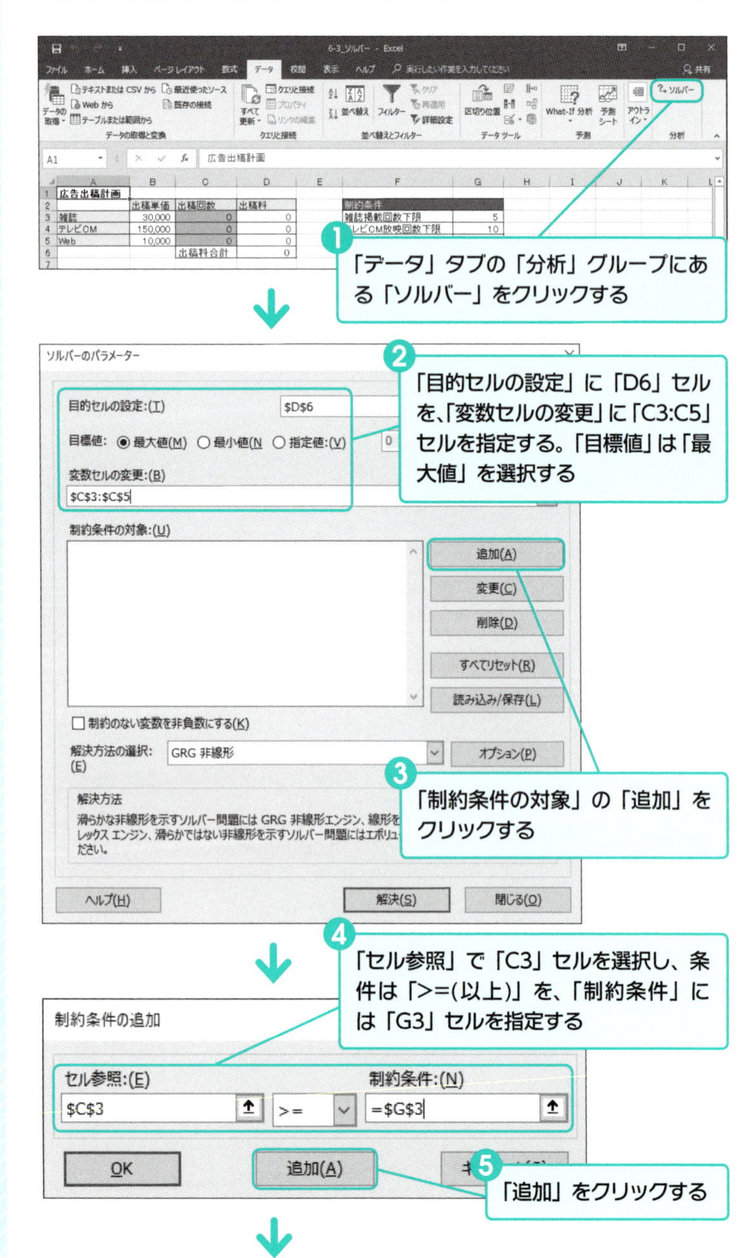

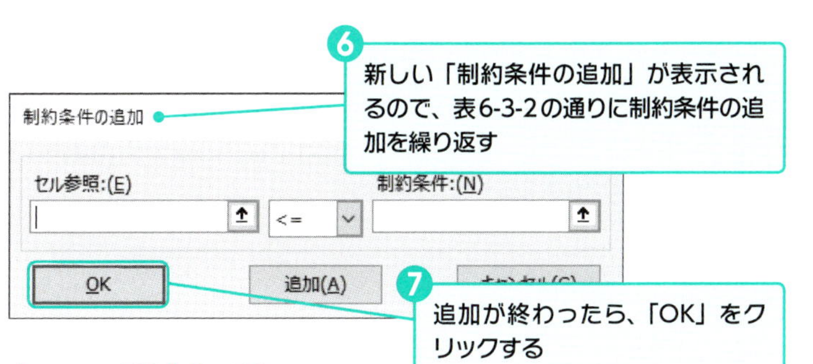

表6-3-2　制約条件の追加

セル参照	条件	制約条件	意味
C4	>=	G4	「テレビCM」への出稿回数を「10以上」に
C5	>=	G5	「Web」への出稿回数を「20以上」に
D6	<=	G6	「出稿料合計」を「5,000,000以下」に
C3:C5	int	整数	「出稿回数」を「整数」に

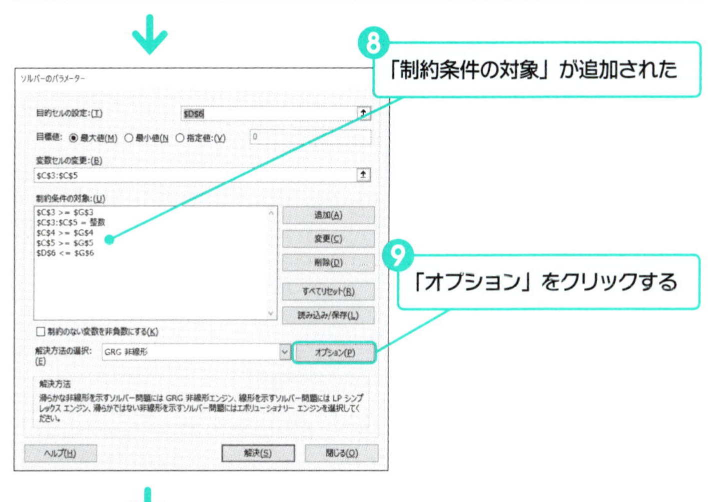

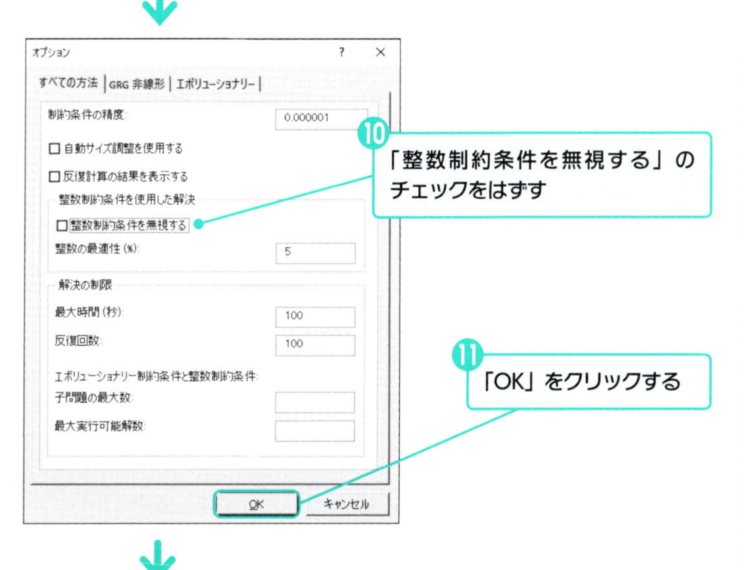

制約条件の種類

制約条件には、値の範囲を指定する「>=(以上)、=、<=(以下)」、値を整数値に限定する「int」、値を0か1の値に限定する「binary」、値を全て異なる値に限定する「dif」、があります。このうち、「int」を選ぶと、制約条件に「整数」と表示され、「binary」を選ぶと、「バイナリ」と表示され、「dif」を選ぶと、「AllDifferent」と表示されます。

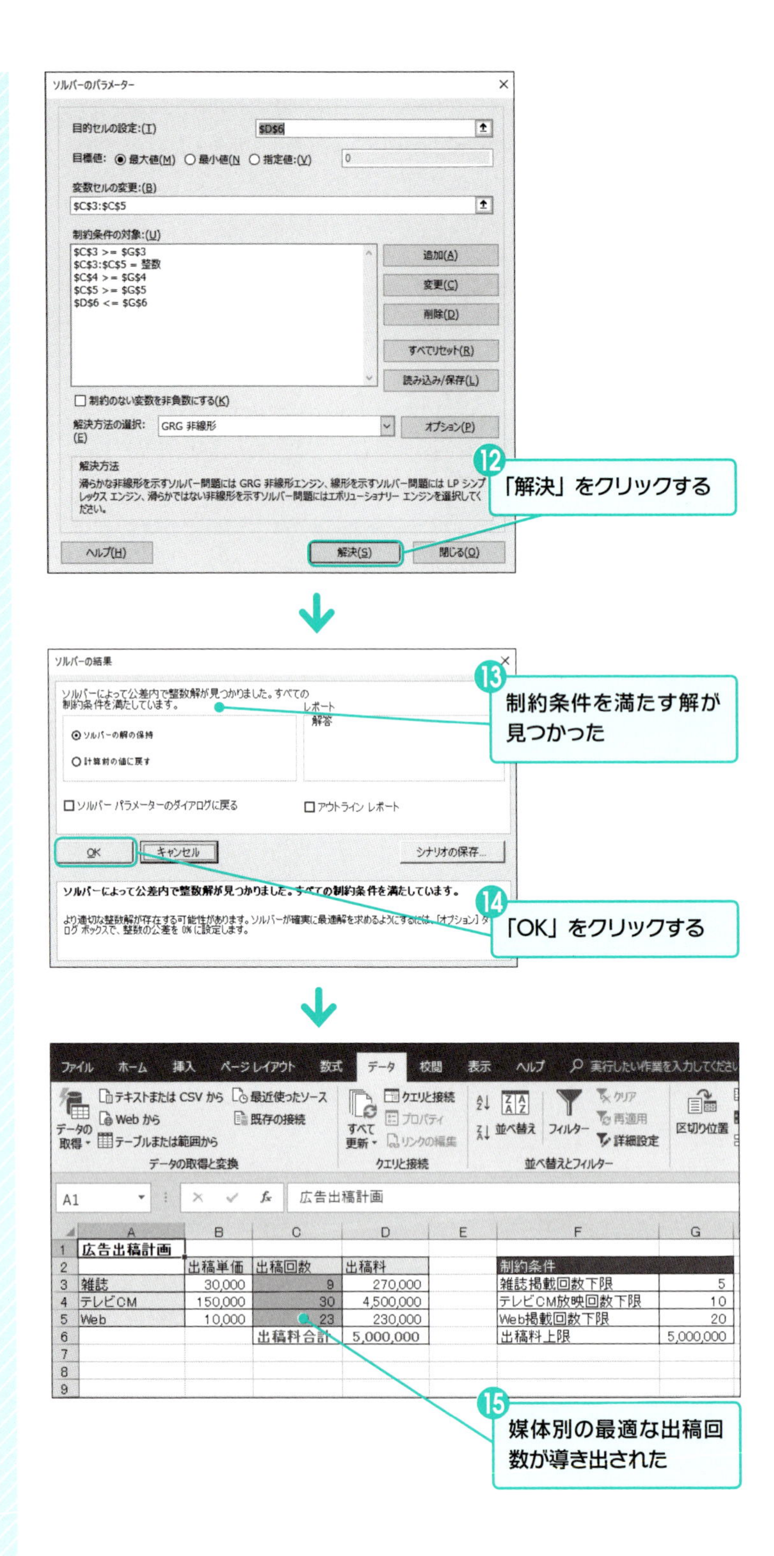

	A	B	C	D	E	F	G
1	広告出稿計画						
2		出稿単価	出稿回数	出稿料		制約条件	
3	雑誌	30,000	9	270,000		雑誌掲載回数下限	5
4	テレビCM	150,000	30	4,500,000		テレビCM放映回数下限	10
5	Web	10,000	23	230,000		Web掲載回数下限	20
6			出稿料合計	5,000,000		出稿料上限	5,000,000
7							
8							
9							

Chapter 07

新商品企画書の作成

商品企画担当者が作成する代表的なプレゼンテーションに、「新商品企画書」があります。ここで必要となるデータ分析手法には、PPM（プロダクト・ポートフォリオ・マネジメント）、レーダーチャート、価格弾力性、回帰分析などがあります。この章では、飲料メーカーの商品企画担当者が新商品企画書を作成するケースを想定して、これらのデータ分析の方法とプレゼンテーションの作成方法について解説します。

01 企画すべき商品を発見する

新商品を企画するためには、まず最初に、企画すべき商品を発見する必要があります。この際に用いられる分析手法が、PPM（プロダクト・ポートフォリオ・マネジメント）です。ここでは、PPM分析結果のグラフを使用して、企画対象製品の選定理由を説明したスライドを作成します。

Point

- 飲料メーカーの商品企画担当者が新商品の企画を行うと仮定します。
- まず、最初に自社の製品をグループに分け、PPM分析を行います。PPM分析を行うことで、各製品グループが「問題児」、「花形」、「金のなる木」、「負け犬」の4つの領域に分類されます。
- このうち、「負け犬」の領域に分類された製品グループは、マーケットシェアと売上伸び率の双方が低下しているので、新商品を企画する必要のある商品グループという判断が行われます。ここで紹介する例では、「缶コーヒー」の製品グループがこれに該当します。

Sample 企画対象製品の選定理由を記述したスライド

企画対象製品を選定した理由を説明するテキスト

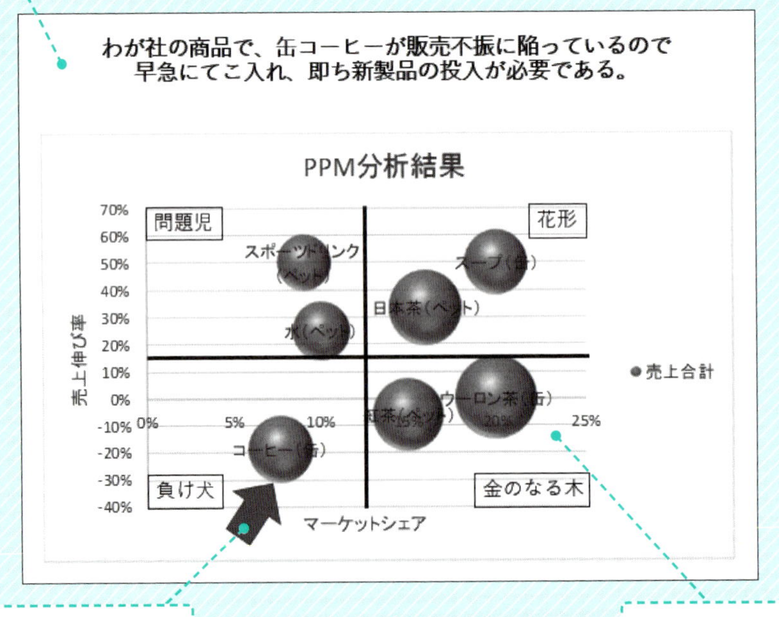

企画対象商品を示す矢印

PPM分析結果を表すグラフ

PPM（プロダクト・ポートフォリオ・マネジメント）とは

PPM（プロダクト・ポートフォリオ・マネジメント）とは、商品がライフサイクルのどの段階にあるかを判定する分析方法です。横軸にはシェアを、縦軸には売上伸び率を取り、売上金額に比例した大きさの円をプロットします。

たとえば、下の表のような、2011年に販売を開始して2015年まで販売を継続した商品の売上伸び率、シェア、売上金額の集計データがあるとします。

このデータをもとにPPMを行うと、下の図のようなグラフが作成できます。

表7-1-1

	マーケットシェア	売上伸び率	売上金額
2011年	7%	10%	5
2012年	20%	40%	14
2013年	38%	30%	20
2014年	40%	4%	22
2015年	12%	-20%	15

問題児
グラフの左上の領域。売上伸び率は高いが、マーケットシェアはまだ低い。この領域にある製品は、将来的な利益が期待される

花形
グラフの右上の領域。売上伸び率、マーケットシェアとも高い。この領域にある製品は、これから長期にわたっての利益が期待される

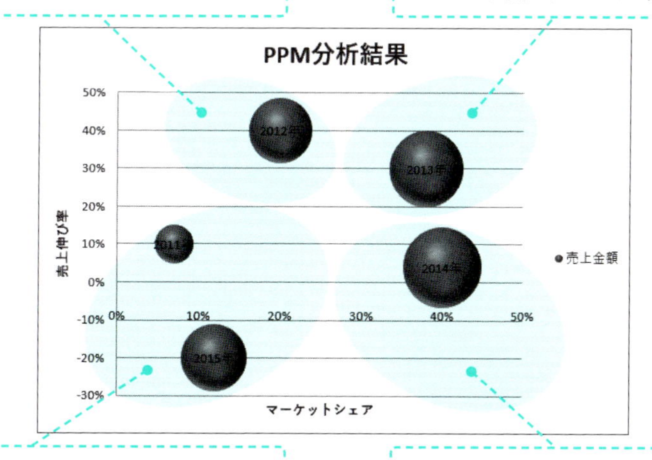

負け犬
グラフの左下の領域。売上伸び率、マーケットシェアとも低い。この領域にある製品は、すでに市場競争力を失っており、新製品の投入、もしくは撤退の判断が必要となる

金のなる木
グラフの右下の領域。売上伸び率は低下しているが、マーケットシェアはまだ高い。この領域にある製品は、現時点では利益を生んでいるが、将来的な利益低下が予測される

このグラフを見てわかる通り、商品の販売開始時はデータが左下にあり、販売が軌道に乗ると徐々に右上に上がっていき、かつ円が大きくなります。ピークを過ぎると円が小さくなり、位置が左下に戻ってきたところで販売を停止する目安になります。

また、このグラフを以下の4つの領域に分類することで、現在、製品が市場においてどのようなポジションにあるかを判定することができます。

❶ 分析用データの準備

2013 2016 2019

サンプルデータから、テーブルを作成し、バブルチャートの元データとなる3つの列を追加します。

- 各製品のマーケットシェア（E列）
- 各製品の売上伸び率（F列）
- 各製品の直近12ヶ月の売上合計（G列）

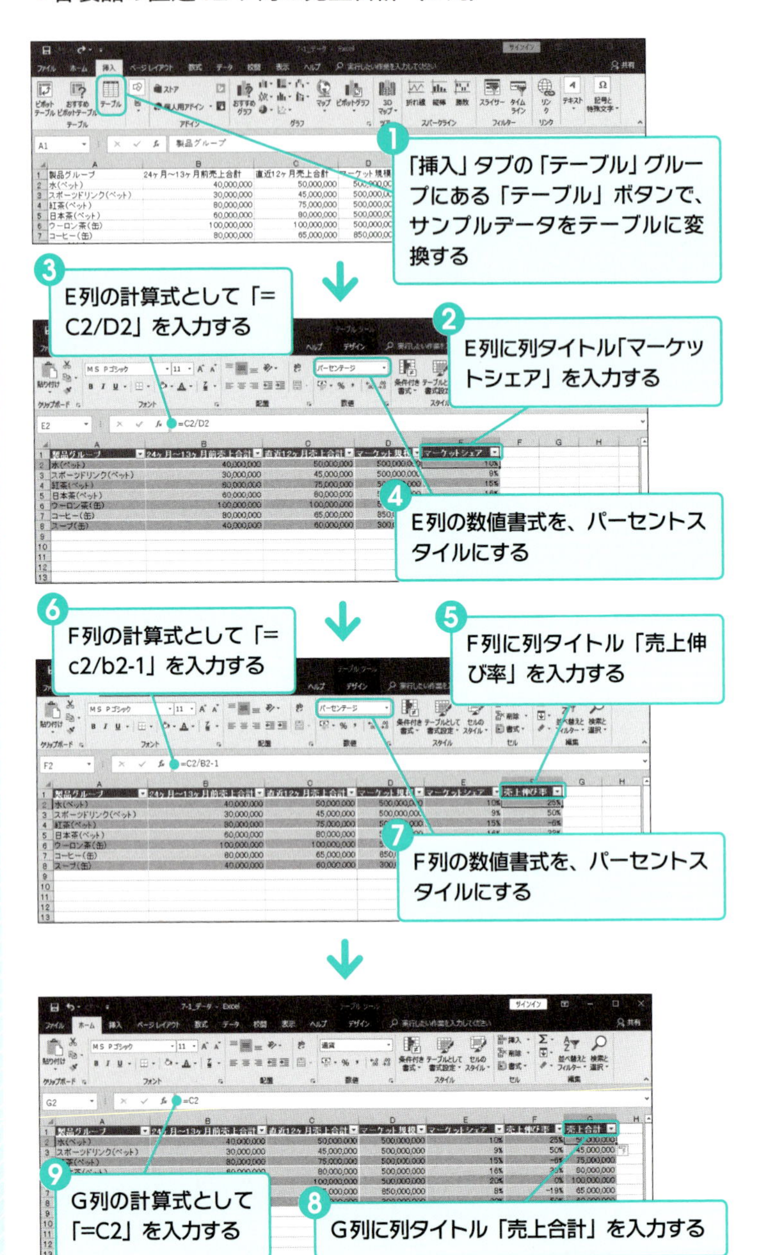

❷ バブルチャートを作成する　2013 2016 2019

バブルチャートを作成するには、3つの列を含むセル範囲を指定します。3つの列の左から順番に、「X軸」、「Y軸」、「バブルサイズ」が自動的に指定されます。

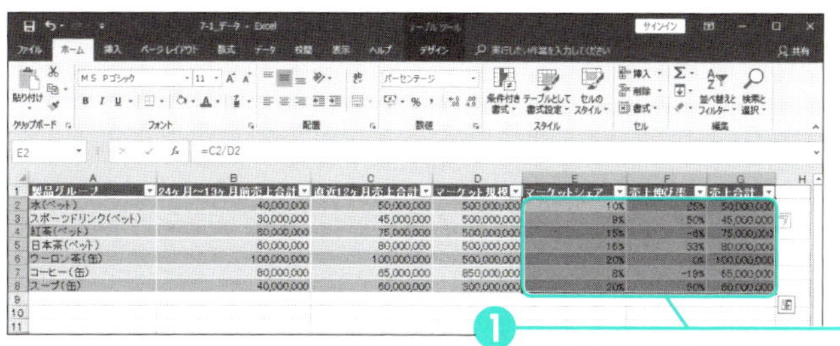

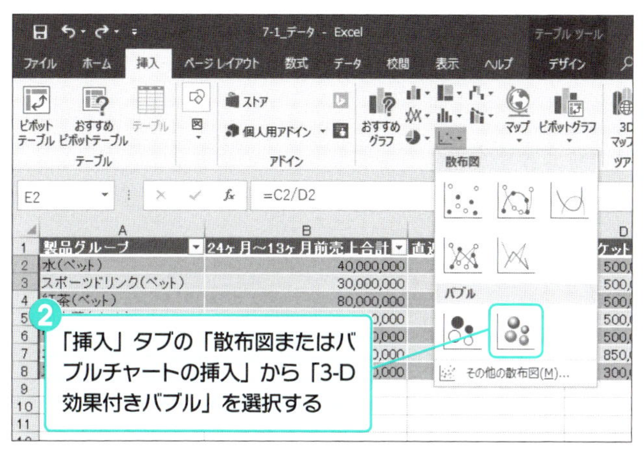

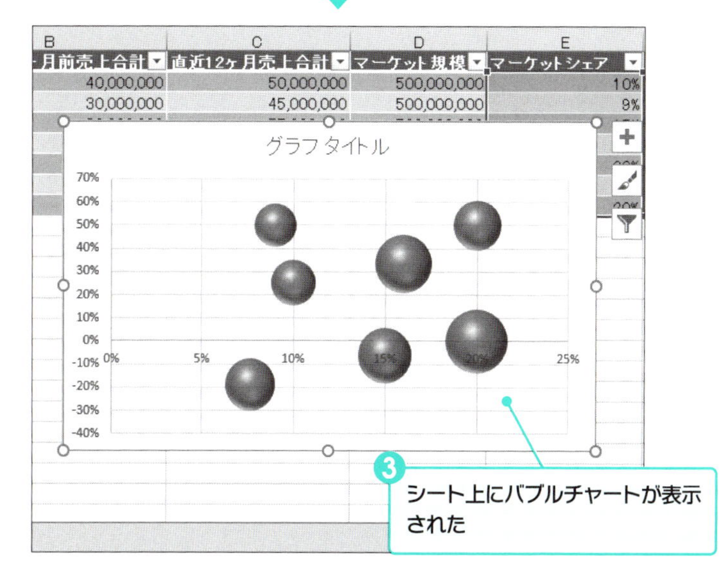

バブルチャート

バブルチャートの詳細や利用方法については、「5-4　バブルチャートの作成」を参照してください。

❸ 凡例を表示する

2013 2016 2019

作成されたばかりのバブルチャートには、凡例が表示されていません。そこで、「グラフツール」を使用して、バブルの大きさの凡例として「売上合計」を表示させましょう。

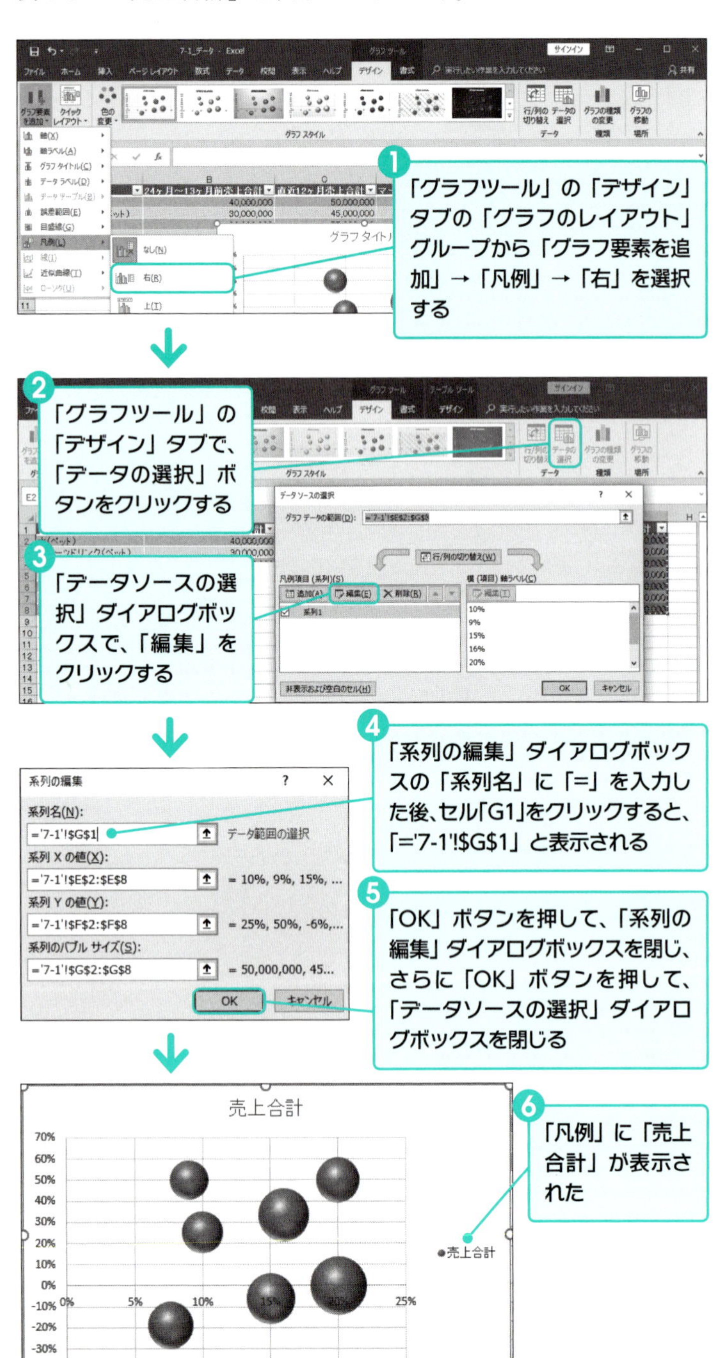

❹ タイトル・軸ラベルを表示する 2013 2016 2019

グラフツールの「デザイン」タブでは、バブルチャートにいろいろなデザインを指定することができます。この機能を使用して、グラフのタイトルと、X軸、Y軸のラベルを表示しましょう。

❶ グラフツールの「デザイン」タブで「クイックレイアウト」→「レイアウト1」を選択すると、バブルチャート上に軸ラベルエリアが追加される

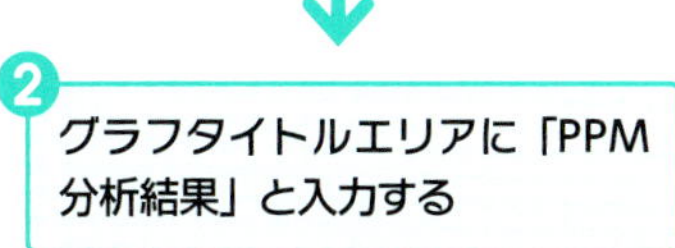

❷ グラフタイトルエリアに「PPM分析結果」と入力する

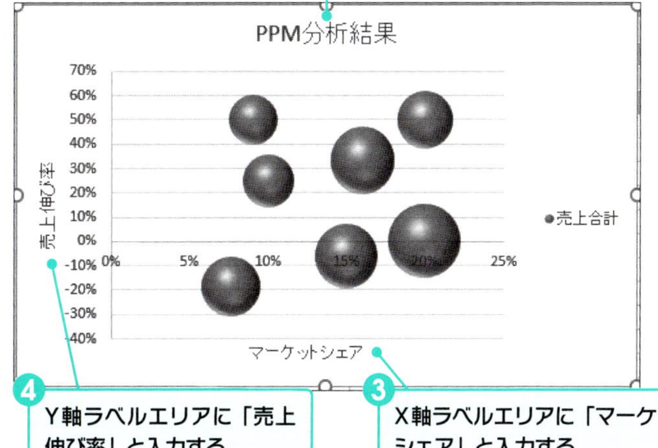

❹ Y軸ラベルエリアに「売上伸び率」と入力する

❸ X軸ラベルエリアに「マーケットシェア」と入力する

❺ データラベルを表示する 2013 2016 2019

バブルチャートでは、X軸、Y軸が両方とも数値であるため、1つ1つのバブルが何を指しているかがわかりません。そこで、データラベルとして、各バブルの上に製品グループの名前を表示させます。

❶ グラフツールの「デザイン」タブで、「グラフ要素を追加」→「データラベル」→「中央」を選択する

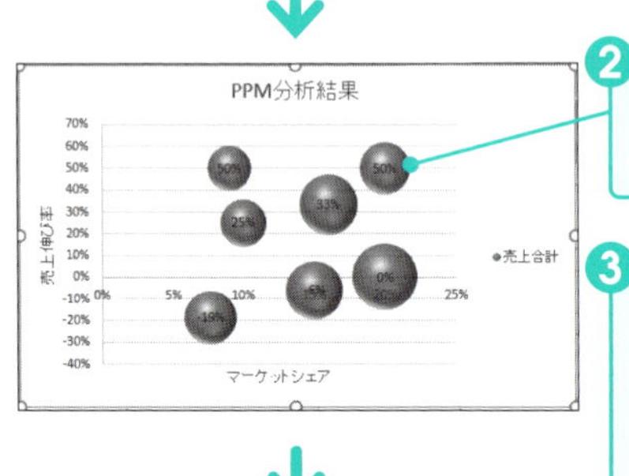

❷ バブルの中央に、売上伸び率の値が表示された

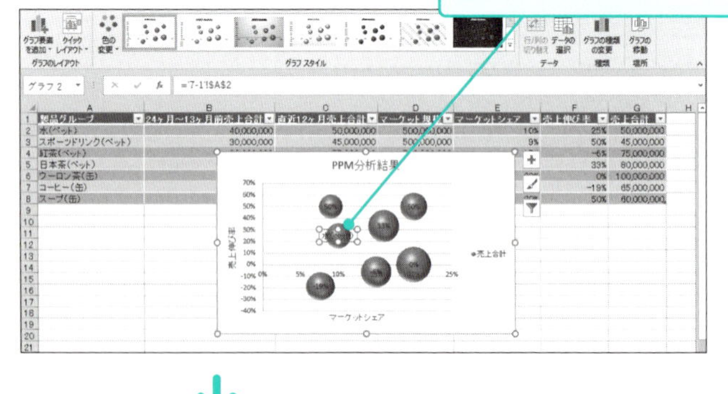

❸ 「水（ペット）」のバブルを2度クリックして選択し、計算式として「='7-1'!$A$2」を入力すると、データラベルが「水（ペット）」と表示される

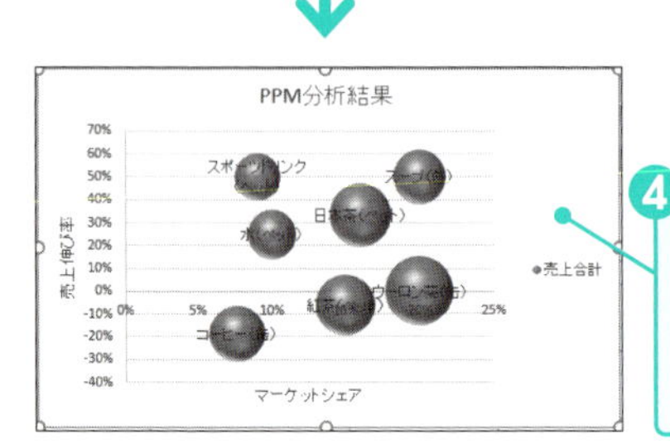

❹ ❸の操作を、他のすべての製品グループについて繰り返すと、すべてのバブルに製品グループの名前が表示される

データラベルの計算式を簡単に入力する方法

「=」を入力した後に、テーブルのセル「A2」を選択すると、「='7-1'!$A$2」と表示されます。

❻ グラフをPowerPointのスライドに貼り付ける 2013 2016 2019

完成したグラフを見ると、「コーヒー（缶）」が「負け犬」に分類されることがわかります。そこで、今回の新商品企画の対象を缶コーヒーとし、PowerPointで企画書を作成していきます。まずは、このグラフをスライドに貼り付けましょう。

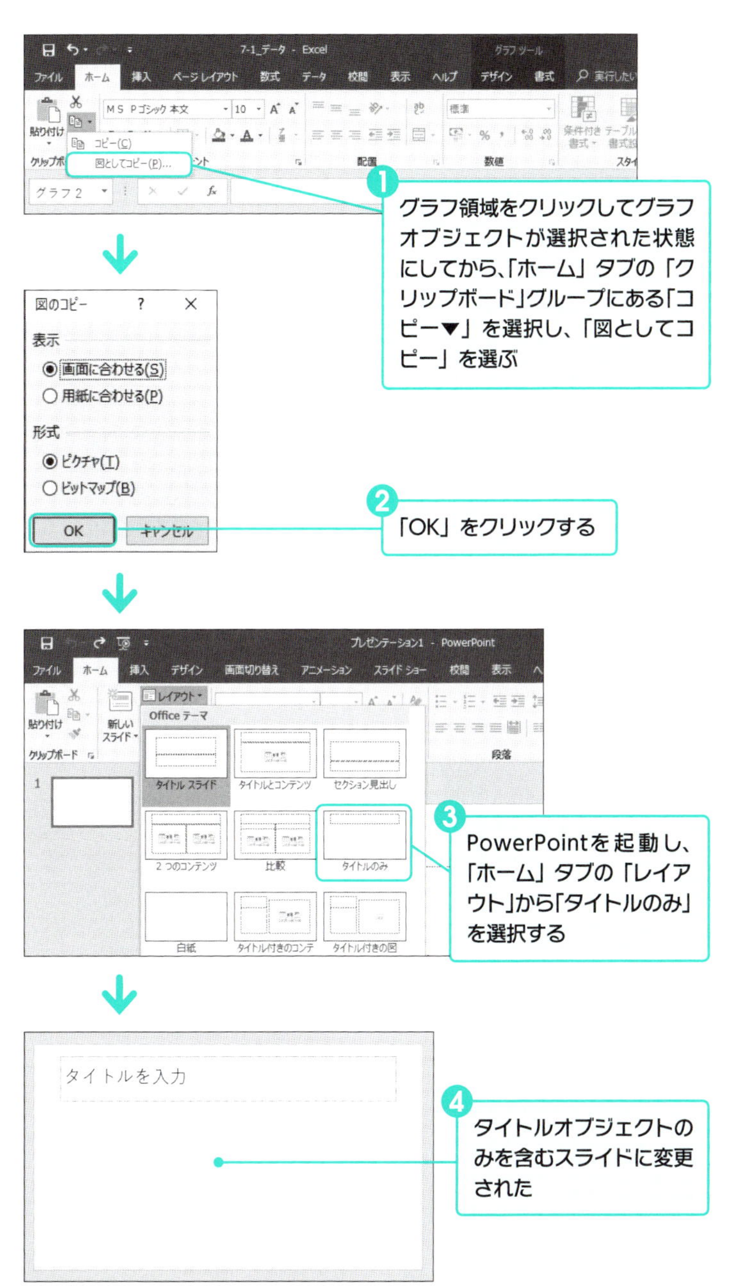

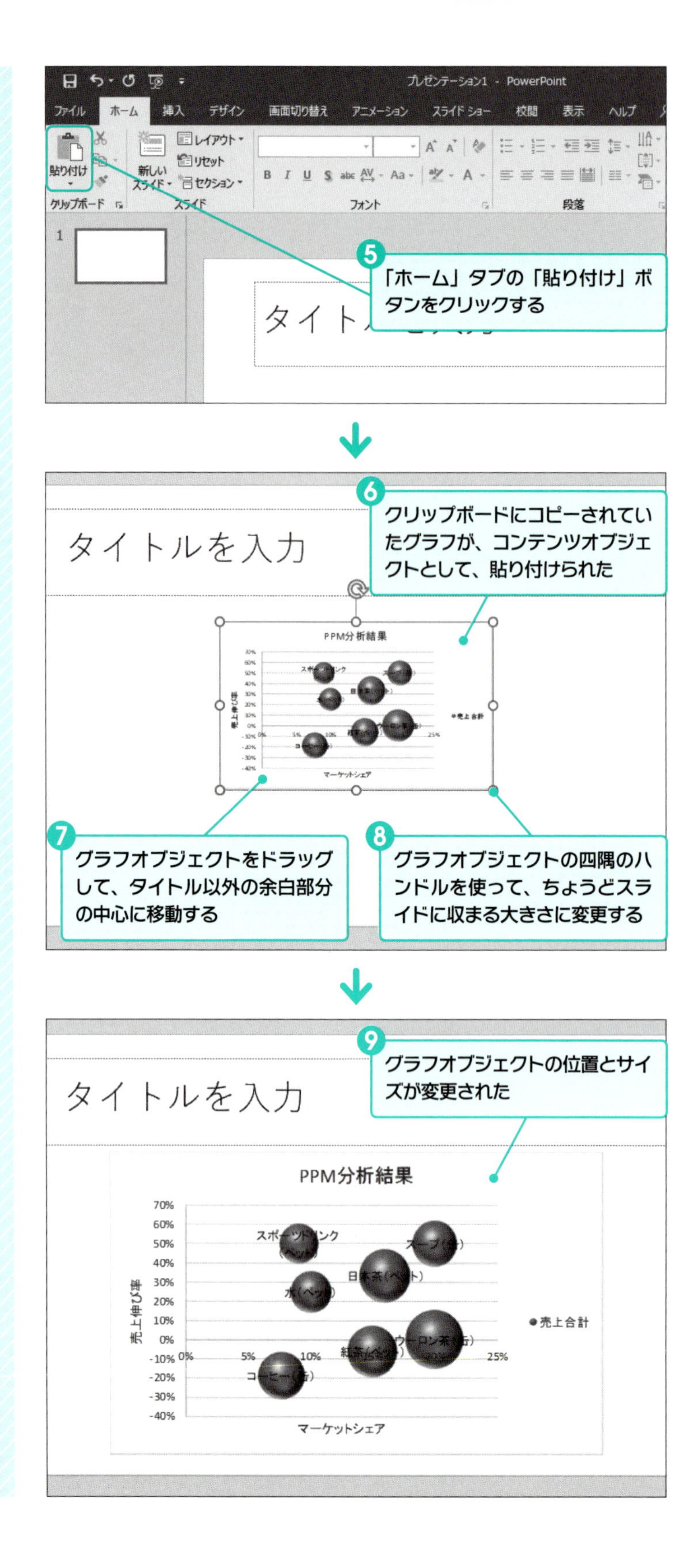
プレゼンテーション1 - PowerPoint
ファイル
ホーム
挿入
デザイン
画面切り替え
アニメーション
スライド ショー
校閲
表示
ヘルプ
貼り付け
新しいスライド
レイアウト
リセット
セクション
クリップボード
スライド
フォント
段落
「ホーム」タブの「貼り付け」ボタンをクリックする
クリップボードにコピーされていたグラフが、コンテンツオブジェクトとして、貼り付けられた
タイトルを入力
PPM分析結果
グラフオブジェクトをドラッグして、タイトル以外の余白部分の中心に移動する
グラフオブジェクトの四隅のハンドルを使って、ちょうどスライドに収まる大きさに変更する
グラフオブジェクトの位置とサイズが変更された
タイトルを入力
PPM分析結果
70%
60%
50%
40%
30%
20%
10%
0%
-10%
-20%
-30%
-40%
0%
5%
10%
25%
売上伸び率
マーケットシェア
売上合計

❼ PowerPointのスライドを完成させる 2013 2016 2019

スライドタイトルに企画対象製品の選定理由を記述し、スライドを完成させます。PPM分析結果のグラフに手を加えて、4つの領域の示す意味がわかるようにすることで、より説得力のあるスライドになります。

❶ タイトルオブジェクトに、企画対象製品の選定理由を入力する

❷ グラフ上に、図形ツールを使用して、4つの領域の境界線を追加する

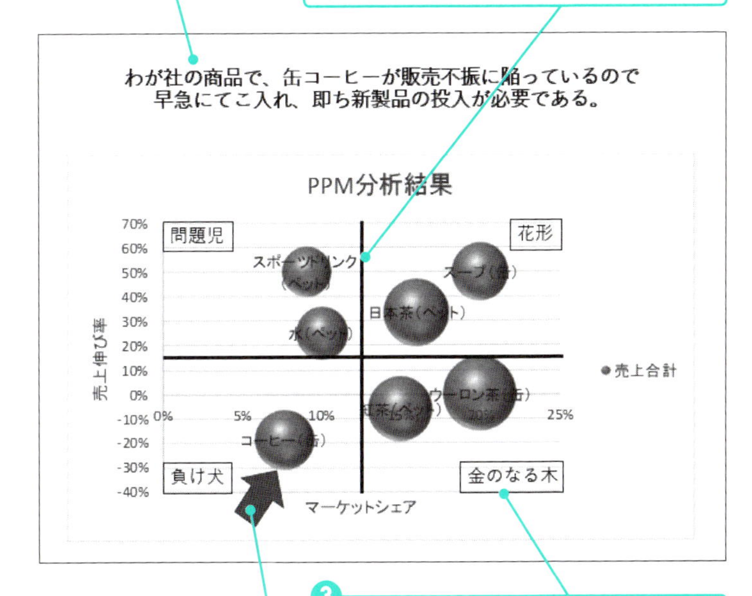

❸ グラフ上に、テキストボックスツールを使用して、4つの領域の名前を追加する

❹ グラフ上に、図形ツールを使用して、企画対象商品を強調する矢印を追加する

02 ユーザーニーズを把握する

ここでは、ユーザーアンケートのデータからユーザーのニーズを把握し、新商品で改良すべきポイントを決定します。アンケートデータの分析には、レーダーチャートが用いられます。レーダーチャートによる分析結果を使用して、新製品の改良ポイントを説明したスライドを作成しましょう。

Point

- 缶コーヒー（スタンダード、スイート、ビターの3種）に関するユーザーアンケートの結果をレーダーチャートで表示し、他社商品と比較して満足度の低い属性（デザイン、飲み口、味、価格、CM）を見つけます。
- ここでの例では、全般にデザインが不評、スイートは味が不評、ビターはCMが不評という結果が示されています。この結果から、新製品においては、①デザインの改善、②味の見直し（スイート）、③CMの変更（ビター）が改良のポイントとなります。

Sample 新製品の改良ポイントを記述したスライド

新製品の改良ポイントを説明するテキスト

顧客満足度のアンケート調査結果から、今回の新製品導入にあたり、改善すべき項目は、次の３項目となる。
①デザインの改善（３製品全て）
②味の見直し（スイート）
③CMの変更（ビター）

「スタンダード」は、デザインの顧客満足度が、他社製品に比べて低い。

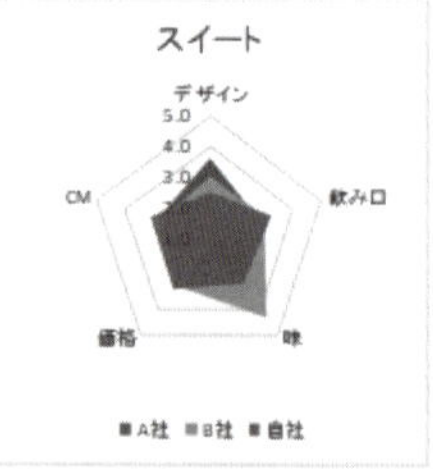

「スイート」は、デザインと味の顧客満足度が、他社製品に比べて低い。

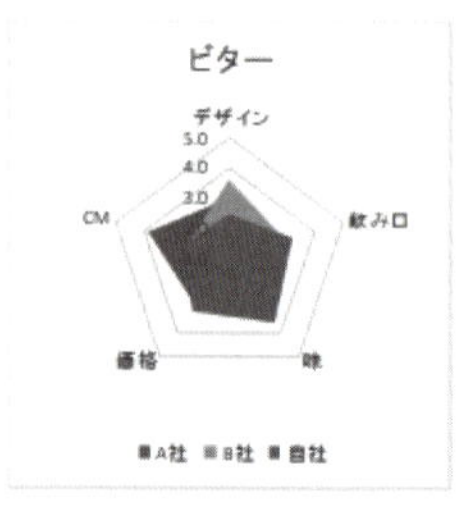

「ビター」は、デザインとCMの顧客満足度が、他社製品に比べて低い。

顧客満足度のアンケート調査結果を説明するテキスト

レーダーチャートとは

レーダーチャートとは、複数の項目の値を比較するのに適したグラフです。グラフの軸・目盛・ラベルが、正多角形に配置されますので、その形状からクモの巣グラフとも呼ばれます。データは、多角形の上の点で表現され、各データの間を直線で結びます。複数のデータの組を使用する場合は、それぞれのデータの組の比較を容易にするため、結ばれた範囲内を塗りつぶして表示させる場合もあります。

レーダーチャートは、複数の項目の値のバランスを見るために利用するグラフですので、すべての項目の値の単位を揃える必要があります。アンケート分析で用いる際も、同様の注意が必要です。

たとえば、右の表のように、設問の解答が3段階評価（1、2、3）と5段階評価（1、2、3、4、5）の2種類ある場合を考えます。

この場合、そのままレーダーチャートを作成すると、上の図のようになります。

この図では、3段階評価の設問の回答値（設問5と設問8）が実際の意味よりも低く表現されてしまい、正しい分析ができません。このような場合は、3段階評価の値を、1⇒1、2⇒3、3⇒5というように5段階評価に換算する必要があります。

換算した後のデータで作成したレーダーチャートは、下の図のようになります。

表7-2-1

	回答（数値）	回答（文字）
設問1（5段階評価）	1	悪い
設問2（3段階評価）	1	悪い
設問3（5段階評価）	2	やや悪い
設問4（5段階評価）	3	普通
設問5（3段階評価）	2	普通
設問6（5段階評価）	4	やや良い
設問7（5段階評価）	5	良い
設問8（3段階評価）	3	良い

正しくないレーダーチャートの例

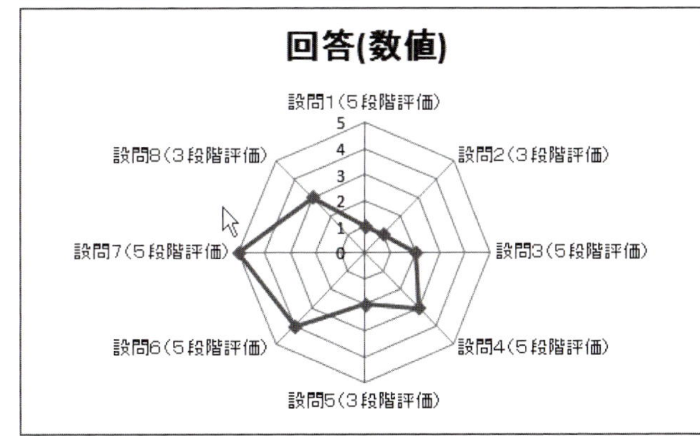

正しいレーダーチャートの例

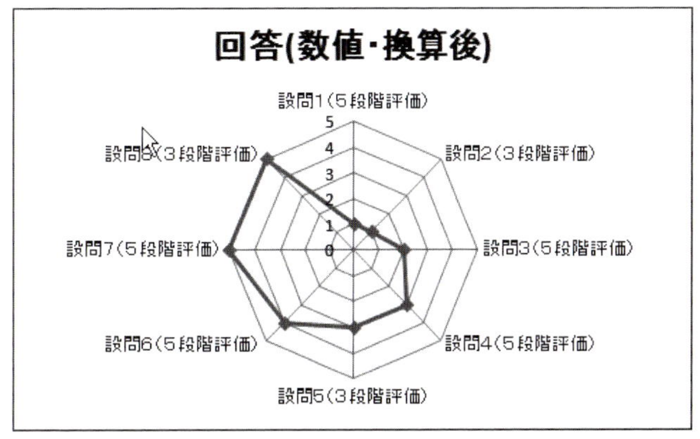

❶ レーダーチャートを作成する 2013 2016 2019

サンプルデータから、まず、スタンダードについてのレーダーチャートを作成します。ラベルとなる行や列を含むセル範囲を指定した後、グラフの挿入を行います。他社との差がわかりやすい「塗りつぶしレーダー」を使用しましょう。

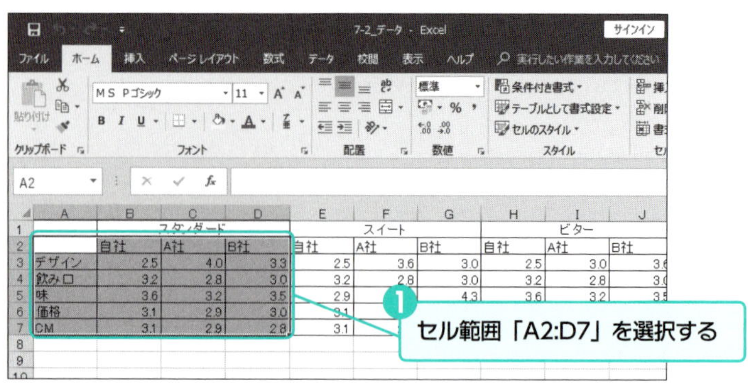

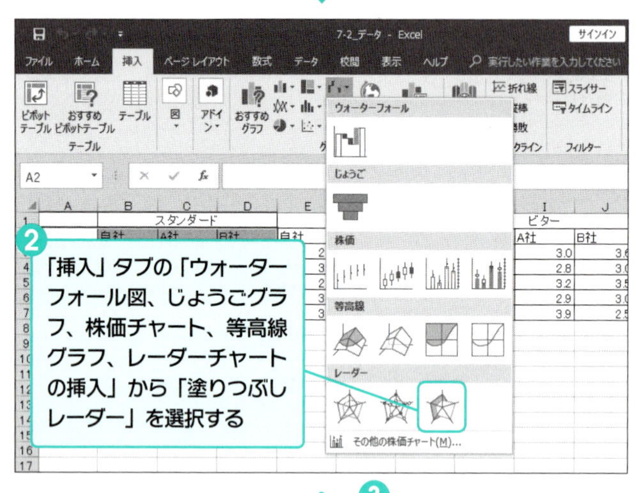

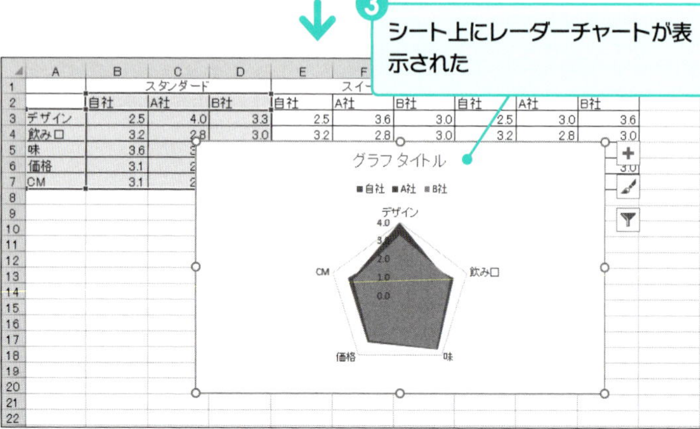

Excel 2013の場合は

「挿入」タブの「株価チャート、等高線グラフ、またはレーダーチャートの挿入」から「塗りつぶしレーダー」を選択します。

Excel 2016の場合は

「挿入」タブの「等高線グラフまたはレーダーチャートの挿入」から「塗りつぶしレーダー」を選択します。

❷ 系列の順序を入れ替える 2013 2016 2019

最初に表示されたレーダーチャートは、サンプルデータの並び順に沿って、下から上に重なって表示されています。そのため、自社のデータが一番下に表示され、他社との違いがわかりません。そこで、系列の順序を入れ替えることで、自社のデータを一番上に表示しましょう。

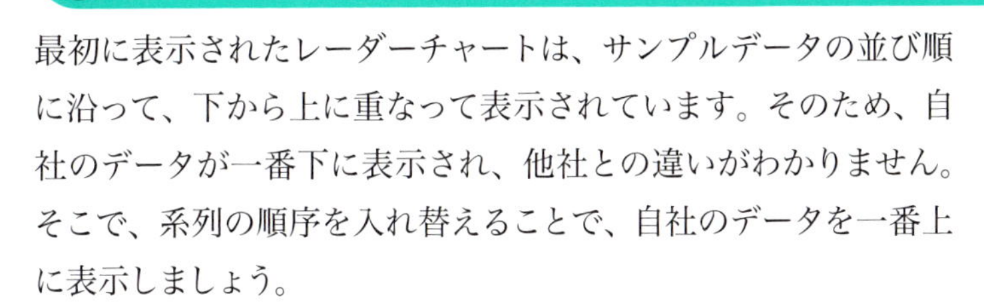

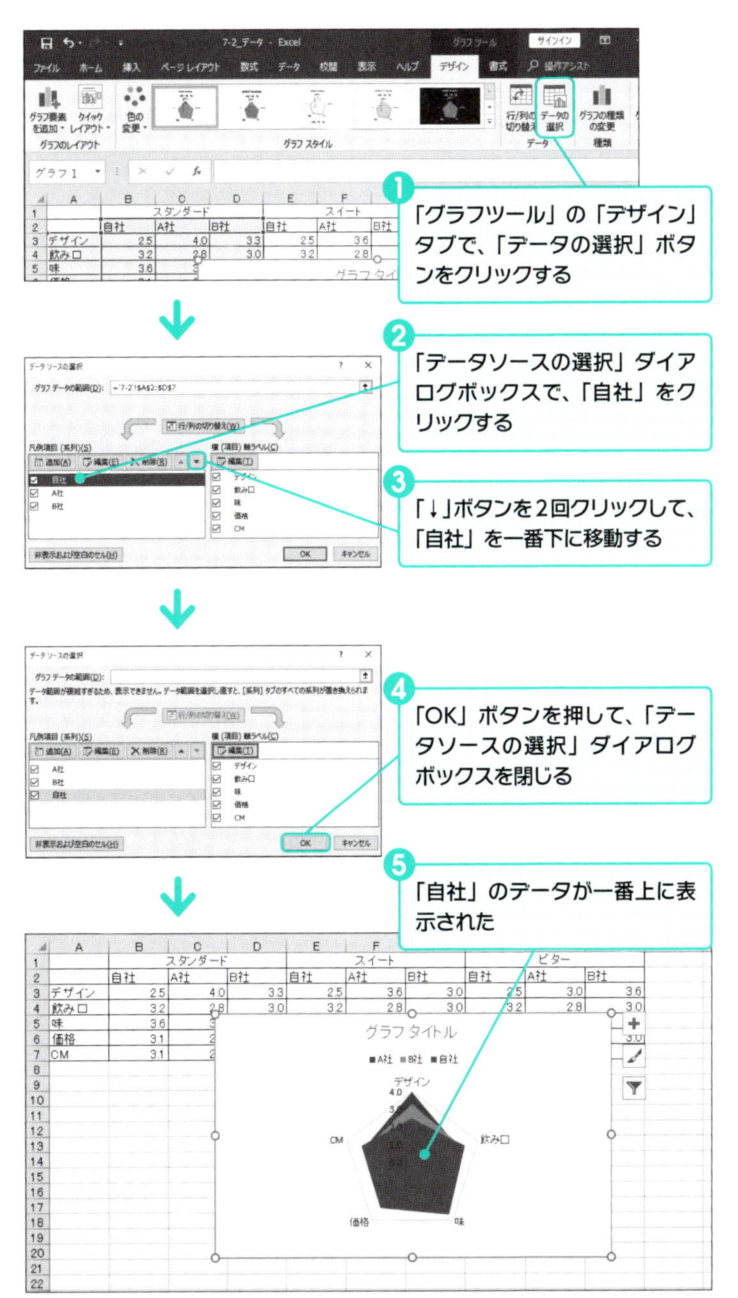

❸ 軸の最大値・最小値を設定する 2013 2016 2019

レーダーチャートの軸メモリは、自動的に設定されています。しかし、サンプルデータのアンケートは5段階評価で実施されていますので、軸の最大値を5に、最小値を1に変更しましょう。

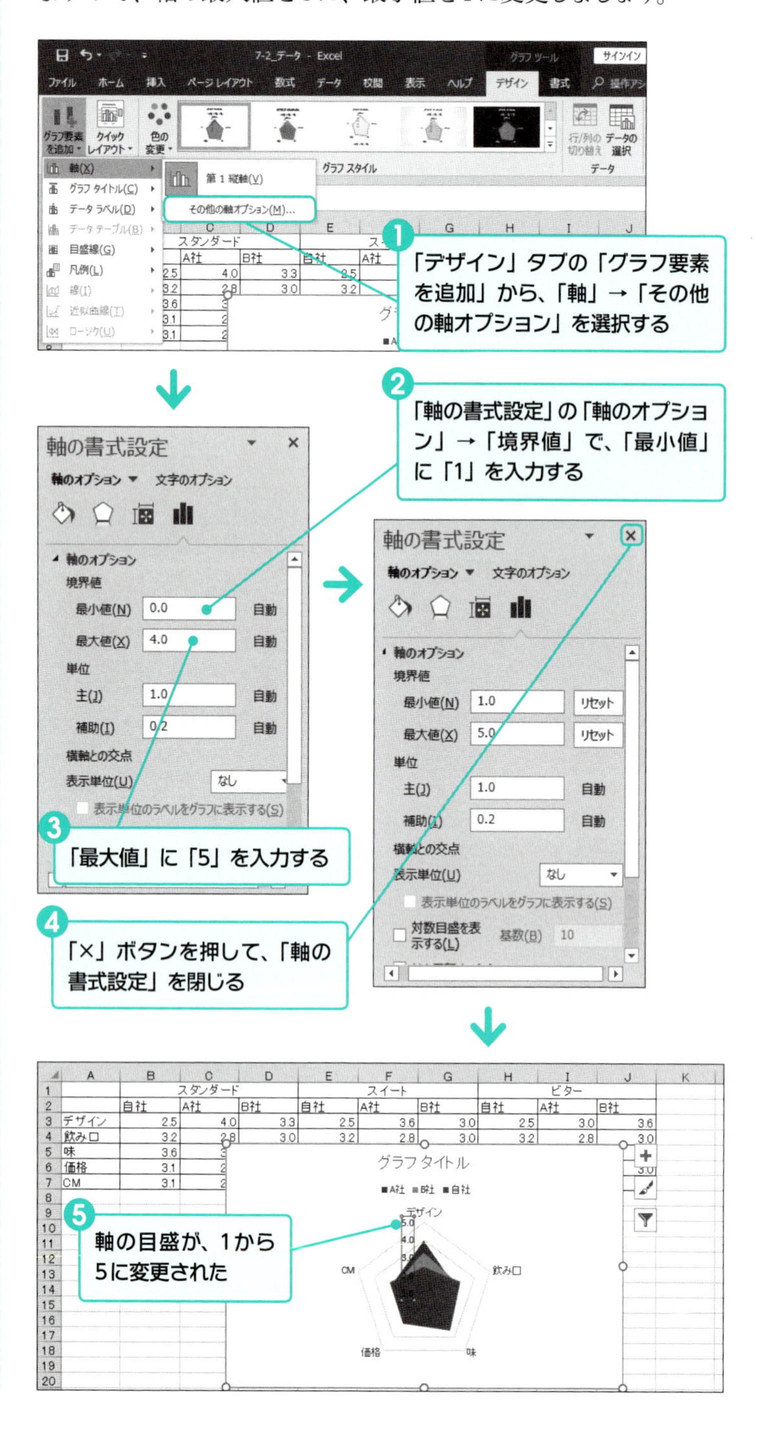

❹ チャートを完成させる 2013 2016 2019

最後に、凡例の位置の変更、グラフタイトルの入力、グラフのサイズと位置の変更を行って、スタンダード製品についてのレーダーチャートを完成させます。

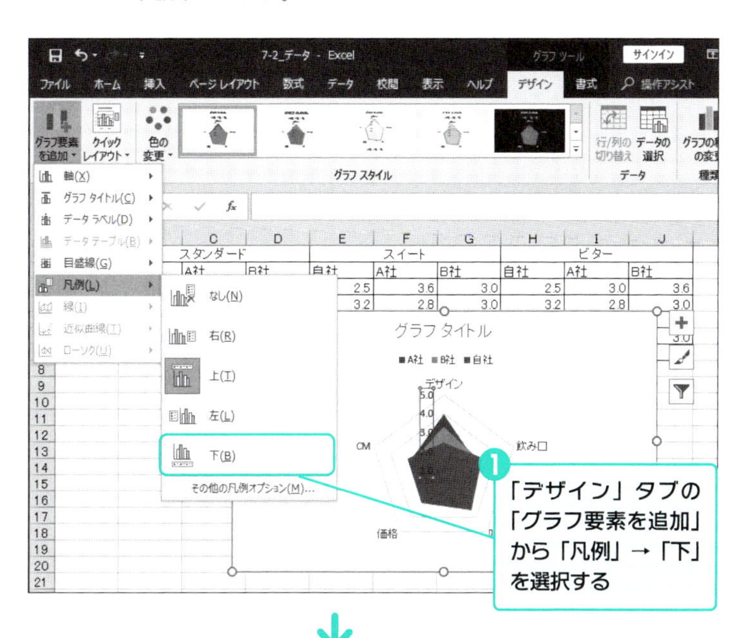

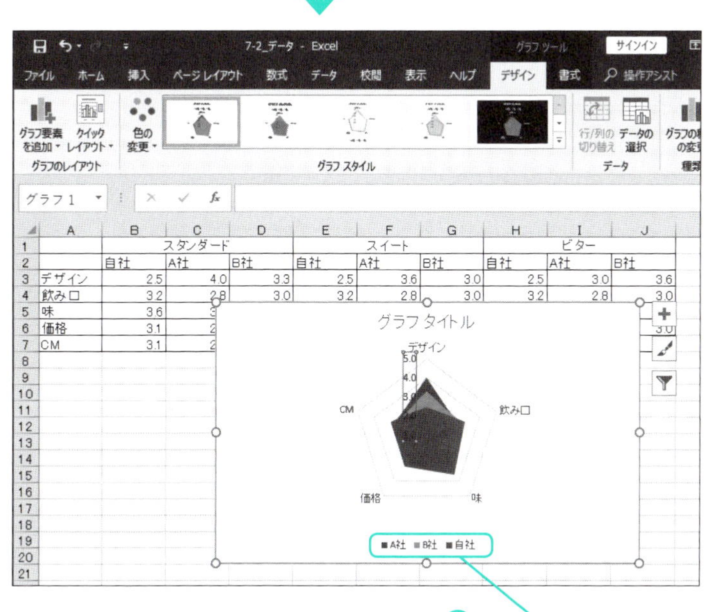

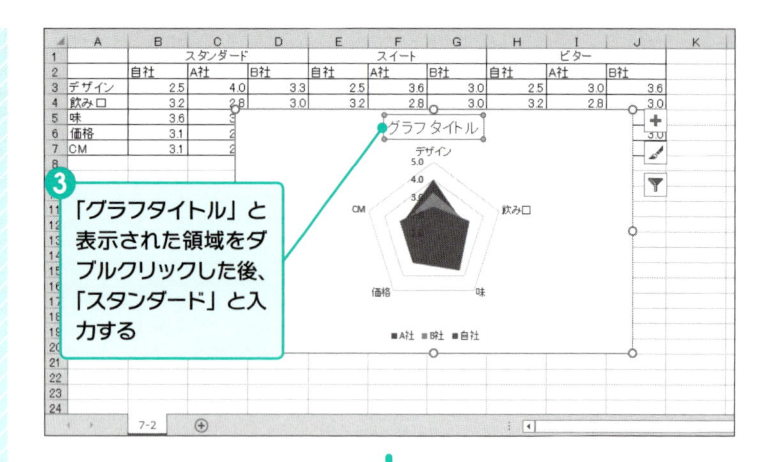

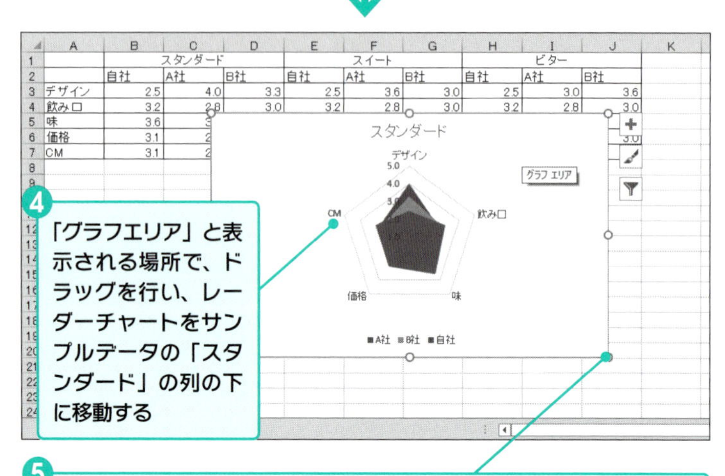

5
グラフエリアの枠（ハンドル）をドラッグし、レーダーチャートがサンプルデータの「スタンダード」の列の下に収まるように、サイズを変更する

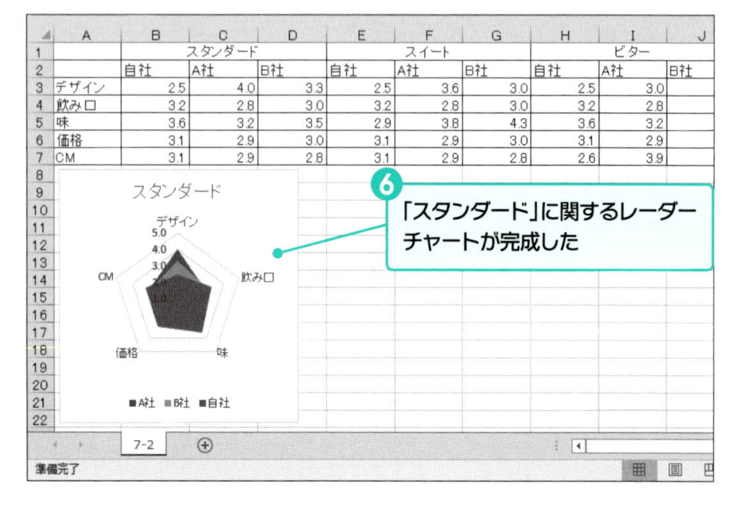

⑤ 他の製品のレーダーチャートを作成する 2013 2016 2019

「スタンダード」の次に、「スイート」についてのレーダーチャートを作成します。手順は、「スタンダード」のときとほとんど同じですが、属性（アンケート項目）の列がデータ列と離れていますので、横項目（軸）ラベルの設定が必要になります。

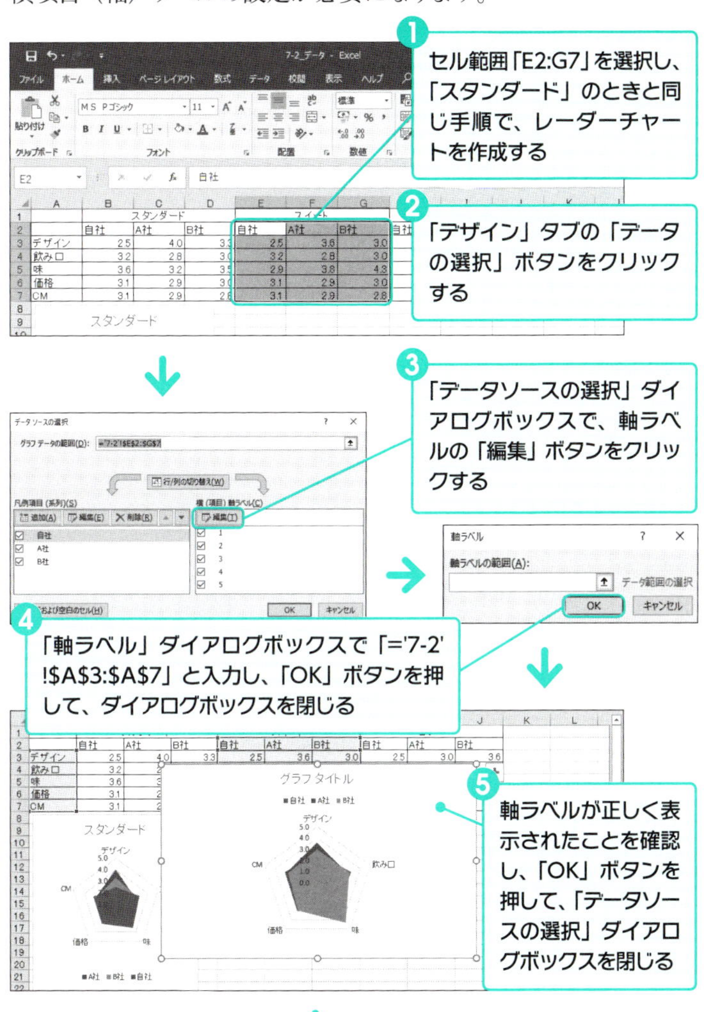

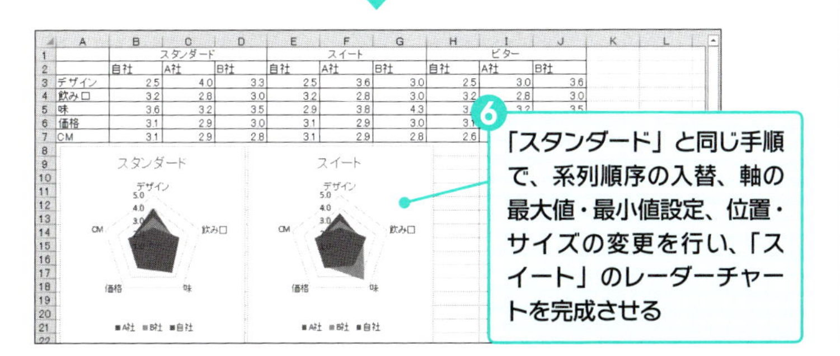

データラベルの計算式を簡単に入力する方法

「=」を入力した後に、ワークシート上でセル範囲「A3:A7」を選択すると、自動的に「='7-2'!$A$3:$A$7」と表示されます。

❻ 満足度の低い属性を見つける 2013 2016 2019

「スイート」の次に、「ビター」についてのレーダーチャートを作成します。手順は、「スイート」のときと同じですが、データソースに指定するセル範囲が異なります。3つのレーダーチャートが完成したら、レーダーチャートを元に他社製品と比較して、満足度の低い属性を見つけます。

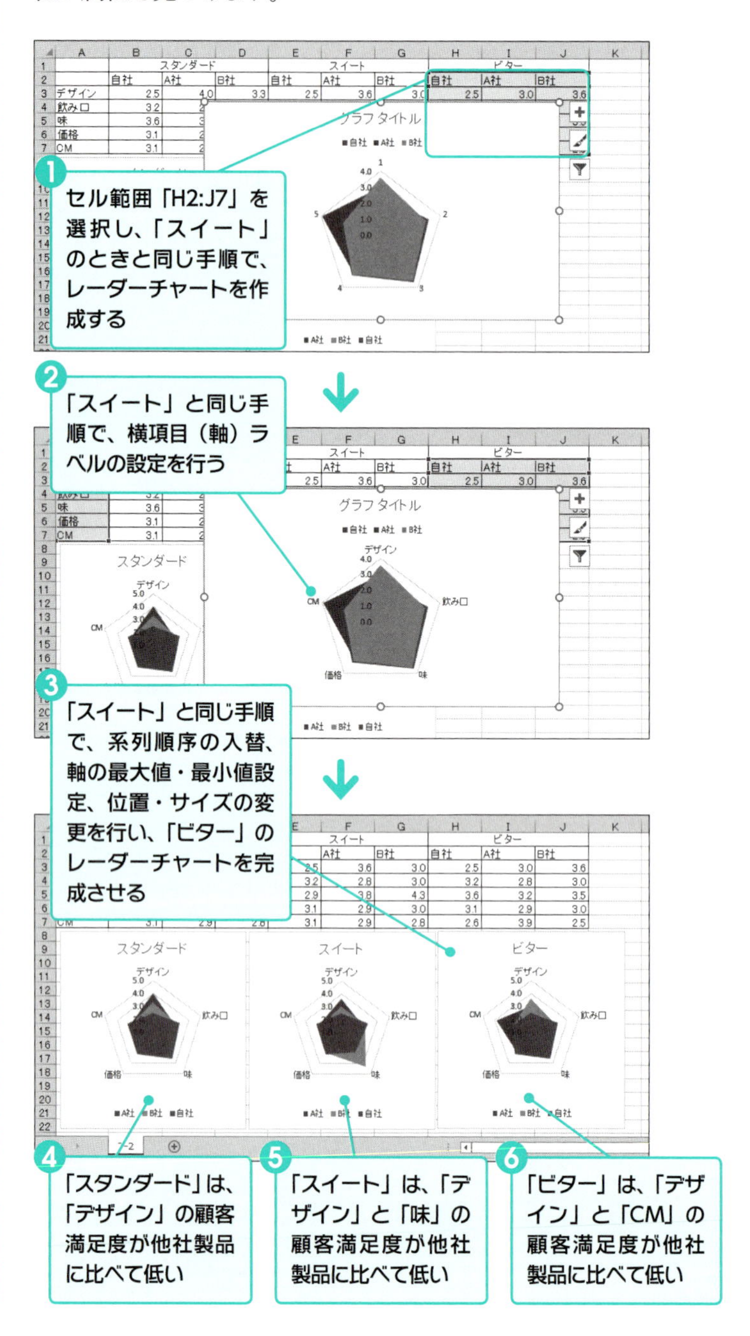

 PowerPointのスライドを作成する 2013 2016 2019

Excelで作成したレーダーチャートを貼り付け、PowerPointのスライドを作成します。タイトルに新商品の改良ポイントを記述し、レーダーチャートの下に、グラフから読み取れる他社製品に比べて顧客満足度の低い項目を明示することで、より説得力のあるスライドになります。

1 169ページと同様の手順で、「タイトルのみ」のレイアウトの新規スライドを作成する

2 タイトルオブジェクトに、新商品の改良ポイントを入力する

顧客満足度のアンケート調査結果から、今回の新製品導入にあたり、改善すべき項目は、次の３項目となる。
①デザインの改善（３製品全て）
②味の見直し（スイート）
③CMの変更（ビター）

スタンダード
デザイン
飲み口
味
価格
CM
■A社 ■B社 ■自社

スイート
デザイン
飲み口
味
価格
CM
■A社 ■B社 ■自社

ビター
デザイン
飲み口
味
価格
CM
■A社 ■B社 ■自社

「スタンダード」は、デザインの顧客満足度が、他社製品に比べて低い。

「スイート」は、デザインと味の顧客満足度が、他社製品に比べて低い。

「ビター」は、デザインとCMの顧客満足度が、他社製品に比べて低い。

3 Excelで作成した3つのレーダーチャートを、169ページと同様の手順で貼り付け、位置とサイズを調整する

4 テキストボックスツールを使用して、3つの製品それぞれについて、グラフから読み取れる他社製品に比べて顧客満足度の低い項目を追加する

03 最適価格を確認する

新商品のマーケットシェア拡大には、以前よりも低い価格設定が有効な場合があります。価格変更が販売数量に与える影響の分析に用いられるのが、価格弾力性です。ここでは、価格弾力性の分析結果を使用して、新製品の最適価格を説明したスライドを作成しましょう。

Point

- 缶コーヒー（スタンダード、スイート、ビターの3種）について、値引き額に対する販売数量データを散布図で表示し、近似直線を引きます。値引きに対する数量の増加が大きいほど、価格弾力性が大きいことになります。
- 価格弾力性の大きな製品は、価格を下げることで販売数量の増加が期待できますが、売上を維持するためには十分な増加が必要です。
- ここでの例では、スタンダードが最も価格弾力性が大きく、価格引下げによる売上の減少も少ないため、今までより安めの価格を設定します。

Sample 新製品の最適価格を記述したスライド

新製品の最適価格を説明するテキスト

製品の価格弾力性と値下げの売上に対する影響を示すグラフ

- 「スタンダード」は価格弾力性が高く、値引きを行ったとしても、売上を維持するのに充分な販売数量の増加が見込めることがわかった。
この分析結果を踏まえ、「スタンダード」については、新製品の投入に合わせて、価格を５％安く設定することで、マーケットシェアの拡大を目指す。

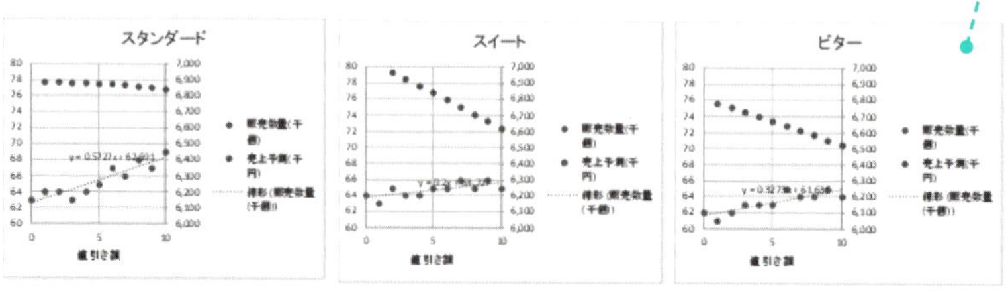

「スタンダード」は、価格弾力性が高く、５％程度の値引きまでは、売上を維持したまま、販売数量を増やすことができる。

「スイート」は、価格弾力性が低く、値引きに伴う販売数量の増加が充分ではないため、値引き額に比例して、売上が大幅に減少する。

「ビター」も、価格弾力性が低く、値引きに伴う販売数量の増加が充分ではないため、値引き額に比例して、売上が大幅に減少する。

価格弾力性の分析と売上予測の結果を説明するテキスト

価格弾力性とは

価格弾力性とは、製品の価格が変動することによって、需要が変化する度合いを表す数値です。一般的には、右のような式で定義されます。

$$価格弾力性 = \frac{需要の変化率}{価格の変化率}$$

よりわかりやすくするために、製品価格と販売数量（需要）の関係を、下の図のようなグラフにしてみましょう。通常、価格が増加すると需要は減少しますので、右肩下がりのグラフになります。

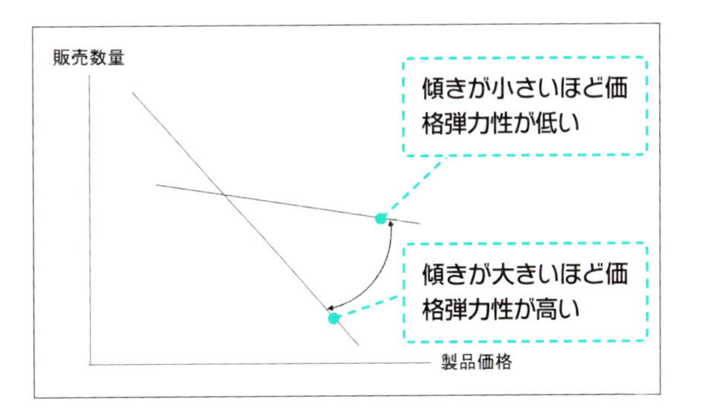

価格弾力性は、このグラフの線の傾きとして表現され、傾きが小さいほど、価格弾力性が低い、傾きが大きいほど、価格弾力性が大きい、と言います。

価格弾力性が小さい場合は、価格に変化があっても需要にはほとんど影響を与えませんが、価格弾力性が大きい場合は価格の変化が需要に大きな影響を与えることになります。

価格弾力性を調べる目的は、通常、

- 値下げしても、単価の減少による売上金額の減少を充分補う、または上回るような販売数量の増加が見込めるか？
- 値上げしても、販売数量の減少が、売上金額に影響を与えない、もしくは増加するような範囲に留まるか？

のいずれかを調べることです。したがって、価格弾力性を調べる場合は、同時に売上金額に対する影響を調べる必要があります。

また、価格弾力性を示す「製品価格」と「販売数量」の関係は、必ずしも直線的な相関を持つとは限りません。価格帯によって価格弾力性が変化する場合もありますので、注意が必要です。たとえば、右の図では、70円から85円までは価格弾力性が大きく、それ以外では価格弾力性が低くなっています。

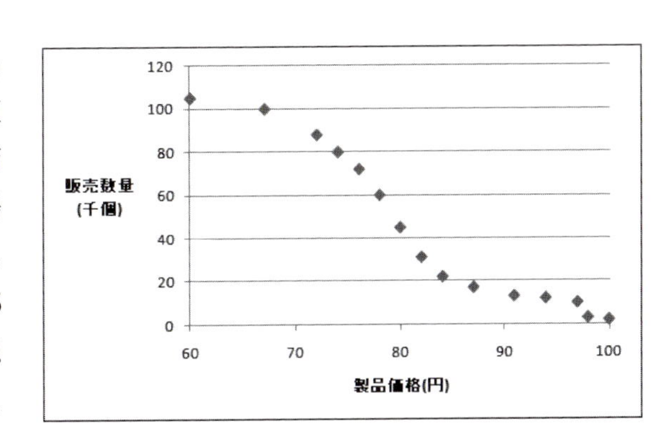

❶ 散布図と近似直線を作成する 2013 2016 2019

サンプルデータから、まず、スタンダードについて、値引き額と販売数量の相関を表す散布図を作成します。ラベルとなる行や列を含むセル範囲を指定した後、グラフの挿入を行います。さらに、価格弾力性の傾向を明確にするため、近似直線をグラフに追加します。

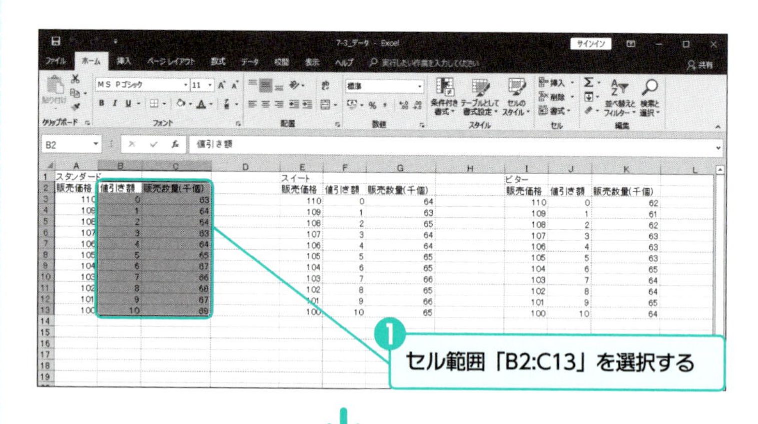

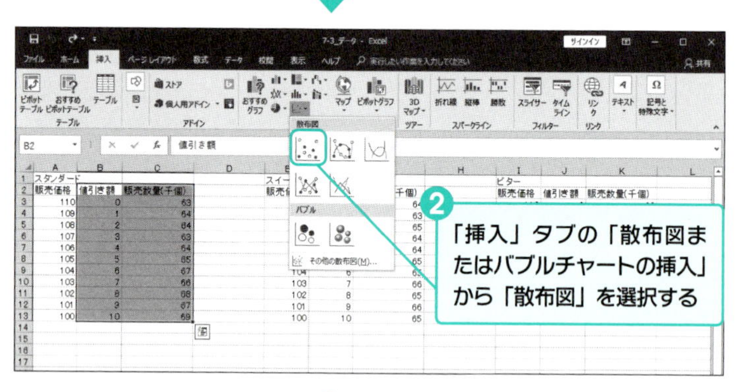

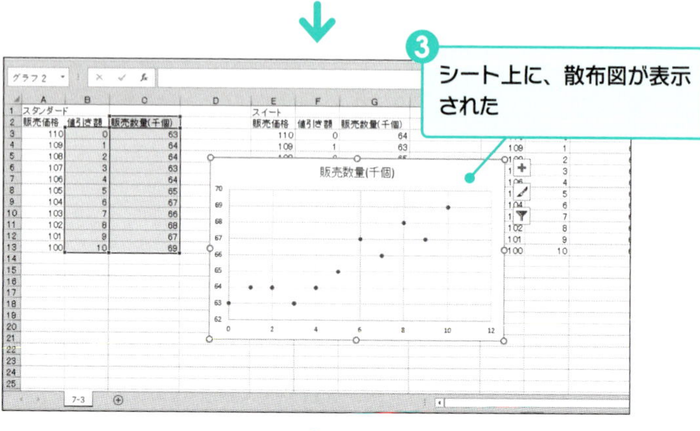

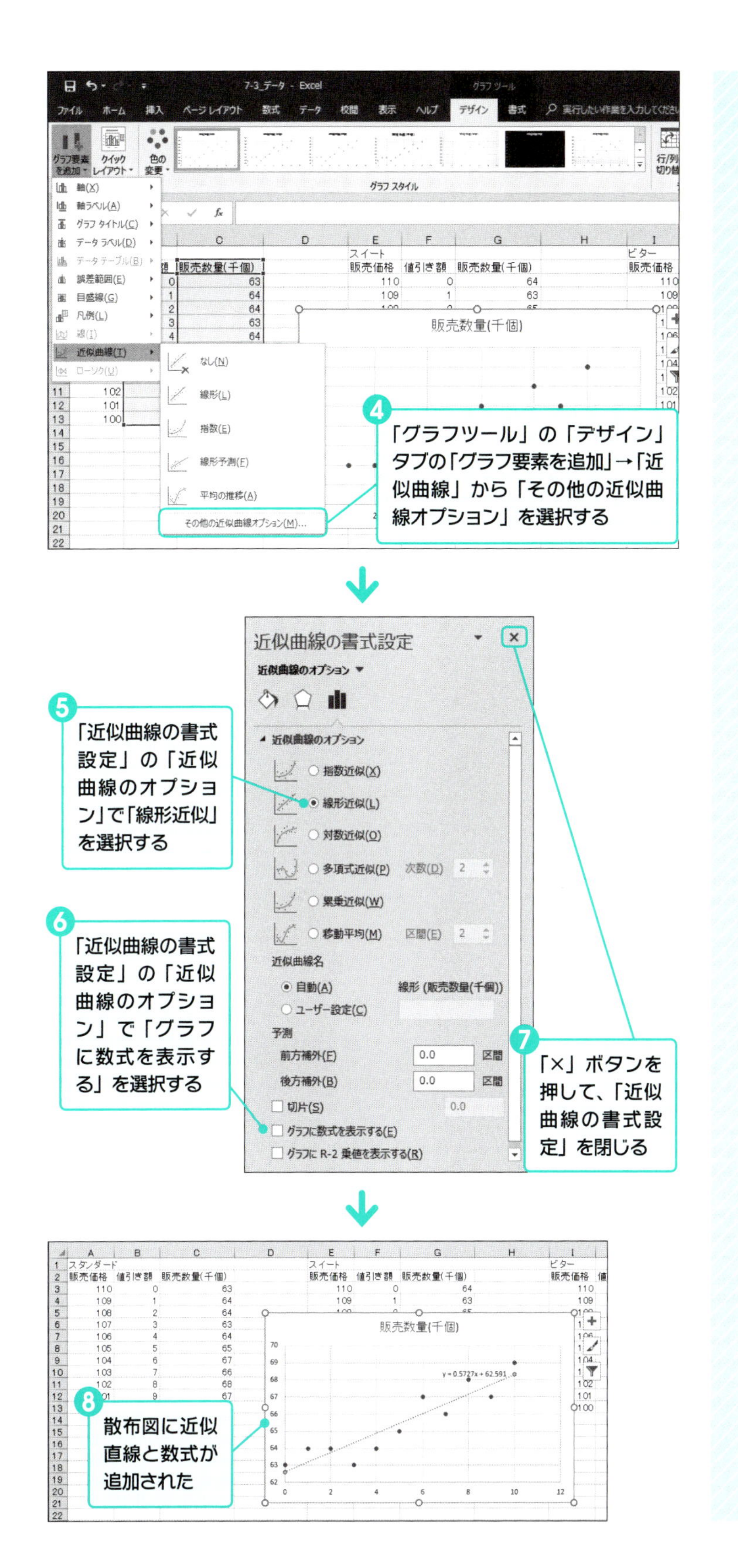
4
「グラフツール」の「デザイン」タブの「グラフ要素を追加」→「近似曲線」から「その他の近似曲線オプション」を選択する
5
「近似曲線の書式設定」の「近似曲線のオプション」で「線形近似」を選択する
6
「近似曲線の書式設定」の「近似曲線のオプション」で「グラフに数式を表示する」を選択する
7
「×」ボタンを押して、「近似曲線の書式設定」を閉じる
8
散布図に近似直線と数式が追加された
近似曲線の書式設定
近似曲線のオプション
指数近似(X)
線形近似(L)
対数近似(O)
多項式近似(P)
累乗近似(W)
移動平均(M)
近似曲線名
自動(A)
ユーザー設定(C)
予測
前方補外(F)
後方補外(B)
切片(S)
グラフに数式を表示する(E)
グラフに R-2 乗値を表示する(R)
販売数量(千個)
y = 0.5727x + 62.591

❷ 売上を予測する　2013 2016 2019

近似直線により、値引き額に応じて販売数量がどの程度増加するかを予測できるようになりました。しかし、販売数量が増加しても、売上が減少することは避けなければなりません。そこで、近似直線から予測される販売数量に販売価格を掛けて、売上を予測しましょう。

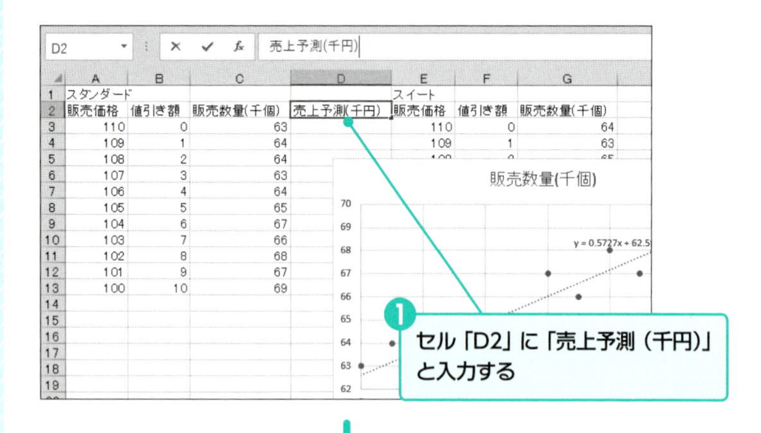

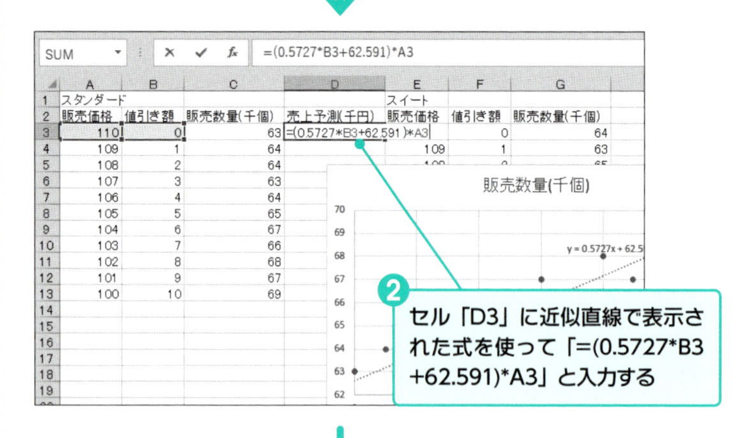

D4　=(0.5727*B4+62.591)*A4

	A	B	C	D	E	F	G
1	スタンダード				スイート		
2	販売価格	値引き額	販売数量(千個)	売上予測(千円)	販売価格	値引き額	販売数量(千個)
3	110	0	63	6,885	110	0	64
4	109	1	64	6,885	109	1	63
5	108	2	64	6,884	108	2	65
6	107	3	63	6,881	107	3	64
7	106	4	64	6,877	106	4	64
8	105	5	65	6,873	105	5	65
9	104	6	67	6,867	104	6	65
10	103	7	66	6,860	103	7	66
11	102	8	68	6,852	1		
12	101	9	67	6,842	1		
13	100	10	69	6,832	1		

❸ セル「D3」を、セル範囲「D4:D13」にコピーすると、「スタンダード」の売上予測が表示される

07 新商品企画書の作成

❷ 売上予測をグラフに追加する

2013 2016 2019

計算した売上予測データを、グラフに追加します。販売数量と売上予測は単位が異なりますので、第2の縦軸を追加することで、2つの数値を1つのグラフ上に表示します。

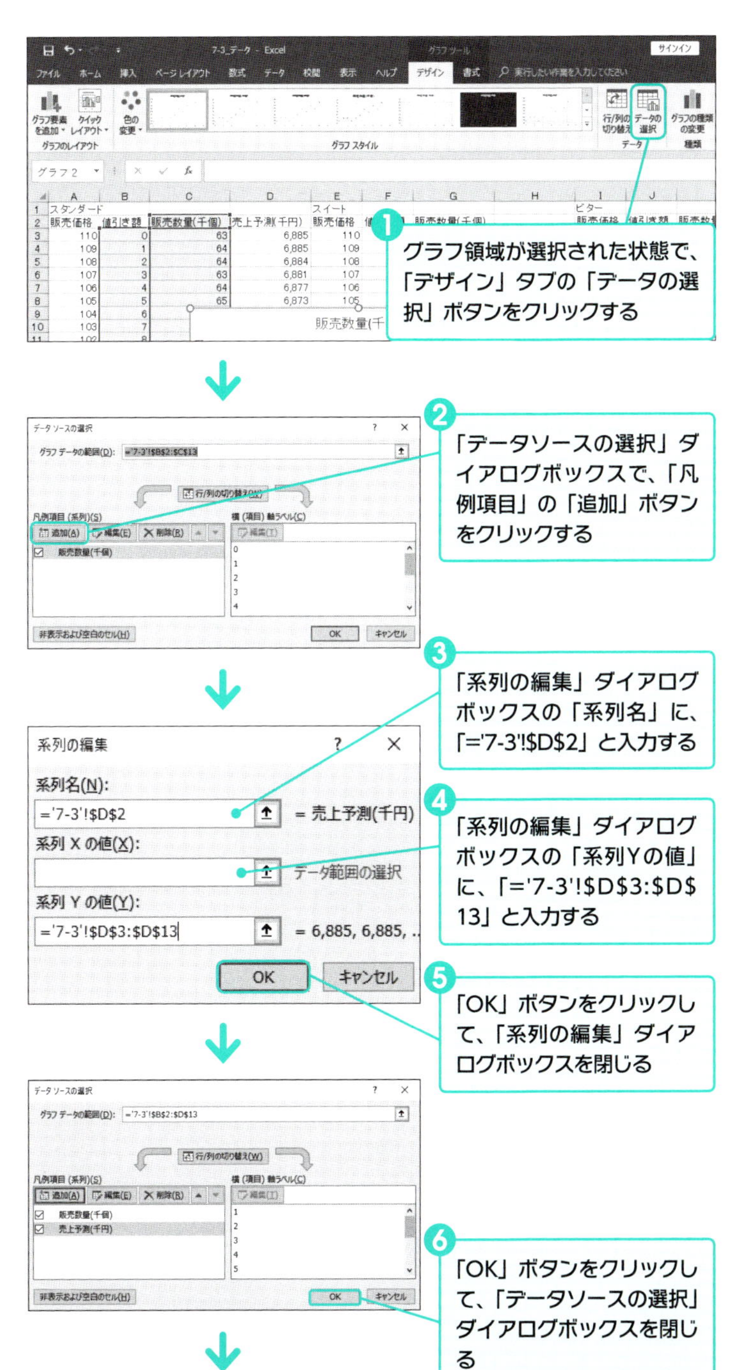

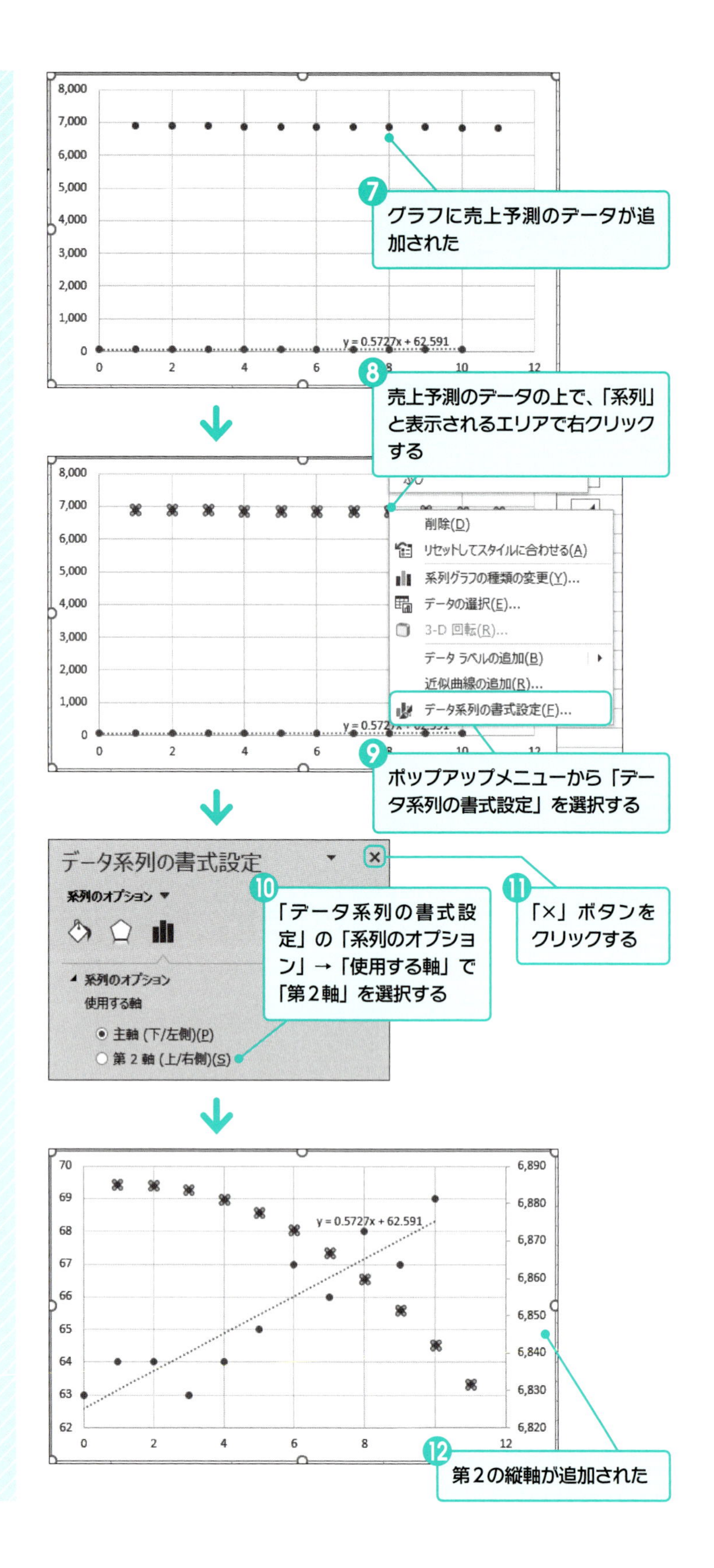
グラフに売上予測のデータが追加された
売上予測のデータの上で、「系列」と表示されるエリアで右クリックする
削除(D)
リセットしてスタイルに合わせる(A)
系列グラフの種類の変更(Y)...
データの選択(E)...
3-D 回転(R)...
データ ラベルの追加(B)
近似曲線の追加(R)...
データ系列の書式設定(F)...
ポップアップメニューから「データ系列の書式設定」を選択する
データ系列の書式設定
系列のオプション
使用する軸
主軸 (下/左側)(P)
第 2 軸 (上/右側)(S)
「データ系列の書式設定」の「系列のオプション」→「使用する軸」で「第2軸」を選択する
「×」ボタンをクリックする
y = 0.5727x + 62.591
第2の縦軸が追加された

軸の最大値・最小値を設定する

2013 2016 2019

第2の縦軸を追加することで、単位の違う2つのデータを1つのグラフ領域に表示することができました。しかし、2つのグラフが交差するなど、まだ見にくい状態です。そこで、軸の最大値、最小値を設定することで、グラフをより見やすくしましょう。

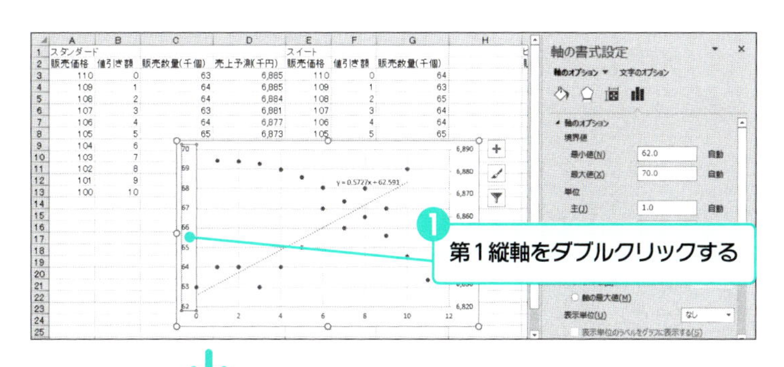

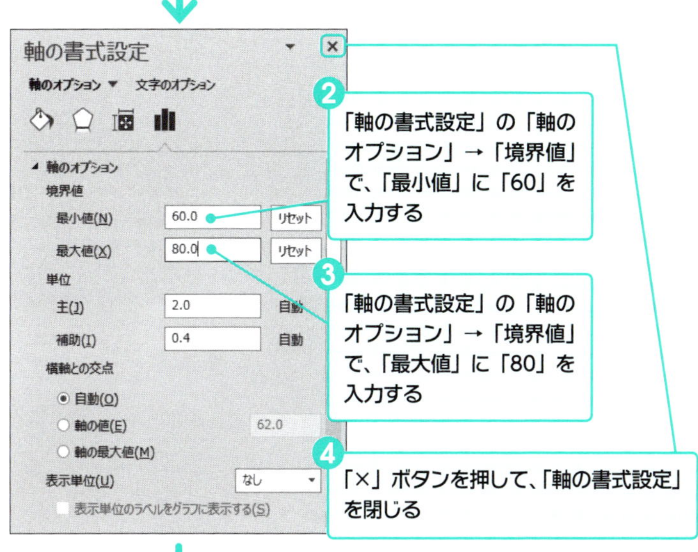

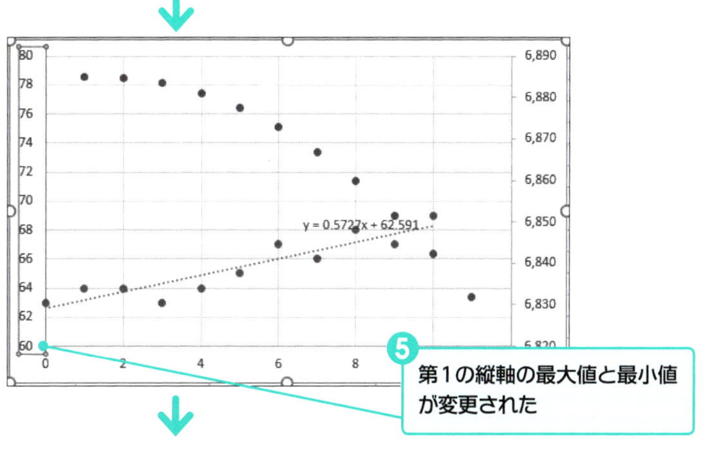

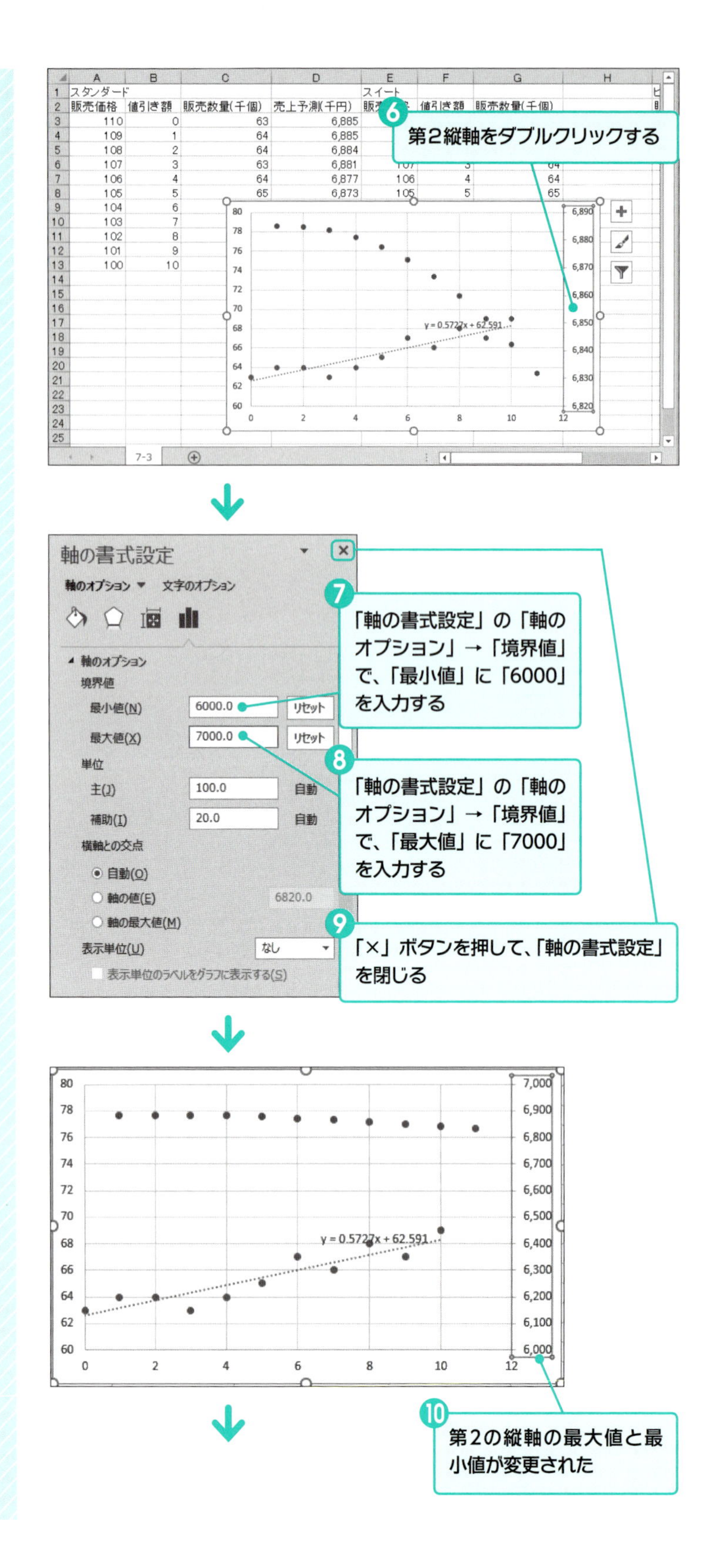

07
新商品企画書の作成

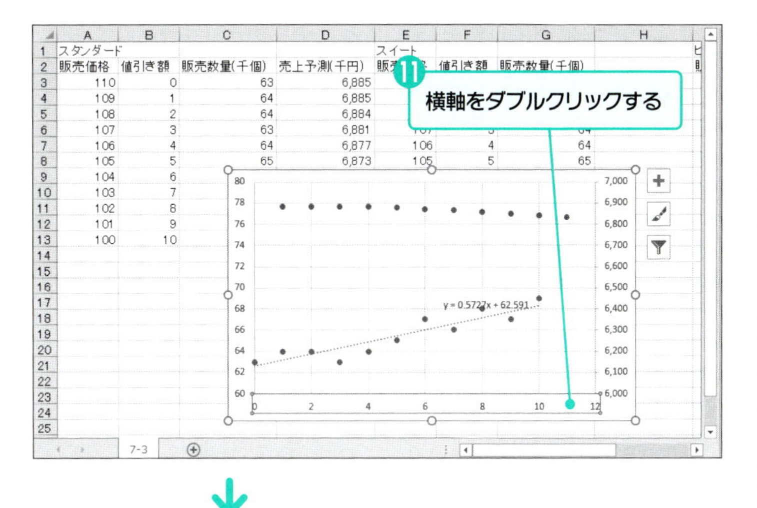
11
横軸をダブルクリックする

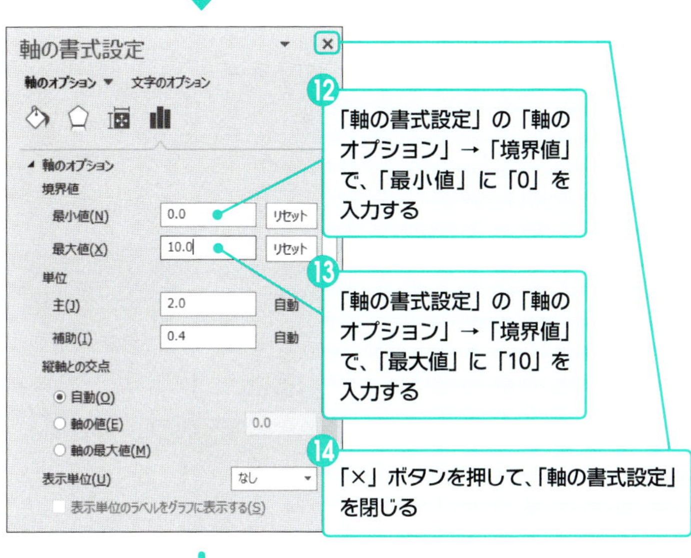
軸の書式設定
軸のオプション
文字のオプション
軸のオプション
境界値
最小値(N)
0.0
リセット
最大値(X)
10.0
リセット
単位
主(J)
2.0
自動
補助(I)
0.4
自動
縦軸との交点
自動(O)
軸の値(E)
0.0
軸の最大値(M)
表示単位(U)
なし
表示単位のラベルをグラフに表示する(S)
12
「軸の書式設定」の「軸のオプション」→「境界値」で、「最小値」に「0」を入力する
13
「軸の書式設定」の「軸のオプション」→「境界値」で、「最大値」に「10」を入力する
14
「×」ボタンを押して、「軸の書式設定」を閉じる

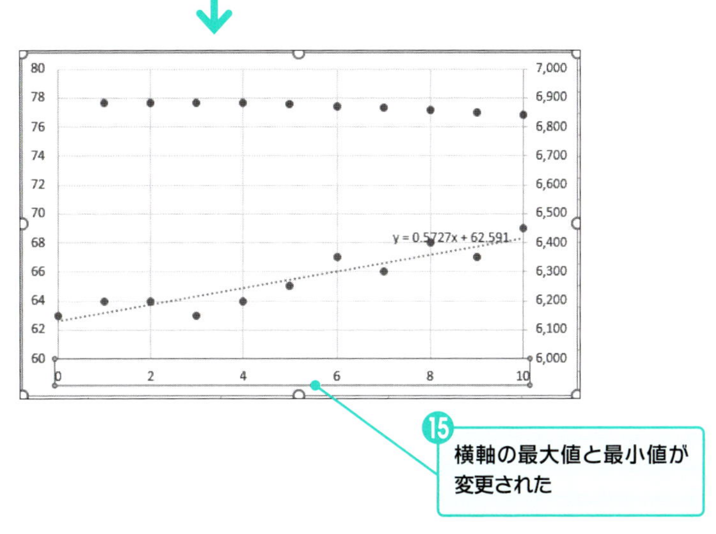
y = 0.5727x + 62.591
15
横軸の最大値と最小値が変更された

❺ グラフを完成させる　2013 2016 2019

軸ラベルの入力、グラフ・タイトルの入力、グラフの位置の変更、及びグラフのサイズの変更を行って、スタンダード製品についてのグラフを完成させます。

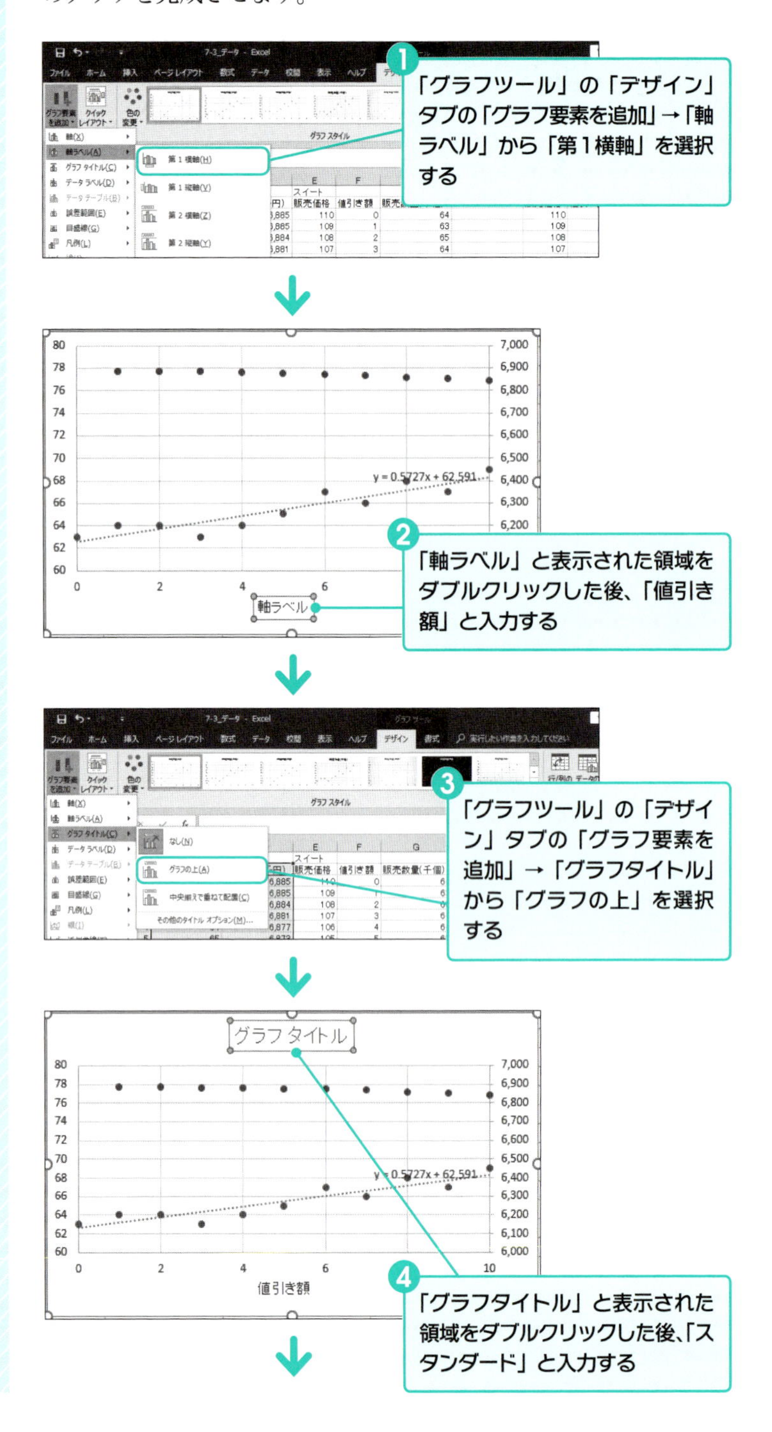

07 新商品企画書の作成

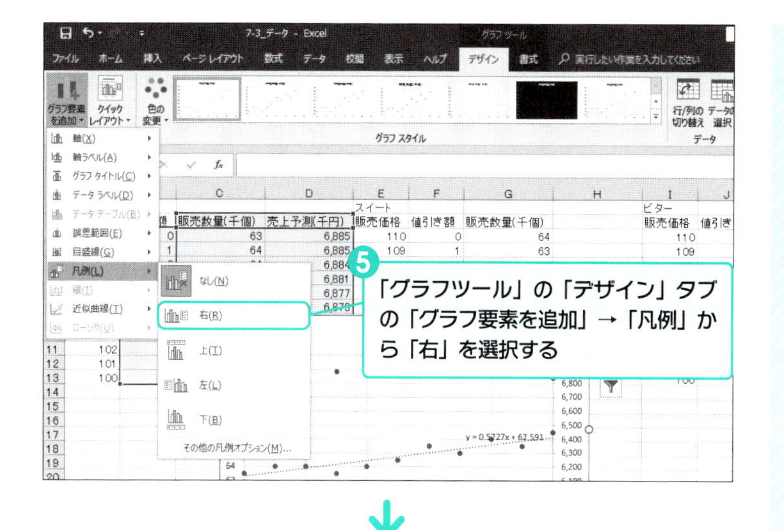

5 「グラフツール」の「デザイン」タブの「グラフ要素を追加」→「凡例」から「右」を選択する

6 「グラフエリア」と表示される場所でドラッグを行い、グラフをサンプルデータの「スタンダード」の列の下に移動する

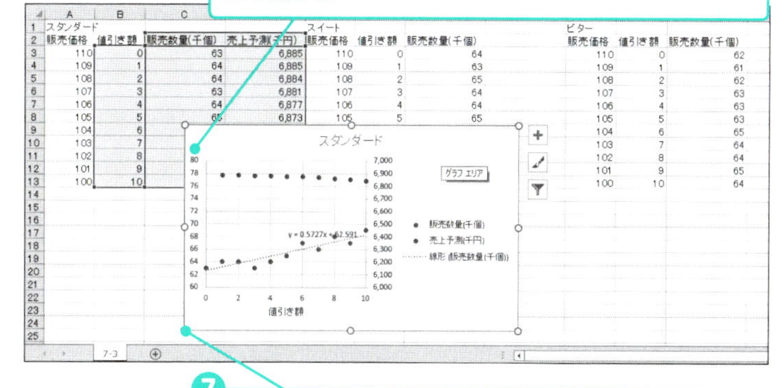

7 グラフエリアの枠（ハンドル）をドラッグし、グラフがサンプルデータの「スタンダード」の列の下に収まるようにサイズを変更する

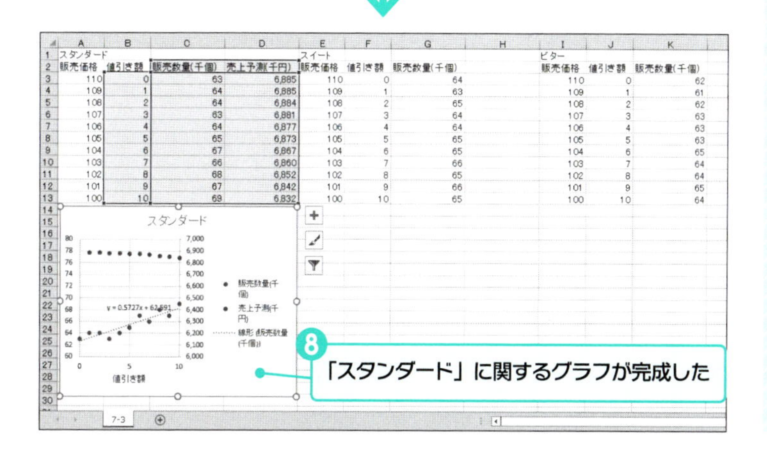

8 「スタンダード」に関するグラフが完成した

❻ 他の製品のグラフを作成する 2013 2016 2019

「スタンダード」の次に、「スイート」についてのグラフを作成します。手順は、「スタンダード」のときとほとんど同じですが、データソースとなるセル及びセル範囲が異なります。また、売上予想の計算に使用する式が異なります。

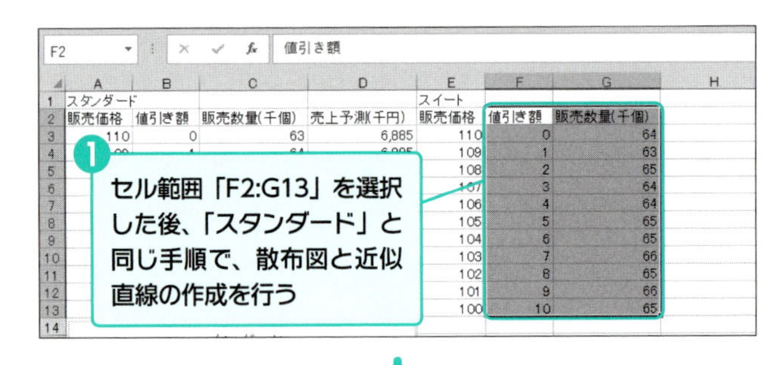

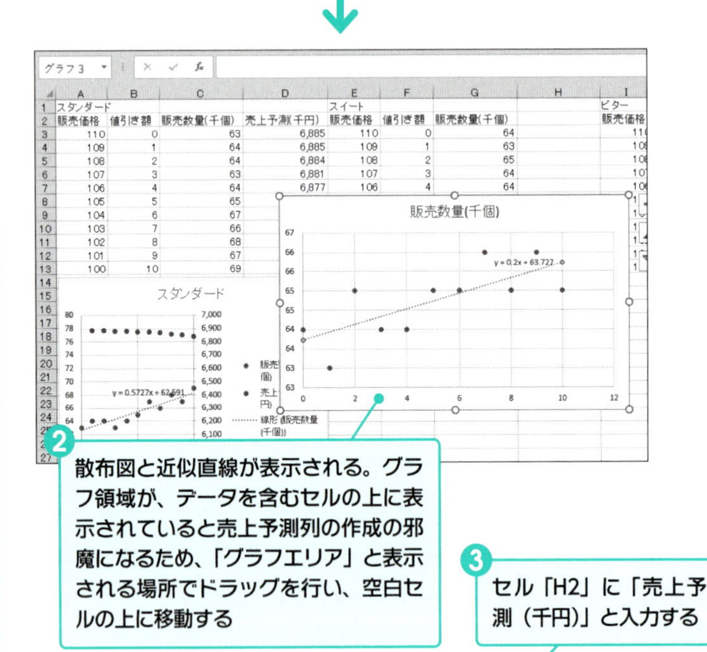

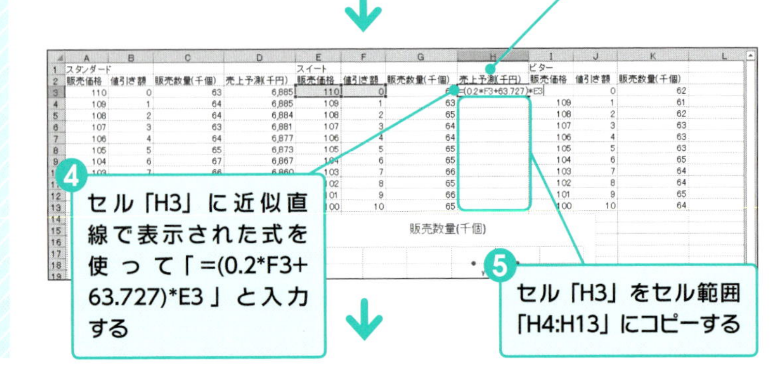

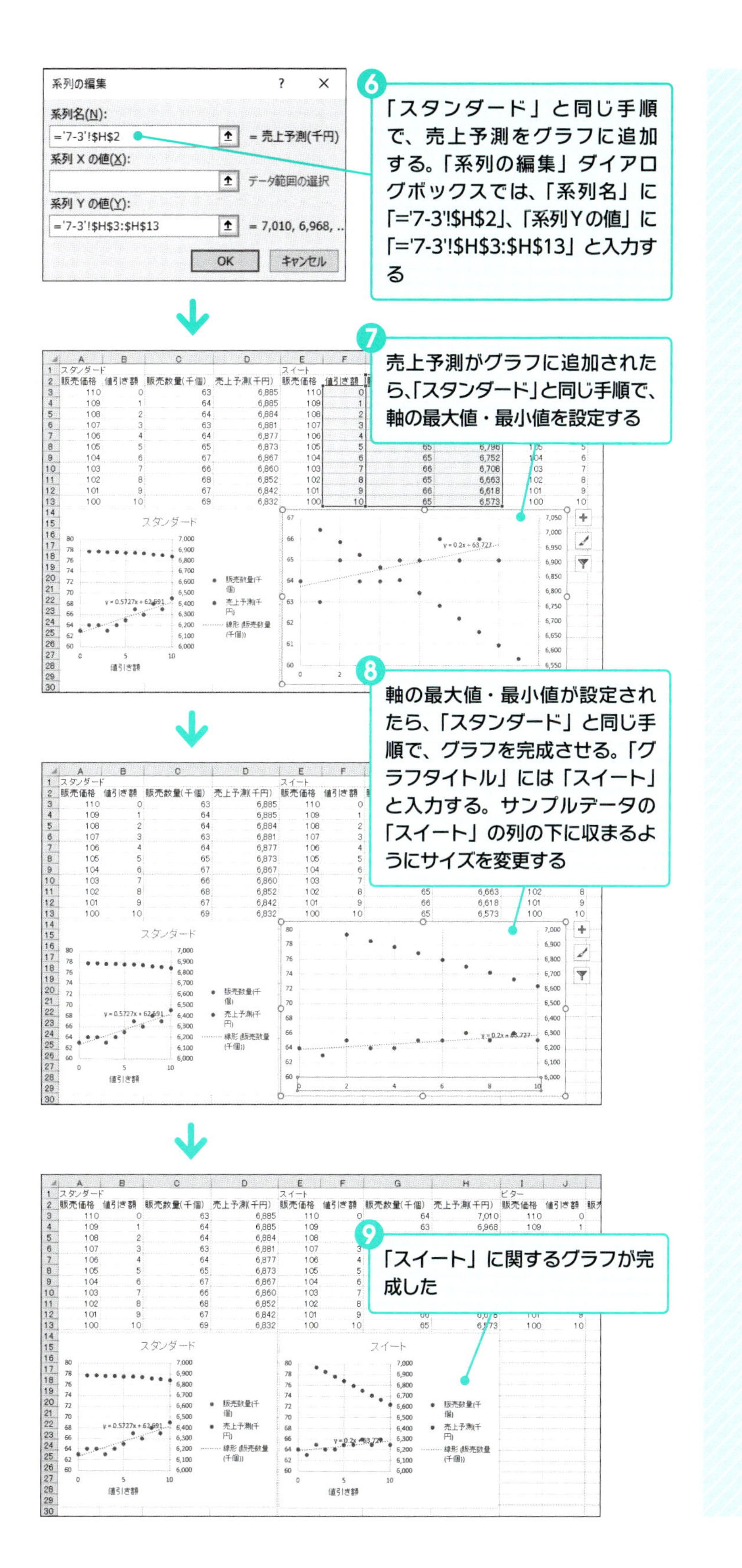

系列の編集
系列名(N):
='7-3'!$H$2
= 売上予測(千円)
系列 X の値(X):
データ範囲の選択
系列 Y の値(Y):
='7-3'!$H$3:$H$13
= 7,010, 6,968, ..
OK
キャンセル
6 「スタンダード」と同じ手順で、売上予測をグラフに追加する。「系列の編集」ダイアログボックスでは、「系列名」に「='7-3'!$H$2」、「系列Yの値」に「='7-3'!$H$3:$H$13」と入力する
7 売上予測がグラフに追加されたら、「スタンダード」と同じ手順で、軸の最大値・最小値を設定する
8 軸の最大値・最小値が設定されたら、「スタンダード」と同じ手順で、グラフを完成させる。「グラフタイトル」には「スイート」と入力する。サンプルデータの「スイート」の列の下に収まるようにサイズを変更する
9 「スイート」に関するグラフが完成した
スタンダード
スイート
値引き額

❼ 最適価格を確認する　2013 2016 2019

「スイート」の次に、「ビター」についてのグラフを作成します。手順は「スイート」のときと同じですが、データソースとなるセル及びセル範囲、売上予想の計算に使用する式などが、下の表のようになります。

表7-3-1

データソースのセル範囲	J2:K13
売上予測のセル範囲	L2:L13
売上予測の入力式	=(0.3273*J3+61.636)*I3
系列の編集のセル範囲①	='7-3'!$L$2
系列の編集のセル範囲②	='7-3'!$L$3:$L$13

3つのグラフが完成したら、最後に、3つの製品の価格弾力性と最適価格を確認します。

❶ 表を参考に、「スイート」と同じ手順で、サンプルデータ「ビター」の列の下にグラフを完成させる

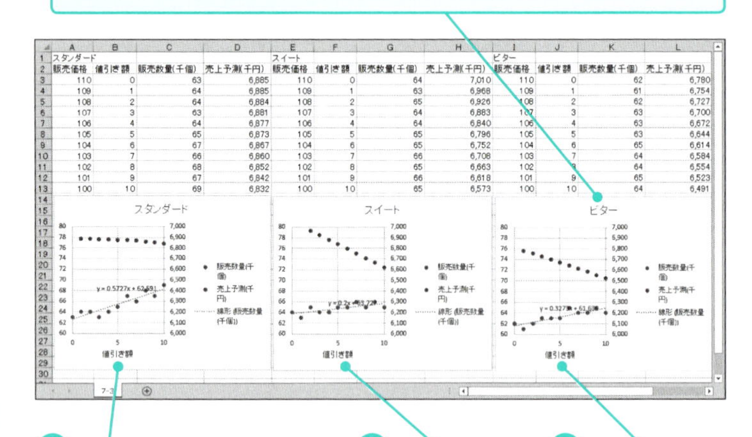

	A	B	C	D	E	F	G	H	I	J	K	L
1	スタンダード				スイート				ビター			
2	販売価格	値引き額	販売数量(千個)	売上予測(千円)	販売価格	値引き額	販売数量(千個)	売上予測(千円)	販売価格	値引き額	販売数量(千個)	売上予測(千円)
3	110	0	63	6,885	110	0	64	7,010	110	0	62	6,780
4	109	1	64	6,885	109	1	63	6,968	109	1	61	6,754
5	108	2	64	6,884	108	2	65	6,926	108	2	62	6,727
6	107	3	63	6,881	107	3	64	6,883	107	3	63	6,700
7	106	4	64	6,877	106	4	64	6,840	106	4	63	6,672
8	105	5	65	6,873	105	5	65	6,796	105	5	63	6,644
9	104	6	67	6,867	104	6	65	6,752	104	6	65	6,614
10	103	7	66	6,860	103	7	66	6,708	103	7	64	6,584
11	102	8	68	6,852	102	8	65	6,663	102	8	64	6,554
12	101	9	67	6,842	101	9	66	6,618	101	9	65	6,523
13	100	10	69	6,832	100	10	65	6,573	100	10	64	6,491

❷ 「スタンダード」は、価格弾力性が高いことがわかる。また、価格を引き下げた場合の、売上への影響も少ないため、値下げが適切であり、特に、5円（5%）程度の値下げではほとんど売上への影響が見られないため、この程度の値下げ幅が最適だとわかる

❸ 「スイート」は、価格弾力性が低い。また、価格を引き下げた場合の、売上への影響が大きいため、価格の据え置きが適切

❹ 「ビター」は、価格弾力性が低い。また、価格を引き下げた場合の売上への影響が大きいため、価格の据え置きが適切

❽ PowerPointのスライドを作成する 2013 2016 2019

Excelで作成した3つのグラフを貼り付け、PowerPointのスライドを作成します。タイトルに新製品の最適価格設定のポイントを記述し、グラフの下に価格弾力性の分析結果を明示することで、より説得力のあるスライドになります。

❶ 169ページと同様の手順で、「タイトルのみ」のレイアウトの新規スライドを作成する

❷ タイトルオブジェクトに、新商品の最適価格設定のポイントを入力する

「スタンダード」は価格弾力性が高く、値引きを行ったとしても、売上を維持するのに充分な販売数量の増加が見込めることがわかった。
この分析結果を踏まえ、「スタンダード」については、新製品の投入に合わせて、価格を５％安く設定することで、マーケットシェアの拡大を目指す。

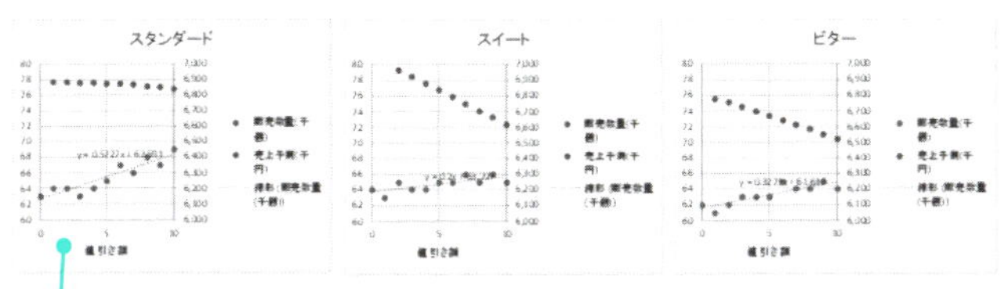

「スタンダード」は、価格弾力性が高く、５％程度の値引きまでは、売上を維持したまま、販売数量を増やすことができる。

「スイート」は、価格弾力性が低く、値引きに伴う販売数量の増加が充分ではないため、値引き額に比例して、売上が大幅に減少する。

「ビター」も、価格弾力性が低く、値引きに伴う販売数量の増加が充分ではないため、値引き額に比例して、売上が大幅に減少する。

❸ Excelで作成した３つのグラフを、169ページと同様の手順で貼り付け、位置とサイズを調整する

❹ テキストボックスツールを使用して、3つの製品それぞれについて、グラフから読み取れる価格弾力性分析と売上予測の結果を追加する

04 初期生産量を設定する

ここでは、新商品の発売にあたって販売数量の予測を行い、適切な初期生産量を設定します。このような販売数量の予測には、回帰分析が用いられます。回帰分析の結果を使用して、新製品の初期生産量を説明したスライドを作成しましょう。

Point

- 缶コーヒー(スタンダード、スイート、ビターの3種)に関する月別の気温と販売実績データから、回帰分析で相関の強さを求めます。相関の強い製品については、FORECAST関数で、販売数量の予測を行います。
- ここでの例では、スイートは寒いほど、ビターは暑いほど販売量が多いという予測と、かつ今年は暖冬になるとの予報から、スイートは少なめ、ビターは多めの初期生産量を設定しています。

Sample 新製品の初期生産量を記述したスライド

気温と販売数量の相関関係を示すグラフ

新製品の初期生産量を説明するテキスト

気温予測に基づく販売数量前年比を示すグラフ

来年は暖冬傾向が示されているため、1-3月において「スイート」は販売の減少が、「ビター」は販売の増加が予測されることがわかった。
この分析結果を踏まえ、初期生産量を、「スイート」については前年比5%減、「ビター」については前年比5%増とする。

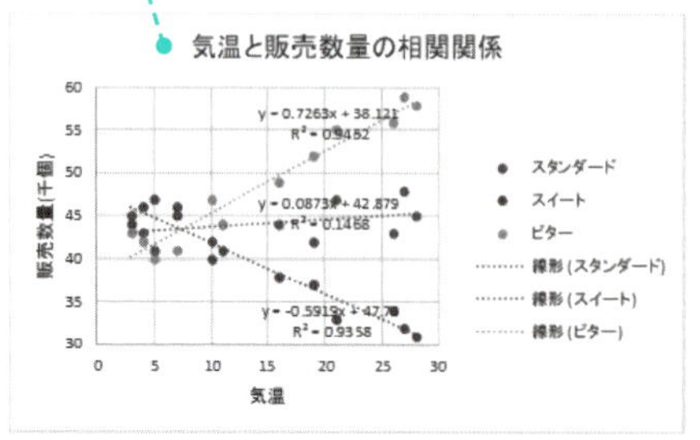

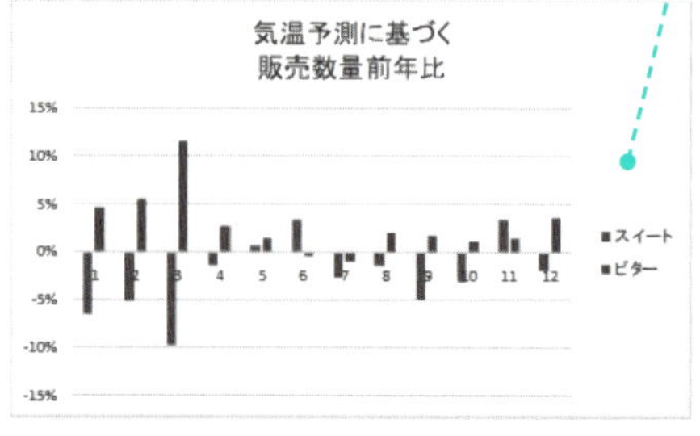

回帰分析の結果によると、気温と販売数量の間には、「スタンダード」では、ほとんど相関関係がないが、「スイート」と「ビター」については、極めて強い相関間関係がある。

来年は暖冬傾向が示されているため、1-3月の販売数量は前年比で、「スイート」について5-10%の減少、「ビター」について5-10%の増加が予測される。

回帰分析の結果を説明するテキスト

販売数量の予測結果を説明するテキスト

回帰分析とは

回帰分析とは、ある原因に対して、結果となる値がどのような関係を持っているのかを調べる分析方法です。回帰分析は、以下の4つのステップに従って行います。

1. 散布図を作成する
2. 回帰式を求める
3. R-2乗値を調べる
4. 予測を行う

右の表にあるような2組のデータを使用して、回帰分析を行ってみましょう。それぞれについて、まず散布図を作成し、近似曲線（線形近似）を追加します。その際、「グラフに数式を表示する」と「グラフにR-2乗値を表示する」をチェックします。そうすると、結果として作成される散布図に、下の図のように回帰式とR-2乗値が表示されます。

表7-4-1

原因①	結果①	原因②	結果②
1	-15	6	-26
8	-2	10	-4
13	10	13	38
15	12	16	-26
17	13	17	65
19	17	19	-17
21	22	21	64
23	31	23	79
25	45	26	9
28	60	32	44
32	72	34	96
35	80	36	98
38	88	38	55
39	100	39	116
41	105	41	94

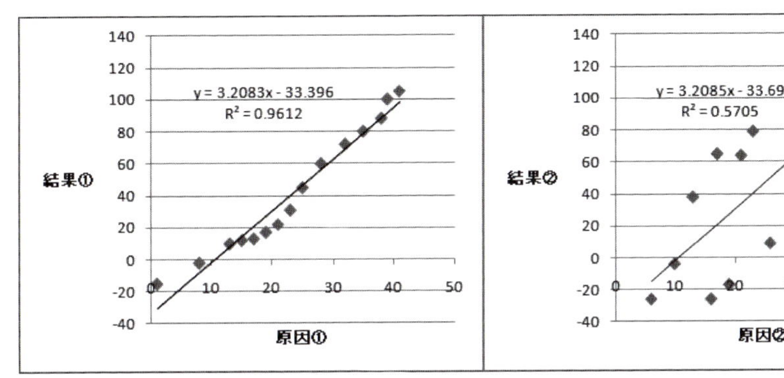

回帰式とは、原因と結果の間にある関係を表す式のことです。上の2つの図では、2組のデータについて、ほぼ同じ回帰式が求められています。しかし、R-2乗値のほうは、全く異なった値が求められています。

R-2乗値とは、原因と結果の間にある関係の強さ（R-2乗値が大きいほど強い）を表します。したがって、2組目のデータでは、原因と結果の間に予測が可能になるような明確な関係が見られないということがわかります。一方、1組目のデータでは、十分大きいR-2乗値が求められましたので、回帰式を使った予測が可能であることがわかります。

回帰分析の結果として、予測可能な回帰式が求められた場合、以下のいずれかの方法で、任意の原因の値に対する、結果となる値を予測することができます。

- 散布図上に表示された回帰式を、Excelの式として作成し、予測を行う
- FORECAST関数を使用して予測を行う

後者の場合、FORECAST関数の機能には回帰式を求めることも含まれていますので、散布図の作成や近似曲線の追加を行わなくても、結果を予測することが可能です。

❶ 気温と販売数量の相関関係を調べる 2013 2016 2019

サンプルデータから、3つの製品について、気温と販売数量の相関を表す散布図を作成します。ラベルとなる行や列を含むセル範囲を指定した後、グラフの挿入を行います。次に、各製品の近似直線を作成します。このとき、R-2乗値を追加することで、相関関係の強さを求めることができます。

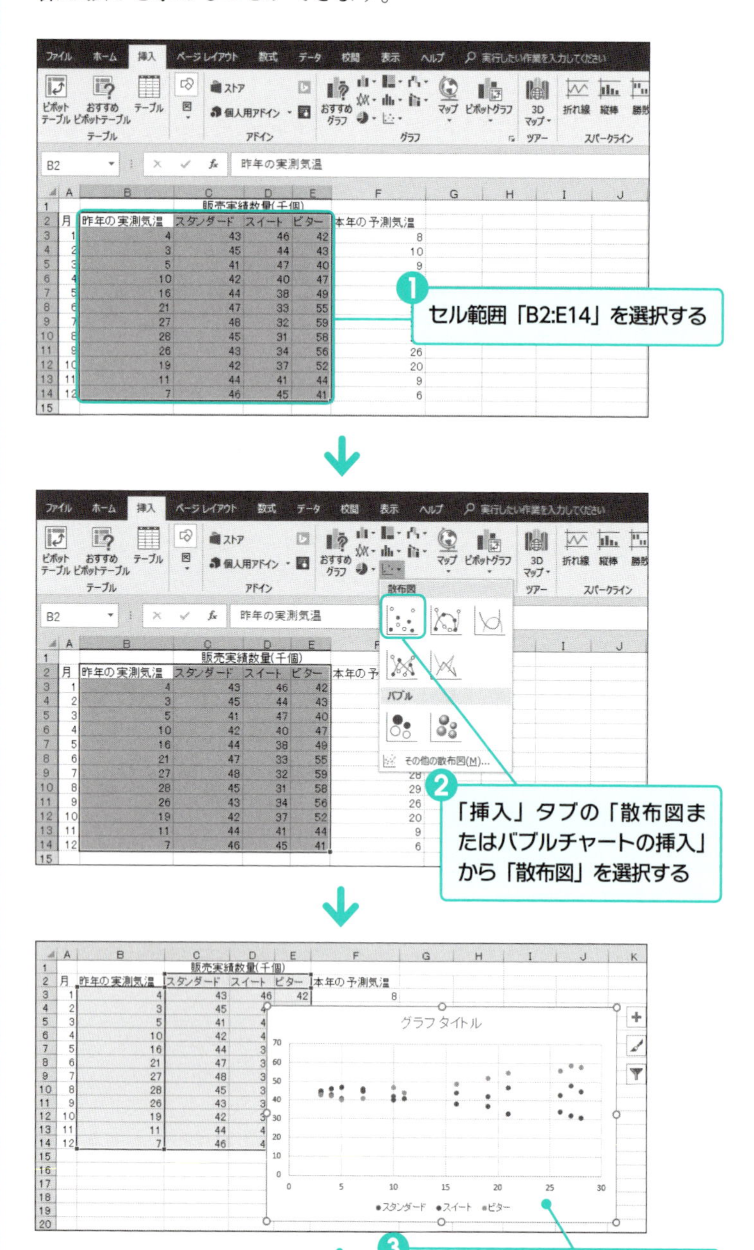

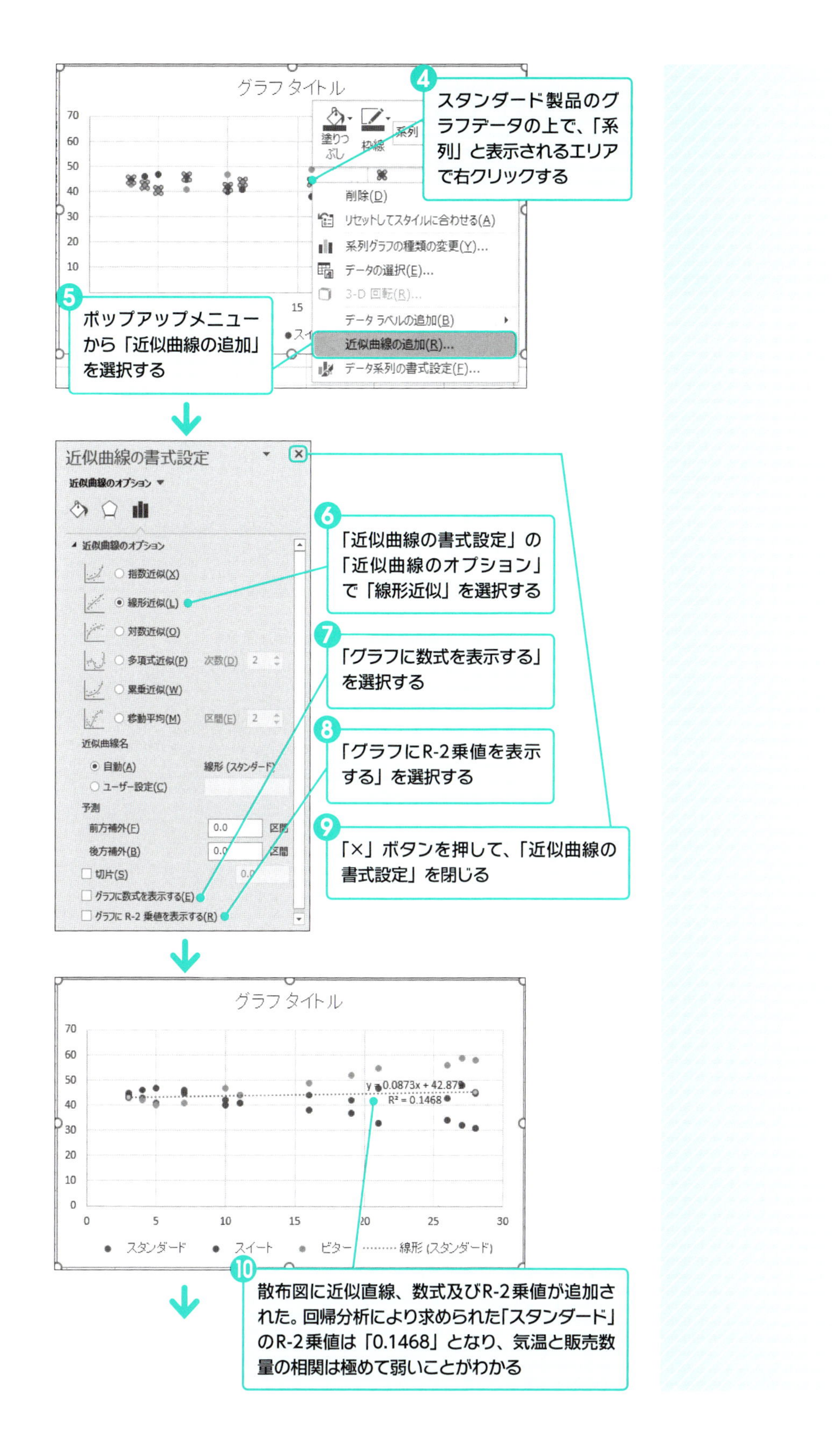

グラフ タイトル
スタンダード製品のグラフデータの上で、「系列」と表示されるエリアで右クリックする
削除(D)
リセットしてスタイルに合わせる(A)
系列グラフの種類の変更(Y)...
データの選択(E)...
3-D 回転(R)...
データ ラベルの追加(B)
近似曲線の追加(R)...
データ系列の書式設定(F)...
ポップアップメニューから「近似曲線の追加」を選択する
近似曲線の書式設定
近似曲線のオプション
指数近似(X)
線形近似(L)
対数近似(O)
多項式近似(P)
累乗近似(W)
移動平均(M)
近似曲線名
自動(A)
ユーザー設定(C)
予測
前方補外(F)
後方補外(B)
切片(S)
グラフに数式を表示する(E)
グラフに R-2 乗値を表示する(R)
「近似曲線の書式設定」の「近似曲線のオプション」で「線形近似」を選択する
「グラフに数式を表示する」を選択する
「グラフにR-2乗値を表示する」を選択する
「×」ボタンを押して、「近似曲線の書式設定」を閉じる
y = 0.0873x + 42.879
R² = 0.1468
スタンダード
スイート
ビター
線形 (スタンダード)
散布図に近似直線、数式及びR-2乗値が追加された。回帰分析により求められた「スタンダード」のR-2乗値は「0.1468」となり、気温と販売数量の相関は極めて弱いことがわかる

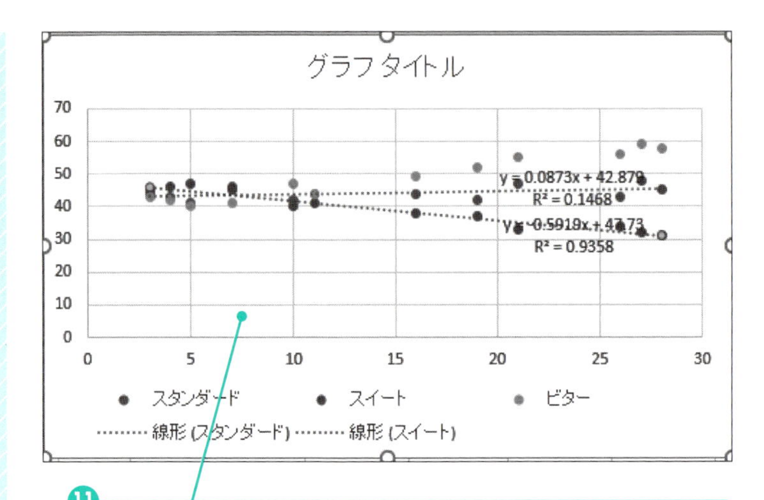

⓫「スタンダード」と同じ手順で、「スイート」についても、近似直線、数式及びR-2乗値を追加する。求められたR-2乗値は、0.9358となり、「スイート」については、気温と販売数量の相関は極めて強く、かつ、傾きから気温が高いほど販売数量が減少することがわかる

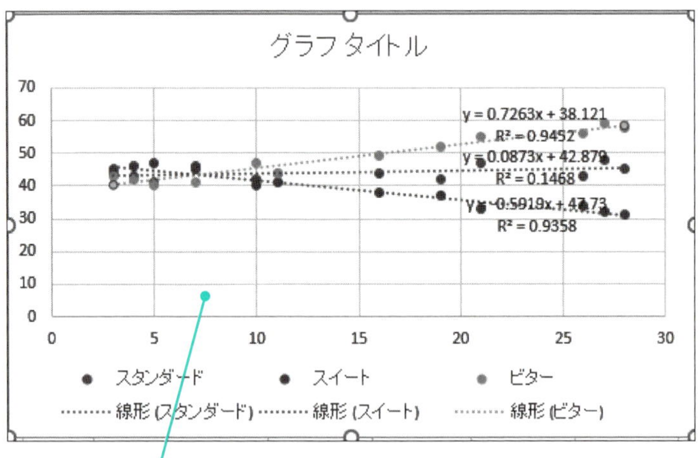

⓬「スイート」と同じ手順で、「ビター」についても、近似直線、数式及びR-2乗値を追加する。求められたR-2乗値は、0.9452となり、「ビター」については、気温と販売数量の相関は極めて強く、かつ、傾きから気温が高いほど販売数量が増加することがわかる

❷ 相関関係のグラフを完成させる 2013 2016 2019

回帰分析により、「スタンダード」製品については、気温と販売数量の相関関係が極めて弱く、「スイート」と「ビター」については、極めて強いことがわかりました。次に、グラフを見やすくするため、軸の最大値・最小値、軸ラベル、グラフ・タイトルの設定を行います。最後に、グラフの位置を変更してグラフを完成させます。

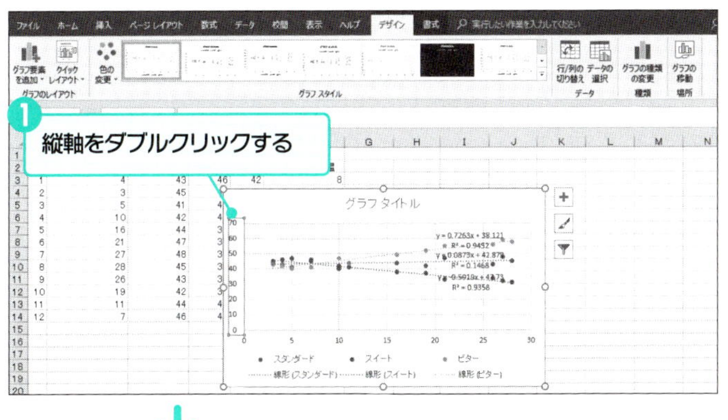

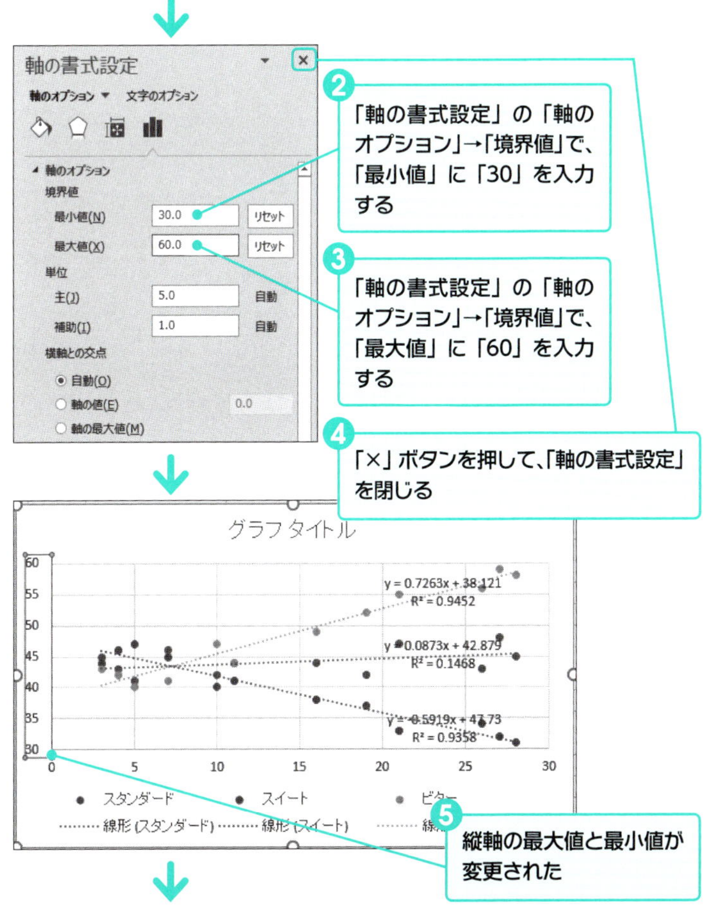

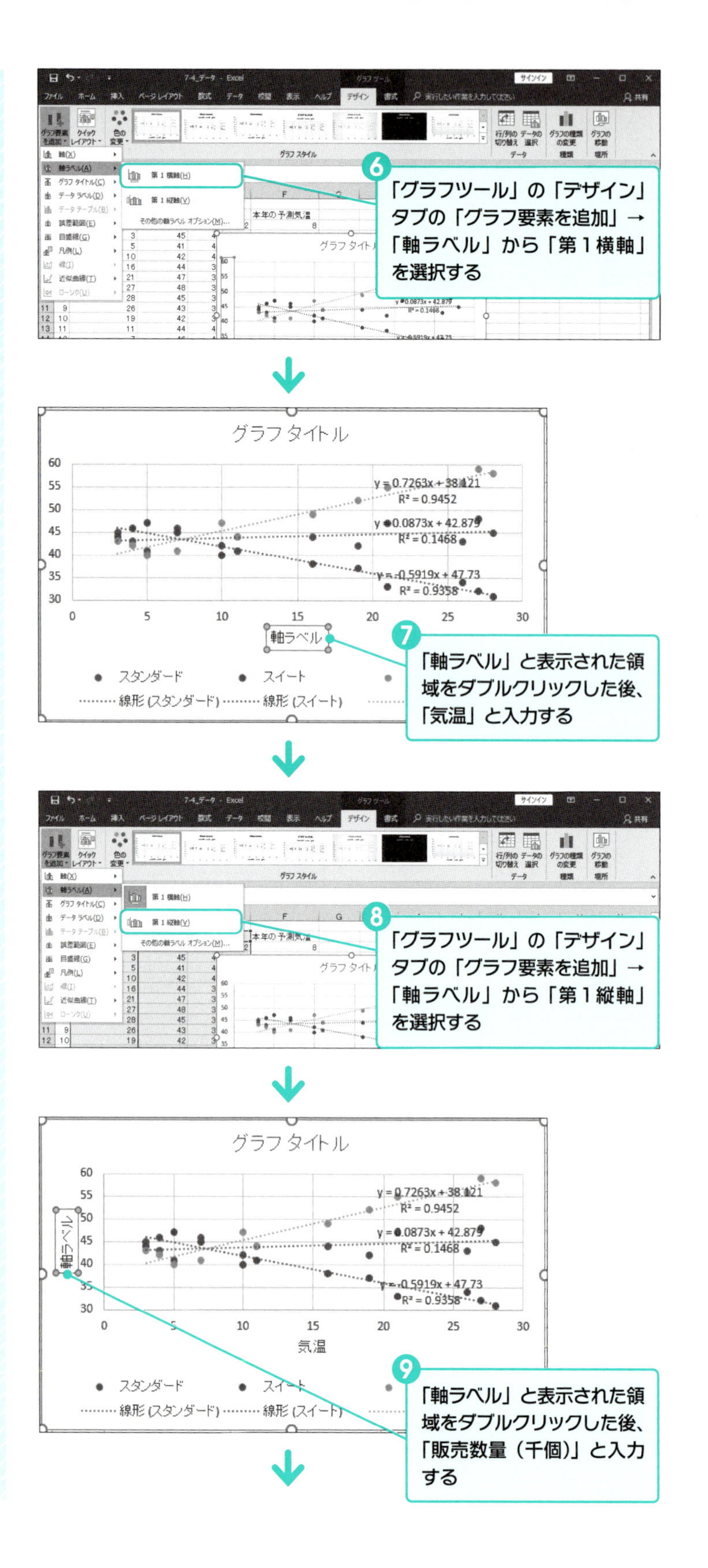
6
「グラフツール」の「デザイン」タブの「グラフ要素を追加」→「軸ラベル」から「第１横軸」を選択する
グラフ タイトル
軸ラベル
7
「軸ラベル」と表示された領域をダブルクリックした後、「気温」と入力する
8
「グラフツール」の「デザイン」タブの「グラフ要素を追加」→「軸ラベル」から「第１縦軸」を選択する
グラフ タイトル
気温
9
「軸ラベル」と表示された領域をダブルクリックした後、「販売数量（千個）」と入力する

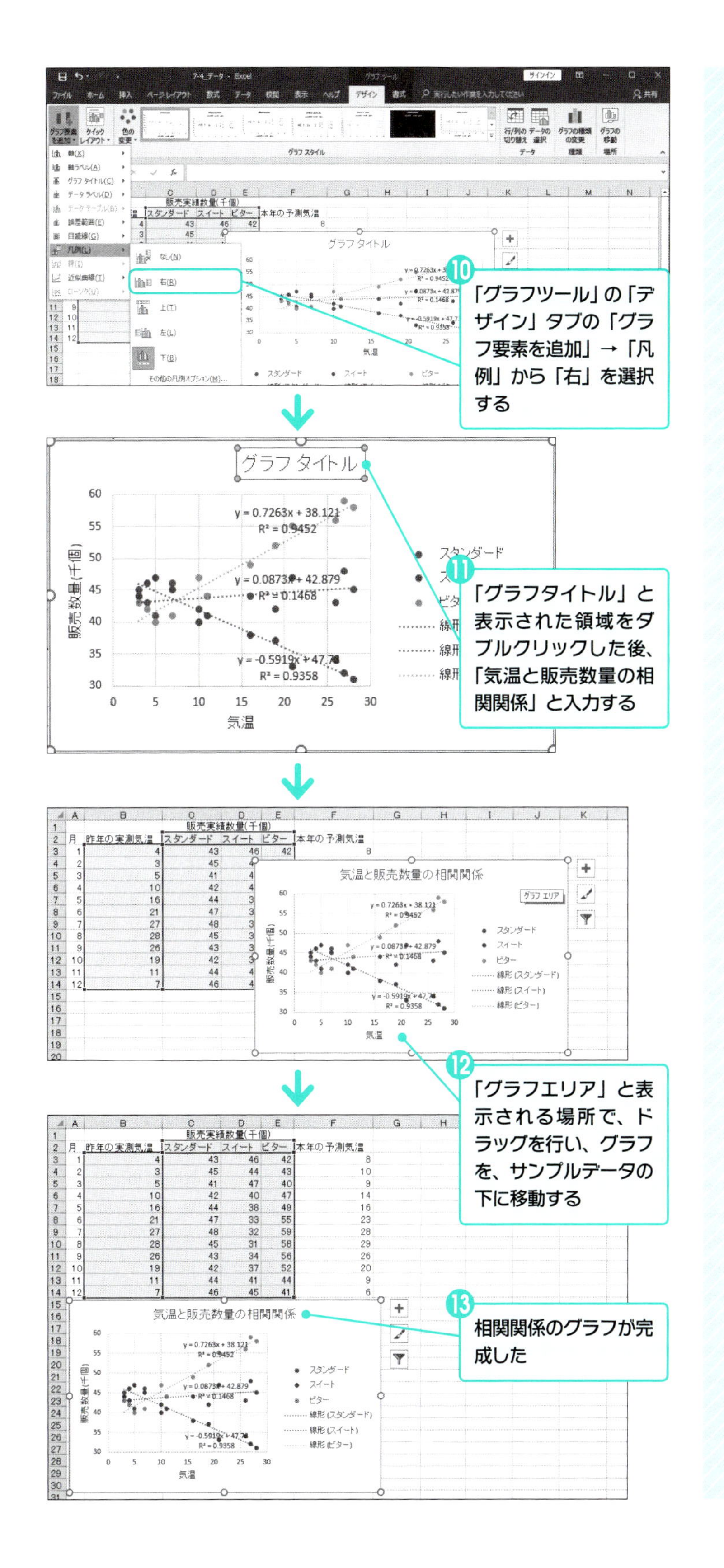
⑩
「グラフツール」の「デザイン」タブの「グラフ要素を追加」→「凡例」から「右」を選択する
⑪
「グラフタイトル」と表示された領域をダブルクリックした後、「気温と販売数量の相関関係」と入力する
⑫
「グラフエリア」と表示される場所で、ドラッグを行い、グラフを、サンプルデータの下に移動する
⑬
相関関係のグラフが完成した
グラフタイトル
気温と販売数量の相関関係
y = 0.7263x + 38.121
R² = 0.9452
y = 0.0873x + 42.879
R² = 0.1468
y = -0.5919x + 47.73
R² = 0.9358
販売数量(千個)
気温
スタンダード
スイート
ビター
線形 (スタンダード)
線形 (スイート)
線形 (ビター)
販売実績数量(千個)
月
昨年の実測気温
本年の予測気温

❸ 販売数量を予測する

2013 2016 2019

回帰分析の結果、「スイート」と「ビター」については、気温と販売数量の間に強い相関関係があることがわかりました。つまり、この2つの製品は、気温の変化によっては昨年と同じ生産量では適切ではなくなる可能性がある、ということになります。そこで、この2つの製品について、今年の予測気温から販売数量を予測しましょう。販売数量の予測には、FORECAST関数を使用します。次に、予測された数値の傾向をはっきりさせるため、前年比を求めます。

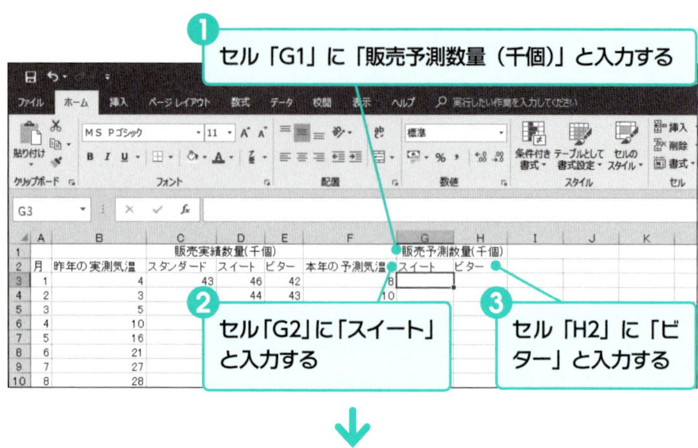

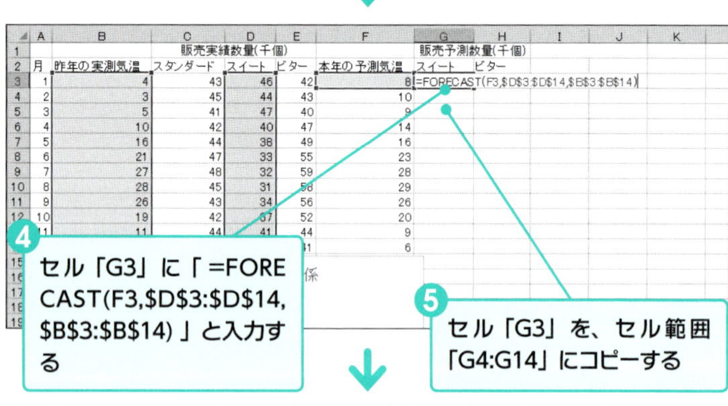

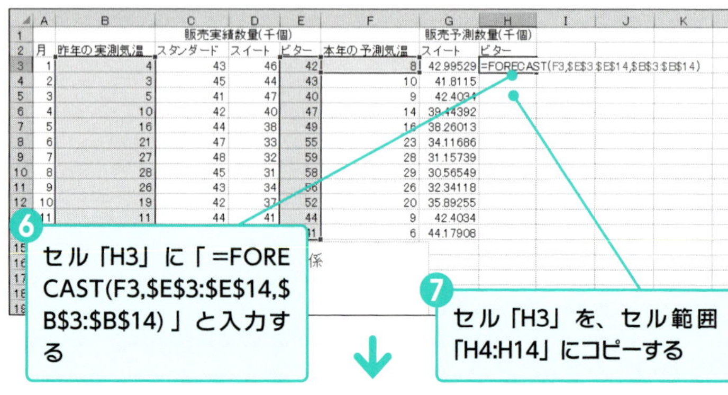

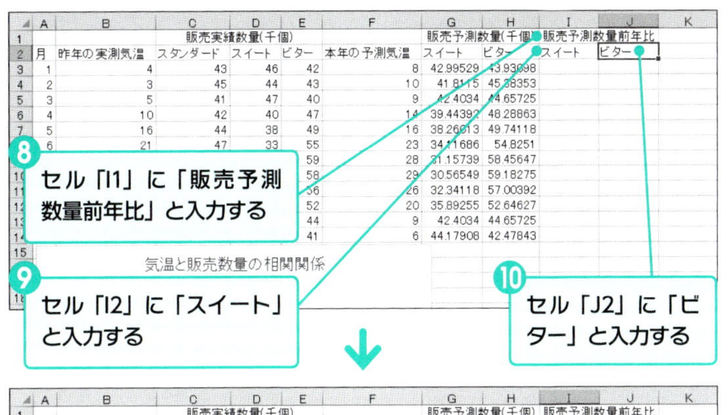

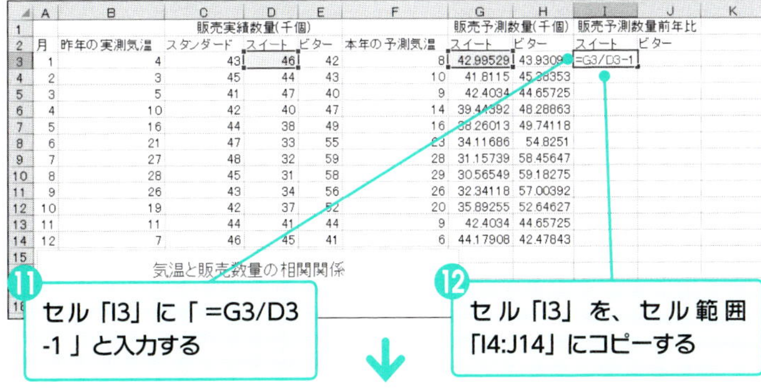

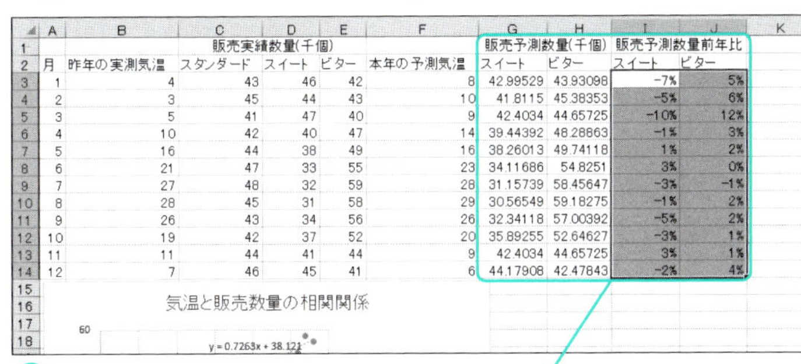

	A	B	C	D	E	F	G	H	I	J
1			販売実績数量(千個)				販売予測数量(千個)		販売予測数量前年比	
2	月	昨年の実測気温	スタンダード	スイート	ビター	本年の予測気温	スイート	ビター	スイート	ビター
3	1	4	43	46	42	8	42.99529	43.93098	-7%	5%
4	2	3	45	44	43	10	41.8115	45.38353	-5%	6%
5	3	5	41	47	40	9	42.4034	44.65725	-10%	12%
6	4	10	42	40	47	14	39.44392	48.28863	-1%	3%
7	5	16	44	38	49	16	38.26013	49.74118	1%	2%
8	6	21	47	33	55	23	34.11686	54.8251	3%	0%
9	7	27	48	32	59	28	31.15739	58.45647	-3%	-1%
10	8	28	45	31	58	29	30.56549	59.18275	-1%	2%
11	9	26	43	34	56	26	32.34118	57.00392	-5%	2%
12	10	19	42	37	52	20	35.89255	52.64627	-3%	1%
13	11	11	44	41	44	9	42.4034	44.65725	3%	1%
14	12	7	46	45	41	6	44.17908	42.47843	-2%	4%

⓭ 販売予測数量と前年比が表示された。予測気温が前年に比べて暖冬傾向であるため、1-3月にかけての販売数量は、「スイート」は減少、「ビター」は増加が予測される

❹ 販売数量予測をグラフにする

2013 2016 2019

販売数量と前年比の予測から、暖冬の影響で、1-3月にかけて「スイート」は減少、「ビター」は増加が予測されることがわかりました。この結果を、PowerPointの企画書で説明する必要がありますが、視覚的にわかりやすくするために、前年比のデータを使用してグラフを作成しましょう。

Excel 2013の場合は

「挿入」タブの「縦棒グラフの挿入」から「集合縦棒」を選択します。

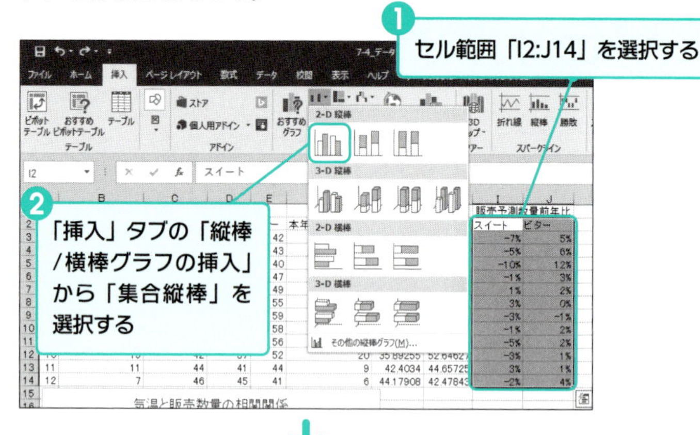

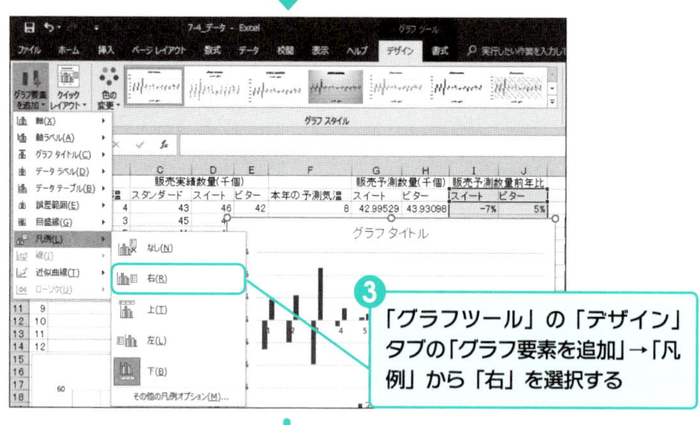

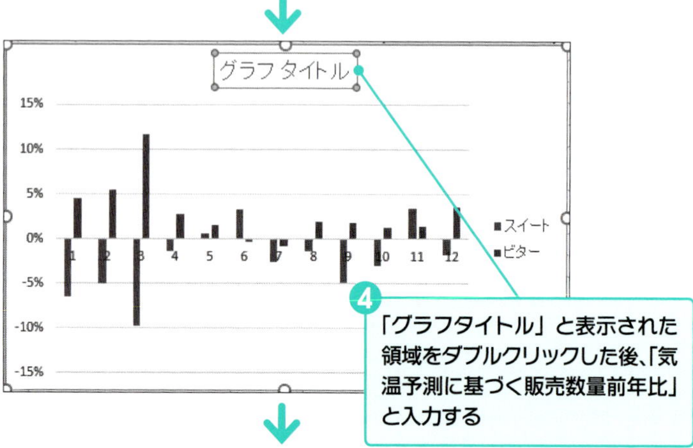

07 新商品企画書の作成

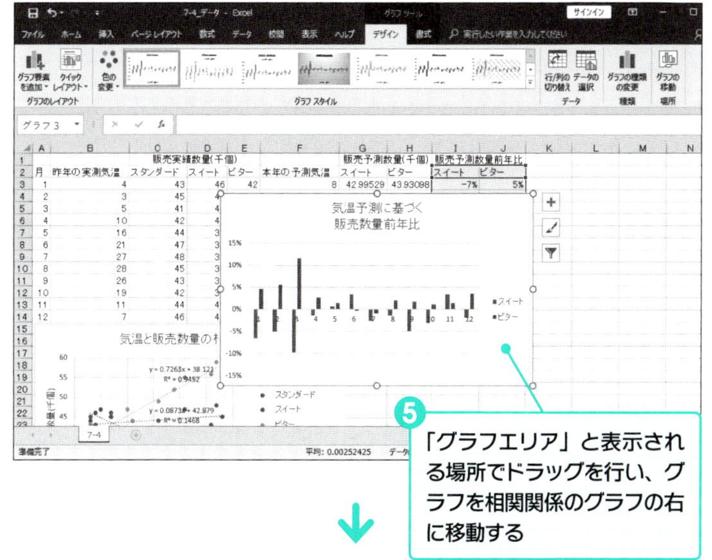

5 「グラフエリア」と表示される場所でドラッグを行い、グラフを相関関係のグラフの右に移動する

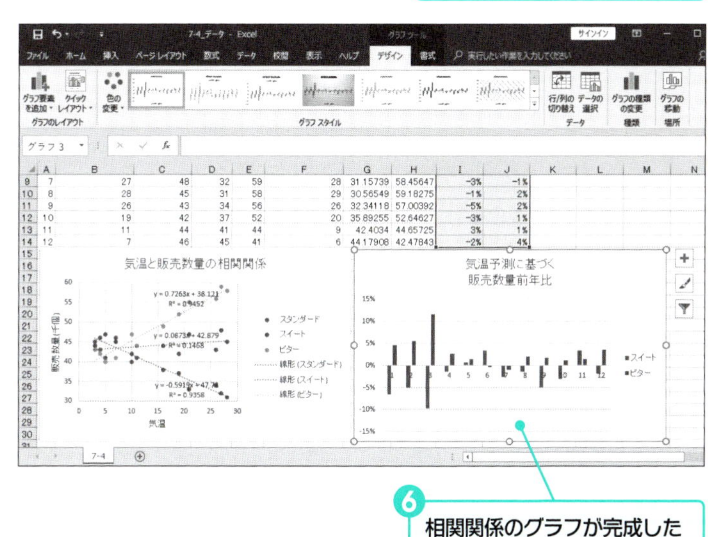

6 相関関係のグラフが完成した

❺ PowerPointのスライドを作成する

2013 2016 2019

Excelで作成した2つのグラフを貼り付け、PowerPointのスライドを作成します。タイトルに新製品の初期生産量と、その設定経緯の説明を記述し、グラフの下に、回帰分析とFORECAST関数による販売数量予測の結果を明示することで、より説得力のあるスライドになります。

1 169ページと同様の手順で、「タイトルのみ」のレイアウトの新規スライドを作成する

2 タイトルオブジェクトに、新商品の初期生産量の設定経緯の説明文を入力する

来年は暖冬傾向が示されているため、1-3月において「スイート」は販売の減少が、「ビター」は販売の増加が予測されることがわかった。
この分析結果を踏まえ、初期生産量を、「スイート」については前年比5%減、「ビター」については前年比5%増とする。

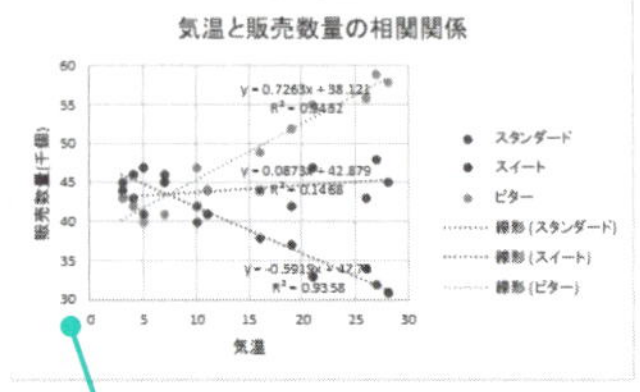

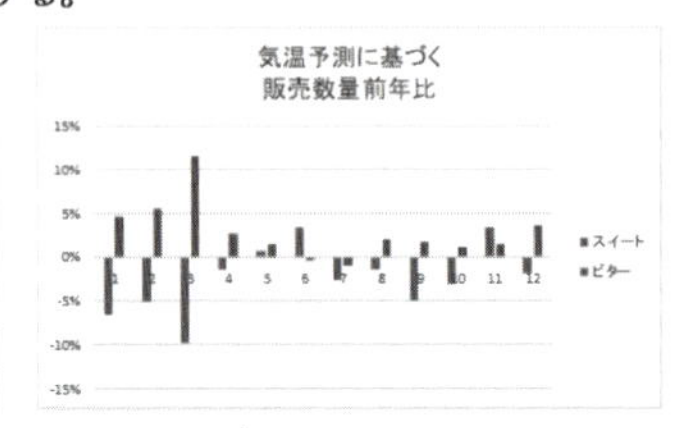

回帰分析の結果によると、気温と販売数量の間には、「スタンダード」では、ほとんど相関関係がないが、「スイート」と「ビター」については、極めて強い相関間関係がある。

来年は暖冬傾向が示されているため、1-3月の販売数量は前年比で、「スイート」について5-10%の減少、「ビター」について5-10%の増加が予測される。

3 Excelで作成した2つのグラフを、169ページと同様の手順で貼り付け、位置とサイズを調整する

4 相関関係のグラフの下に、テキストボックスツールを使用して、回帰分析の結果の説明文を追加する

5 テキストボックスツールを使用して、前年比のグラフの下に、FORECAST関数による販売数量の予測結果の説明文を追加する

Chapter 08

販売促進提案書の作成

営業企画担当者が作成する代表的なプレゼンテーションに、販売促進提案書があります。ここで必要となるデータ分析手法には、Zチャート、ファンチャート、ABC分析などがあります。この章では、アウトドア用品メーカーの営業企画担当者が販売促進提案書を作成すると仮定して、これらのデータ分析の方法とプレゼンテーションの作成方法について解説します。

01 事業部別の売上の傾向分析を行う

効果的な販促を実施するためには、現状を正しく把握し、どういった商品に対して販促を実施するべきかを検討する必要があります。まずは、事業部別の売上の全体的な傾向を把握するために、Zチャートを利用します。Zチャートを使って、販促対象となる事業部を選定した理由を示すスライドを作成します。

Point

- アウトドア用品メーカーの営業企画担当者が、攻めの販促計画策定を行うために、売上が伸びてきている事業部を特定したいと仮定します。
- 対前月比などの短期的な視点や、季節変動が含まれてしまう単純な時系列グラフでは、どの事業部の売上が伸びているのかを正確に把握することができません。
- そこで、前年と当年の売上実績をもとにZチャートを作成し、各事業部のZチャートの形、傾きから売上の傾向分析を行い、売上が伸びてきている事業部を見つけ出します。

Sample 販促対象事業部の選定理由を説明するスライド

販促対象の事業部を選定した理由を説明するテキスト

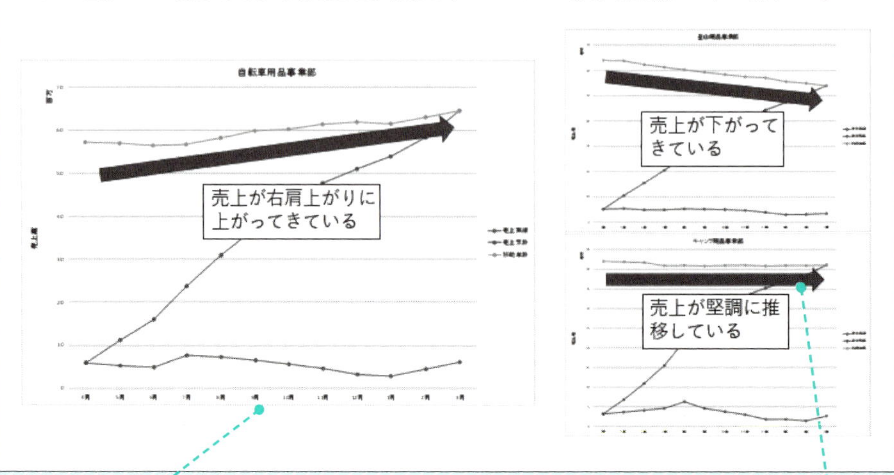

事業部ごとのZチャートのグラフ

グラフの補足説明のための矢印とコメント

Zチャートとは

Zチャートとは、「月々の売上」、「売上累計」、「移動年計」の3つのデータを、それぞれ折れ線グラフで表したものです。3つのグラフが「Z」のような形になるため、Zチャートと呼ばれています。

Zチャートでは、月々の単純な売上の推移だけではなく、当年の売上の累計（＝売上累計）と、直近1年の売上の累計（＝移動年計）の2つの累計を見ることができます。これによって、月々の変動や季節的な変動を吸収した売上の傾向を分析することができます。

●単純な月々の売上の折れ線グラフ

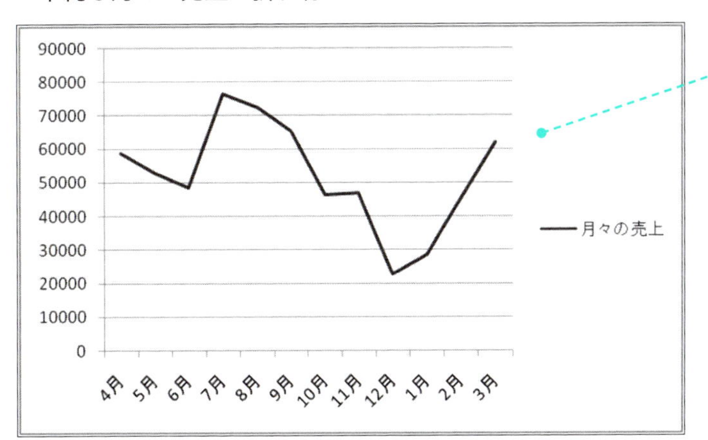

月々の変動や季節的な変動があり、売上が伸びているのか伸びていないのかの判断が難しくなっています

●Zチャート

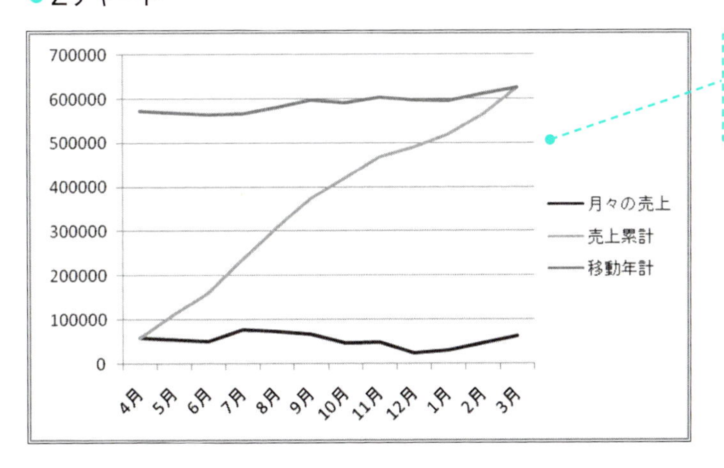

移動年計を加えることによって、売上が伸びてきていることが判断できます

➲ Zチャートに必要なデータ

Zチャートを作成するには、次の3つのデータが必要となります。

●月々の売上

月々の売上高を記録したデータです。

●売上累計

月々の売上を積み上げたもので、その月の売上にその月の前の月までの売上累計を合計した値となります。月々の売上が一定の場合は、45度の直線グラフとなり、売上が減少してきている場合には、弓なりの弧を描きます。また、売上が増加してきている場合は、売上が減少してきている場合とは逆に、お椀型の弧を描きます。

たとえば、a.毎月の売上が一定の場合、b.売上が減少してきている場合、c.売上が増加してきている場合の3つのケースの売上累計のグラフを比較すると、以下のようになります（年間の売上高の合計値は同じとします）。

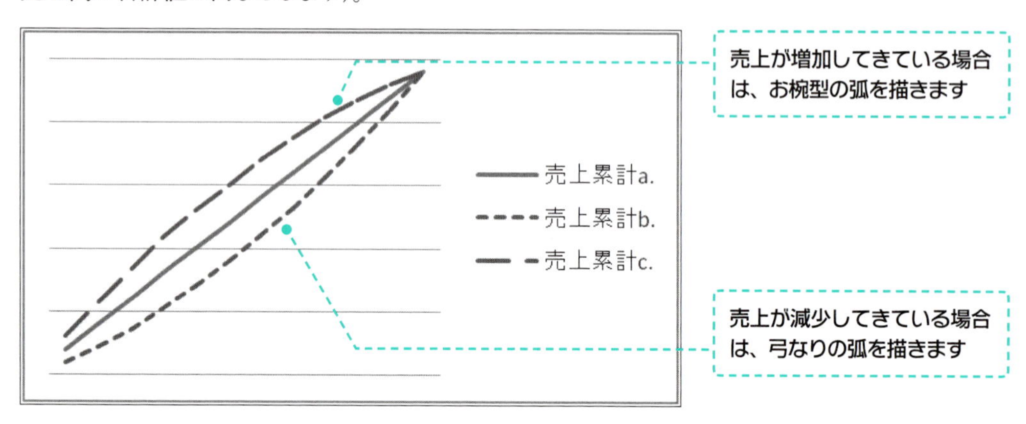

●移動年計

その月の売上に過去11カ月分のデータを加えた、その月の直近1年分の売上の累計値です。これにより、季節変動などが吸収され、大まかな変化の傾向を把握することができます。移動年計が横ばいであれば現状維持、右肩上がりであれば増加傾向、右肩下がりであれば減少傾向にあることを示しています。

移動年計は、以下のようにして算出できます。

2018年1月の移動年計 ＝ 2017年2月から2018年1月までの売上高の合計値

2017年												2018年		
1月	2月	3月	4月	5月	6月	7月	8月	9月	10月	11月	12月	1月	2月	3月
	2018年1月の移動年計													
		2018年2月の移動年計												
			2018年3月の移動年計											

2018年2月の移動年計 ＝ 2017年3月から2018年2月までの売上高の合計値

Zチャートの形と意味

Zチャートの形は大きく3つのパターンに分かれます。それぞれのパターンから、どういった売上傾向となっているかを判断することができます。

●横ばい型

現状を維持していて、前年から当年にかけて特に変動がない状態です。最もきれいな「Z」の形のグラフになります。この状態を"堅調"と見るか、"停滞"と見るかは、その企業が立てる戦略に依存します。

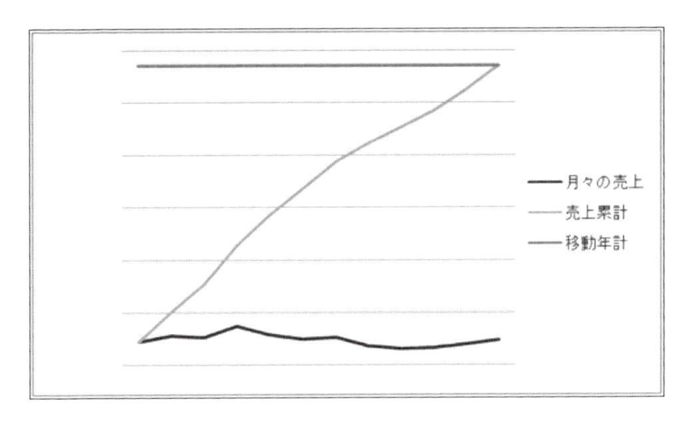

●成長型

前年と比較して売上が伸び、増加傾向にある状態です。移動年計が右上がりのグラフになります。

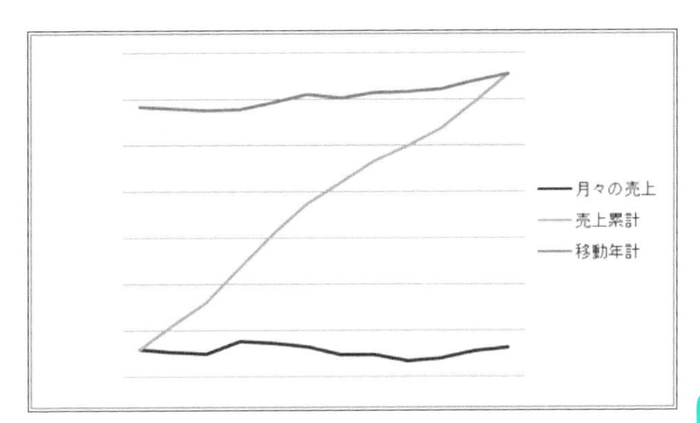

●衰退型

前年と比較して売上が下がり、衰退傾向にある状態です。移動年計が右下がりのグラフになります。

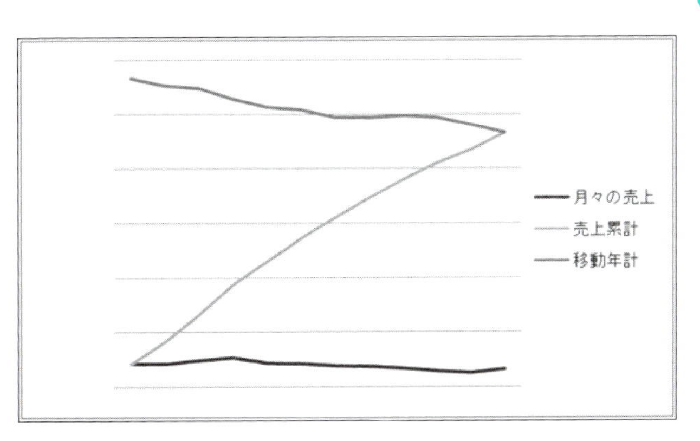

❶ Zチャートのデータを準備する

2013 2016 2019

サンプルデータの前年度売上実績と当年度売上実績を使って、当年度の売上累計と移動年計を算出します。それぞれのデータは、以下の列に格納します。

- 当年度売上累計：D列
- 移動年計：E列

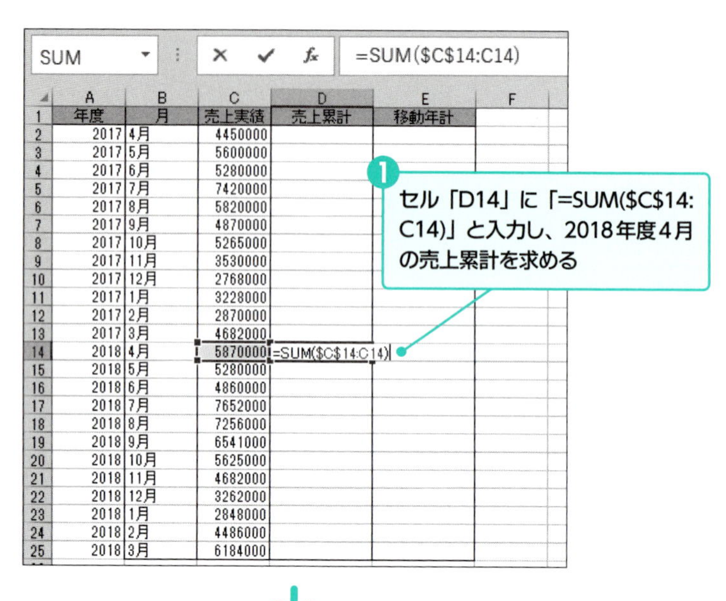

	A	B	C	D	E	F
1	年度	月	売上実績	売上累計	移動年計	
2	2017	4月	4450000			
3	2017	5月	5600000			
4	2017	6月	5280000			
5	2017	7月	7420000			
6	2017	8月	5820000			
7	2017	9月	4870000			
8	2017	10月	5265000			
9	2017	11月	3530000			
10	2017	12月	2768000			
11	2017	1月	3228000			
12	2017	2月	2870000			
13	2017	3月	4682000			
14	2018	4月	5870000	=SUM($C$14:C14)		
15	2018	5月	5280000			
16	2018	6月	4860000			
17	2018	7月	7652000			
18	2018	8月	7256000			
19	2018	9月	6541000			
20	2018	10月	5625000			
21	2018	11月	4682000			
22	2018	12月	3262000			
23	2018	1月	2848000			
24	2018	2月	4486000			
25	2018	3月	6184000			

↓

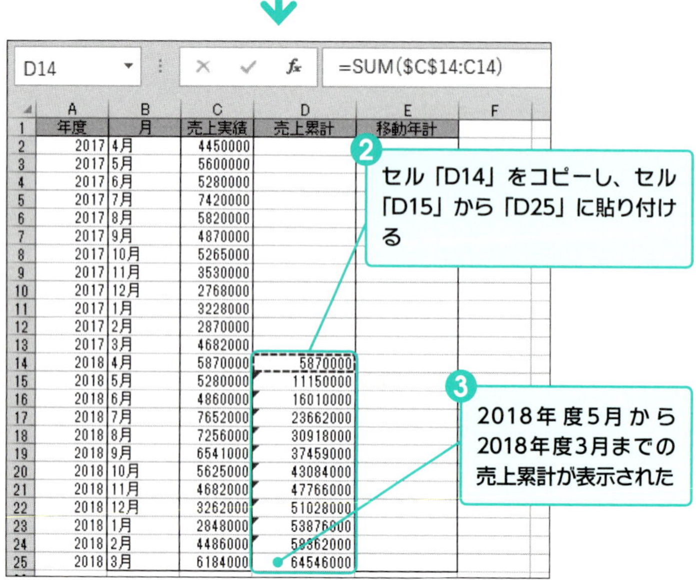

	A	B	C	D	E	F
1	年度	月	売上実績	売上累計	移動年計	
2	2017	4月	4450000			
3	2017	5月	5600000			
4	2017	6月	5280000			
5	2017	7月	7420000			
6	2017	8月	5820000			
7	2017	9月	4870000			
8	2017	10月	5265000			
9	2017	11月	3530000			
10	2017	12月	2768000			
11	2017	1月	3228000			
12	2017	2月	2870000			
13	2017	3月	4682000			
14	2018	4月	5870000	5870000		
15	2018	5月	5280000	11150000		
16	2018	6月	4860000	16010000		
17	2018	7月	7652000	23662000		
18	2018	8月	7256000	30918000		
19	2018	9月	6541000	37459000		
20	2018	10月	5625000	43084000		
21	2018	11月	4682000	47766000		
22	2018	12月	3262000	51028000		
23	2018	1月	2848000	53876000		
24	2018	2月	4486000	58362000		
25	2018	3月	6184000	64546000		

↓

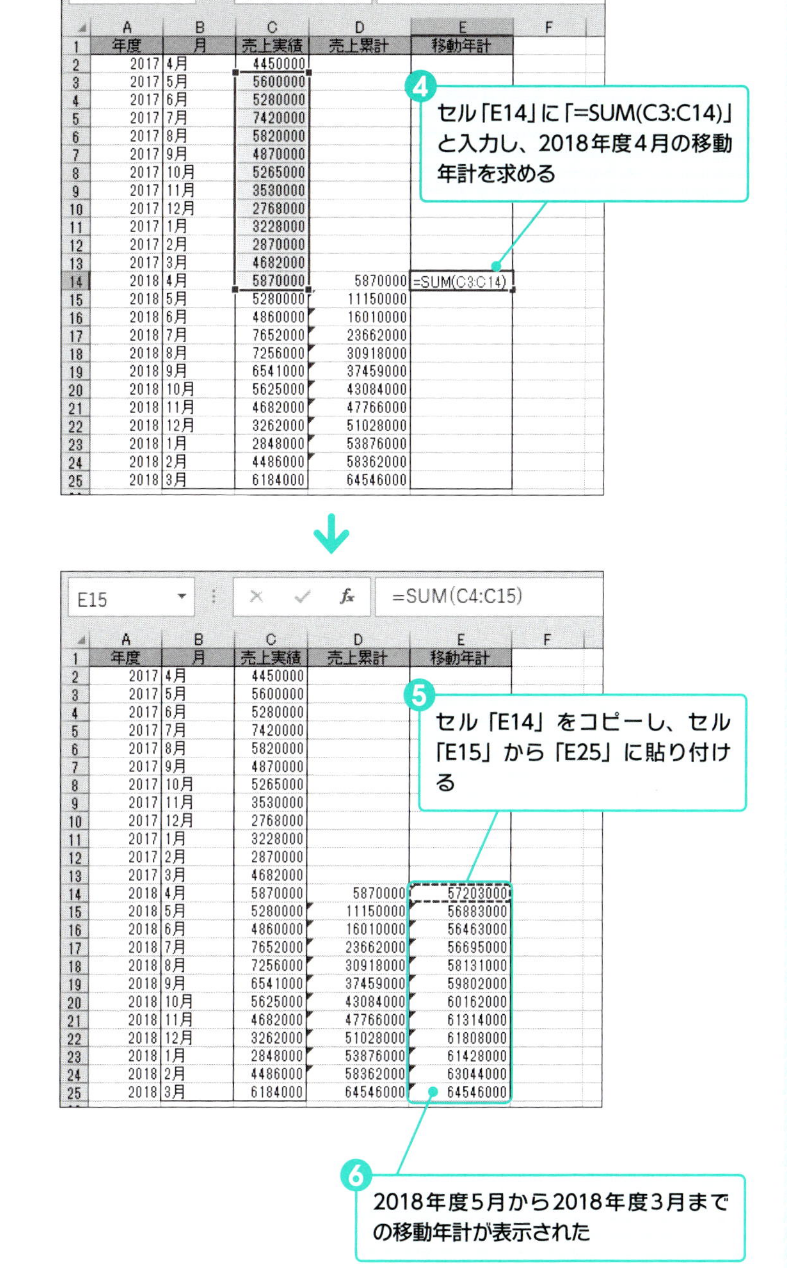

	A	B	C	D	E
1	年度	月	売上実績	売上累計	移動年計
2	2017	4月	4450000		
3	2017	5月	5600000		
4	2017	6月	5280000		
5	2017	7月	7420000		
6	2017	8月	5820000		
7	2017	9月	4870000		
8	2017	10月	5265000		
9	2017	11月	3530000		
10	2017	12月	2768000		
11	2017	1月	3228000		
12	2017	2月	2870000		
13	2017	3月	4682000		
14	2018	4月	5870000	5870000	57203000
15	2018	5月	5280000	11150000	56883000
16	2018	6月	4860000	16010000	56463000
17	2018	7月	7652000	23662000	56695000
18	2018	8月	7256000	30918000	58131000
19	2018	9月	6541000	37459000	59802000
20	2018	10月	5625000	43084000	60162000
21	2018	11月	4682000	47766000	61314000
22	2018	12月	3262000	51028000	61808000
23	2018	1月	2848000	53876000	61428000
24	2018	2月	4486000	58362000	63044000
25	2018	3月	6184000	64546000	64546000

❷ Zチャートを作成する 2013 2016 2019

完成した「売上実績」と「売上累計」、「移動年計」のデータを使って、Zチャートを作成します。

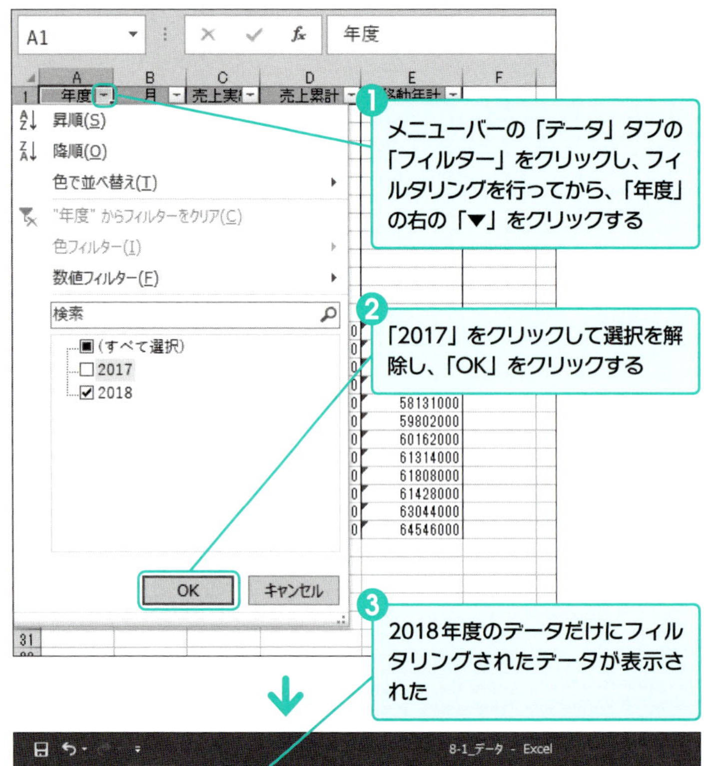

Excel 2013の場合は

「挿入」タブの「折れ線グラフの挿入」から「マーカー付き折れ線」を選択します。

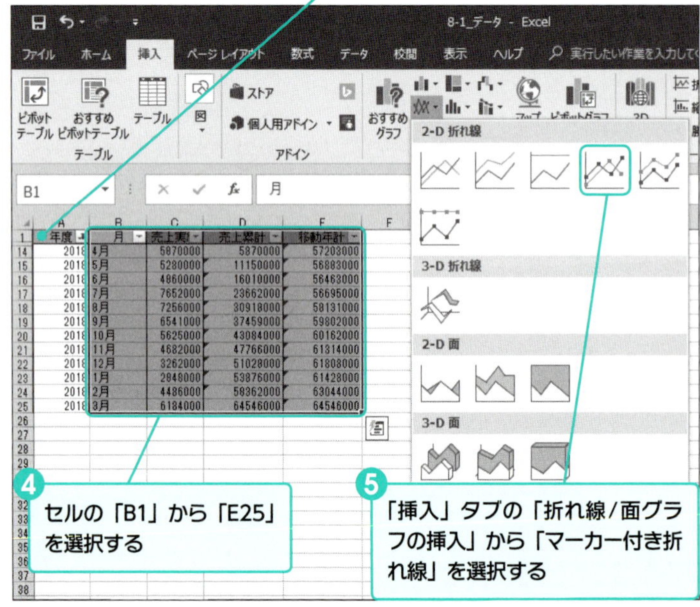

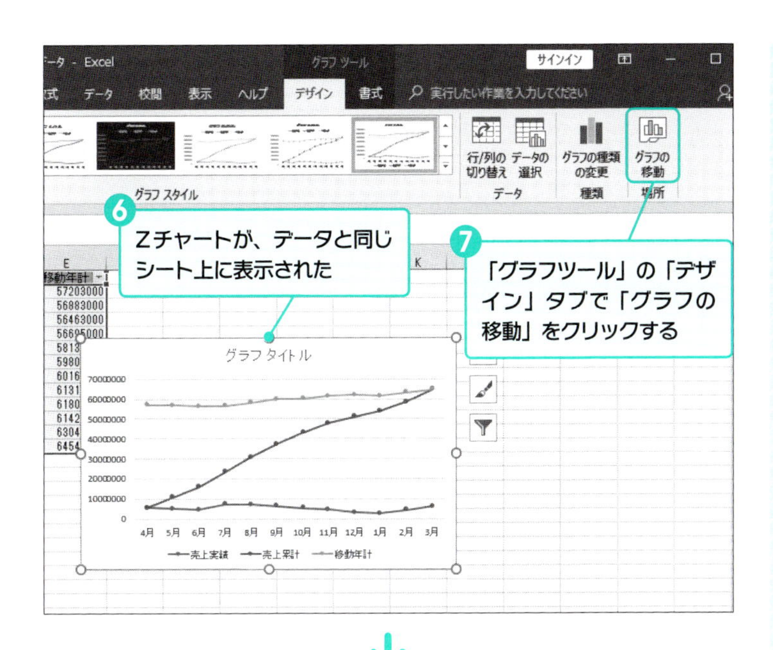

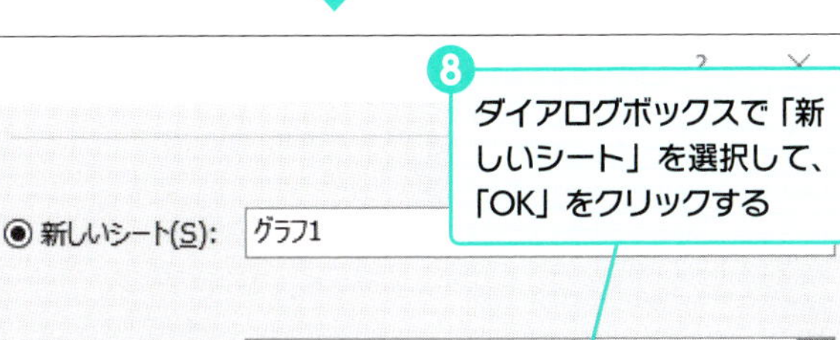

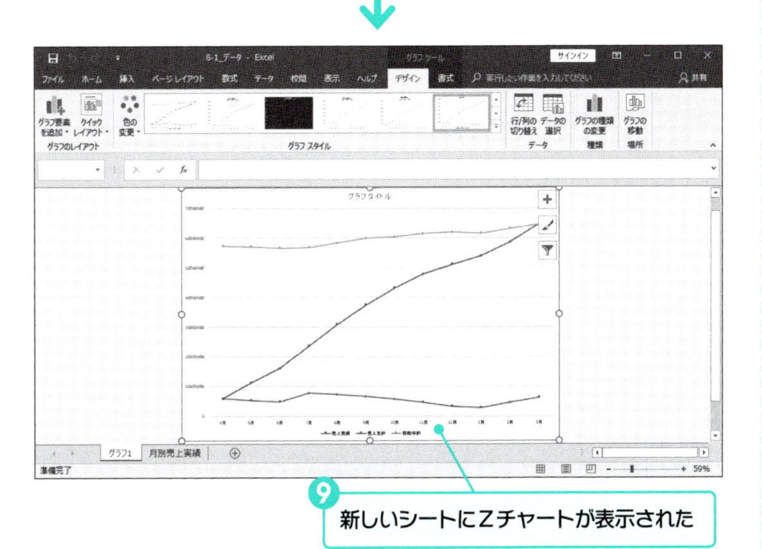

グラフツールメニューを表示するには

グラフツールメニューが表示されていない場合は、グラフをクリックして選択してください。グラフツールメニューは、グラフが選択されているときのみ表示されます。

❸ タイトルを設定する 2013 2016 2019

グラフツールの「デザイン」タブでは、グラフのいろいろなデザインを指定することができます。この機能を使用して、グラフのタイトルと、Y軸のラベルを設定しましょう。

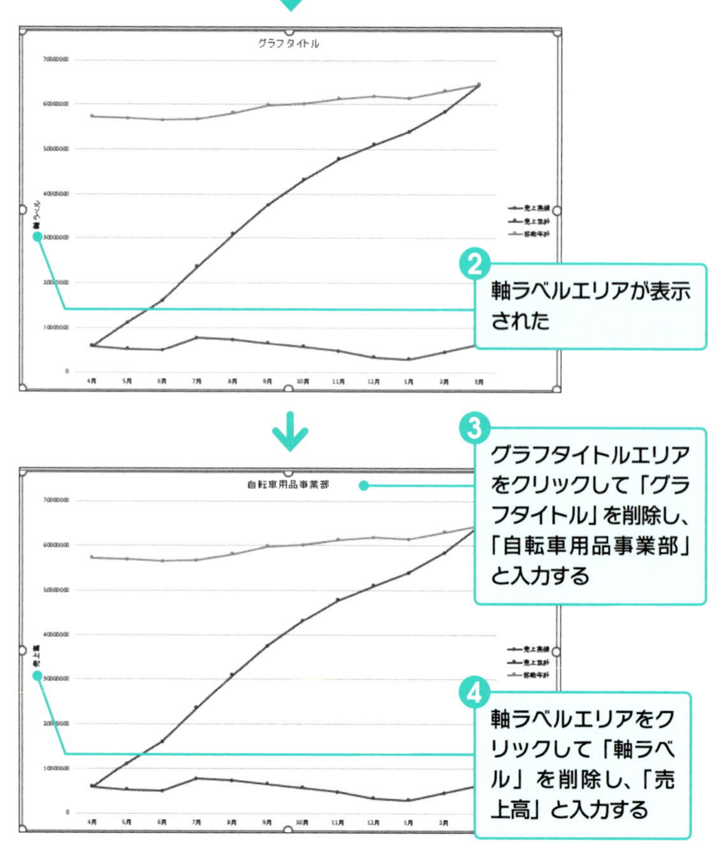

❹ 縦軸のラベルを設定する　2013 2016 2019

このままでは縦軸の数字が大きくてわかりづらいので、今度は「軸の書式設定」で縦軸の単位を設定しましょう。

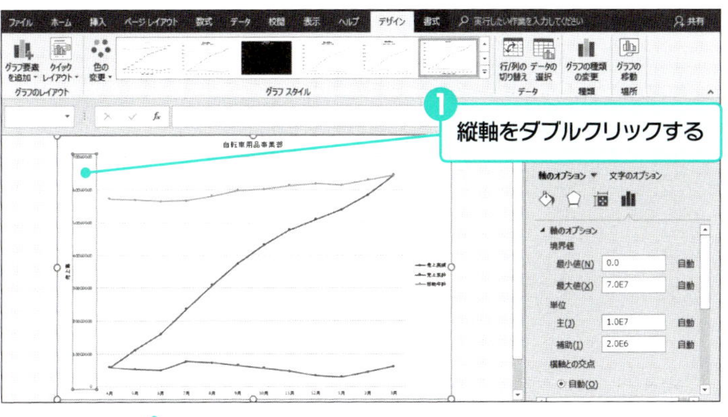

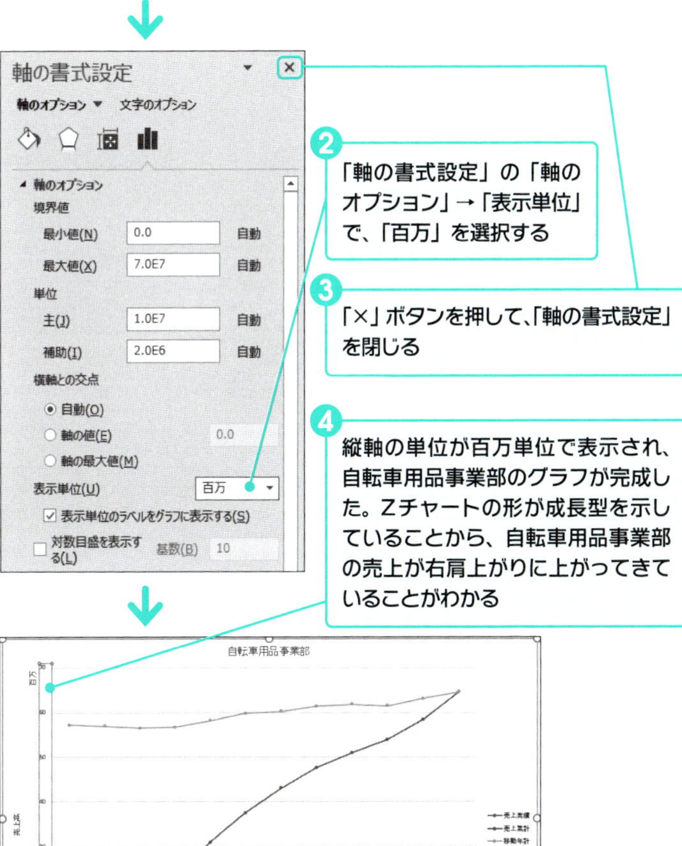

⑤ 他の事業部のグラフを作成する 2013 2016 2019

「自転車用品事業部」の次に、「登山用品事業部」と「キャンプ用品事業部」についてのグラフを作成します。手順は、「自転車用品事業部」の時と同じです。グラフが完成したら、Zチャートの形状から、各事業部の売上の傾向を分析します。

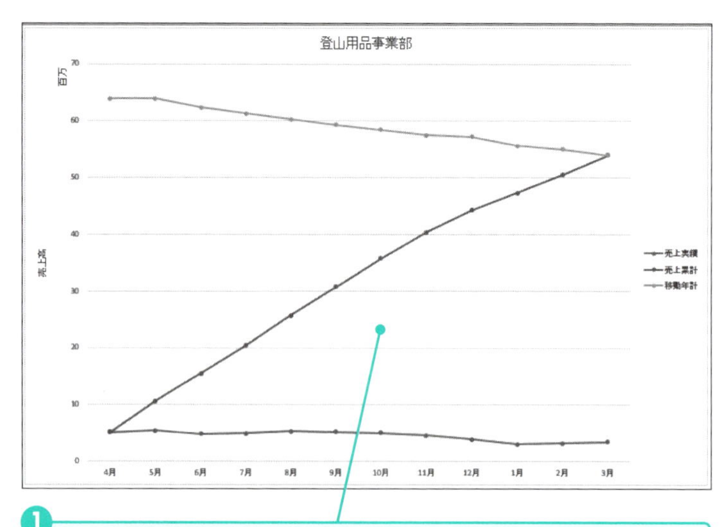

❶ 「自転車用品事業部」と同様の手順で、グラフを完成させる。Zチャートの形が衰退型を示していることから、登山用品事業部の売上が下がってきていることがわかる

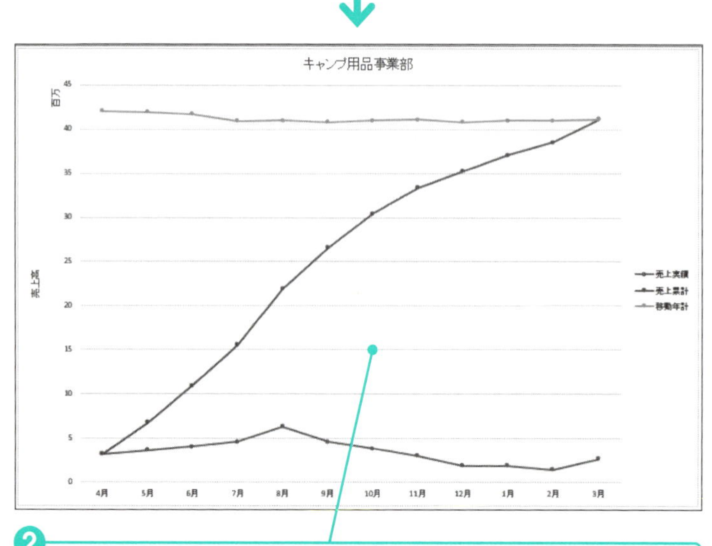

❷ 「自転車用品事業部」と同様の手順で、グラフを完成させる。Zチャートの形が横ばい型を示していることから、キャンプ用品事業部の売上が堅調に推移していることがわかる

❻ グラフをPowerPointのスライドに貼り付ける 2013 2016 2019

唯一売上が伸びてきている自転車事業部に対して、販促を行っていくことを説明する企画書を作成していきます。まずは、完成したグラフをスライドに貼り付けます。今回は自転車用品事業部を販促対象事業部とするので、自転車用品事業部のグラフを大きく貼り付け、残りの2事業部との差を強調します。

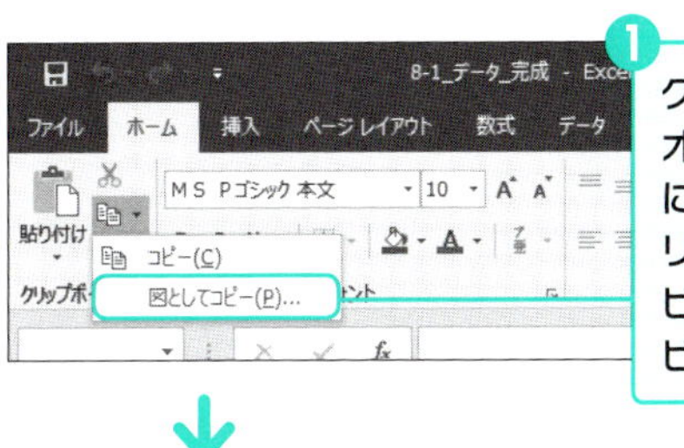

❶ グラフ領域をクリックしてグラフオブジェクトが選択された状態にしてから、「ホーム」タブの「クリップボード」グループにある「コピー▼」を選択し、「図としてコピー」を選ぶ

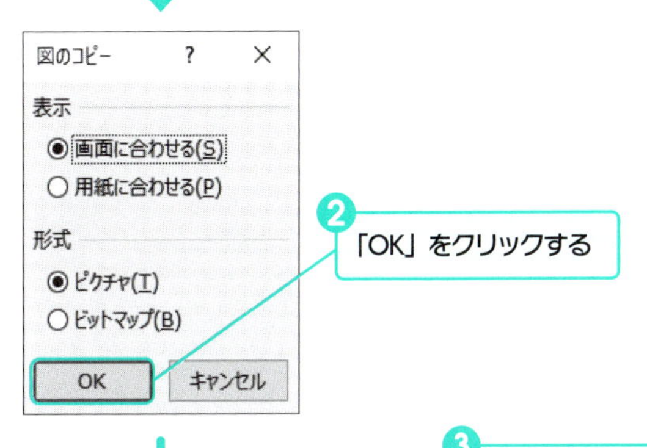

❷「OK」をクリックする

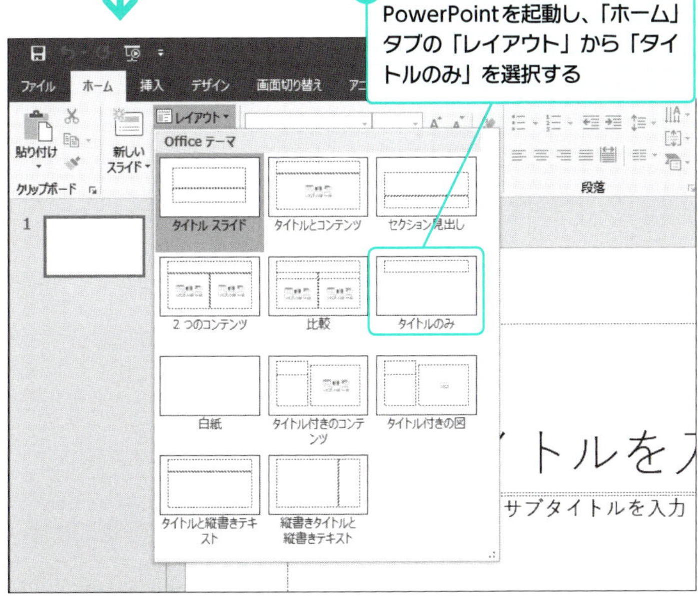

❸ PowerPointを起動し、「ホーム」タブの「レイアウト」から「タイトルのみ」を選択する

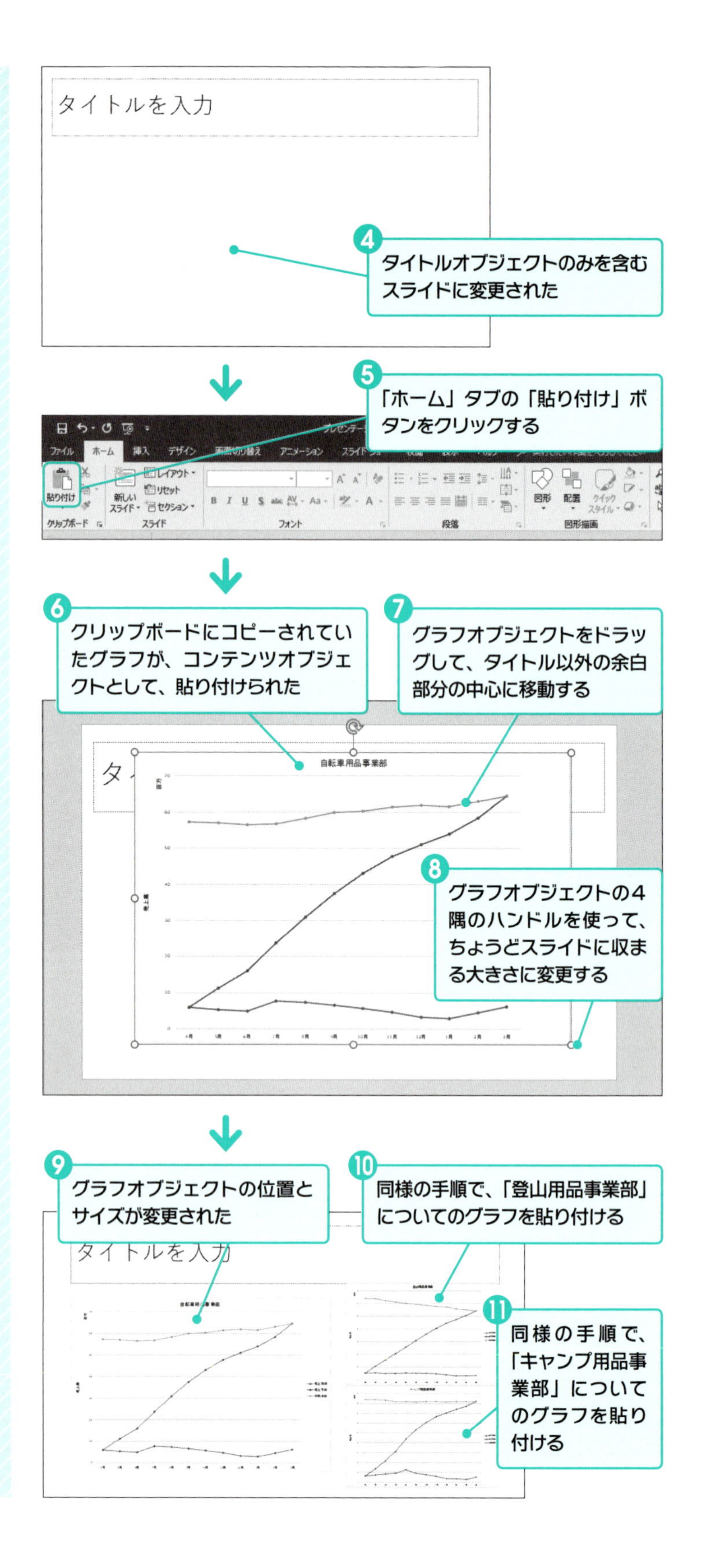

08
販売促進提案書の作成

⑦ PowerPointのスライドを完成させる 2013 2016 2019

スライドタイトルに販促対象事業部の選定理由を記述し、スライドを完成させます。Zチャートの各グラフに、売上傾向を説明するコメントを加えることで、よりわかりやすいスライドになります。

❶ タイトルオブジェクトに、販促対象事業部の選定理由を入力する

わが社の3つの事業部のうち、自転車用品事業部が順調に売上を伸ばしてきている。この機に大きな販促を実施し、シェアの拡大を狙っていきたい。

自転車用品事業部

売上が右肩上がりに上がってきている

売上が下がってきている

売上が堅調に推移している

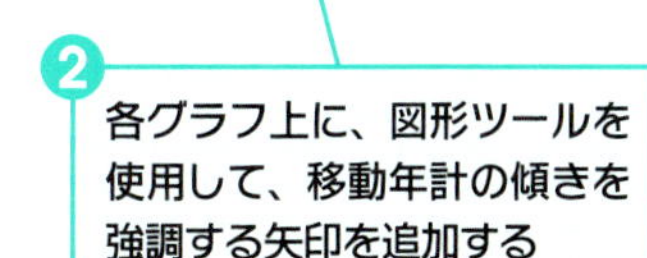

❷ 各グラフ上に、図形ツールを使用して、移動年計の傾きを強調する矢印を追加する

❸ 各グラフ上に、テキストボックスを使用して、グラフから読み取れる各事業部の売上の傾向を記述する

02 伸び率の高い製品を見つけ出す

効果的な販促を行っていくためには、どの製品が売上を伸ばしているのかを特定する必要があります。ある事業部の売上が伸びているからといって、やみくもに販促を行えばいいというものではありません。そこで、ファンチャートを使って、各製品の伸び率の比較を行い、どの製品が売上を伸ばしているのかを説明したスライドを作成します。

Point

- アウトドア用品メーカーの営業企画担当者が自転車用品事業部で販促を行うために、現在売上が伸びてきている製品を特定したいと仮定します。
- 売上が伸びている製品を見つけ出すには、通常の売上数量の一覧や、売上高の一覧だけでは足りません。
- そこで、ファンチャートを使って、前年4月を100%としそれ、以降の数字を前年4月に対する百分率で表示します。これにより、売上高の大小にかかわらず売上の伸びている製品や落ち込んでいる製品を把握することができます。

Sample 販促対象製品の選定理由を説明するスライド

販促対象の製品を選定した理由を説明するテキスト

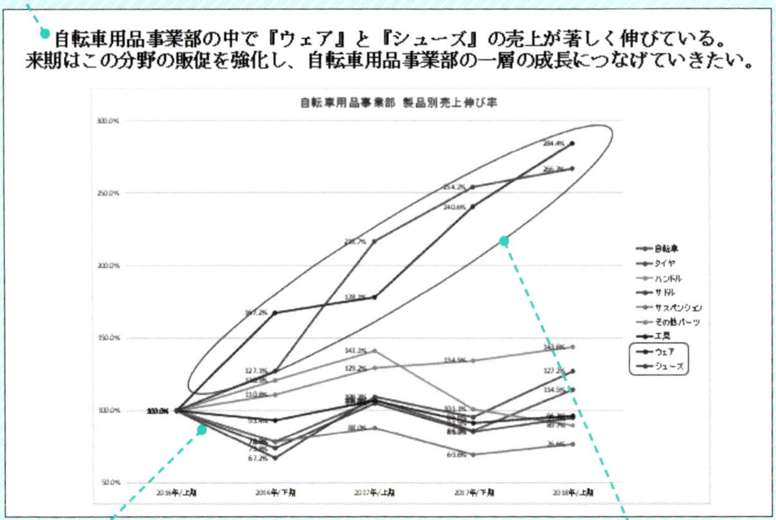
自転車用品事業部の中で『ウェア』と『シューズ』の売上が著しく伸びている。
来期はこの分野の販促を強化し、自転車用品事業部の一層の成長につなげていきたい。
自転車用品事業部 製品別売上伸び率
300.0%
250.0%
200.0%
150.0%
100.0%
50.0%
2016年/上期
2016年/下期
2017年/上期
2017年/下期
2018年/上期
自転車
タイヤ
ハンドル
サドル
サスペンション
その他パーツ
工具
ウェア
シューズ

ファンチャートのグラフ

対象とする製品のグラフを強調するための囲み

ファンチャートとは

ファンチャートとは、ある基準となる時点を100%とし、それ以降の数値を基準となる時点に対する百分率で表示し、折れ線グラフで表したものです。グラフが扇（ファン）を広げたような形をしていることから、ファンチャートと呼ばれています。

ファンチャートでは数値の伸びや落ち込みなどの変化を率で表すため、金額の大小にかかわらず、伸びている製品や落ち込んでいる製品などがグラフの傾きによって視覚化され、金額が小さくても、急成長をしている製品などを見落とさずに把握することができます。

●単純な時系列の売上の折れ線グラフ

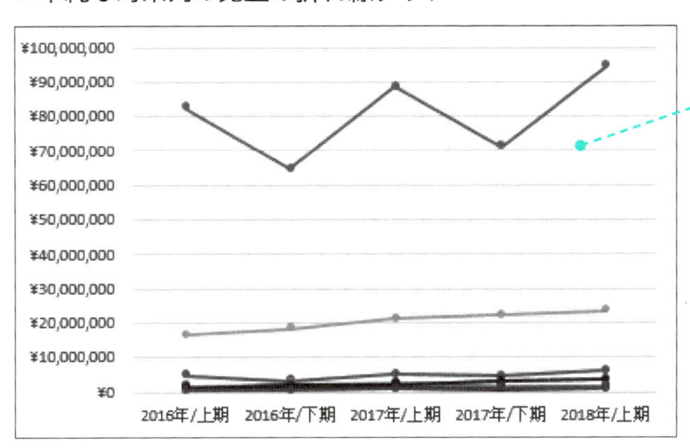

製品によって売上規模が異なるため、売上が伸びてきている製品がどれかわかりません

●ファンチャート

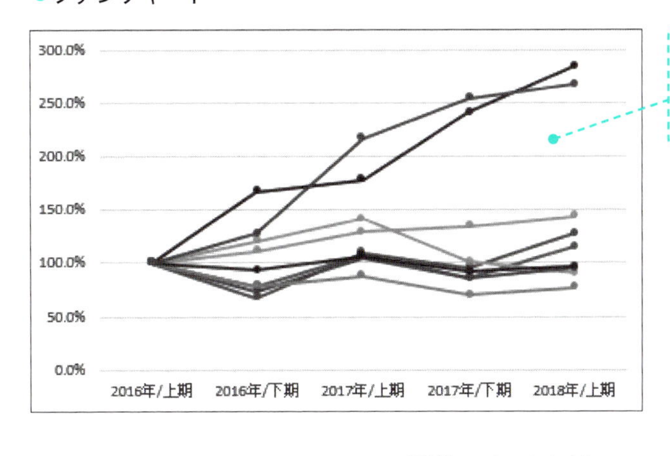

売上の伸び率で表されているため、2つの製品が急激に売上を伸ばしてきていることがよくわかります

ファンチャートでは、どれくらいの期間のデータを見るのかがポイントとなります。季節によって数字に変動があるような商品の場合は、季節変動を吸収できるように2年以上のデータを使ってファンチャートを作成しましょう。

また、基準となる時点の売上の状況によっては、伸びや落ち込みが大きく見えたり（基準点の売上が悪いケース）、伸びや落ち込みが小さく見えたり（基準点の売上が良いケース）するので、注意しましょう。

❶ ファンチャートのデータを準備する 2013 2016 2019

サンプルデータの売上高を使って、売上伸び率を算出します。各売上伸び率データは、以下の列に格納します。

●各製品の売上伸び率：G列～K列

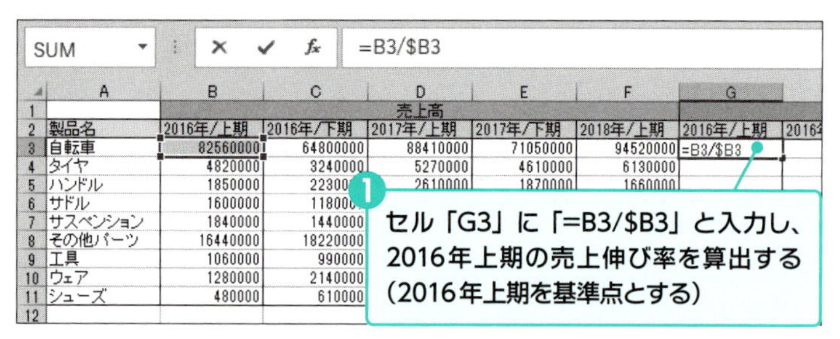

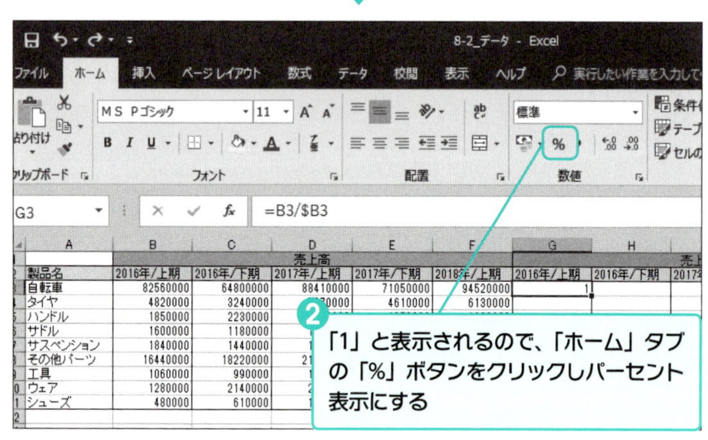

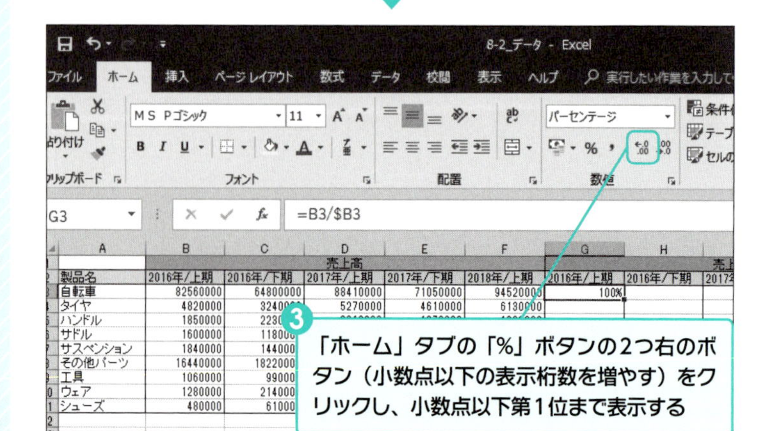

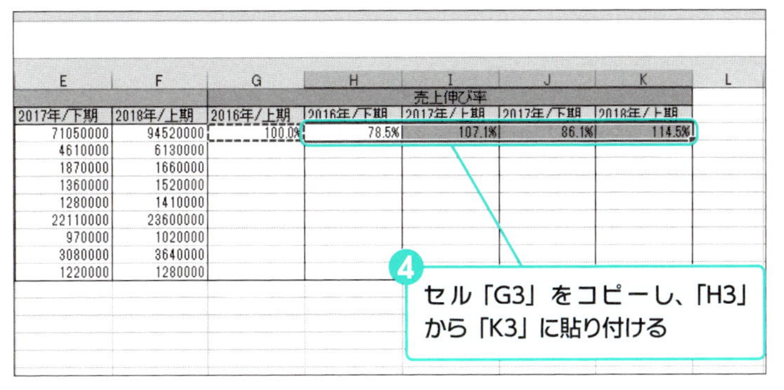

E	F	G	H	I	J	K
		売上伸び率				
2017年/下期	2018年/上期	2016年/上期	2016年/下期	2017年/上期	2017年/下期	2018年/上期
71050000	94520000	100.0%	78.5%	107.1%	86.1%	114.5%
4610000	6130000					
1870000	1660000					
1360000	1520000					
1280000	1410000					
22110000	23600000					
970000	1020000					
3080000	3640000					
1220000	1280000					

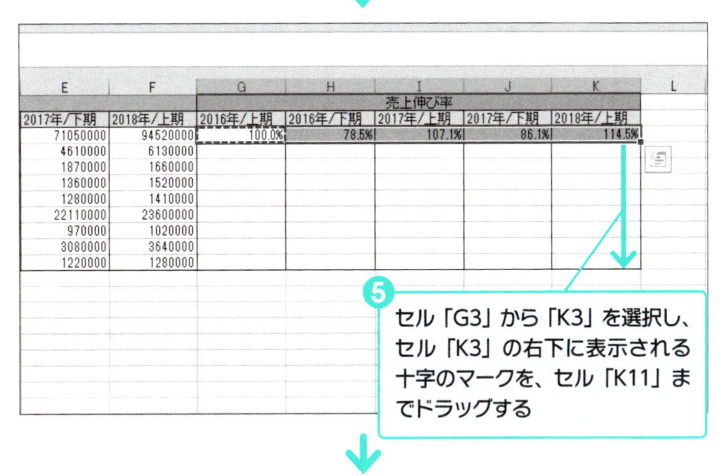

E	F	G	H	I	J	K
		売上伸び率				
2017年/下期	2018年/上期	2016年/上期	2016年/下期	2017年/上期	2017年/下期	2018年/上期
71050000	94520000	100.0%	78.5%	107.1%	86.1%	114.5%
4610000	6130000					
1870000	1660000					
1360000	1520000					
1280000	1410000					
22110000	23600000					
970000	1020000					
3080000	3640000					
1220000	1280000					

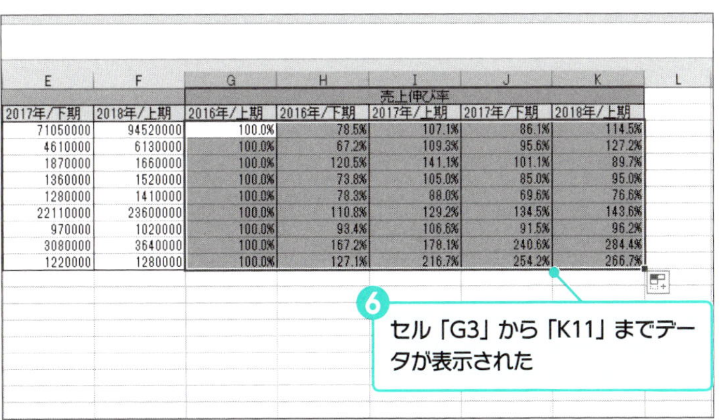

E	F	G	H	I	J	K
		売上伸び率				
2017年/下期	2018年/上期	2016年/上期	2016年/下期	2017年/上期	2017年/下期	2018年/上期
71050000	94520000	100.0%	78.5%	107.1%	86.1%	114.5%
4610000	6130000	100.0%	67.2%	109.3%	95.6%	127.2%
1870000	1660000	100.0%	120.5%	141.1%	101.1%	89.7%
1360000	1520000	100.0%	73.8%	105.0%	85.0%	95.0%
1280000	1410000	100.0%	78.3%	88.0%	69.6%	76.6%
22110000	23600000	100.0%	110.8%	129.2%	134.5%	143.6%
970000	1020000	100.0%	93.4%	106.6%	91.5%	96.2%
3080000	3640000	100.0%	167.2%	178.1%	240.6%	284.4%
1220000	1280000	100.0%	127.1%	216.7%	254.2%	266.7%

❷ ファンチャートを作成する 2013 2016 2019

作成した「売上伸び率」データを使って、ファンチャートを作成します。

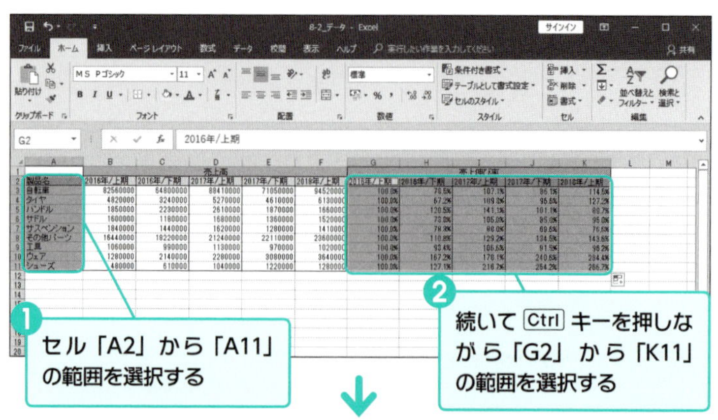

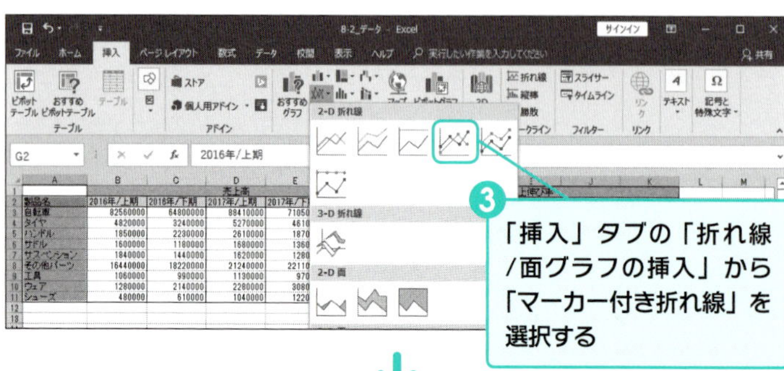

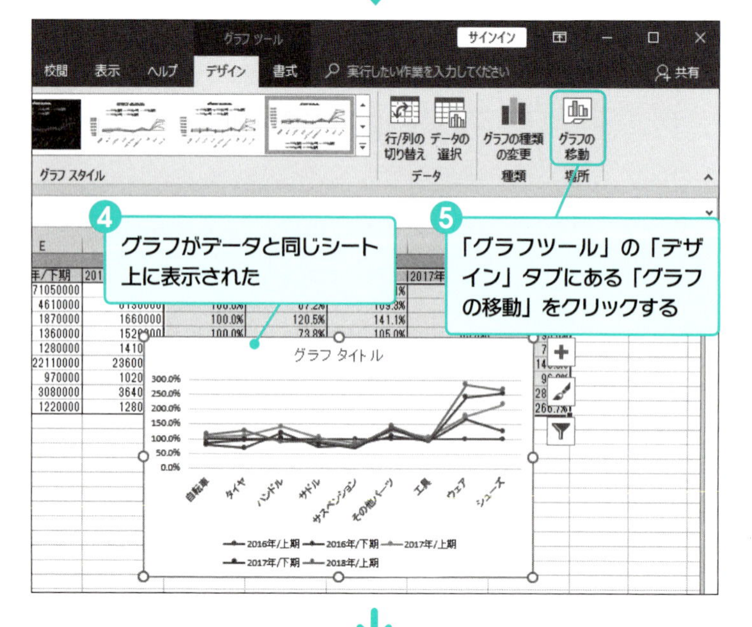

Excel 2013の場合は

「挿入」タブの「折れ線グラフの挿入」から「マーカー付き折れ線」を選択します。

グラフツールメニューを表示するには

グラフツールメニューが表示されていない場合は、グラフをクリックして選択します。グラフツールメニューは、グラフが選択されているときのみ表示されます。

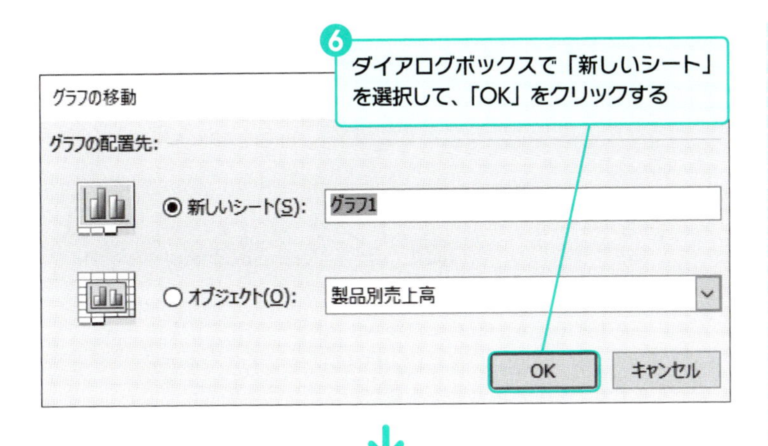

❻ ダイアログボックスで「新しいシート」を選択して、「OK」をクリックする

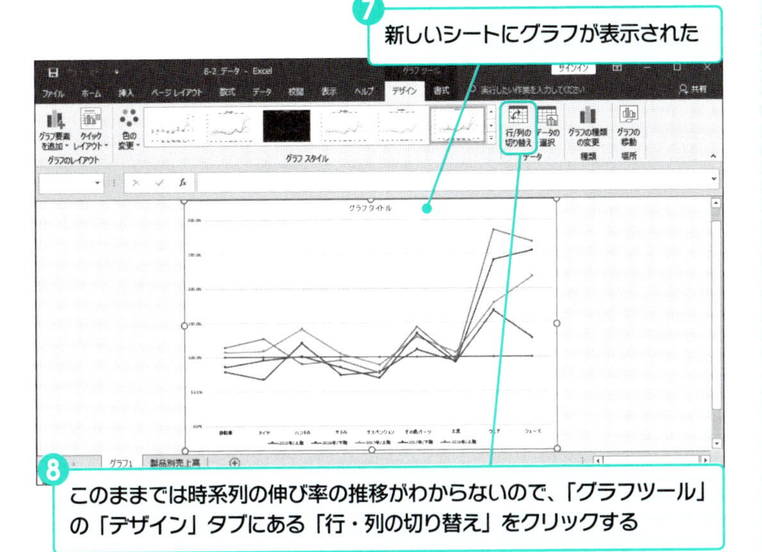

❼ 新しいシートにグラフが表示された

❽ このままでは時系列の伸び率の推移がわからないので、「グラフツール」の「デザイン」タブにある「行・列の切り替え」をクリックする

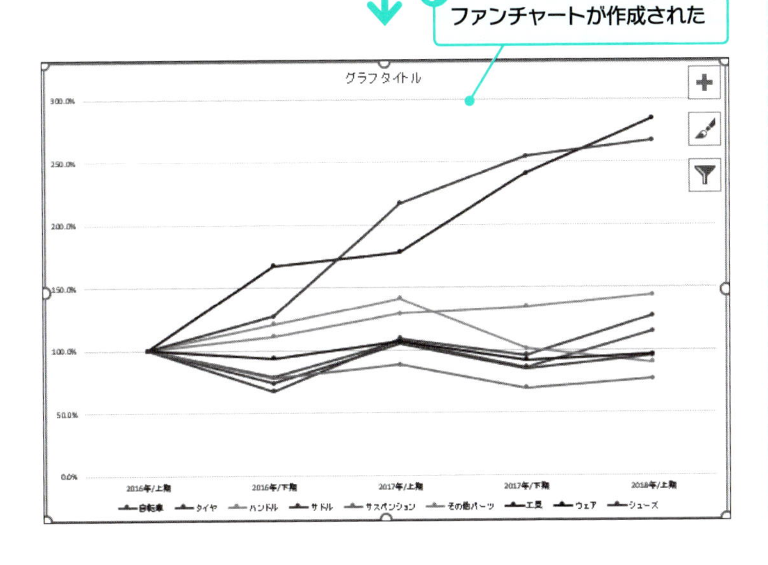

❾ ファンチャートが作成された

❸ タイトルと凡例を設定する 2013 2016 2019

グラフのタイトルを入力し、凡例の位置を変更しましょう。

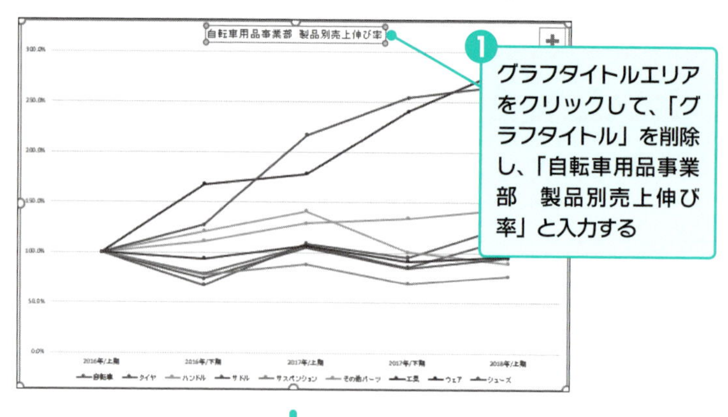

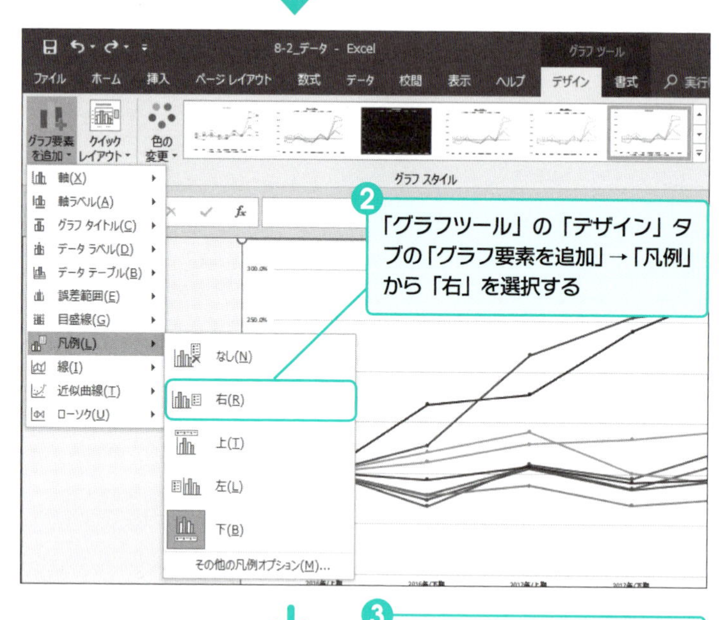

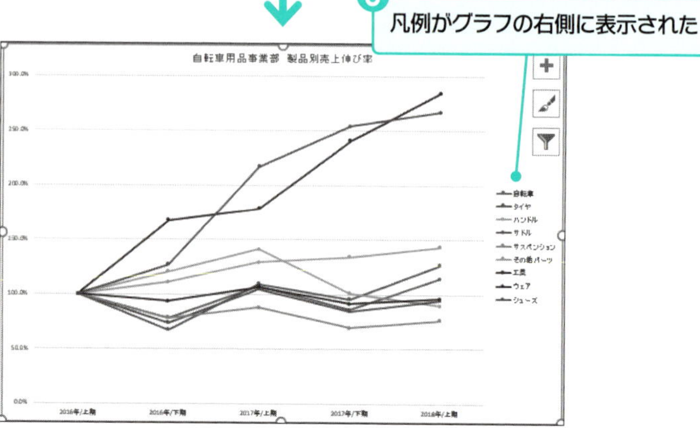

❹ データラベルと軸の最小値を設定する 2013 2016 2019

今度はデータラベルを表示しましょう。続いて、軸の最小値を設定して、グラフの下のほうを見やすくします。

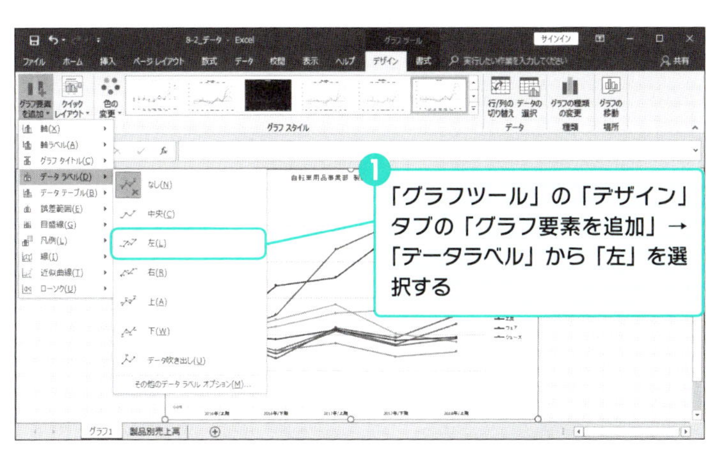

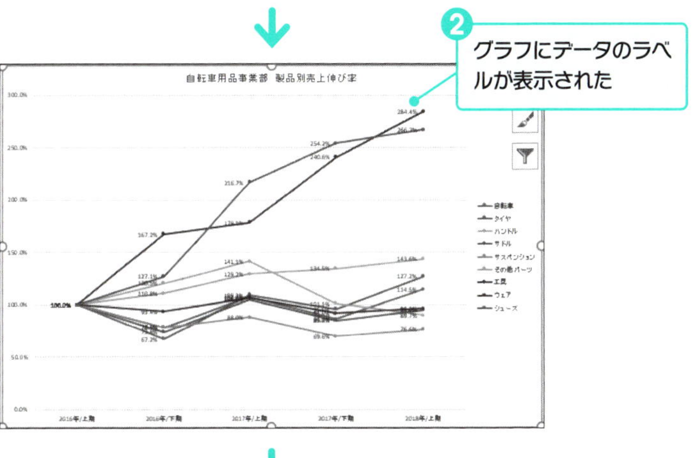

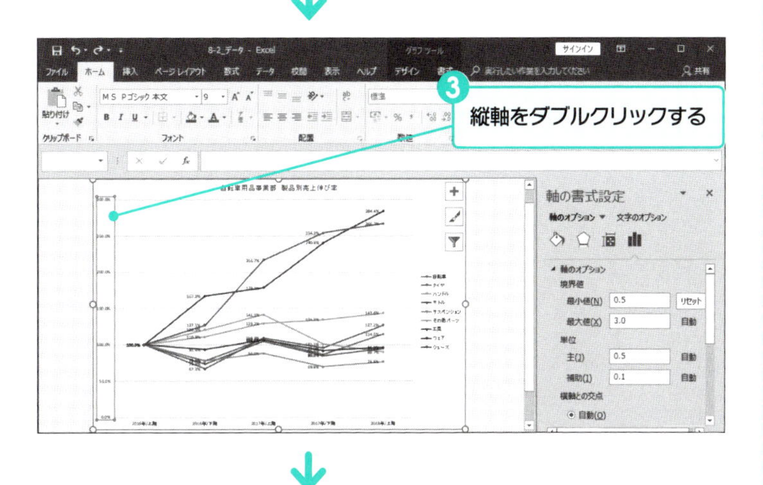

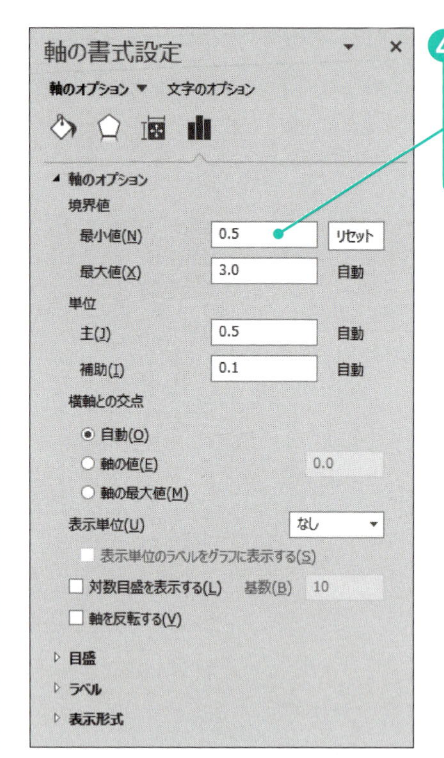

4 「軸の書式設定」の「軸のオプション」→「境界値」で、「最小値」に「0.5」を入力する

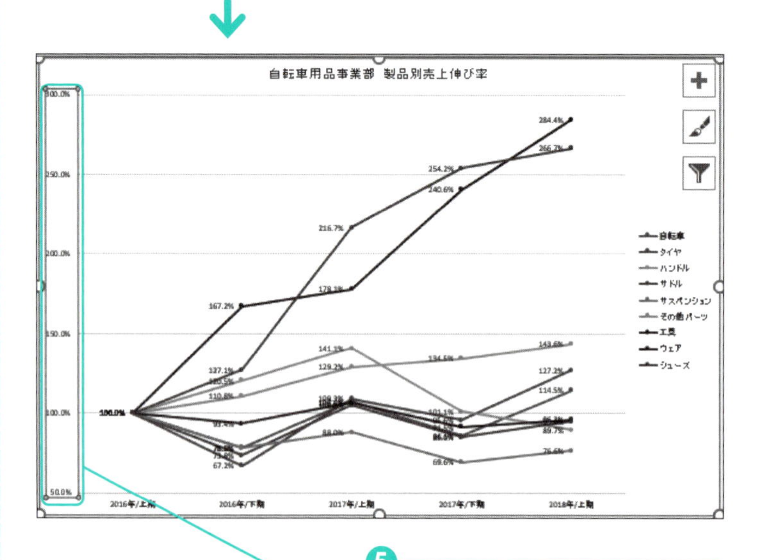

5 グラフの縦軸が50%から300%の範囲となり、グラフの線が分散して見やすくなった

5 PowerPointのスライドを作成する 2013 2016 2019

Excelで作成したファンチャートを貼り付け、PowerPointのスライドを作成します。スライドのタイトルに販促対象製品の選定理由を記述し、販促対象の製品のグラフを円などの図形で強調することにより、よりわかりやすいスライドになります。

1 223ページと同様の手順で、「タイトルのみ」のレイアウトの新規スライドを作成する

2 タイトルオブジェクトに、販促対象製品の選定理由を入力する

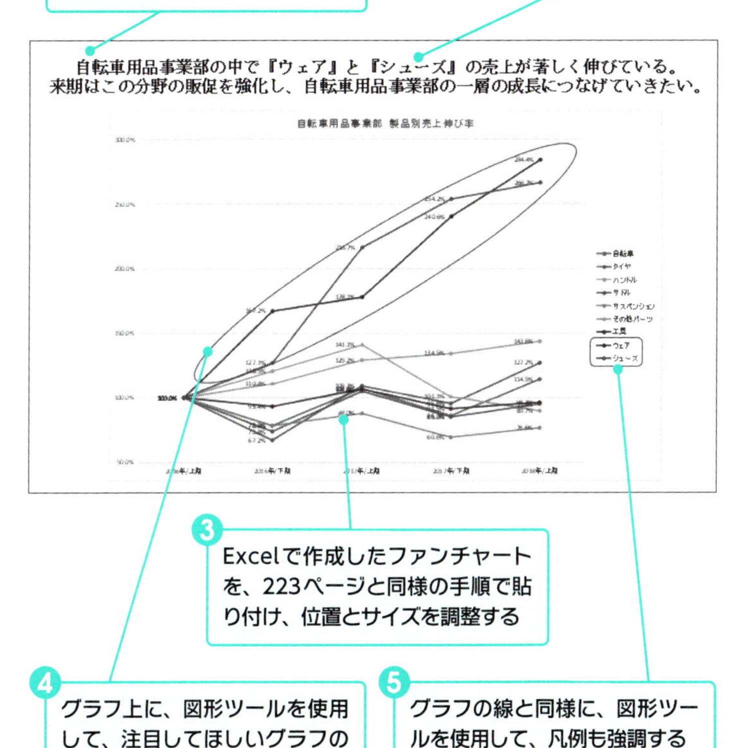

3 Excelで作成したファンチャートを、223ページと同様の手順で貼り付け、位置とサイズを調整する

4 グラフ上に、図形ツールを使用して、注目してほしいグラフの線を強調する

5 グラフの線と同様に、図形ツールを使用して、凡例も強調する

03 販促を実施する重点管理対象の販売店を特定する

販促の計画を立てるためには、販促対象の商品だけでなく、数ある販売店のどこをターゲットとするかを決めなければいけません。そこで、パレート図を使用してABC分析を行い、どの販売店で販促を行うべきか、重点管理対象の販売店を説明するスライドを作成します。

Point

- アウトドア用品メーカーの営業企画担当者が自転車用品事業部でのサイクリングウェアの販促のために、販促を実施する販売店を決定したいと仮定します。
- ABC分析によって、販売店を売上高の多い順にAランク、Bランク、Cランク、の3つのランクに分類し、売上高の多いAランクの販売店で販促を実施することにします。
- Aランクの販売店で販促を実施することによって、売上高構成比の80%を販促の対象とすることができます（この例では累積構成比の80%までをAランクとします）。

Sample 販促対象販売店の選定理由を説明するスライド

販促対象の販売店を選定した理由を説明するテキスト

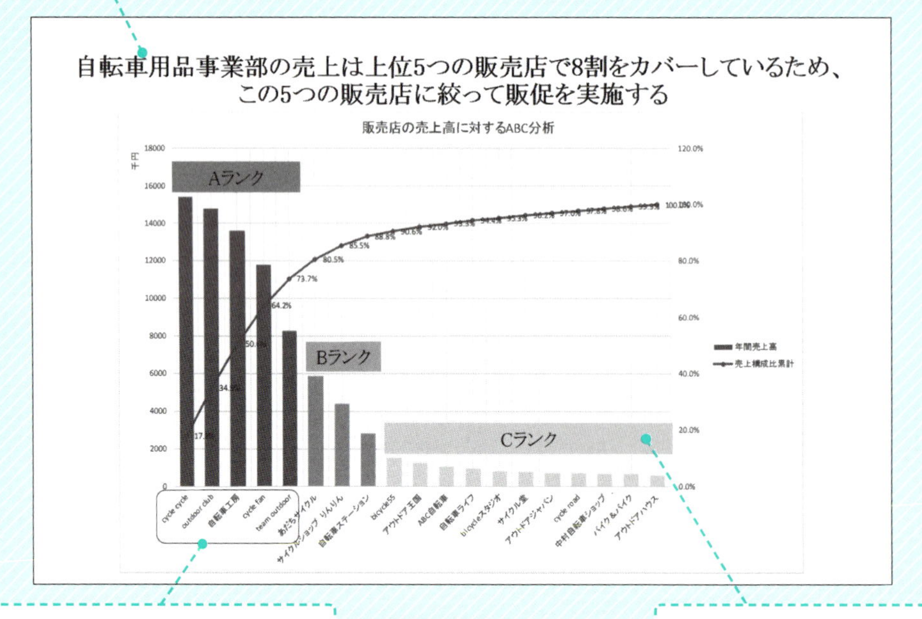

対象とする販売店を強調するための囲み

パレート図とABCのランク付け

ABC分析とは

ABC分析とは、重点管理を行うにあたり、管理対象項目の重要度を明らかにするために管理対象項目をデータが大きい順に並べ、データの構成比の累計をもとに、A、B、Cの3つのランクに分ける方法です。

A、B、Cのランク分けは、分析対象や利用目的によって変わるものですが、一般的には右の表のようなランク分けが使われています。

表8-3-1

ランク	累積構成比
Aランク	70%～80%まで
Bランク	80%～90%まで
Cランク	90%～100%まで

ABC分析では、それぞれのランクによって管理方法を選択します。販売管理では、商品や得意先、曜日や時間帯別にABC分析を行ない、売り場構成や販売方法、販促頻度、発注方法などを変えていくといったことが考えられます。ただし、Aランクだけを重視するのではなく、各ランクそれぞれの管理方法を考えていくことが大切です。

なお、売上高による販売店のABC分析を実施するには、累積売上高と売上構成比累積の2つが必要となります。

●累積売上高

販売店の売上高を売上高の高い順に並べ、それぞれの売上高を積み上げていったものです。数式は以下になります。

累積売上高 ＝ 前の順位までの売上高の合計 ＋ 売上高

●売上構成比累計

累積売上高が全体の何%を占めているのかという、累積売上高に対する構成比率です。数式は以下になります。

$$\text{売上構成比累計} = \frac{\text{累積売上高}}{\text{累積売上高合計}}$$

売上高を大きい順に並べます

売上高を大きいものから順に積み上げていきます

全体の売上合計に占める累積売上高の比率です

販売店	年間売上高	累積売上高	売上構成比累計
cycle cycle	12,620,000	12,620,000	20.2%
outdoor club	11,840,000	24,460,000	39.1%
自転車工房	10,210,000	34,670,000	55.5%
cycle fan	8,830,000	43,500,000	69.6%
アウトドア王国	6,280,000	49,780,000	79.6%
あだちサイクル	2,860,000	52,640,000	84.2%
サイクルショップ りんりん	2,380,000	55,020,000	88.0%
自転車ステーション	1,820,000	56,840,000	90.9%
bicycle55	1,540,000	58,380,000	93.4%
バイク&バイク	1,260,000	59,640,000	95.4%
ABC自転車	1,080,000	60,720,000	97.2%
自転車ライフ	960,000	61,680,000	98.7%
bicycleスタジオ	820,000	62,500,000	100.0%

パレート図とは

パレート図とは、棒グラフと折れ線グラフを組み合わせた複合グラフです。棒グラフは数値の大きいものから順に並べ、構成比の累計を折れ線グラフで表しています。パレート図を使うと、ABC分析の結果を視覚的にとらえることができます。

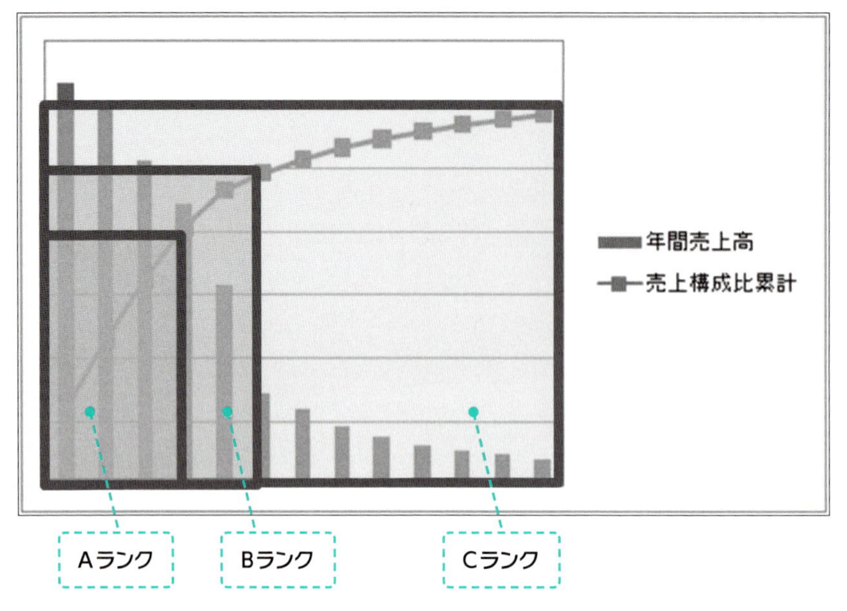

また、パレート図を使ってABC分析を行った場合、おおよそ次の3つのパターンに分類されます。

●標準型

Aランクに管理対象項目の20%〜30%が含まれます。Aランクがある程度の比率を持っているので、Aランクを重点的に管理していくことにより、全体の数字を管理することができます。

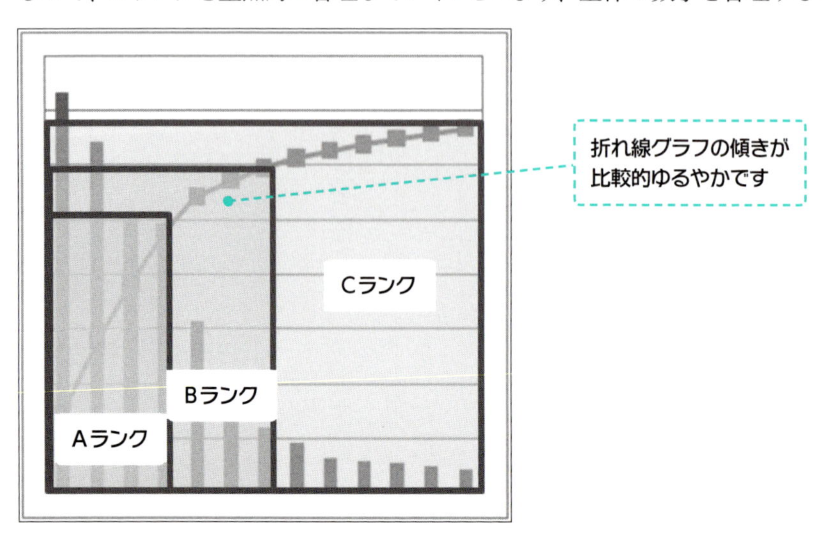

●集中型

Aランクがごく少数の管理対象項目で構成されています。数少ない管理対象項目に頼った状態となっているため、BランクやCランクのものをAランクに加えていけるように対策を検討する必要があります。

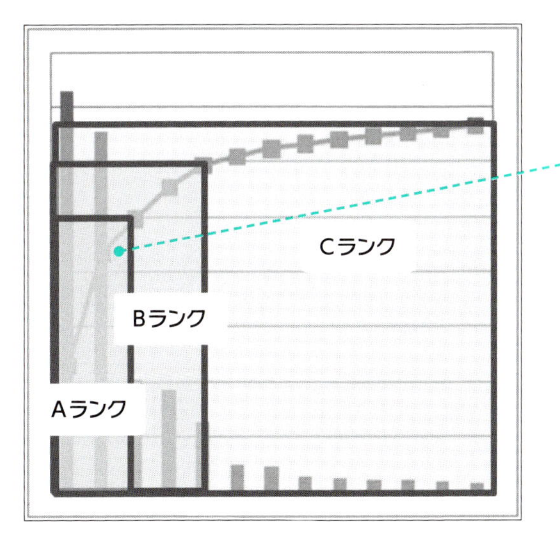

●分散型

管理対象項目のそれぞれの数値にあまり差がない状態です。何に重点をおいていいのか判断が難しくなります。管理対象項目が少ない場合は、あまり問題がなくバランス良く取引されていると判断できますが、管理対象項目が多いにもかかわらず分散型のグラフになっている場合は、分析の視点を変えてみるなどして、どういった状況になっているのか慎重に判断する必要があります。

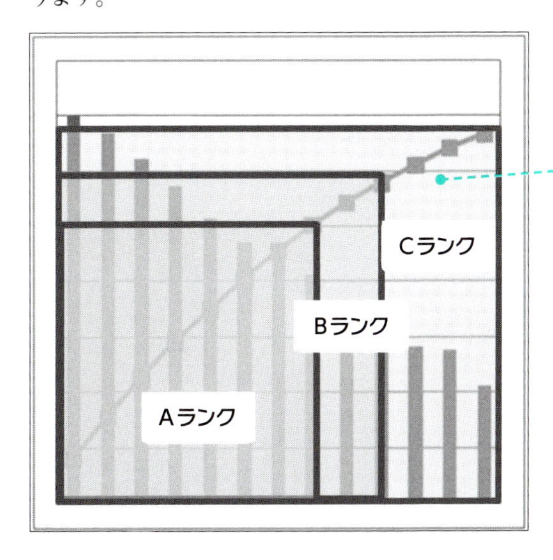

❶ ABC分析のデータを準備する 2013 2016 2019

サンプルデータ（テーブルデータ）の年間売上高を使って、累積売上高と売上構成比累計を算出します。それぞれのデータは、以下の列に格納します。

- 累積売上高：C列
- 売上構成比類型：D列

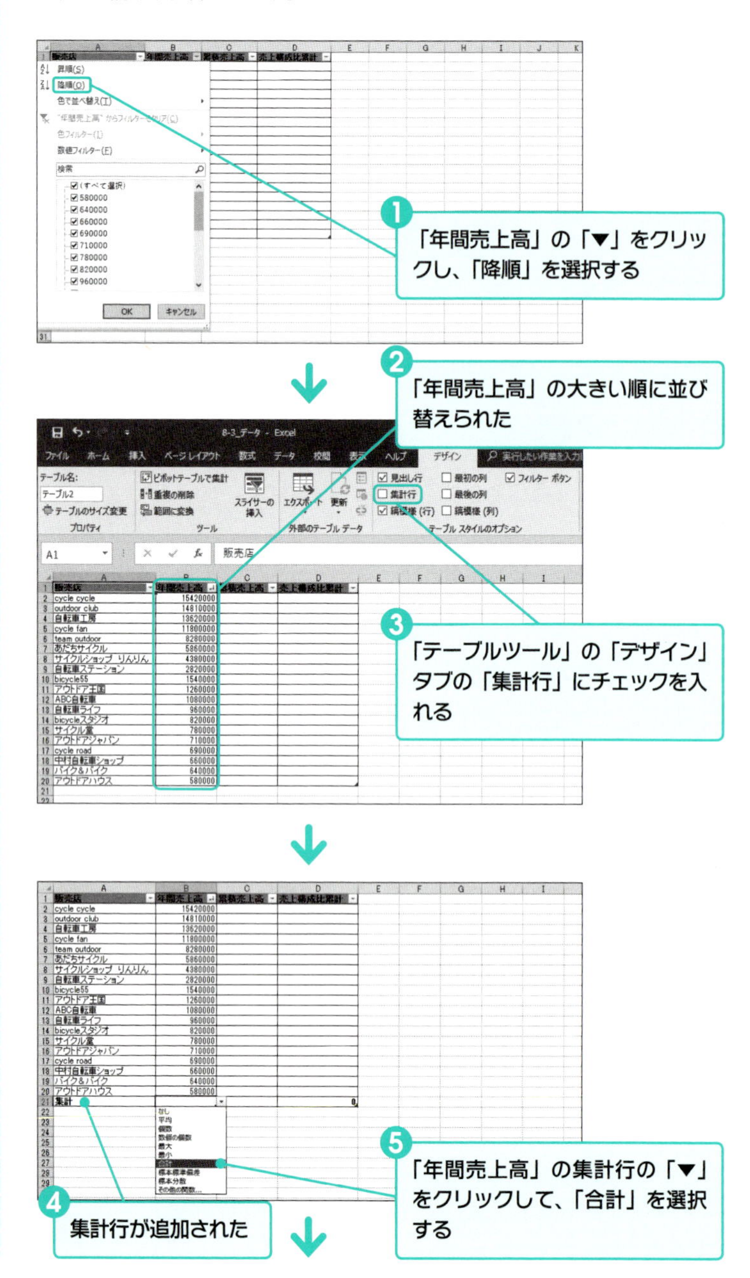

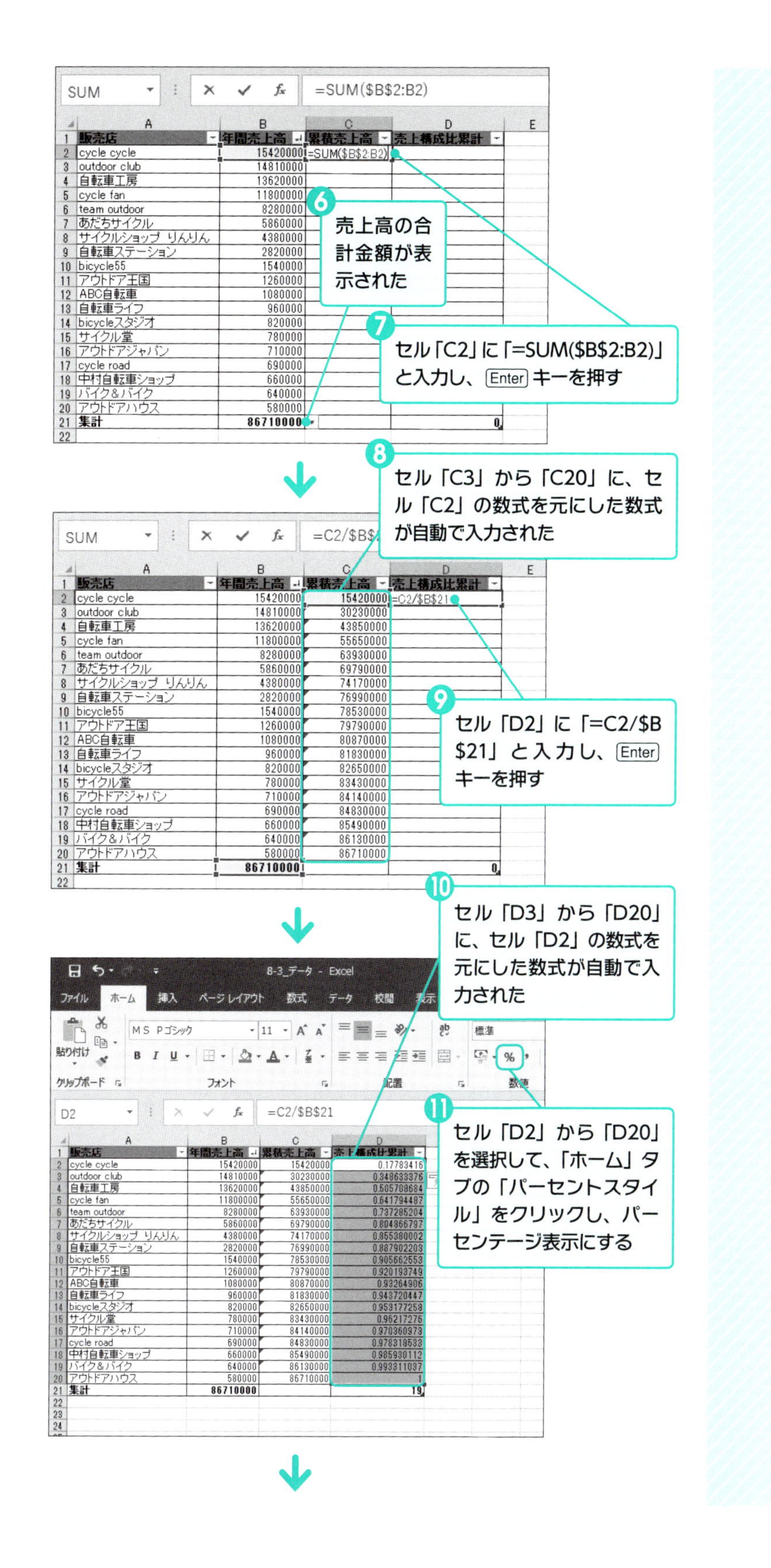
=SUM($B$2:B2)
6 売上高の合計金額が表示された
7 セル「C2」に「=SUM($B$2:B2)」と入力し、Enter キーを押す
8 セル「C3」から「C20」に、セル「C2」の数式を元にした数式が自動で入力された
9 セル「D2」に「=C2/$B$21」と入力し、Enter キーを押す
10 セル「D3」から「D20」に、セル「D2」の数式を元にした数式が自動で入力された
=C2/$B$21
11 セル「D2」から「D20」を選択して、「ホーム」タブの「パーセントスタイル」をクリックし、パーセンテージ表示にする

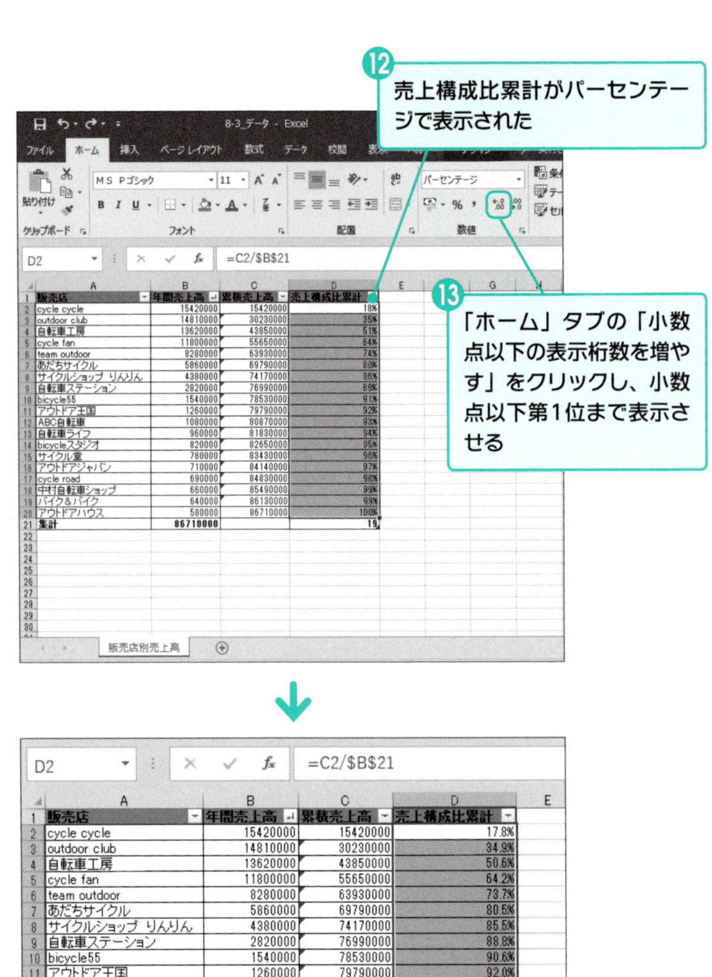

	販売店	年間売上高	累積売上高	売上構成比累計
2	cycle cycle	15420000	15420000	18%
3	outdoor club	14810000	30230000	35%
4	自転車工房	13620000	43850000	51%
5	cycle fan	11800000	55650000	64%
6	team outdoor	8280000	63930000	74%
7	あだちサイクル	5860000	69790000	80%
8	サイクルショップ りんりん	4380000	74170000	86%
9	自転車ステーション	2820000	76990000	89%
10	bicycle55	1540000	78530000	91%
11	アウトドア王国	1260000	79790000	92%
12	ABC自転車	1080000	80870000	93%
13	自転車ライフ	960000	81830000	94%
14	bicycleスタジオ	820000	82650000	95%
15	サイクル堂	780000	83430000	96%
16	アウトドアジャパン	710000	84140000	97%
17	cycle road	690000	84830000	98%
18	中村自転車ショップ	660000	85490000	99%
19	バイク&バイク	640000	86130000	99%
20	アウトドアハウス	580000	86710000	100%
21	集計	86710000		19

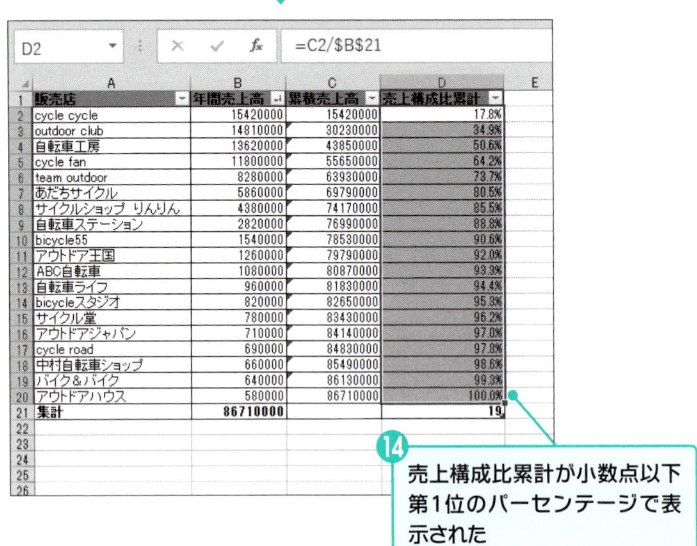

	販売店	年間売上高	累積売上高	売上構成比累計
2	cycle cycle	15420000	15420000	17.8%
3	outdoor club	14810000	30230000	34.9%
4	自転車工房	13620000	43850000	50.6%
5	cycle fan	11800000	55650000	64.2%
6	team outdoor	8280000	63930000	73.7%
7	あだちサイクル	5860000	69790000	80.5%
8	サイクルショップ りんりん	4380000	74170000	85.5%
9	自転車ステーション	2820000	76990000	88.8%
10	bicycle55	1540000	78530000	90.6%
11	アウトドア王国	1260000	79790000	92.0%
12	ABC自転車	1080000	80870000	93.3%
13	自転車ライフ	960000	81830000	94.4%
14	bicycleスタジオ	820000	82650000	95.3%
15	サイクル堂	780000	83430000	96.2%
16	アウトドアジャパン	710000	84140000	97.0%
17	cycle road	690000	84830000	97.8%
18	中村自転車ショップ	660000	85490000	98.6%
19	バイク&バイク	640000	86130000	99.3%
20	アウトドアハウス	580000	86710000	100.0%
21	集計	86710000		19

❷ ABC分析表を作成する　2013 2016 2019

作成した「売上構成比累計」のデータを使って、A、B、Cのランク付けを行い、ABC分析表を作成します。

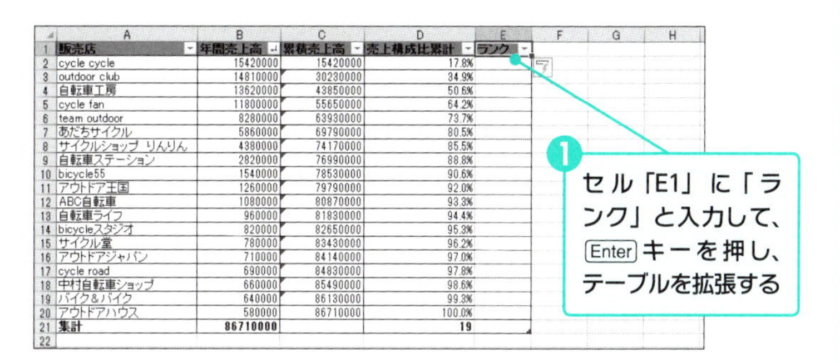

販売店	年間売上高	累積売上高	売上構成比累計	ランク
cycle cycle	15420000	15420000	17.8%	
outdoor club	14810000	30230000	34.9%	
自転車工房	13620000	43850000	50.6%	
cycle fan	11800000	55650000	64.2%	
team outdoor	8280000	63930000	73.7%	
あだちサイクル	5860000	69790000	80.5%	
サイクルショップ りんりん	4380000	74170000	85.5%	
自転車ステーション	2820000	76990000	88.8%	
bicycle55	1540000	78530000	90.6%	
アウトドア王国	1260000	79790000	92.0%	
ABC自転車	1080000	80870000	93.3%	
自転車ライフ	960000	81830000	94.4%	
bicycleスタジオ	820000	82650000	95.3%	
サイクル堂	780000	83430000	96.2%	
アウトドアジャパン	710000	84140000	97.0%	
cycle road	690000	84830000	97.8%	
中村自転車ショップ	660000	85490000	98.6%	
バイク＆バイク	640000	86130000	99.3%	
アウトドアハウス	580000	86710000	100.0%	
集計	86710000		19	

❷ セル「E2」に「=IF(D2<=80%,"A",IF(D2<=90%,"B","C"))」と入力し、Enter キーを押す

販売店	年間売上高	累積売上高	売上構成比累計	ランク
cycle cycle	15420000	15420000	17.8%	A
outdoor club	14810000	30230000	34.9%	A
自転車工房	13620000	43850000	50.6%	A
cycle fan	11800000	55650000	64.2%	A
team outdoor	8280000	63930000	73.7%	A
あだちサイクル	5860000	69790000	80.5%	B
サイクルショップ りんりん	4380000	74170000	85.5%	B
自転車ステーション	2820000	76990000	88.8%	B
bicycle55	1540000	78530000	90.6%	C
アウトドア王国	1260000	79790000	92.0%	C
ABC自転車	1080000	80870000	93.3%	C
自転車ライフ	960000	81830000	94.4%	C
bicycleスタジオ	820000	82650000	95.3%	C
サイクル堂	780000	83430000	96.2%	C
アウトドアジャパン	710000	84140000	97.0%	C
cycle road	690000	84830000	97.8%	C
中村自転車ショップ	660000	85490000	98.6%	C
バイク＆バイク	640000	86130000	99.3%	C
アウトドアハウス	580000	86710000	100.0%	C
集計	86710000		19	

❸ セル範囲「E3」から「E20」にセル「E2」の数式が自動で入力され、A、B、Cのランク分けが表示された

なお、ここでは、セル「E2」に「=IF(D2<=80%,"A",IF(D2<=90%,"B","C"))」と入力することによって、以下のような条件でのA、B、Cのランク分けを行っています。

表8-3-2

売上構成比累計	ランク
80%以下	A
80%〜90%以下	B
90%〜100%	C

❸ パレート図を作成する

2013 2016 2019

作成した「年間売上高」と「売上構成比累計」を使って、パレート図を作成します。

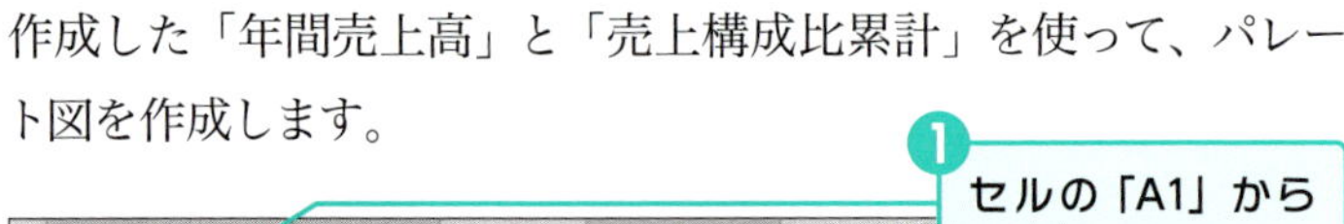

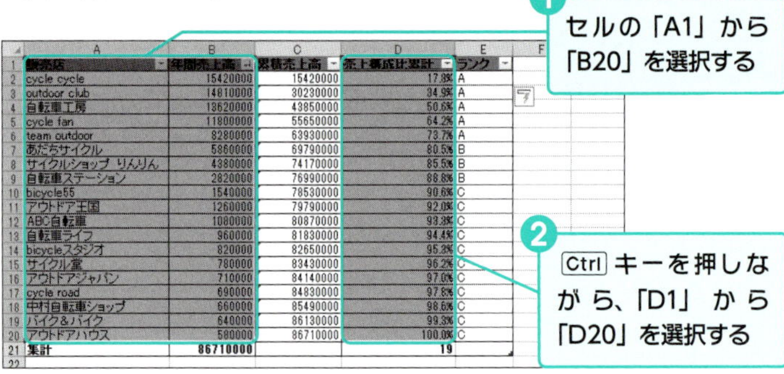

	A	B	C	D	E
1	販売店	年間売上高	累積売上高	売上構成比累計	ランク
2	cycle cycle	15420000	15420000	17.8%	A
3	outdoor club	14810000	30230000	34.9%	A
4	自転車工房	13620000	43850000	50.6%	A
5	cycle fan	11800000	55650000	64.2%	A
6	team outdoor	8280000	63930000	73.7%	A
7	あだちサイクル	5860000	69790000	80.5%	B
8	サイクルショップ りんりん	4380000	74170000	85.5%	B
9	自転車ステーション	2820000	76990000	88.8%	B
10	bicycle55	1540000	78530000	90.6%	C
11	アウトドア王国	1260000	79790000	92.0%	C
12	ABC自転車	1080000	80870000	93.3%	C
13	自転車ライフ	960000	81830000	94.4%	C
14	bicycleスタジオ	820000	82650000	95.3%	C
15	サイクル堂	780000	83430000	96.2%	C
16	アウトドアジャパン	710000	84140000	97.0%	C
17	cycle road	690000	84830000	97.8%	C
18	中村自転車ショップ	660000	85490000	98.6%	C
19	バイク&バイク	640000	86130000	99.3%	C
20	アウトドアハウス	580000	86710000	100.0%	C
21	集計	86710000		19	

Excel 2013の場合は

「挿入」タブの「折れ線グラフの挿入」から「マーカー付き折れ線」を選択します。

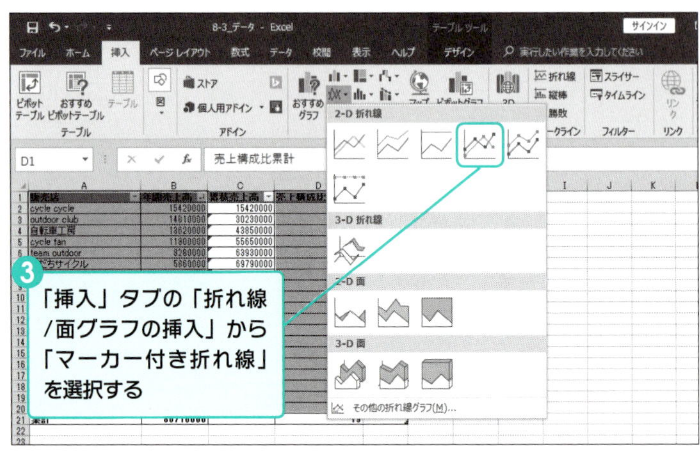

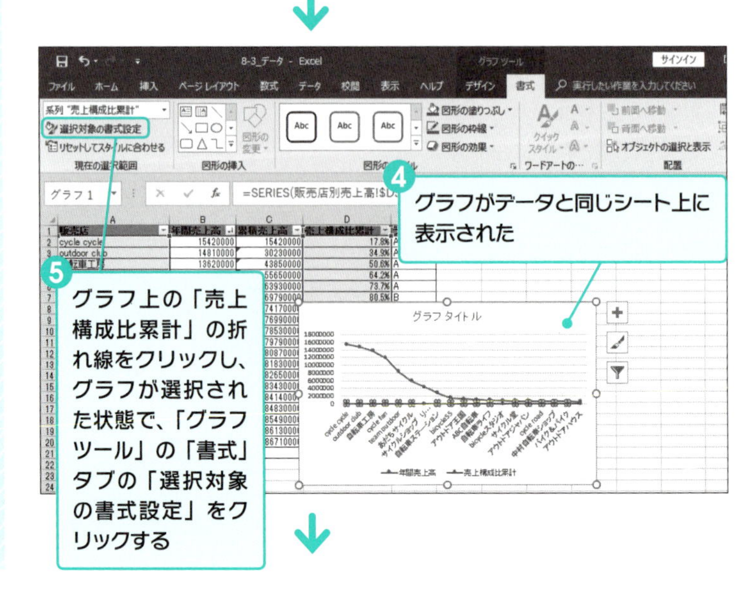

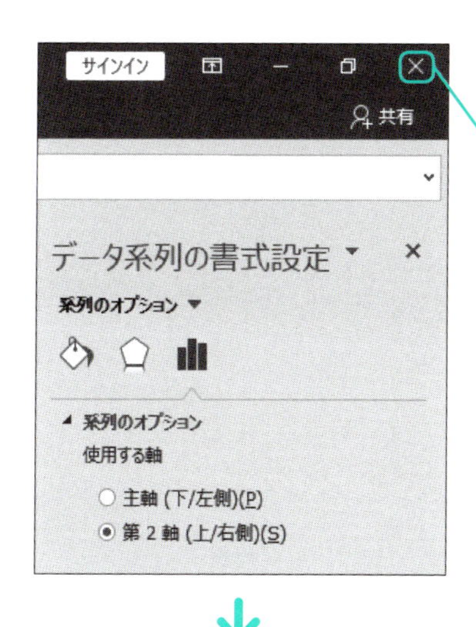

6 「データ系列の書式設定」の「系列のオプション」→「使用する軸」で「第2軸」を選択し、「×」をクリックする

7 「売上構成比累計」の軸が第2軸（右側の軸）に変更された

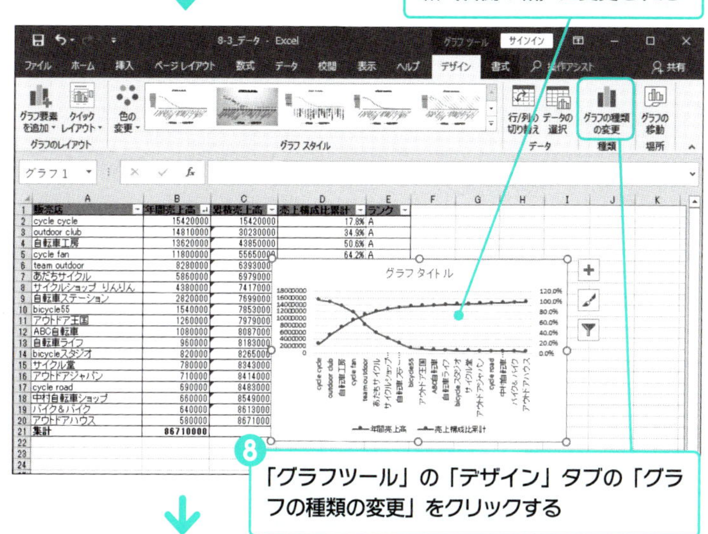

	販売店	年間売上高	累積売上高	売上構成比累計	ランク
2	cycle cycle	15420000	15420000	17.8%	A
3	outdoor club	14810000	30230000	34.9%	A
4	自転車工房	13620000	43850000	50.6%	A
5	cycle fan	11800000	55650000	64.2%	A
6	team outdoor	8280000	63930000		
7	あだちサイクル	5860000	69790000		
8	サイクルショップ りんりん	4380000	74170000		
9	自転車ステーション	2820000	76990000		
10	bicycle55	1540000	78530000		
11	アウトドア王国	1260000	79790000		
12	ABC自転車	1080000	80870000		
13	自転車ライフ	960000	81830000		
14	bicycleスタジオ	820000	82650000		
15	サイクル堂	780000	83430000		
16	アウトドアジャパン	710000	84140000		
17	cycle road	690000	84830000		
18	中村自転車ショップ	660000	85490000		
19	バイク&バイク	640000	86130000		
20	アウトドアハウス	580000	86710000		
21	集計	86710000			

8 「グラフツール」の「デザイン」タブの「グラフの種類の変更」をクリックする

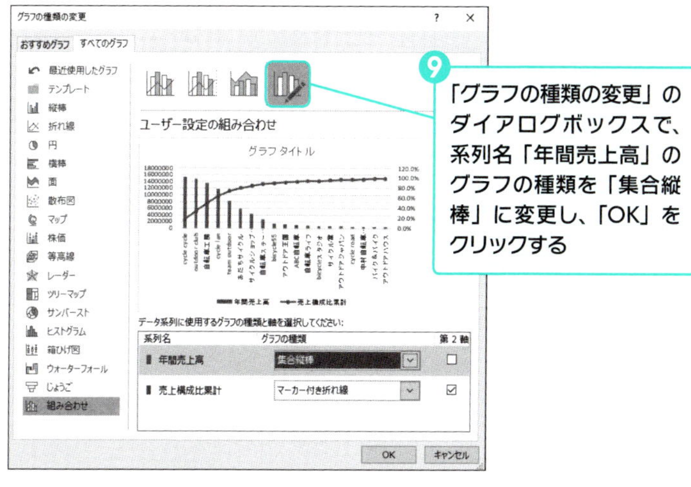

9 「グラフの種類の変更」のダイアログボックスで、系列名「年間売上高」のグラフの種類を「集合縦棒」に変更し、「OK」をクリックする

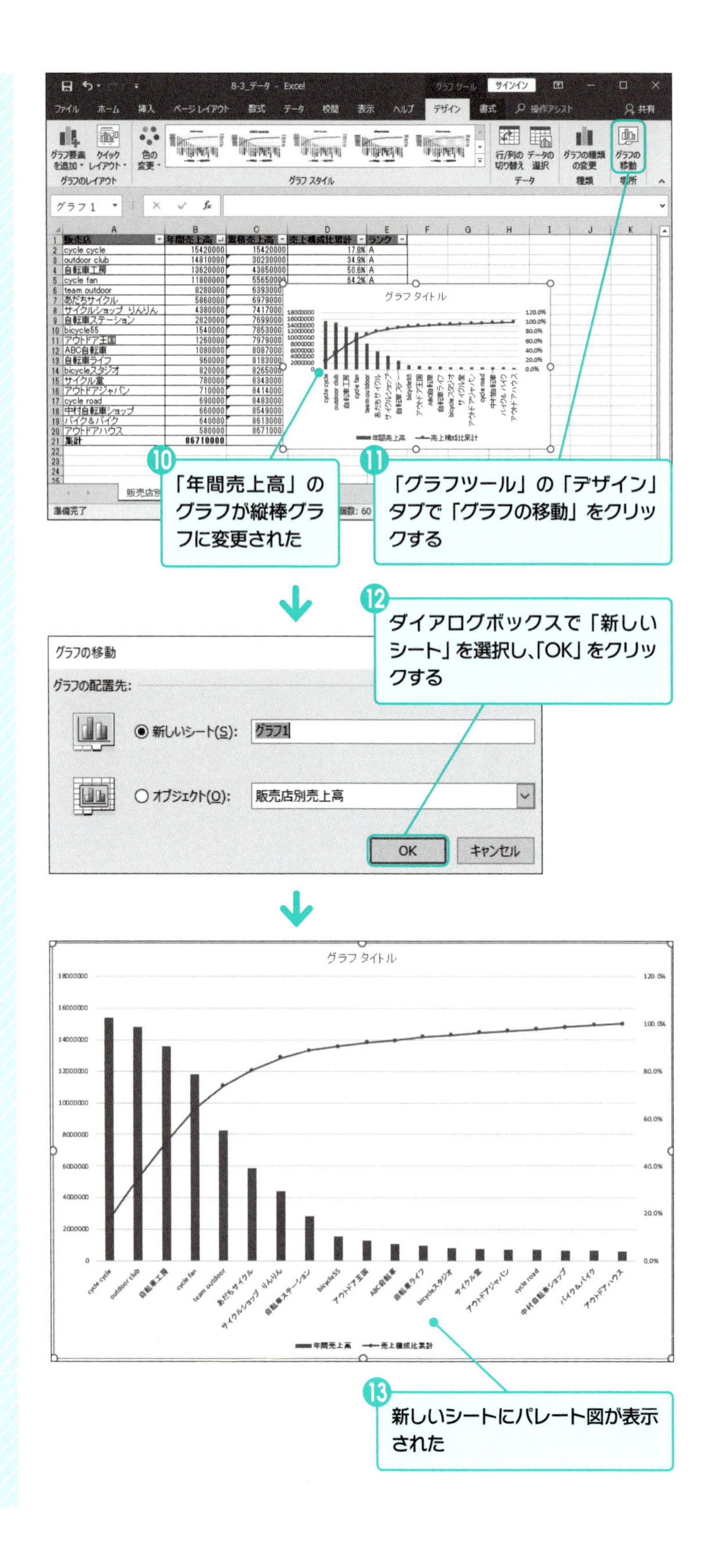

「年間売上高」のグラフが縦棒グラフに変更された
「グラフツール」の「デザイン」タブで「グラフの移動」をクリックする
ダイアログボックスで「新しいシート」を選択し、「OK」をクリックする
グラフの移動
グラフの配置先:
新しいシート(S): グラフ1
オブジェクト(O): 販売店別売上高
OK
キャンセル
グラフ タイトル
新しいシートにパレート図が表示された

4 パレート図にA、B、Cのランクを追加する 2013 2016 2019

パレート図の上でA、B、Cのランクが把握できるように、棒グラフの色の変更を行いましょう。

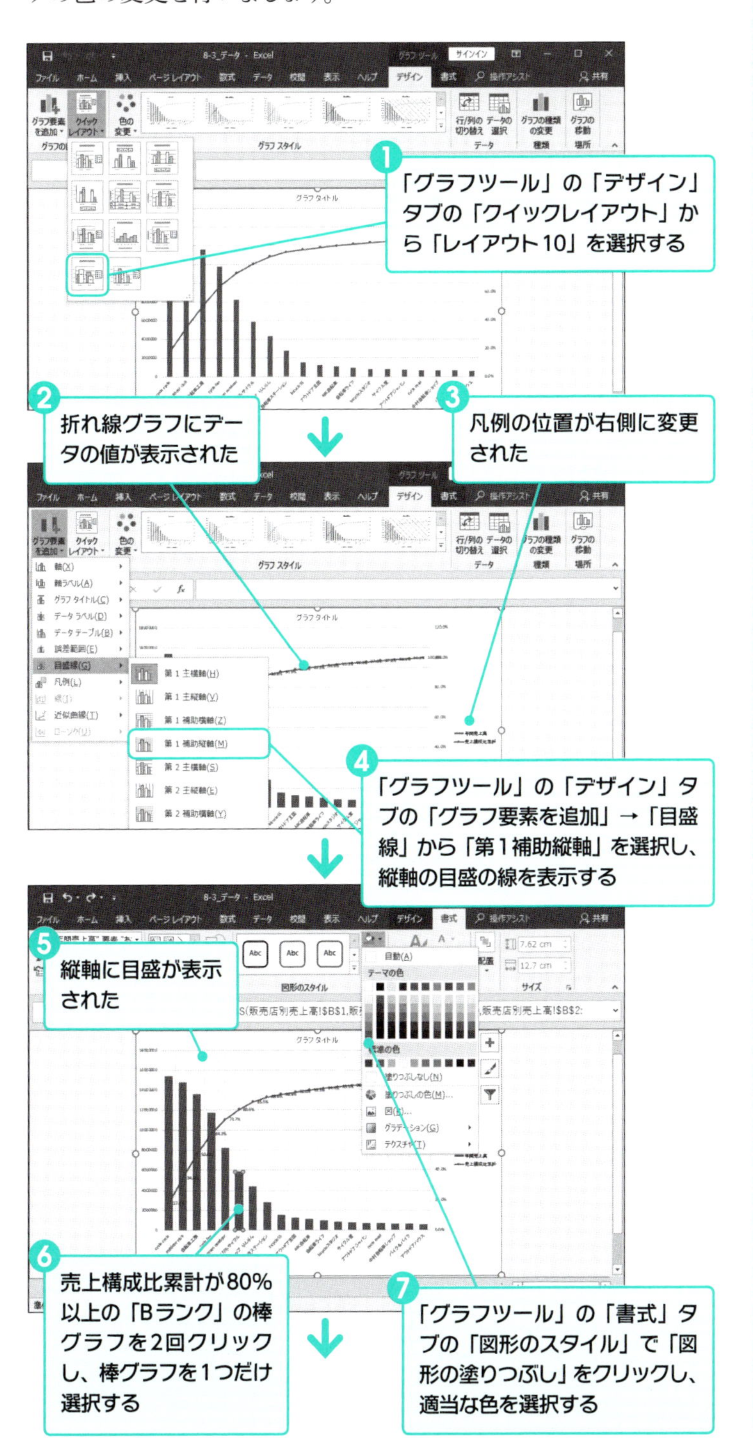

同じ操作を繰り返すには

❽の処理の後、隣の棒グラフを選択し、F4キーを押すと、直前と同じ操作が行われるため、簡単に棒グラフの色を変更できます。

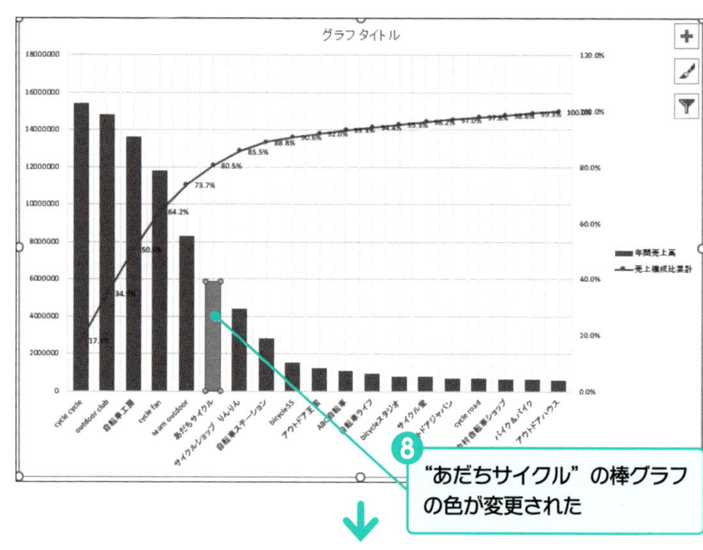

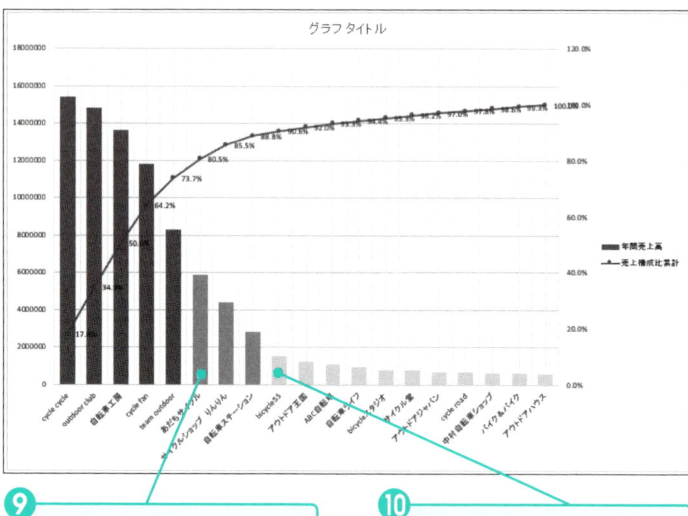

❺ タイトルと軸の単位を設定する　2013 2016 2019

完成したパレート図に、タイトルを設定しましょう。続いて、Y軸の数字が大きすぎてわかりづらいので、グラフツールの「レイアウト」タブでY軸の単位を設定しましょう。

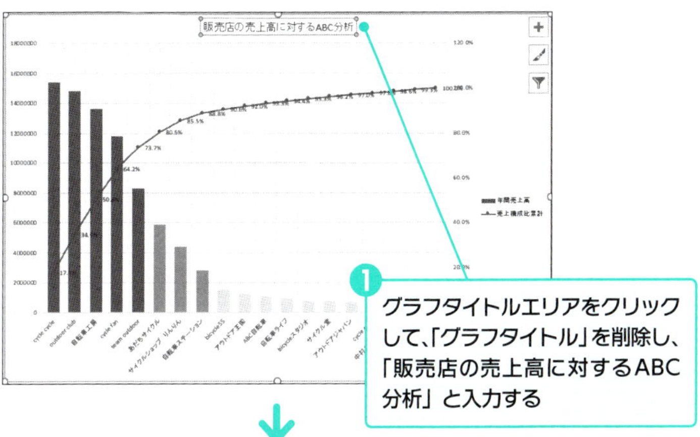

❶ グラフタイトルエリアをクリックして、「グラフタイトル」を削除し、「販売店の売上高に対するABC分析」と入力する

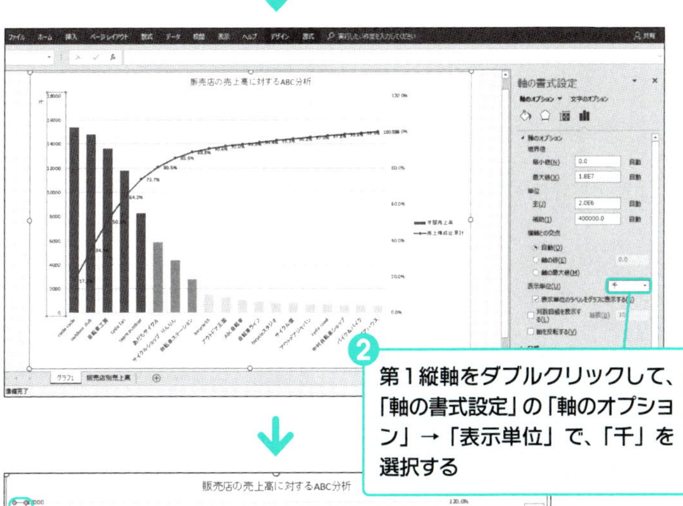

❷ 第1縦軸をダブルクリックして、「軸の書式設定」の「軸のオプション」→「表示単位」で、「千」を選択する

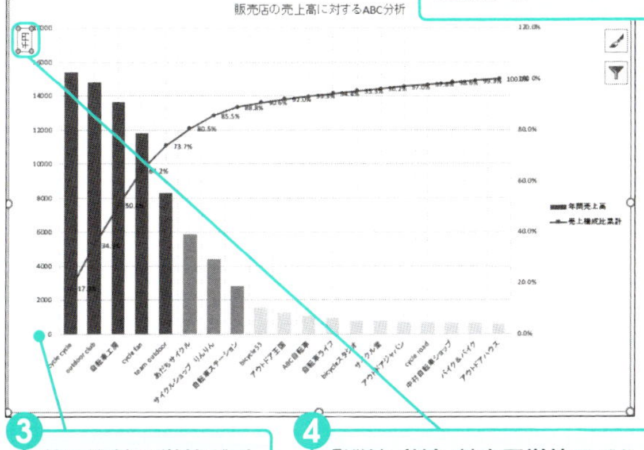

❸ 第1縦軸の単位が千単位で表示された

❹ 「縦軸（値）軸表示単位ラベル」をクリックして「千」を「千円」に修正する

❻ PowerPointのスライドを作成する 2013 2016 2019

Excelで作成したABC分析結果のグラフを貼り付け、PowerPointのスライドを作成します。

スライドのタイトルに販促対象販売店の選定理由を記述し、ABCのランク分けの範囲を図形ツールで追記することで、ABC分析の結果よりわかりやすくなります。また、対象販売店を図形などを使って強調させることで、グラフの結果から伝えたいメッセージを明確にすることができます。

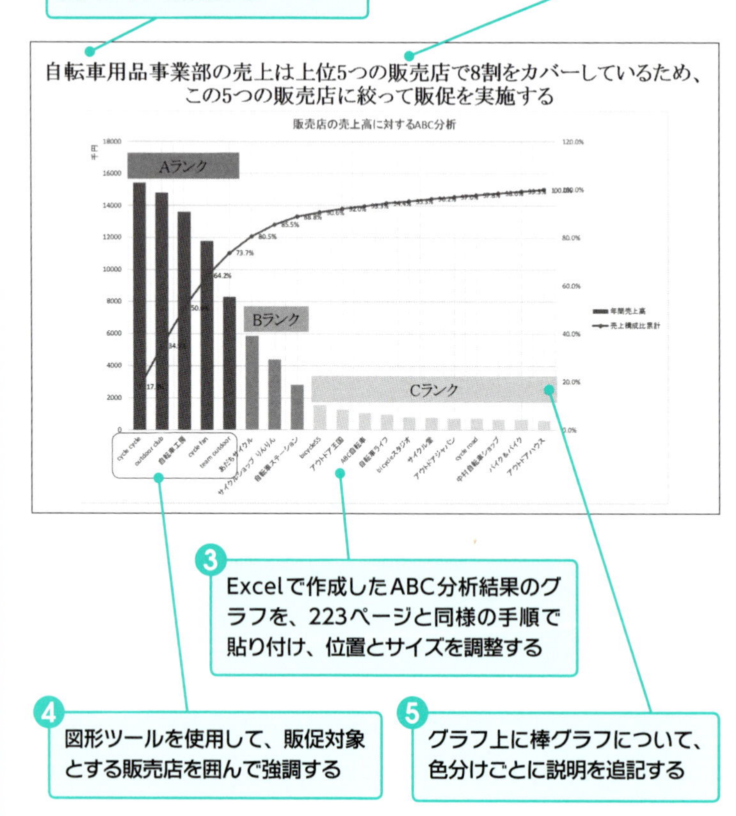

Chapter 09

発注計画書の作成

購買・在庫担当者が作成する代表的なプレゼンテーションに、発注計画書があります。ここで必要となるデータ分析手法には、在庫回転率、発注点と安全在庫、線形計画法などがあります。この章では、ドラッグストアの日用品の発注担当者が発注計画書を作成すると仮定して、これらのデータ分析の方法とプレゼンテーションの作成方法について解説します。

01 在庫過多となっている商品を把握する

適切な発注計画を立てるためには、先ずは在庫過多となっている商品を見つけ出し、在庫を抱えている商品の発注計画を見直す必要があります。どの商品の在庫が多すぎるのかを把握するために、在庫回転率を算出しましょう。算出した在庫回転率を使って、発注計画を見直さなければいけない商品を説明するスライドを作成します。

Point

- ドラッグストアの日用品の発注担当者が在庫を減らすために、どの商品の発注がうまくいっていて、どの商品の発注がうまくいっていないのかを把握したいと仮定します。
- 商品の発注量と発注タイミングだけを眺めていては、発注が適切に行われているかどうかを判断することはできません。また、在庫が多いとか少ないということもそれだけでは感覚的なものに過ぎず、売上が多ければ、在庫が多くてもいいはずです。
- そこで、在庫回転率を使って、売上に対する在庫量を見ていきます。

Sample 発注計画を見直す必要がある商品を説明するスライド

発注計画の見直し対象商品の選定理由を説明するテキスト

在庫回転率と平均在庫高を組み合わせたグラフ

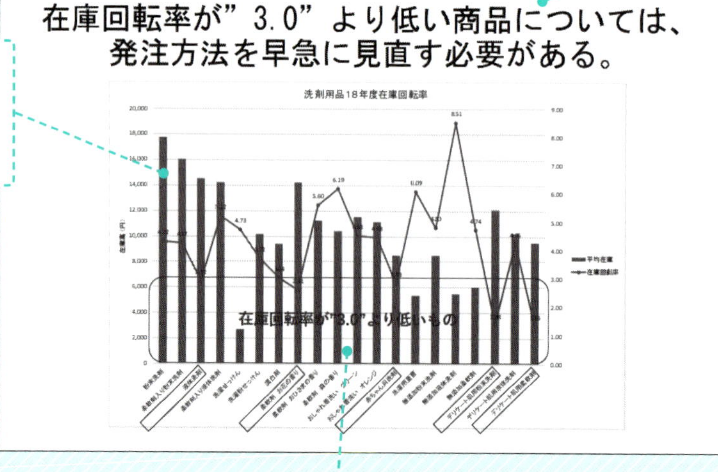

対象基準や対象商品を強調するための図形

在庫回転率とは

在庫回転率とは、効率性を分析する指標の1つで、一定期間（1年、半期、四半期、ひと月など）に在庫が何回入れ替わったかを示します。

回転率が大きいほど、在庫の入庫から販売による在庫の出庫までの期間が短く、在庫管理が効率的に行われていると言えます。逆に、回転率が小さいほど、在庫が倉庫にたまっている状態が長く、倉庫費などの保管料がかかる上、売れ残りのリスクが高くなっていることになります。

ただし、在庫回転率は業種や製品などによって傾向が異なりますので、消耗品の歯ブラシなどと、耐久品の懐中電灯などを単純に比較することはできません。在庫回転率を比較する際には、その商品の特徴や売れ方を十分に考慮しましょう。

在庫回転率は、以下の計算式で求めることができます。

$$\text{在庫回転率} = \frac{\text{（対象とする期間の）売上原価}}{\text{（対象とする期間の）平均在庫高}}$$

また、この計算式の各データは、以下のように求められます。

- 売上原価（売上原価ではなく、「売上高」を使用することもあります）

  在庫回転率を求める期間内に販売された商品の売上原価の合計値です。

- 平均在庫高（平均在庫高ではなく、「期間末時点の在庫高」を使用することもあります）

  期間最初の在庫高と期間最後の在庫高を合計して、2で割った数値です。

$$\text{平均在庫高} = \frac{\text{（期間最初の在庫高 + 期間最後の在庫高）}}{2}$$

表9-1-1

	2018年							
	1月	2月	3月	4月	5月	6月	7月	…
期首在庫高	¥80,000	¥100,000	¥120,000	¥90,000	¥95,000	¥135,000	¥150,000	…
期末在庫高	¥100,000	¥120,000	¥90,000	¥100,000	¥135,000	¥150,000	…	
↓	↓	↓	↓	↓	↓	↓		
平均在庫高	¥90,000	¥110,000	¥105,000	¥95,000	¥115,000	¥143,500	…	

Column 在庫回転率と在庫回転期間

もう1つの在庫の効率性を分析する指標に「在庫回転期間」があります。在庫回転期間は、在庫が売上原価の何日分あるかを示す「在庫回転率」を期間で表した指標で、在庫回転率の逆数となります。以下の計算式で算出されます。

$$\text{在庫回転期間（在庫回転日数）} = \frac{\text{在庫高}}{\left(\dfrac{\text{売上原価}}{365}\right)}$$

在庫回転期間は、年ベースで表す「在庫回転年数」、月ベースで表す「在庫回転日数」、上記の式のように日ベースで表す「在庫回転日数」などの種類がありますので、値を利用するときにはどの期間をベースとして算出されたものかを注意してください。

また、在庫回転期間も在庫回転率と同様、何日以下の回転期間なら問題がないというような明確な基準はありません。薄利多売の業種では在庫期間は短く、利益率の高い商品や高付加価値商品の在庫回転期間は長くなる傾向があるようです。同じような商品で比較した場合に、在庫回転期間が短いほうが、在庫管理が効率的に行われていると言えます。

❶ 在庫回転率のデータを準備する 2013 2016 2019

サンプルデータの期首在庫高と期末在庫高を使って、平均在庫高を算出し、さらに在庫回転率を算出します。それぞれのデータは、以下の列に格納します。

- 平均在庫高：E列
- 在庫回転率：F列

❶ セル「E2」に「=(C2+D2)/2」と入力し、平均在庫高を求める

SUM　=(C2+D2)/2

	A	B	C	D	E	F	G	H
1	商品名	売上原価	期首在庫	期末在庫	平均在庫	在庫回転率		
2	粉末洗剤	76,520	16,840	18,610	=(C2+D2)/2			
3	柔軟剤入り粉末洗剤	68,400	15,250	16,780				
4	液体洗剤	42,380	16,280	12,770				
5	柔軟剤入り液体洗剤	74,410	14,210	14,280				
6	洗濯せっけん	12,830	2,240	3,180				
7	洗濯粉せっけん	37,820	8,820	11,530				
8	漂白剤	28,500	10,500	8,280				
9	柔軟剤　お花の香り	37,150	12,400	16,060				
10	柔軟剤　おひさまの香り	62,870	12,050	10,410				
11	柔軟剤　森の香り	64,490	10,830	10,020				
12	おしゃれ着洗い　グリーン	52,180	12,680	10,380				
13	おしゃれ着洗い　オレンジ	49,880	10,370	11,910				
14	赤ちゃん用洗剤	24,130	8,260	8,800				
15	洗濯用重曹	32,860	6,640	4,160				
16	無添加粉末洗剤	41,170	8,040	9,020				
17	無添加液体洗剤	46,860	6,200	4,810				
18	無添加柔軟剤	28,590	6,230	5,830				
19	デリケート肌用粉末洗剤	16,640	10,890	13,270				
20	デリケート肌用液体洗剤	43,710	12,460	8,040				
21	デリケート肌用柔軟剤	12,840	10,040	9,020				
22								

❷ 平均在庫高が算出された

E3　=(C3+D3)/2

	A	B	C	D	E	F	G	H
1	商品名	売上原価	期首在庫	期末在庫	平均在庫	在庫回転率		
2	粉末洗剤	76,520	16,840	18,610	17,725			
3	柔軟剤入り粉末洗剤	68,400	15,250	16,780	16,015			
4	液体洗剤	42,380	16,280	12,770	14,525			
5	柔軟剤入り液体洗剤	74,410	14,210	14,280	14,245			
6	洗濯せっけん	12,830	2,240	3,180	2,710			
7	洗濯粉せっけん	37,820	8,820	11,530	10,175			
8	漂白剤	28,500	10,500	8,280	9,390			
9	柔軟剤　お花の香り	37,150	12,400	16,060	14,230			
10	柔軟剤　おひさまの香り	62,870	12,050	10,410	11,230			
11	柔軟剤　森の香り	64,490	10,830	10,020	10,425			
12	おしゃれ着洗い　グリーン	52,180	12,680	10,380	11,530			
13	おしゃれ着洗い　オレンジ	49,880	10,370	11,910	11,140			
14	赤ちゃん用洗剤	24,130	8,260	8,800	8,530			
15	洗濯用重曹	32,860	6,640	4,160	5,400			
16	無添加粉末洗剤	41,170	8,040	9,020	8,530			
17	無添加液体洗剤	46,860	6,200	4,810	5,505			
18	無添加柔軟剤	28,590	6,230	5,830	6,030			
19	デリケート肌用粉末洗剤	16,640	10,890	13,270	12,080			
20	デリケート肌用液体洗剤	43,710	12,460	8,040	10,250			
21	デリケート肌用柔軟剤	12,840	10,040	9,020	9,530			
22								

❸ セル「E2」をコピーし、セル「E3」から「E21」に貼り付ける

❹ “柔軟剤入り粉末洗剤”から“デリケート肌用柔軟剤”までの平均在庫高が表示された

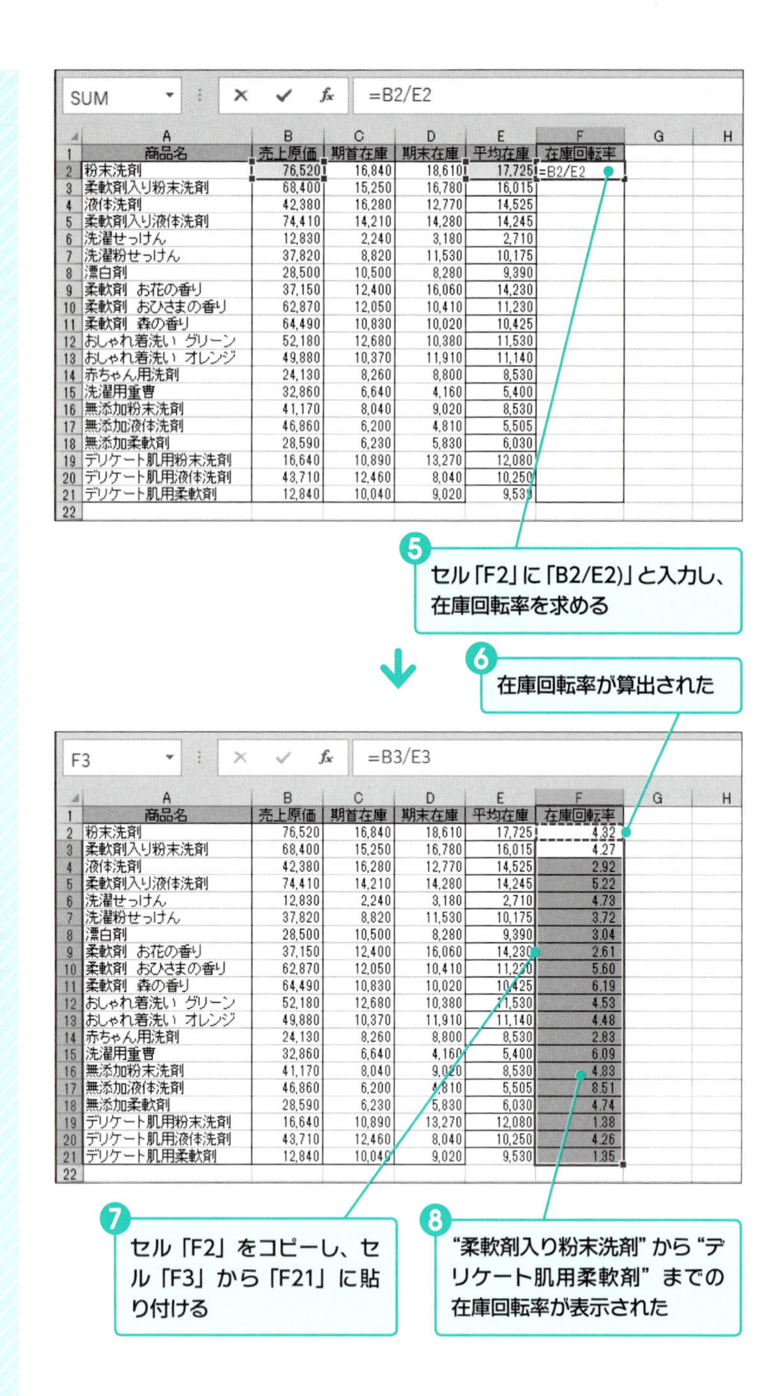

	A	B	C	D	E	F	G	H
1	商品名	売上原価	期首在庫	期末在庫	平均在庫	在庫回転率		
2	粉末洗剤	76,520	16,840	18,610	17,725	=B2/E2		
3	柔軟剤入り粉末洗剤	68,400	15,250	16,780	16,015			
4	液体洗剤	42,380	16,280	12,770	14,525			
5	柔軟剤入り液体洗剤	74,410	14,210	14,280	14,245			
6	洗濯せっけん	12,830	2,240	3,180	2,710			
7	洗濯粉せっけん	37,820	8,820	11,530	10,175			
8	漂白剤	28,500	10,500	8,280	9,390			
9	柔軟剤　お花の香り	37,150	12,400	16,060	14,230			
10	柔軟剤　おひさまの香り	62,870	12,050	10,410	11,230			
11	柔軟剤　森の香り	64,490	10,830	10,020	10,425			
12	おしゃれ着洗い　グリーン	52,180	12,680	10,380	11,530			
13	おしゃれ着洗い　オレンジ	49,880	10,370	11,910	11,140			
14	赤ちゃん用洗剤	24,130	8,260	8,800	8,530			
15	洗濯用重曹	32,860	6,640	4,160	5,400			
16	無添加粉末洗剤	41,170	8,040	9,020	8,530			
17	無添加液体洗剤	46,860	6,200	4,810	5,505			
18	無添加柔軟剤	28,590	6,230	5,830	6,030			
19	デリケート肌用粉末洗剤	16,640	10,890	13,270	12,080			
20	デリケート肌用液体洗剤	43,710	12,460	8,040	10,250			
21	デリケート肌用柔軟剤	12,840	10,040	9,020	9,530			
22								

	A	B	C	D	E	F	G	H
1	商品名	売上原価	期首在庫	期末在庫	平均在庫	在庫回転率		
2	粉末洗剤	76,520	16,840	18,610	17,725	4.32		
3	柔軟剤入り粉末洗剤	68,400	15,250	16,780	16,015	4.27		
4	液体洗剤	42,380	16,280	12,770	14,525	2.92		
5	柔軟剤入り液体洗剤	74,410	14,210	14,280	14,245	5.22		
6	洗濯せっけん	12,830	2,240	3,180	2,710	4.73		
7	洗濯粉せっけん	37,820	8,820	11,530	10,175	3.72		
8	漂白剤	28,500	10,500	8,280	9,390	3.04		
9	柔軟剤　お花の香り	37,150	12,400	16,060	14,230	2.61		
10	柔軟剤　おひさまの香り	62,870	12,050	10,410	11,230	5.60		
11	柔軟剤　森の香り	64,490	10,830	10,020	10,425	6.19		
12	おしゃれ着洗い　グリーン	52,180	12,680	10,380	11,530	4.53		
13	おしゃれ着洗い　オレンジ	49,880	10,370	11,910	11,140	4.48		
14	赤ちゃん用洗剤	24,130	8,260	8,800	8,530	2.83		
15	洗濯用重曹	32,860	6,640	4,160	5,400	6.09		
16	無添加粉末洗剤	41,170	8,040	9,020	8,530	4.83		
17	無添加液体洗剤	46,860	6,200	4,810	5,505	8.51		
18	無添加柔軟剤	28,590	6,230	5,830	6,030	4.74		
19	デリケート肌用粉末洗剤	16,640	10,890	13,270	12,080	1.38		
20	デリケート肌用液体洗剤	43,710	12,460	8,040	10,250	4.26		
21	デリケート肌用柔軟剤	12,840	10,040	9,020	9,530	1.35		
22								

❷ 在庫回転率を使ってグラフを作成する　2013 2016 2019

「平均在庫」と「在庫回転率」を使って、グラフを作成します。

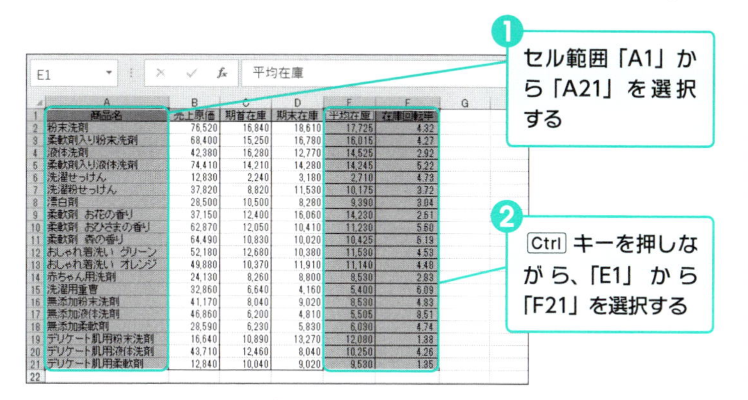

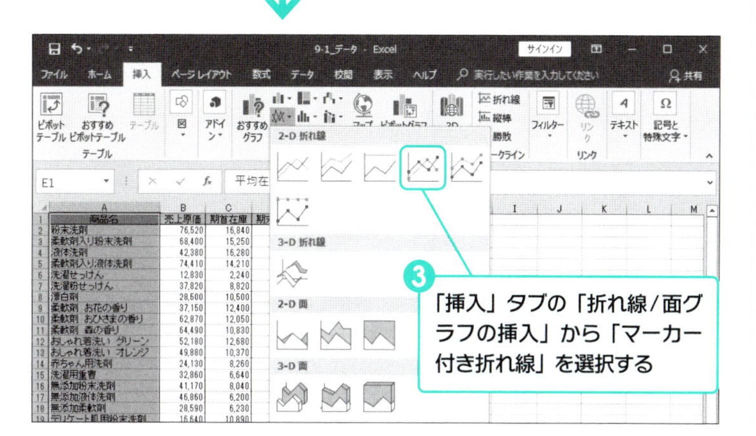

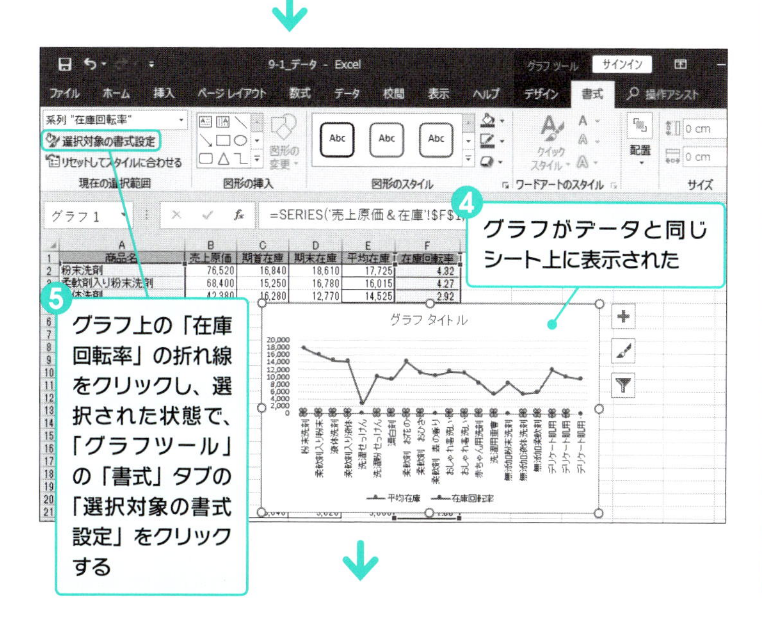

Excel 2013の場合は

「挿入」タブの「折れ線グラフの挿入」から「マーカー付き折れ線」を選択します。

グラフツールメニューを表示するには

グラフツールメニューが表示されていない場合は、グラフをクリックして選択します。グラフツールメニューは、グラフが選択されているときのみ表示されます。

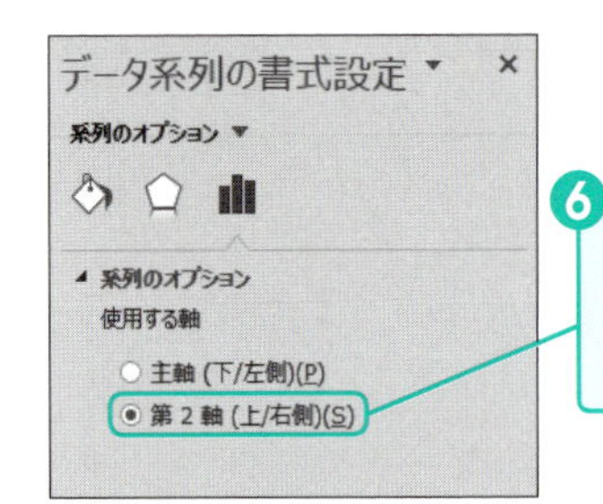

6 「データ系列の書式設定」の「系列のオプション」→「使用する軸」で「第2軸」を選択し、「×」をクリックする。

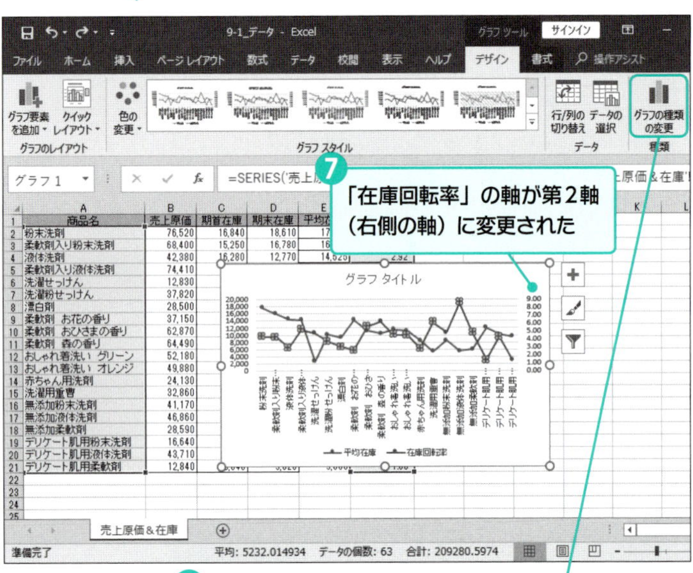

7 「在庫回転率」の軸が第2軸（右側の軸）に変更された

8 「グラフツール」の「デザイン」タブの「グラフの種類の変更」をクリックする

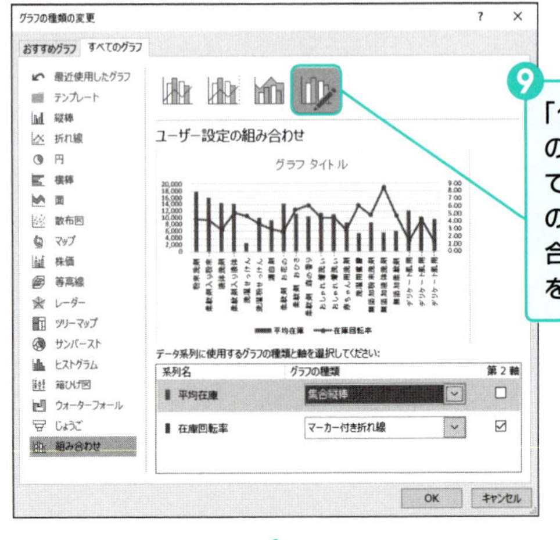

9 「グラフの種類の変更」のダイアログボックスで、系列名「平均在庫」のグラフの種類を「集合縦棒」に変更し、「OK」をクリックする

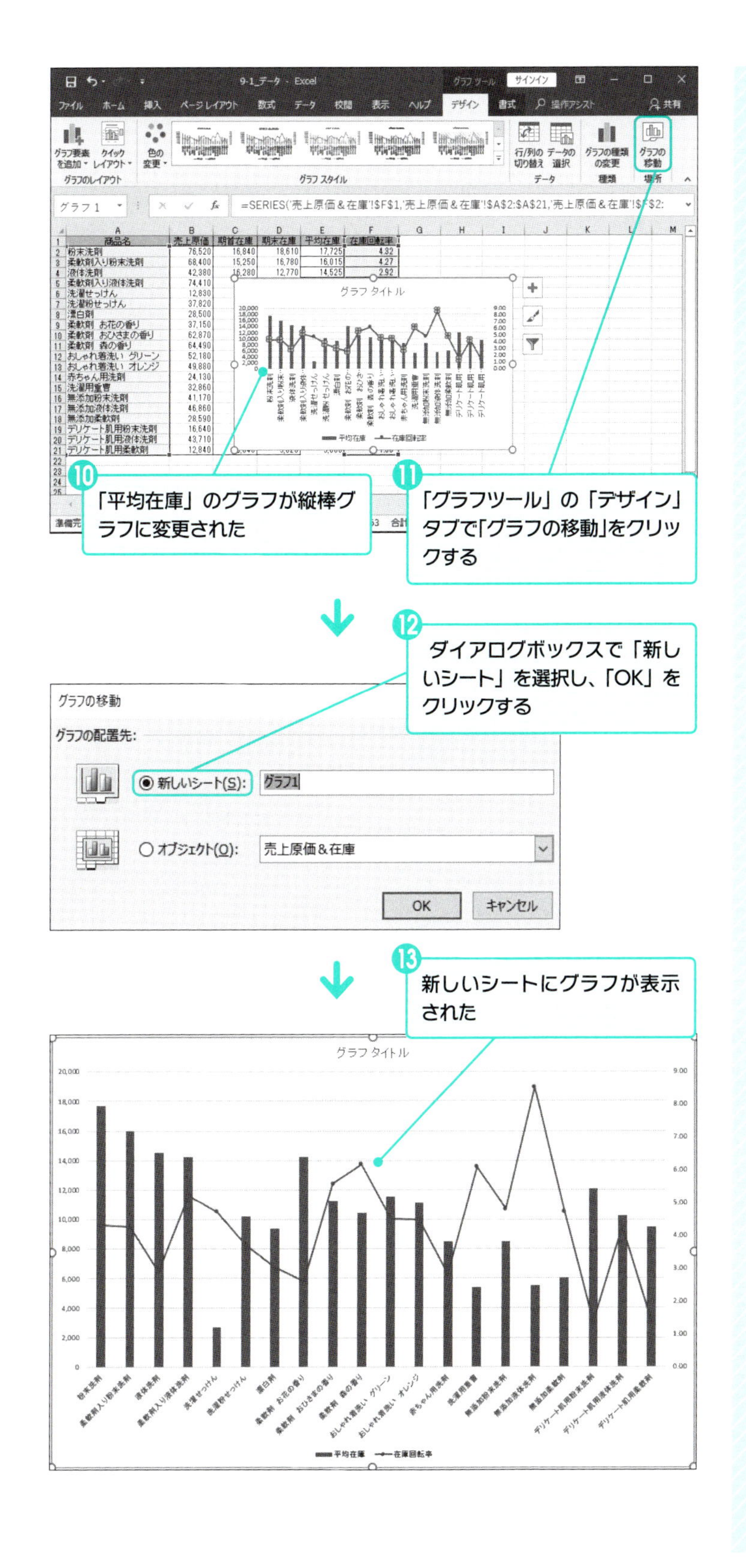

⑩「平均在庫」のグラフが縦棒グラフに変更された
⑪「グラフツール」の「デザイン」タブで「グラフの移動」をクリックする
⑫ダイアログボックスで「新しいシート」を選択し、「OK」をクリックする
グラフの移動
グラフの配置先:
新しいシート(S): グラフ1
オブジェクト(O): 売上原価＆在庫
OK
キャンセル
⑬新しいシートにグラフが表示された
グラフ タイトル
平均在庫
在庫回転率

❸ タイトルと軸ラベルを設定する 2013 2016 2019

グラフツールの「デザイン」タブでは、グラフのいろいろなデザインを指定することができます。この機能を使用して、グラフのタイトルと、縦軸のラベルを設定しましょう。

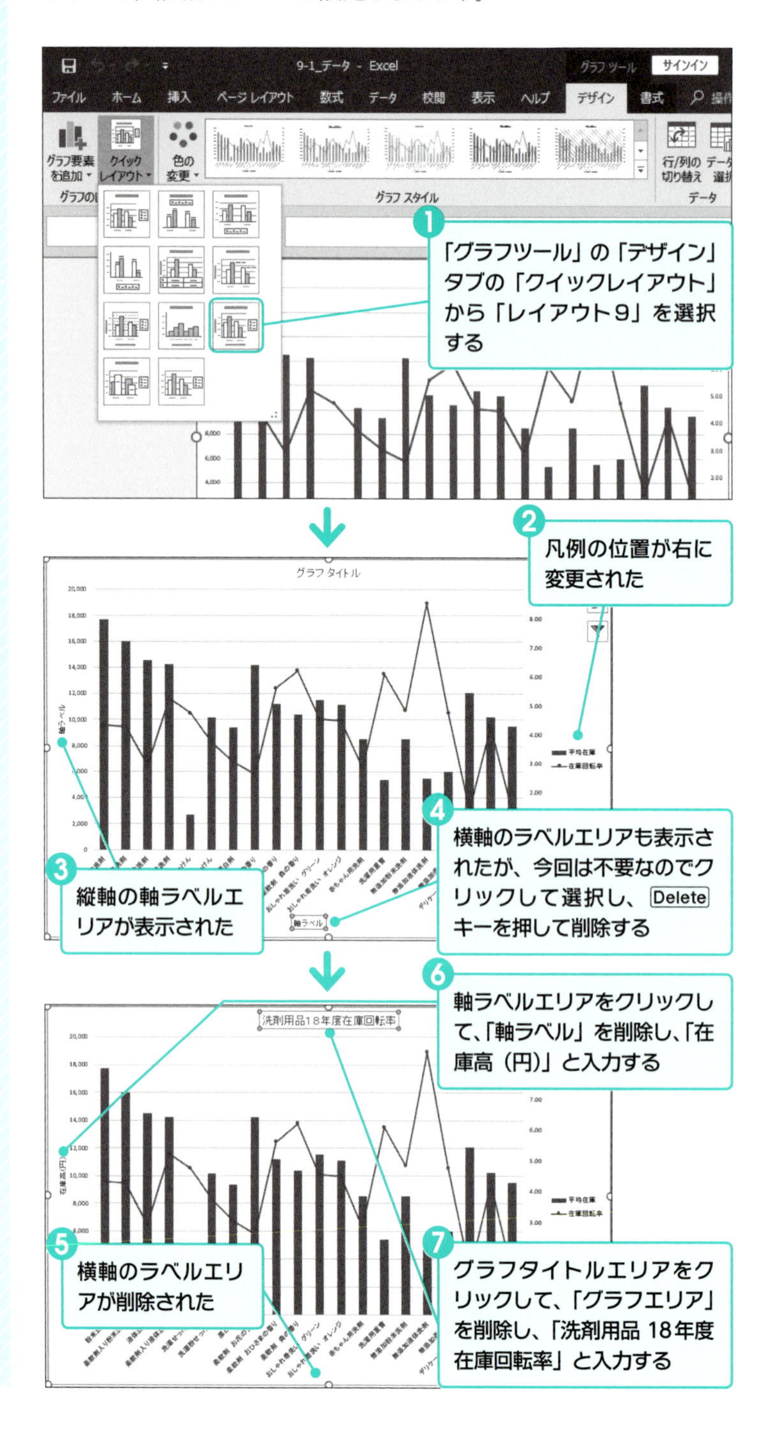

❹ データラベルを表示する

2013 2016 2019

在庫回転率のグラフの各要素にデータラベルを表示して、在庫回転率の数字を把握しやすくしましょう。

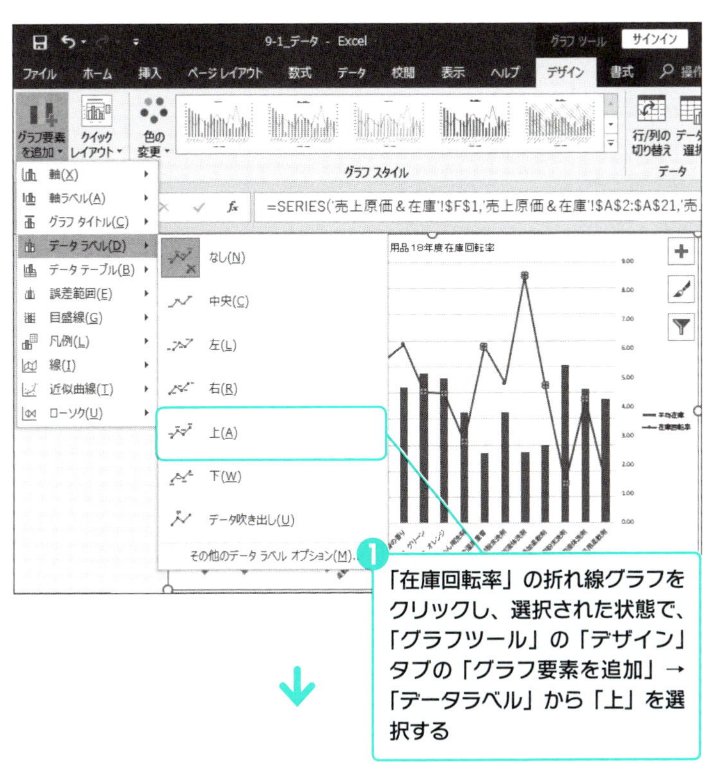

❶「在庫回転率」の折れ線グラフをクリックし、選択された状態で、「グラフツール」の「デザイン」タブの「グラフ要素を追加」→「データラベル」から「上」を選択する

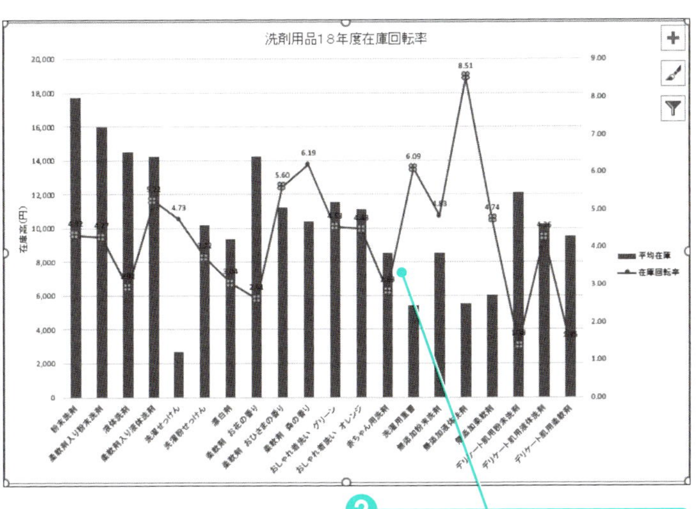

❷「在庫回転率」の折れ線の上に値が表示された

❺ グラフをPowerPointのスライドに貼り付ける 2013 2016 2019

完成したグラフから、いくつかの商品の在庫回転率が低いことがわかります。そこで、在庫回転率の低い商品に対して、発注計画の見直しが必要なことを説明する資料を作成していきます。まずは、このグラフをPowerPointのスライドに貼り付けます。

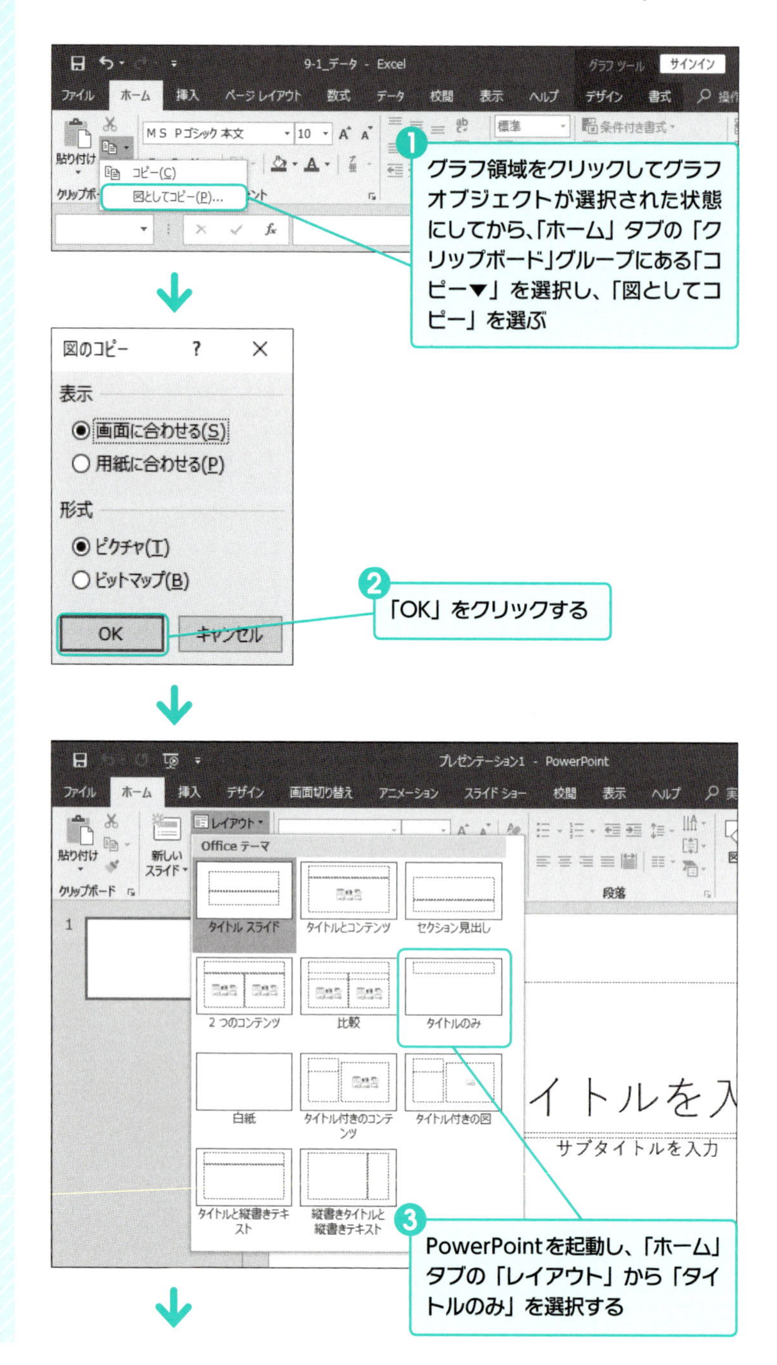

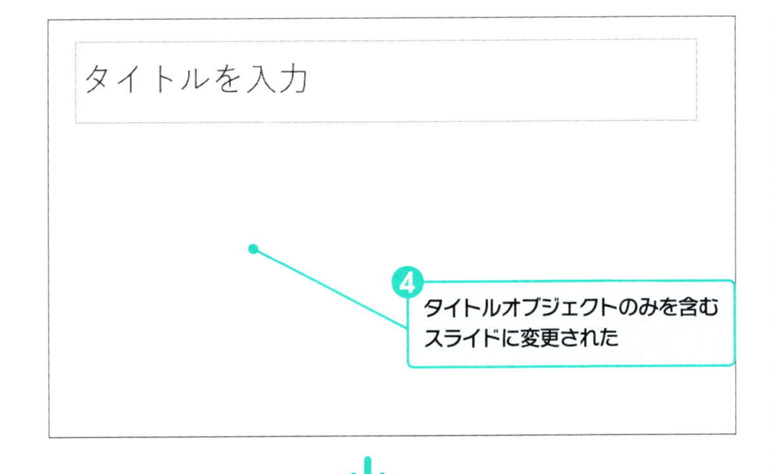

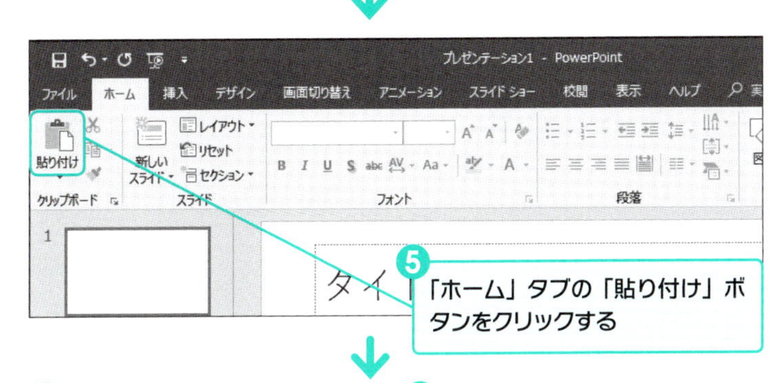

6 クリップボードにコピーされていたグラフが、コンテンツオブジェクトとして貼り付けられた

7 グラフオブジェクトをドラッグして、タイトル以外の余白部分の中心に移動する

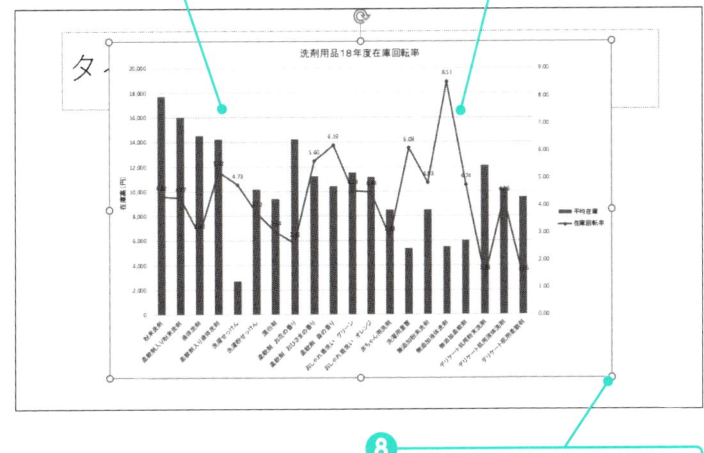

8 グラフオブジェクトの四隅のハンドルを使って、ちょうどスライドに収まる大きさに変更する

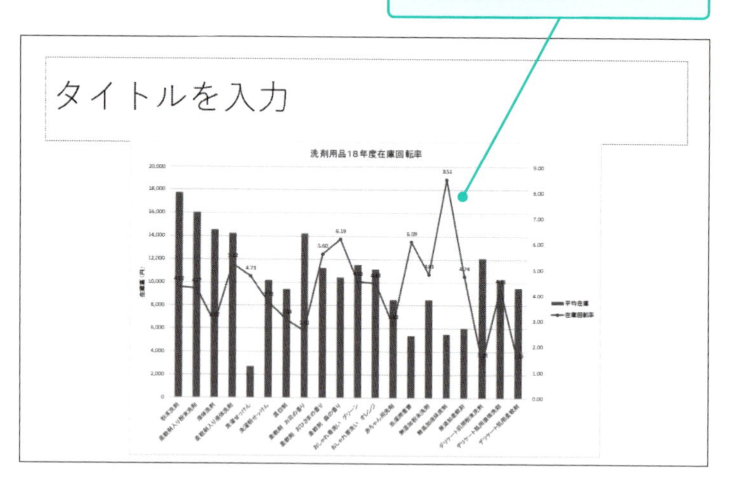
9
グラフオブジェクトの位置とサイズが変更された
タイトルを入力
洗剤用品18年度在庫回転率

❻ PowerPointのスライドを完成させる 2013 2016 2019

スライドのタイトルに、発注計画の見直しが必要な商品の選定理由を記述し、スライドを完成させます。グラフ上の選定基準や対象商品を、図形などを使って強調することで、よりポイントを明確にしたスライドにすることができます。

❶ タイトルオブジェクトに、発注計画の見直し対象商品の選定理由を入力する

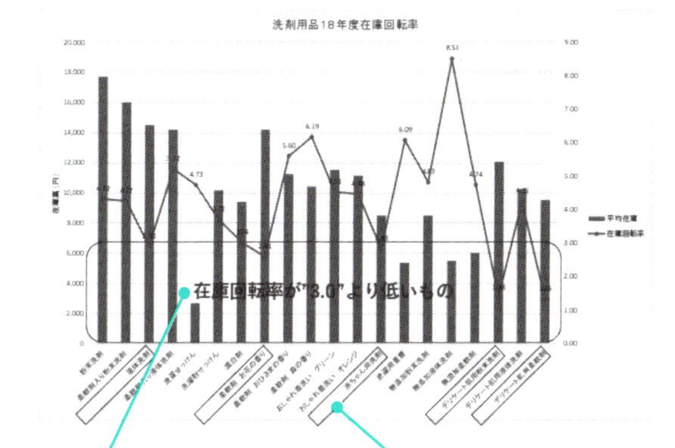

❷ グラフ上に、図形ツールを使用して、対象となる商品の基準範囲を追加する

❸ グラフ上に、発注計画の見直し対象となる商品を強調する囲みを追加する

02 最適な発注点を見つけ出す

過剰な在庫を保持せず、かつ、品切れも発生しないような在庫量を保つためには、過去の売上実績に基づいて、安全在庫を考慮した発注計画を立てることが大切です。そこで、在庫過多となっている商品について、過去の売上実績から適切な発注点（＝発注タイミング）を算出し、発注方法を変える必要があることを説明するスライドを作成します。

Point

- ドラッグストアの発注担当者が在庫過多となっている商品の発注方法を見直すことを仮定します。
- 商品はいつも同じだけ売れるわけではありませんので、いつも決まった日に同じ数量を発注すればいいというものではありません。そこで、過去の売上実績を使って、販売数量のばらつきを考慮した安全在庫を確保しつつ、発注〜納入までのリードタイムを加味した発注点を算出します。
- この発注点をベースに、“不定期での定量の発注”（在庫が決められた数量以下になったら決まった数量を発注する）という発注方式を考えていきます。

Sample 発注方法の見直しを提案するスライド

実績ベースの売上数量と在庫量のグラフ

発注方法の見直しの必要性を説明するテキスト

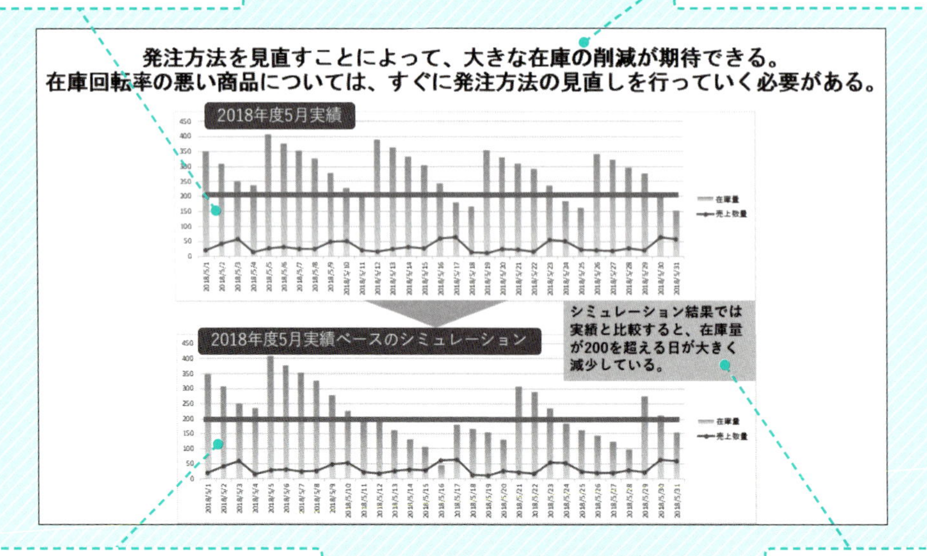

発注方法を見直したシミュレーション結果の売上数量と在庫量のグラフ

グラフの補足説明のための線とコメント

発注点と安全在庫とは

発注点とは、あらかじめ定められた在庫水準のことです。この在庫量より少なくなったタイミングで発注を行います。つまり、発注タイミングの目安となる在庫量です。

発注点は、一般的に以下の計算式で求められます。

発注点 ＝ 1日の平均販売数量 × 発注リードタイム ＋ 安全在庫

発注してから納入までの期間である発注リードタイム中に予想される販売数量の合計に、日別の販売数量のばらつきをカバーするための安全在庫数量を加えたものが、発注点となります。

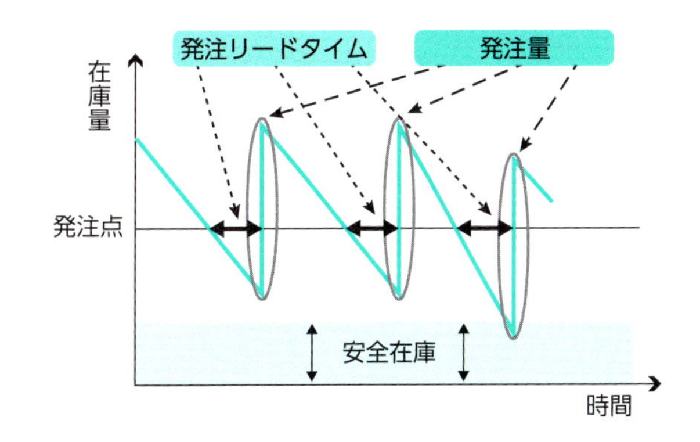

安全在庫

安全在庫とは、販売数量のばらつきや納品の遅延、納入量の不足などの様々な変動要因を見越して、欠品を防ぐために余分に保持する在庫量のことです。安全在庫を多く持つことによって、在庫切れになることを防ぎ、販売機会ロスを減らすことができますが、在庫が多くなることにより、過剰在庫を生み出す危険も高くなります。

どれくらいの在庫量を安全在庫とするべきかは諸条件によって異なりますが、販売数量のばらつきを考慮した安全在庫は、以下の計算式で算出することが可能です。

安全在庫 ＝ 安全係数 × 1日の販売数量のばらつき（＝標準偏差） × $\sqrt{\text{発注リードタイム}}$

安全係数

安全在庫の計算の際に使う安全係数とは、リスクの許容度を示す係数です。上の計算式からもわかるように、この係数が大きくなればなるほど、安全在庫が大きくなります。Excelでは、NORMSINV関数を使って簡単に算出することが可能です。

● NORMSINV関数

NORMSINV関数は、NORMINV関数の正規分布版の関数で、正規分布の確率がPとなる確率変数(横軸の値)を求める関数です。たとえば、在庫切れになる確率を5%にしたいとすると、確率95%の値を求めることとなります（次ページの図参照）。

書式	=NORMSINV(確率)
引数	"0"～"1"　または　"0%"～"100%"

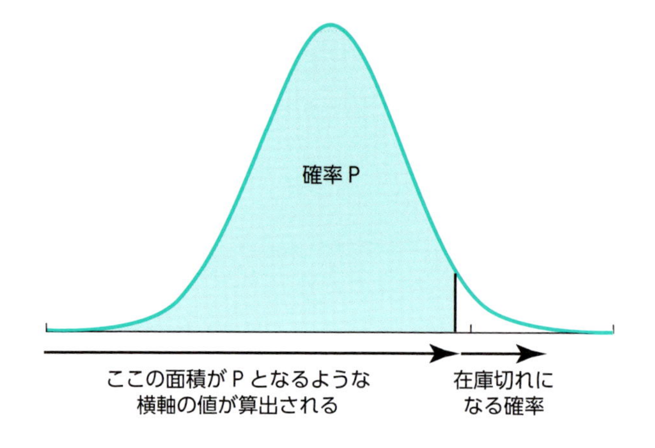

販売数量のばらつき（標準偏差）

データに対するばらつきを表す数値が、標準偏差です。より正確な販売数量の平均値を求めるには、できるだけ多くの販売データが必要となりますが、ExcelではSTDEV関数を使うことによって、シート上のデータをデータ全体の標本とみなした標準偏差を求めることができます。

● STDEV関数

STDEV関数は、対象としたデータのばらつき（標本標準偏差）を求める関数です。数値が大きいほどばらつきが大きく、数値が小さいほどばらつきが小さいことを示します。

書式	=STDEV(データのセル範囲)
引数	対象とするデータのセルの範囲

Column いろいろな発注方式

発注の方式は、発注のタイミングと発注量により、以下のパターンに分類することができます。どのパターンの発注方式を採用しているかによって、変動させることのできる数値が変わってきます。

		発注タイミング	
		定期	不定期
発注量	定量	定期定量発注	不定期定量発注
	不定量	定期不定量発注	不定期不定量発注

発注タイミング：毎月決まった日や毎週決まった曜日に発注するなどの発注する日が決まっているかどうか
発注量：決まったロットサイズで発注する必要があるかどうか

❶ 発注点を求めるためのデータを準備する 2013 2016 2019

サンプルデータの日別売上実績を使って、1日の平均売上数量を求め、さらに安全在庫を算出します。それぞれのデータは、以下の列に格納します。

- 1日平均売上数量、及び発注リードタイムの間の平均売上数量：FG列 上表
- 1日の売上数量の標準偏差、及び安全在庫：FG列 中表

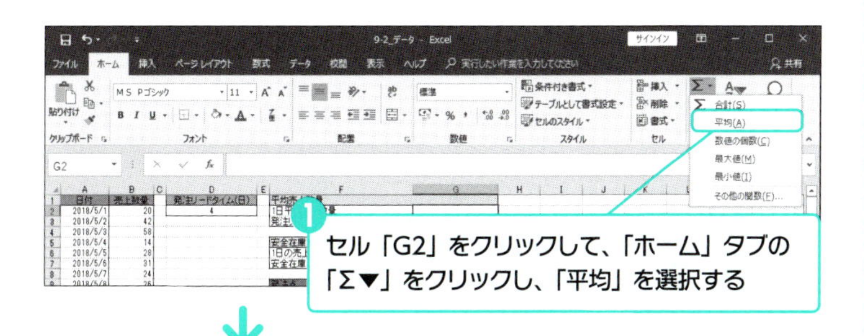

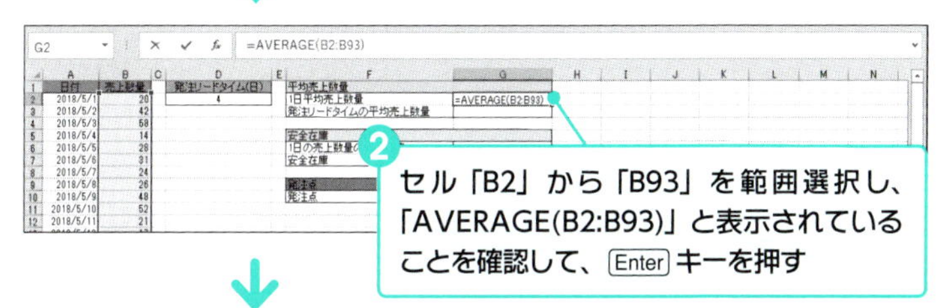

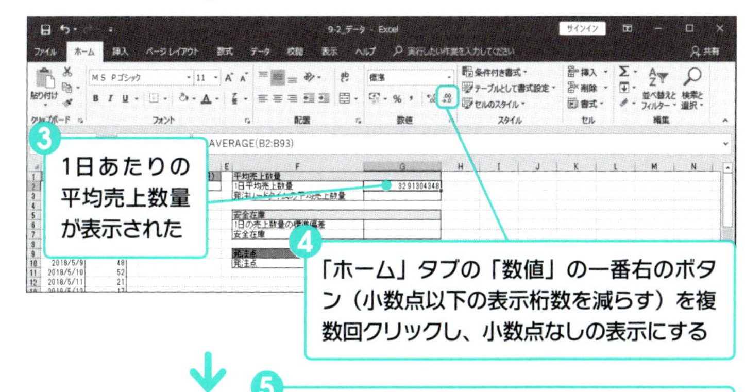

❺ 1日あたりの平均売上数量が整数で表示された

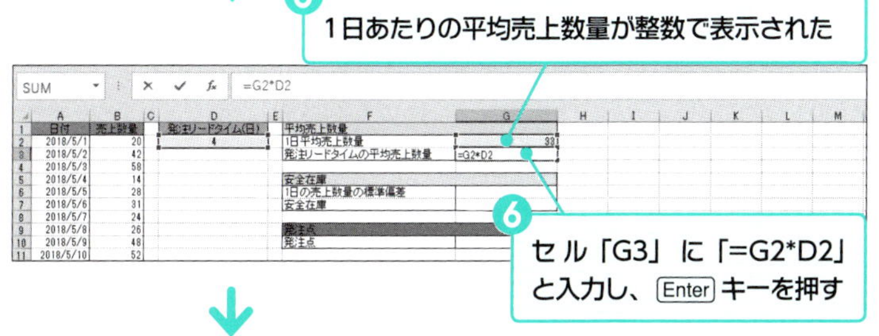

平均売上数量を求めるには

正確な売上数量の平均値を求めるには、できるだけ多くの売上データを用意することが必要です。サンプルデータでは3カ月分の売上データを用意しましたが、可能であればより長期間のデータを準備しましょう。

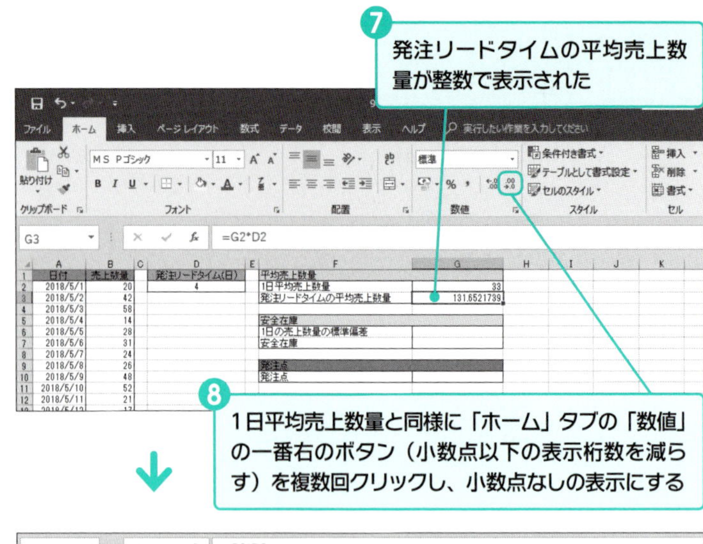

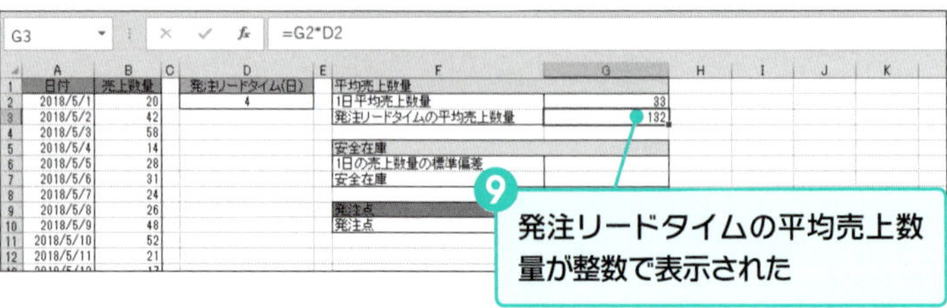

次に、1日の売上数量の標準偏差と発注リードタイムの平方根を求めて、安全在庫を算出します。267ページの「発注点と安全在庫とは」で説明したように、安全在庫は販売数量の変動及び納入遅延などのばらつきを吸収するために必要とされる在庫です。

まず、1日の売上数量の標本標準偏差をSTDEV関数を使って算出し、それを使って安全在庫を算出します。

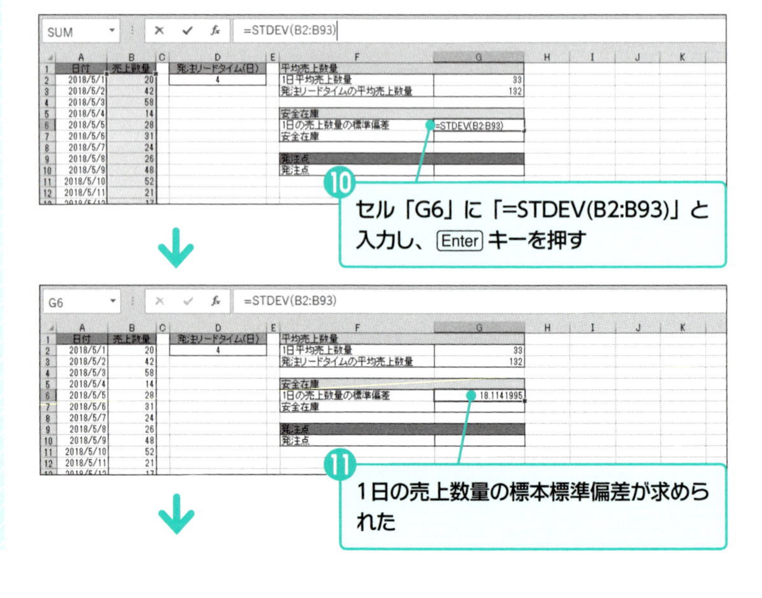

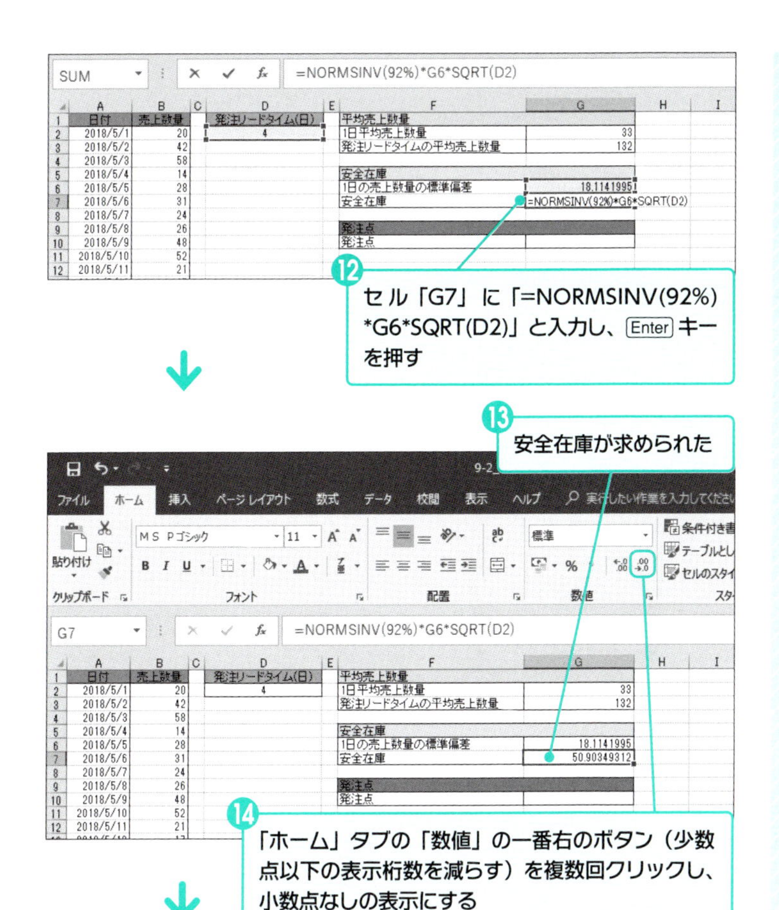

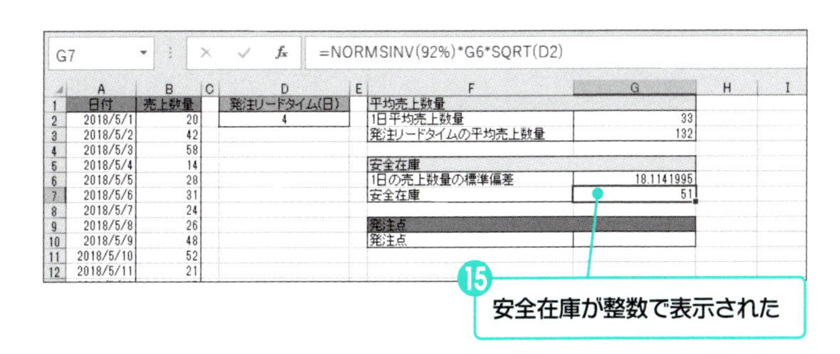

安全在庫を計算するには

安全在庫は、“安全係数×1日の売上数量の標準偏差×√発注リードタイム” で算出されます。発注リードタイムの平方根の値は、SQRT関数を利用して算出します。

安全係数

安全係数は、その在庫の性質や発注先などによって適切な値は変わってきますが、今回は「8%」を安全係数としたため、NORMSINV関数の引数は「92%」となっています。

❷ 安全在庫を考慮した発注点を求める　2013 2016 2019

算出された「安全在庫」の値と、「1日の平均売上数量」と「発注リードタイム」を使って、発注点を求めます。

発注点は、267ページの「発注点と安全在庫とは」で説明したように、“発注リードタイムの平均売上数量（1日の平均販売数量 × 発注リードタイム）＋安全在庫” で算出されます。

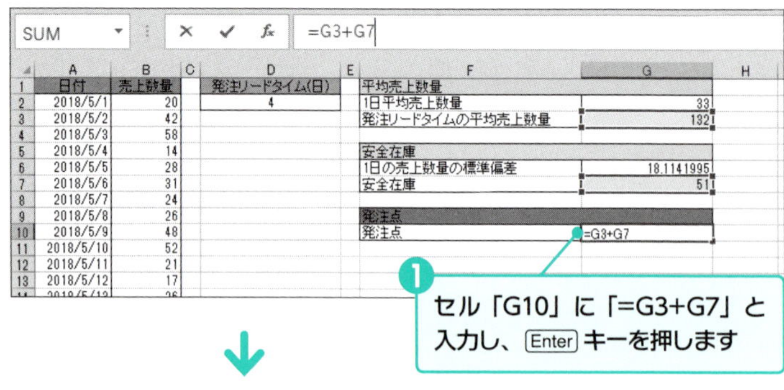

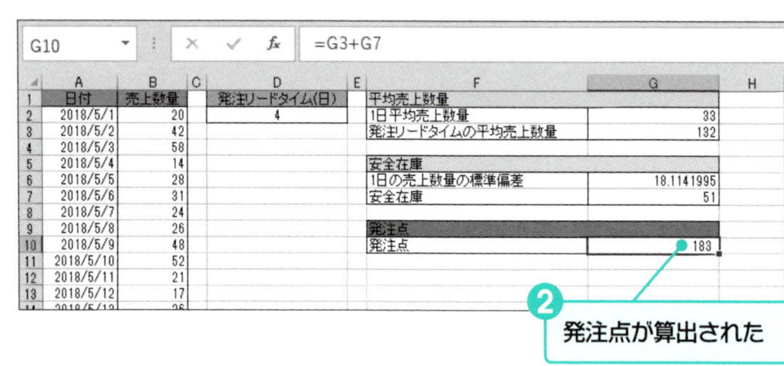

❸ 在庫量の推移をシミュレーションする　2013 2016 2019

サンプルデータの日別売上在庫を使って、発注方法を見直した後の在庫推移をシミュレーションします。それぞれのデータは、以下の列に格納します。

- 見直し後の入庫量：G列
- 見直し後の在庫量：H列

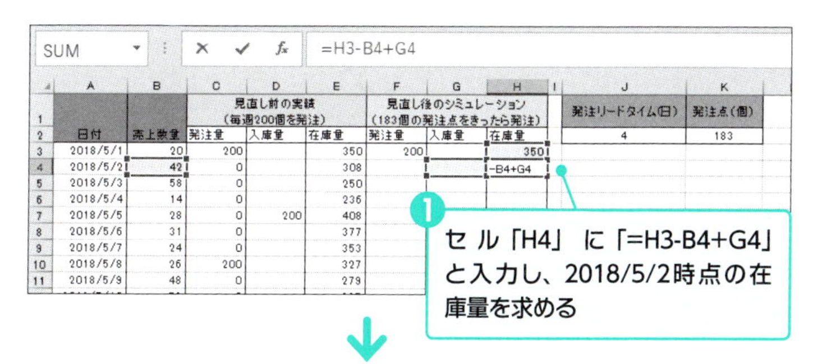

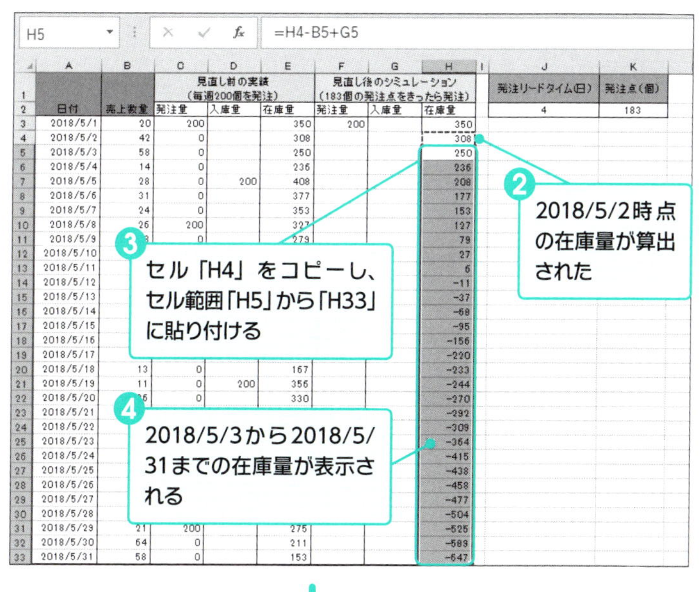

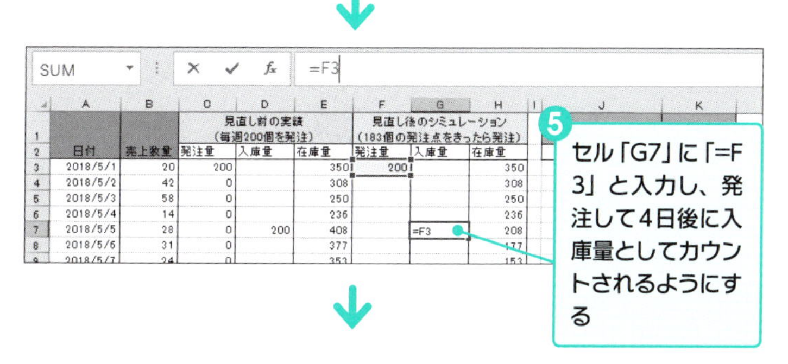

2018/5/1の発注量が4日後の2018/5/5に入庫量として表示され、在庫量も増加した

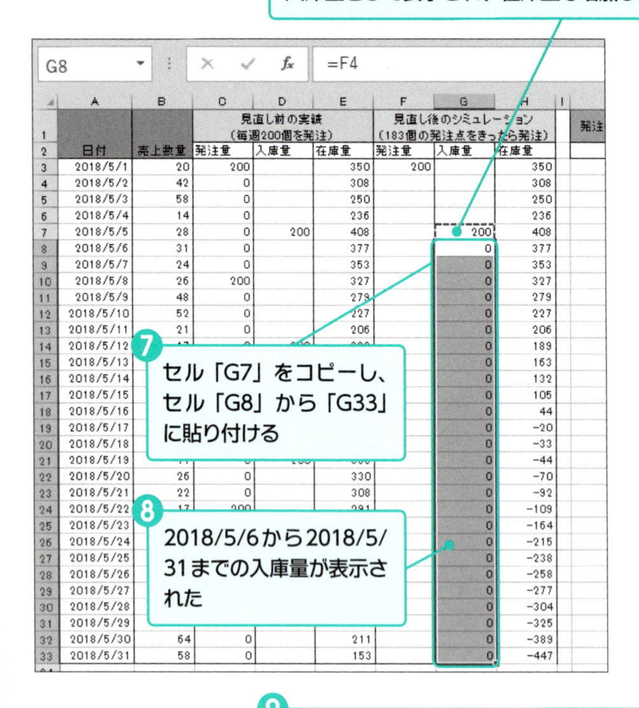

G8 =F4

	A	B	C	D	E	F	G	H
1			見直し前の実績（毎週200個を発注）			見直し後のシミュレーション（183個の発注点をきったら発注）		
2	日付	売上数量	発注量	入庫量	在庫量	発注量	入庫量	在庫量
3	2018/5/1	20	200		350	200		350
4	2018/5/2	42	0		308			308
5	2018/5/3	58	0		250			250
6	2018/5/4	14	0		236			236
7	2018/5/5	28	0	200	408		200	408
8	2018/5/6	31	0		377		0	377
9	2018/5/7	24	0		353		0	353
10	2018/5/8	26	200		327		0	327
11	2018/5/9	48	0		279		0	279
12	2018/5/10	52	0		227		0	227
13	2018/5/11	21	0		206		0	206
14	2018/5/12						0	189
15	2018/5/13						0	163
16	2018/5/14						0	132
17	2018/5/15						0	105
18	2018/5/16						0	44
19	2018/5/17						0	-20
20	2018/5/18						0	-33
21	2018/5/19						0	-44
22	2018/5/20	26	0		330		0	-70
23	2018/5/21	22	0		308		0	-92
24	2018/5/22						0	-109
25	2018/5/23						0	-164
26	2018/5/24						0	-215
27	2018/5/25						0	-238
28	2018/5/26						0	-258
29	2018/5/27						0	-277
30	2018/5/28						0	-304
31	2018/5/29						0	-325
32	2018/5/30	64	0		211		0	-389
33	2018/5/31	58	0		153		0	-447

在庫量が発注点の「183」を下回った日の発注量に「200」と入力し、それ以外の日は「0」と入力して、Enter キーを押す

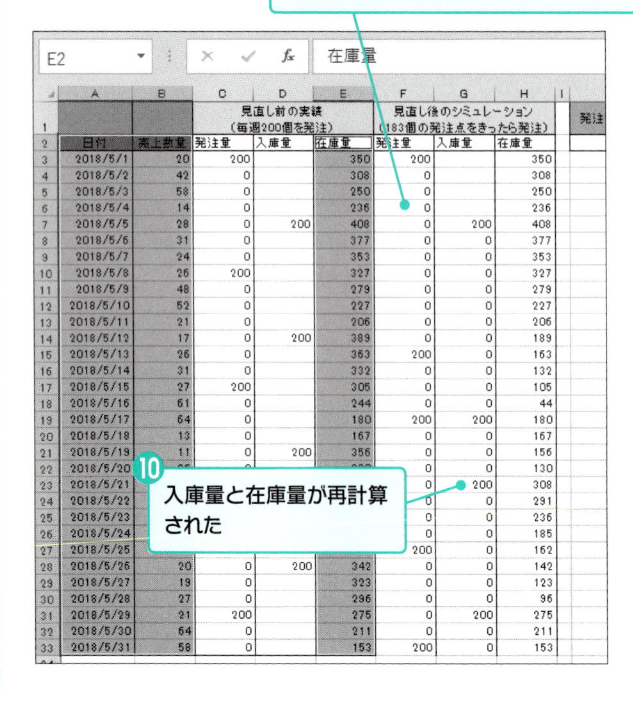

E2 在庫量

	A	B	C	D	E	F	G	H
1			見直し前の実績（毎週200個を発注）			見直し後のシミュレーション（183個の発注点をきったら発注）		
2	日付	売上数量	発注量	入庫量	在庫量	発注量	入庫量	在庫量
3	2018/5/1	20	200		350	200		350
4	2018/5/2	42	0		308	0		308
5	2018/5/3	58	0		250	0		250
6	2018/5/4	14	0		236	0		236
7	2018/5/5	28	0	200	408	0	200	408
8	2018/5/6	31	0		377	0	0	377
9	2018/5/7	24	0		353	0	0	353
10	2018/5/8	26	200		327	0	0	327
11	2018/5/9	48	0		279	0	0	279
12	2018/5/10	52	0		227	0	0	227
13	2018/5/11	21	0		206	0	0	206
14	2018/5/12	17	0	200	389	0	0	189
15	2018/5/13	26	0		363	200	0	163
16	2018/5/14	31	0		332	0	0	132
17	2018/5/15	27	200		305	0	0	105
18	2018/5/16	61	0		244	0	0	44
19	2018/5/17	64	0		180	200	200	180
20	2018/5/18	13	0		167	0	0	167
21	2018/5/19	11	0	200	356	0	0	156
22	2018/5/20					0	0	130
23	2018/5/21					0	200	308
24	2018/5/22					0	0	291
25	2018/5/23					0	0	236
26	2018/5/24					0	0	185
27	2018/5/25					200	0	162
28	2018/5/26	20	0	200	342	0	0	142
29	2018/5/27	19	0		323	0	0	123
30	2018/5/28	27	0		296	0	0	96
31	2018/5/29	21	200		275	0	200	275
32	2018/5/30	64	0		211	0	0	211
33	2018/5/31	58	0		153	200	0	153

発注のタイミング

発注リードタイムがあるため、発注してから入庫されるまでの期間はずっと在庫量が発注点を下回ります。発注済みで入庫待ちとなっている期間の需要は、発注点の算出のときに安全在庫として考慮しているため、在庫量が発注点より小さくても発注は行いません。

❹ 売上在庫の推移グラフを作成する

2013 2016 2019

算出された「売上数量」と「在庫量」のデータを使って、売上数量と在庫量の推移グラフを作成します。

E2 在庫量

	A	B	C	D	E	F	G	H
1			見直し前の実績（毎週200個を発注）			見直し後のシミュレーション（183個の発注点をきったら発注）		
2	日付	売上数量	発注量	入庫量	在庫量	発注量	入庫量	在庫量
3	2018/5/1	20	200		350	200		350
4	2018/5/2	42	0		308	0		308
5	2018/5/3	58	0		250	0		250
6	2018/5/4	14	0		236	0		236
7	2018/5/5	28	0	200	408	0	200	408
8	2018/5/6	31	0		377	0	0	377
9	2018/5/7	24	0		353	0	0	353
10	2018/5/8	26	200		327	0	0	327
11	2018/5/9	48	0		279	0	0	279
12	2018/5/10	52	0		227	0	0	227
13	2018/5/11	21	0		206	0	0	206
14	2018/5/12	17	0	200	389	0	0	189
15	2018/5/13	26	0		363	200	0	163
16	2018/5/14	31	0		332	0	0	132
17	2018/5/15	27	200		305	0	0	105
18	2018/5/16	61	0		244	0	0	44
19	2018/5/17	64	0		180	200	200	180
20	2018/5/18	13	0		167	0	0	167
21	2018/5/19	11	0	200	356	0	0	156
22	2018/5/20	26	0		330	0	0	130
23	2018/5/21	22	0		308	0	200	308
24	2018/5/22	17	200		291	0	0	291
25	2018/5/23	55	0		236	0	0	236
26	2018/5/24	51	0		185	0	0	185
27	2018/5/25	23	0		162	200	0	162
28	2018/5/26	20	0	200	342	0	0	142
29	2018/5/27	19	0		323	0	0	123
30	2018/5/28	27	0		296	0	0	96
31	2018/5/29	21	200		275	0	200	275
32	2018/5/30	64	0		211	0	0	211
33	2018/5/31	58	0		153	20	0	153

❶ セル範囲「A2」から「B33」を選択する

❷ Ctrl キーを押しながら、セル範囲「E2」から「E33」を選択する

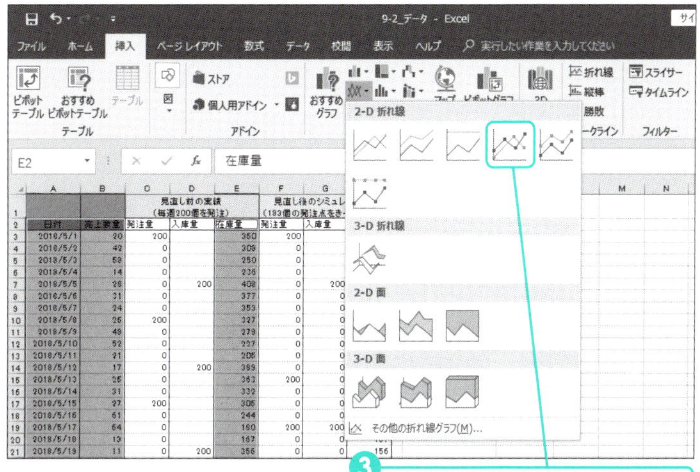

❸ 「挿入」タブの「折れ線/面グラフの挿入」から「マーカー付き折れ線」を選択する

Excel 2013の場合は

「挿入」タブの「折れ線グラフの挿入」から「マーカー付き折れ線」を選択します。

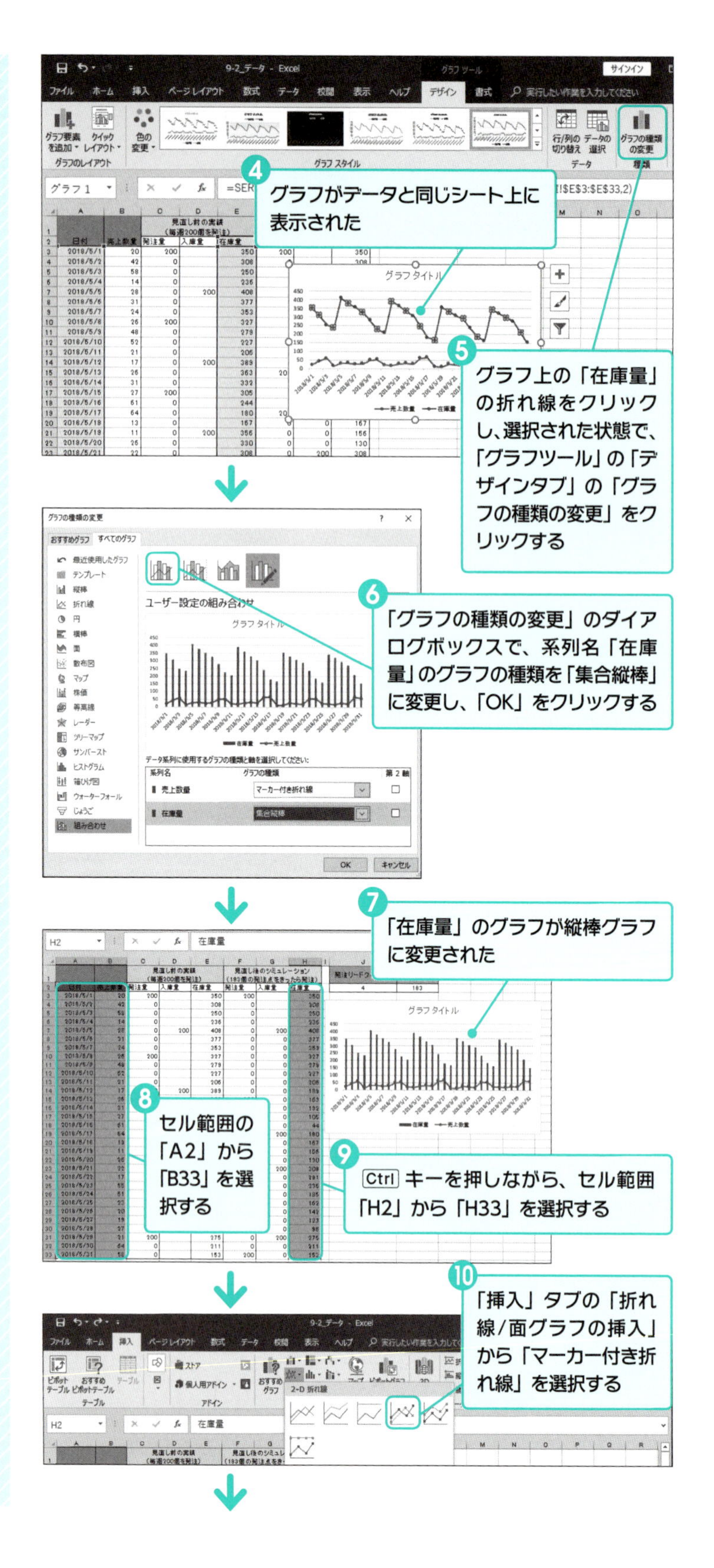

Excel 2013の場合は

「挿入」タブの「折れ線グラフの挿入」から「マーカー付き折れ線」を選択します。

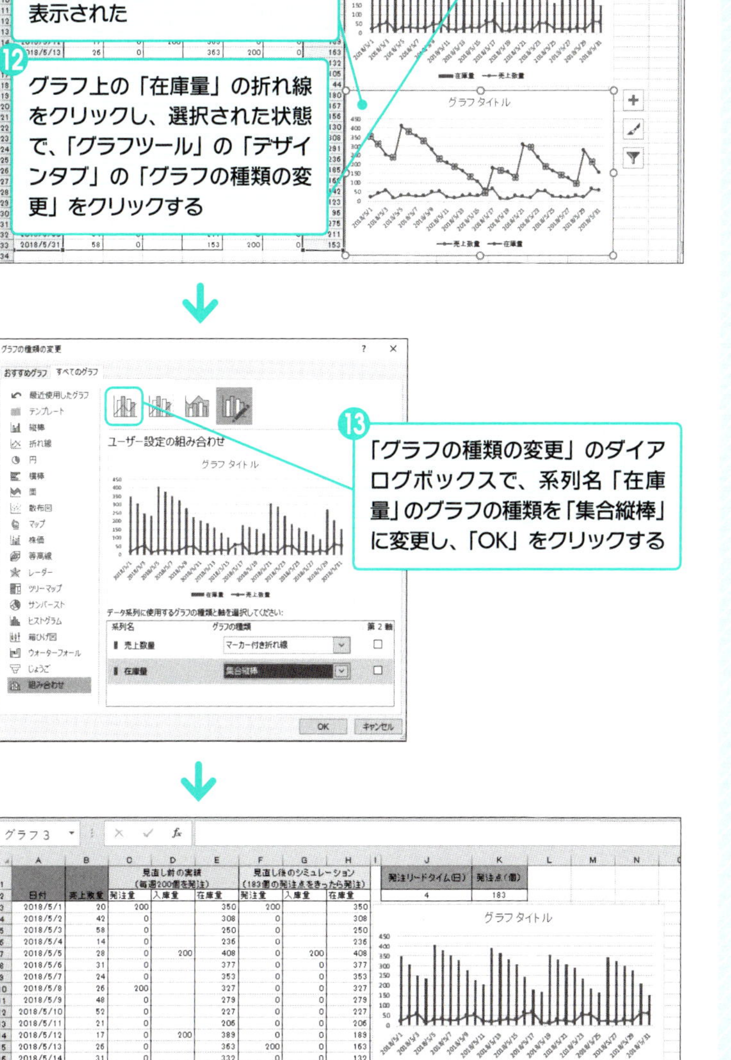
11
グラフがデータと同じシート上に表示された
12
グラフ上の「在庫量」の折れ線をクリックし、選択された状態で、「グラフツール」の「デザインタブ」の「グラフの種類の変更」をクリックする
13
「グラフの種類の変更」のダイアログボックスで、系列名「在庫量」のグラフの種類を「集合縦棒」に変更し、「OK」をクリックする
14
「在庫量」のグラフが縦棒グラフに変更された

❺ グラフの色とレイアウトを変更する

2013 2016 2019

グラフの色をグラデーションに変更し、最後にグラフのレイアウトを変更することで、在庫量の推移をよりわかりやすいものにします。

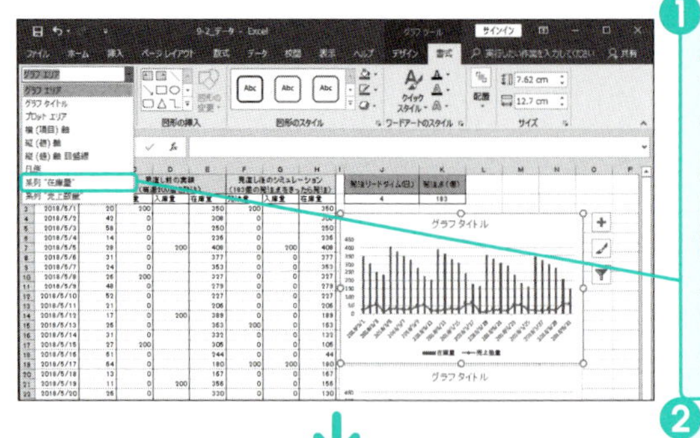

❶ 上のほうのグラフを選択し、「グラフツール」の「書式」タブの「現在の選択範囲」の「グラフエリア▼」から「系列 "在庫量"」を選択する

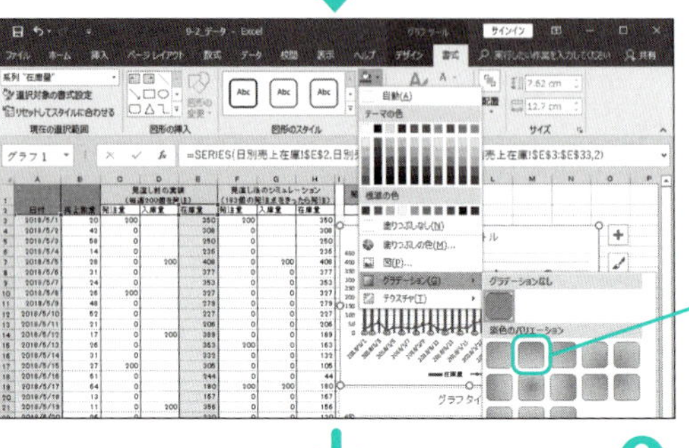

❷ 「書式」タブの「図形のスタイル」の「図形の塗りつぶし▼」から「グラデーション」を選択し、「淡色のグラデーション」から「下方向」を選択する

❸ 「在庫量」のグラフの色が変更された

❹ 「グラフツール」の「デザイン」タブの「クイックレイアウト」から「レイアウト12」を選択する

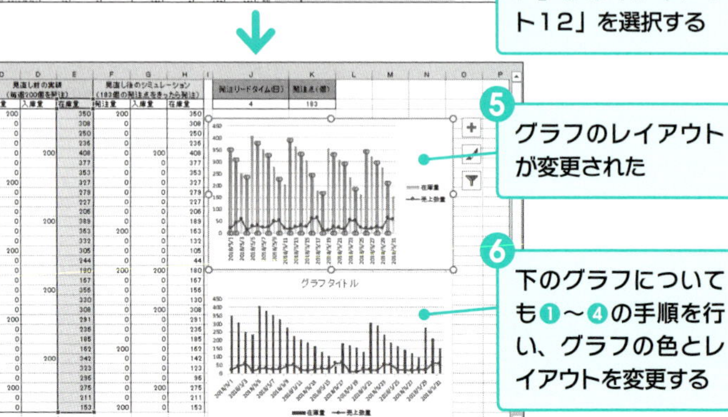

❺ グラフのレイアウトが変更された

❻ 下のグラフについても❶～❹の手順を行い、グラフの色とレイアウトを変更する

❻ PowerPointのスライドを作成する 2013 2016 2019

Excelで作成した分析結果のグラフを貼り付け、PowerPointのスライドを作成します。スライドのタイトルに発注方法を見直すことにより在庫を削減できることを記述し、図形などを使って、グラフの中に補足説明を追記することで、よりポイントを明確にしたスライドにすることができます。

❶ 262ページと同様の手順で、「タイトルのみ」のレイアウトの新規スライドを作成する

❷ タイトルオブジェクトに、発注方法の見直しの必要性を訴える文章を入力する

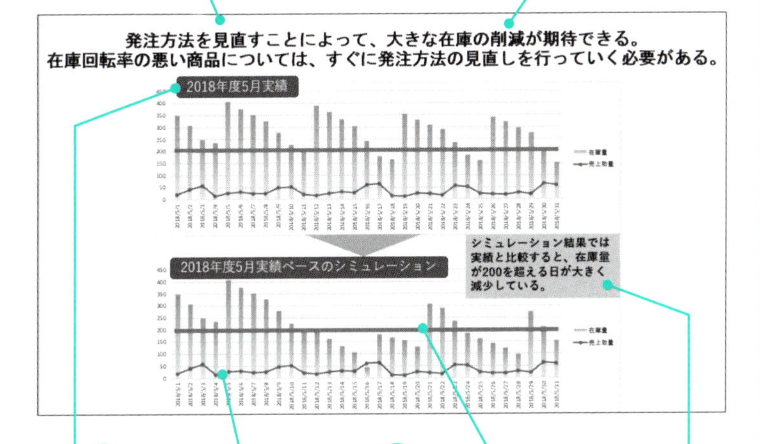

❸ Excelで作成した分析結果のグラフを、263ページと同様の手順で貼り付け、位置とサイズを調整する

❹ 各グラフ上に図形ツールを使用して、タイトルを追加する

❺ 2つのグラフの違いがわかりやすくなるように、図形ツールを使用して、目安となる数値のメモリ上にラインを追加する

❻ 図形ツールを利用して、グラフから読み取れる結論をグラフ上に追加する

03 棚の商品の組み合わせを検討する

発注した商品を販売するための店舗の棚や、保管するための倉庫は、スペースが限られているものです。より大きな利益を確保するために限られたスペースの活用方法を考えることも、発注計画を立てる際の重要なポイントです。そこで、ソルバーを使って、売り場の利益を最大にするためにはどの商品をどのように並べる必要があるのか（棚割方法）を説明するスライドを作成します。

Point

- ドラッグストアの発注担当者が、店舗の棚にどういった商品をどれだけ並べれば、その棚の利益がより大きくなるのかの棚割を検討していると仮定します。
- 棚のスペースは限定されていますし、実際に棚における商品数だけではなく、お客様の目に触れる前面に並べることのできる商品数も考慮しなければいけません。
- そこで、線形計画法というデータ分析の手法を使って、棚に並べることのできる商品の数を考慮しつつ、利益が最大となる棚割を検討していきます。小規模な線形計画法であれば、Excelのソルバーの機能を使って最適解を導き出すことができます。

Sample 棚に並べる商品の組み合わせを提案するスライド

これまでの数値と変更後の数値を比較する表

棚割の見直しの必要性を説明するテキスト

商品ごとの利益金額を考慮した棚割りに変更することによって、棚あたりの利益額を増加させることができる。

商品	利益/個	個数/1列	これまでの陳列方法		新しい陳列方法		改善金額
			陳列数	利益額	陳列数	利益額	
粉末洗剤	105	10	6	6300	6	6300	0
柔軟剤入り粉末洗剤	86	10	6	5160	3	2580	−2580
液体洗剤	124	12	6	8928	8	11904	2976
柔軟剤入り液体洗剤	118	12	6	8496	8	11328	2832
洗濯せっけん	62	20	6	7440	8	9920	2480
洗濯粉せっけん	102	10	6	6120	3	3060	−3060
		合計	36	42444	36	45092	2648

→ これまですべての商品を均等に並べていたが、線形計画法を使って算出した最適値を使うことによって、棚の大きさや並べる商品の種類を変えずに、棚あたりの利益額を増加させることが可能。

グラフの補足説明のための線とコメント

線形計画法とは

線形計画法とは、複数の条件を満たす最適な（最大化や最小化など）値を求めるデータ分析の手法です。具体的に、はいくつかの1次式で表される制約条件を満たし、同じく1次式で表される目的関数を最適化する解を求めます。たとえば、限られた資源を最大限に利用したいような場合や、最小の費用で何かを実施したい場合などに用いられます。

線形計画法は、以下の3つのステップで最適な値を求めていきます。

- 制約条件の明確化
- 制約条件の数式化
- 最適な値の算出

以下のような簡単な問題を例として、線形計画法の考え方を見ていきましょう。

例題

今月の新商品として、商品Aと商品Bの2つが発売されます。次の条件を満たし、売上を最大とするための商品の陳列数の最適値を求めましょう。

・商品Aは¥120で、1つの棚に横4列、奥に8個並べることができます
・商品Bは¥180で、1つの棚に横4列、奥に5個並べることができます

① 制約条件の明確化

・新商品として発売される商品Aと商品Bをともに陳列をする必要があるとすると、商品A、商品Bともに最低でも1列は陳列する必要があります。
（ただし、1列に複数の商品を並べないことを前提とします）
・商品Aと商品Bともに整数である必要があります。

② 制約条件の数式化

商品Aの陳列数をXとし、商品Bの陳列数をYとすると、

売上高	¥120（8X）＋¥180（5Y）
棚の列数	X＋Y＝4
値	X≧1、Y≧1

と数式化することができます。

③ 値の算出

XとYがともに整数で1より大きく、XとYの合計値が4となっているため、以下の組み合わせが考えられます。

a. Xが1でYが3 ⇒ 120×8×1 ＋ 180×5×3 ＝ 3660
b. Xが2でYが2 ⇒ 120×8×2 ＋ 180×5×2 ＝ 3720
c. Xが3でYが1 ⇒ 120×8×3 ＋ 180×5×1 ＝ 3780　⇒ この組み合わせが最適

この例題は条件が簡単なため、3つのパターンを考えるだけで最適な値（X=3、Y=1）を求めることができましたが、より複雑な条件の場合には組み合わせを1つ1つ考えることは難しくなります。Excelには、線形計画法の値を求めるためのソルバーという機能が用意されていますので、ソルバーを利用して最適値を求めていきましょう。

ソルバーの機能の詳細については、「6-3　ソルバー」を参照してください。

❶ データを準備する 2013 2016 2019

サンプルデータの商品陳列条件を使って、利益が最大になる商品の陳列数を算出します。それぞれのデータは、以下の行に格納します。

- 商品陳列条件：10行～15行
- 商品陳列計画：17行～25行

ソルバーを実行するために、以下の条件をエクセルの商品陳列条件に記入します。

表9-3-1

条件1	商品の陳列数は整数となる
条件2	商品の陳列数の合計は30とする
条件3	“粉末洗剤”の陳列数は5以上とする
条件4	“液体洗剤”の陳列数は4以上とする
条件5	各商品の陳列数は6以下とする
条件6	各商品の陳列数は2以上とする

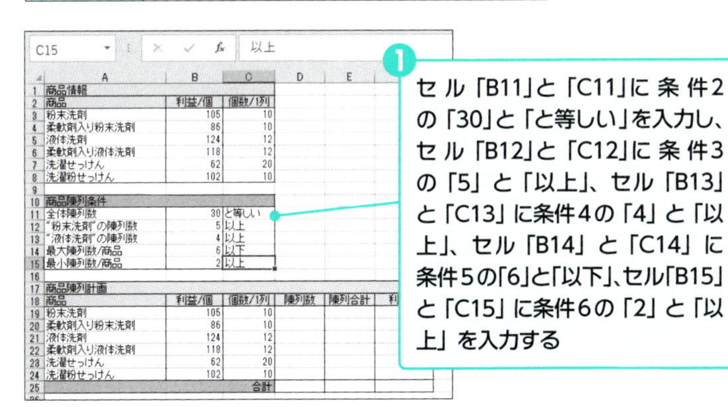

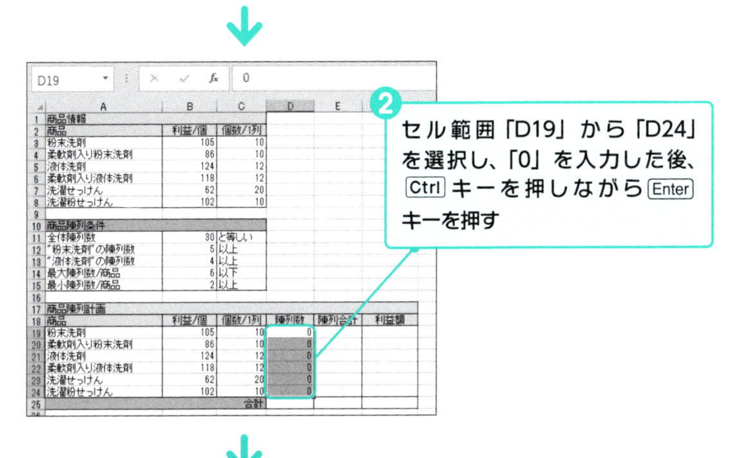

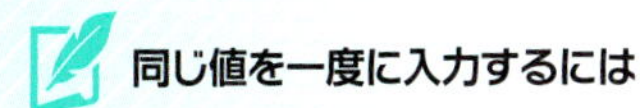

同じ値を一度に入力するには

セルを範囲選択して、値を入力した後で Ctrl キーを押しながら Enter キーを押すと、選択したセル範囲すべてに同じ値が入力されます。

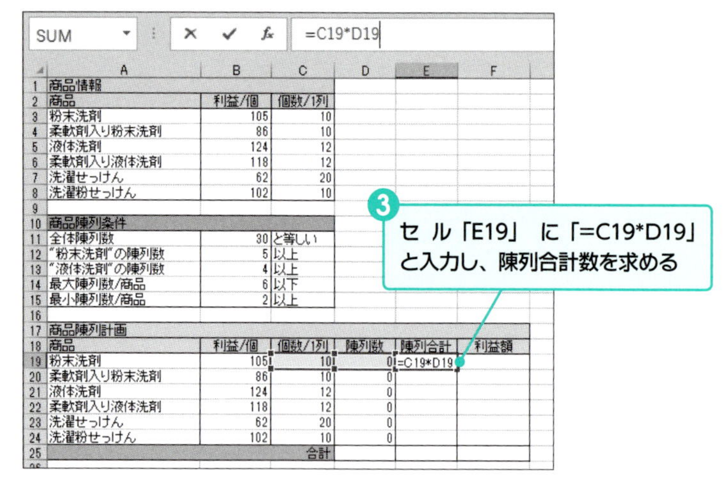

オートフィルによるコピー

セルを選択した状態でセル右下にマウスカーソルをあわせ、カーソルが+表示になった状態でドラッグすると、ドラッグした範囲にセルの内容がコピーされます。

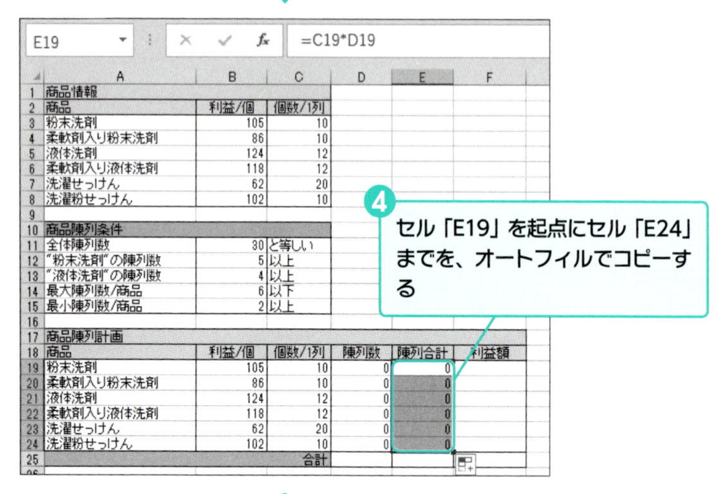

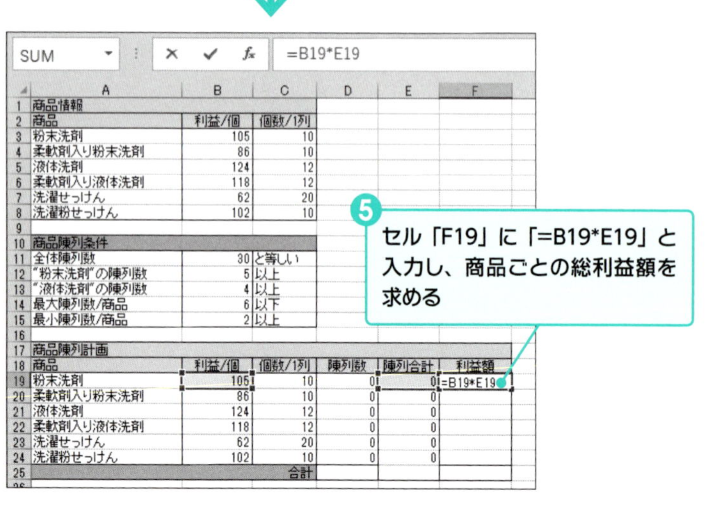

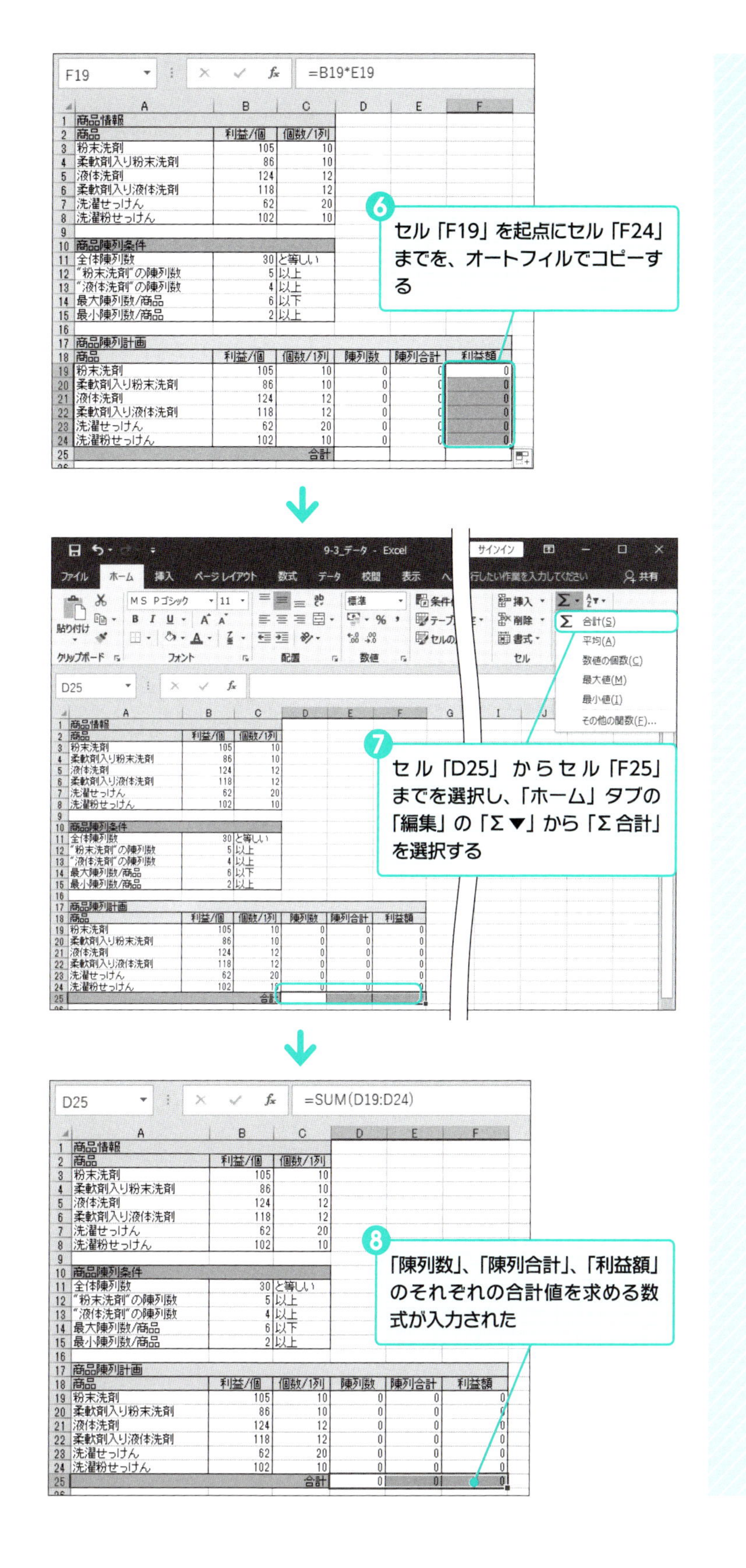

	A	B	C	D	E	F
1	商品情報					
2	商品	利益/個	個数/1列			
3	粉末洗剤	105	10			
4	柔軟剤入り粉末洗剤	86	10			
5	液体洗剤	124	12			
6	柔軟剤入り液体洗剤	118	12			
7	洗濯せっけん	62	20			
8	洗濯粉せっけん	102	10			
9						
10	商品陳列条件					
11	全体陳列数	30	と等しい			
12	"粉末洗剤"の陳列数	5	以上			
13	"液体洗剤"の陳列数	4	以上			
14	最大陳列数/商品	6	以下			
15	最小陳列数/商品	2	以上			
16						
17	商品陳列計画					
18	商品	利益/個	個数/1列	陳列数	陳列合計	利益額
19	粉末洗剤	105	10	0	0	0
20	柔軟剤入り粉末洗剤	86	10	0	0	0
21	液体洗剤	124	12	0	0	0
22	柔軟剤入り液体洗剤	118	12	0	0	0
23	洗濯せっけん	62	20	0	0	0
24	洗濯粉せっけん	102	10	0	0	0
25			合計	0	0	0

❷ 制約条件を考慮した陳列数を求める 2013 2016 2019

ソルバーに、283ページで記述した6つの陳列条件を入力し、利益が最大となる各商品の陳列数を求めます。ソルバーを利用するには、ソルバーのインストールが必要となります。詳しくは156ページの「ソルバーのインストール」を参照してください。

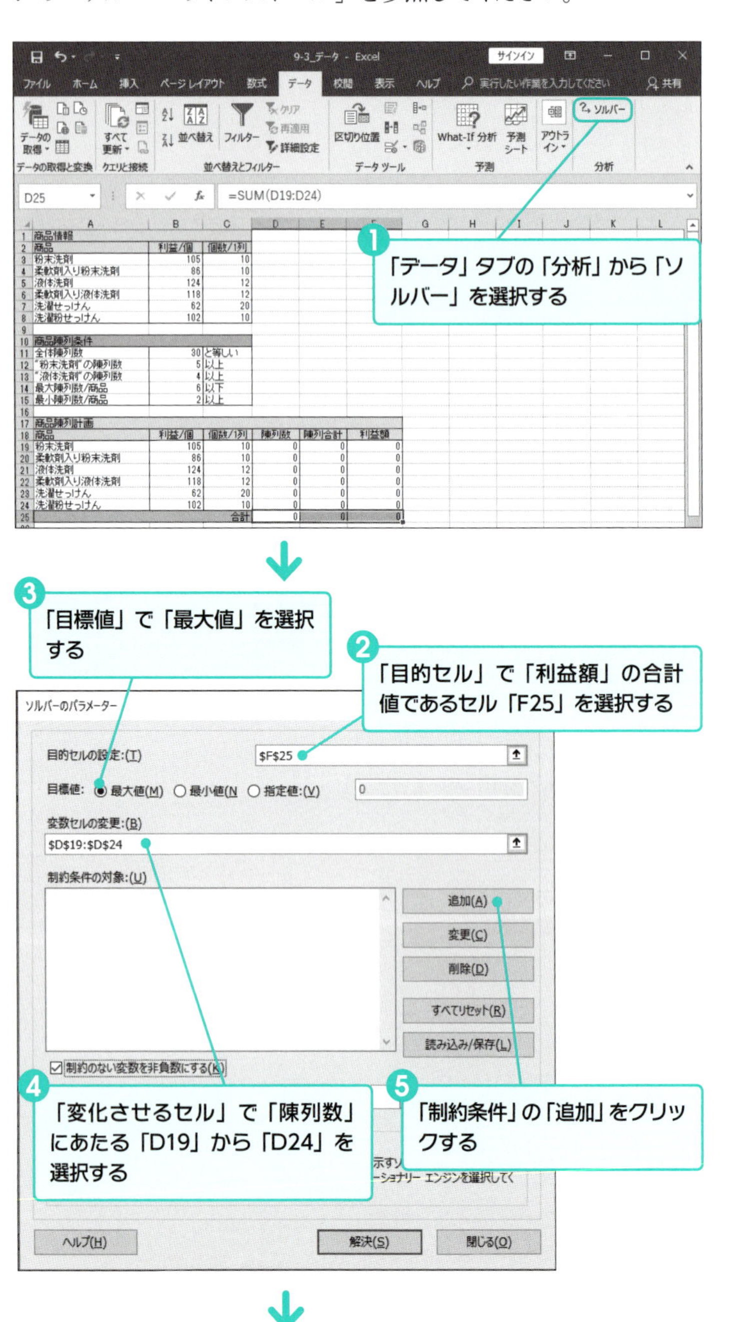

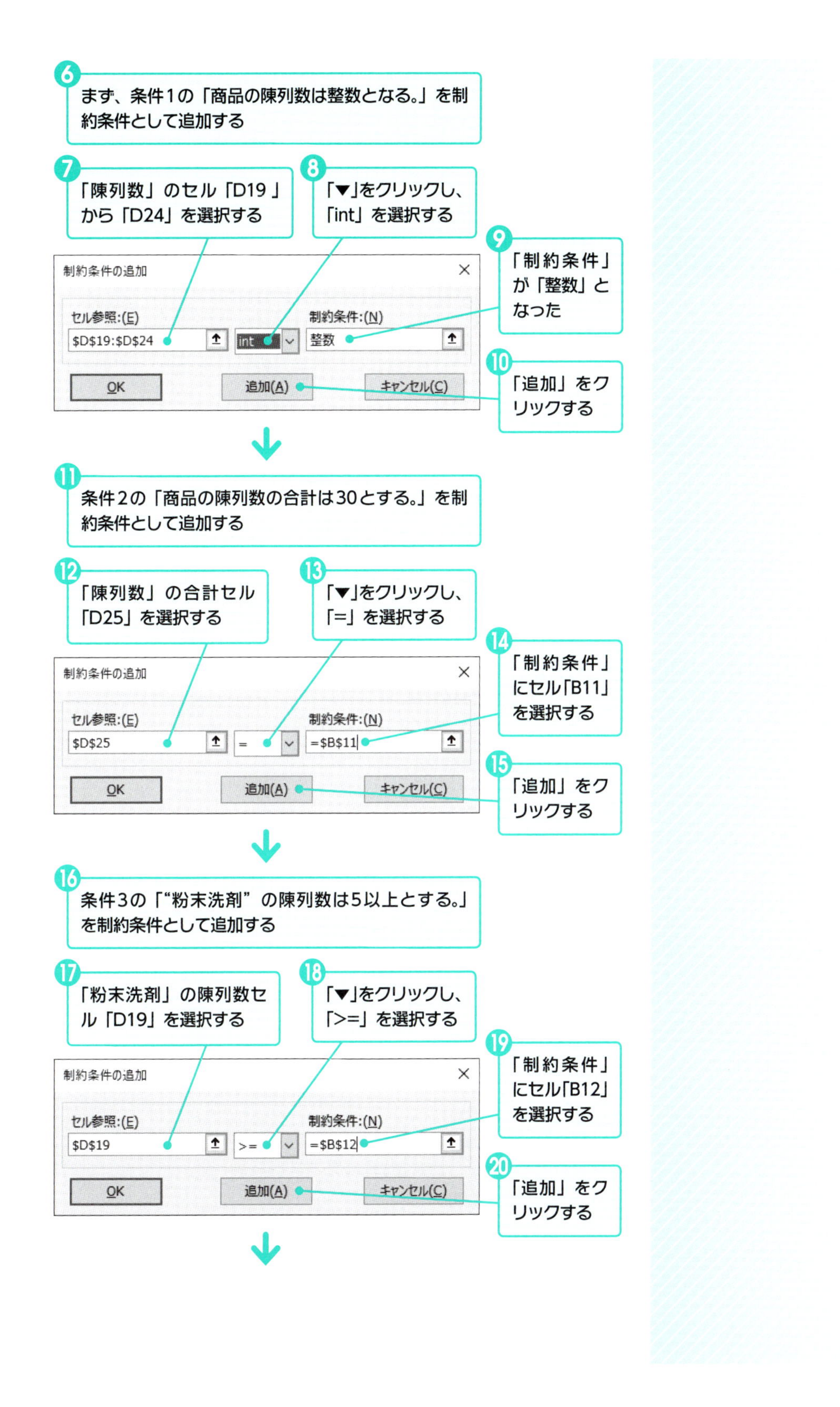
6
まず、条件1の「商品の陳列数は整数となる。」を制約条件として追加する
7
「陳列数」のセル「D19」から「D24」を選択する
8
「▼」をクリックし、「int」を選択する
9
「制約条件」が「整数」となった
制約条件の追加
セル参照:(E)
$D$19:$D$24
int
制約条件:(N)
整数
OK
追加(A)
キャンセル(C)
10
「追加」をクリックする
11
条件2の「商品の陳列数の合計は30とする。」を制約条件として追加する
12
「陳列数」の合計セル「D25」を選択する
13
「▼」をクリックし、「=」を選択する
14
「制約条件」にセル「B11」を選択する
制約条件の追加
セル参照:(E)
$D$25
=
制約条件:(N)
=$B$11
OK
追加(A)
キャンセル(C)
15
「追加」をクリックする
16
条件3の「"粉末洗剤"の陳列数は5以上とする。」を制約条件として追加する
17
「粉末洗剤」の陳列数セル「D19」を選択する
18
「▼」をクリックし、「>=」を選択する
19
「制約条件」にセル「B12」を選択する
制約条件の追加
セル参照:(E)
$D$19
>=
制約条件:(N)
=$B$12
OK
追加(A)
キャンセル(C)
20
「追加」をクリックする

21 条件4の「"液体洗剤"の陳列数は4以上とする。」を制約条件として追加する

22 「液体洗剤」の陳列数セル「D21」を選択する

23 「▼」をクリックし、「>=」を選択する

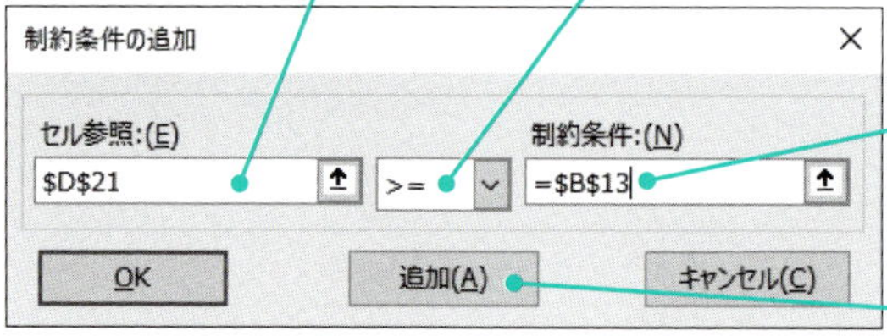

24 「制約条件」にセル「B13」を選択する

25 「追加」をクリックする

26 条件5の「各商品の陳列数は6以下とする。」を制約条件として追加する

27 各商品の陳列数セル「D19」からセル「D24」を選択する

28 「▼」をクリックし、「<=」を選択する

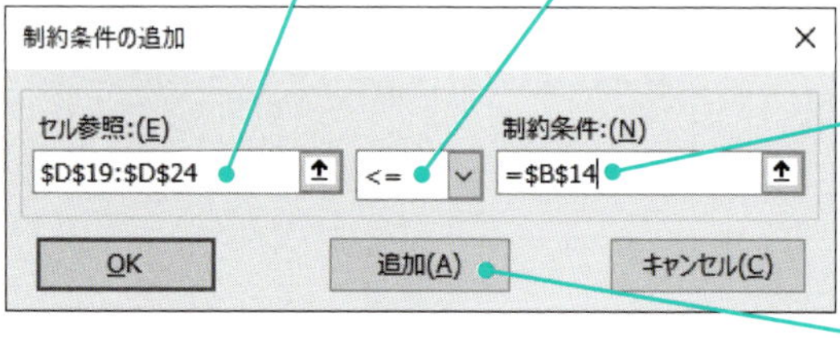

29 「制約条件」にセル「B14」を選択する

30 「追加」をクリックする

31 最後に条件6の「各商品の陳列数は2以上とする。」を制約条件として追加する

32 各商品の陳列数セル「D19」からセル「D24」を選択する

33 「▼」をクリックし、「>=」を選択する

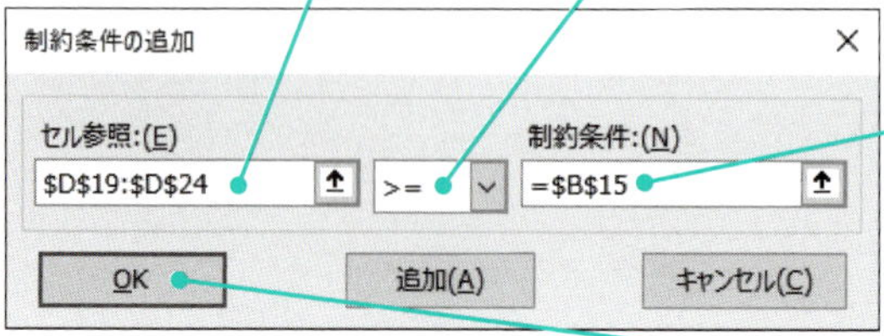

34 「制約条件」にセル「B15」を選択する

35 「OK」をクリックする

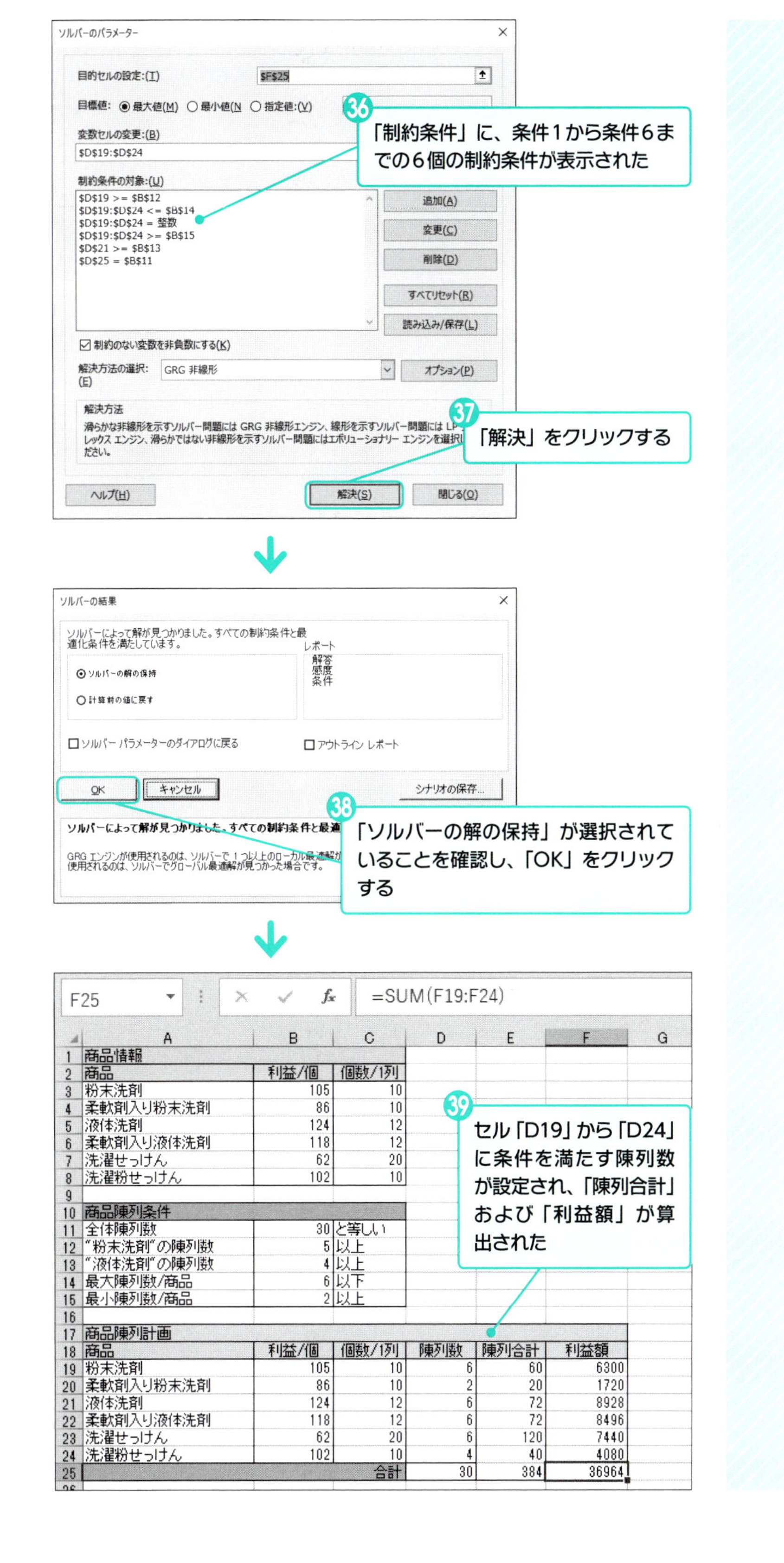

	A	B	C	D	E	F
1	商品情報					
2	商品	利益/個	個数/1列			
3	粉末洗剤	105	10			
4	柔軟剤入り粉末洗剤	86	10			
5	液体洗剤	124	12			
6	柔軟剤入り液体洗剤	118	12			
7	洗濯せっけん	62	20			
8	洗濯粉せっけん	102	10			
9						
10	商品陳列条件					
11	全体陳列数	30	と等しい			
12	"粉末洗剤"の陳列数	5	以上			
13	"液体洗剤"の陳列数	4	以上			
14	最大陳列数/商品	6	以下			
15	最小陳列数/商品	2	以上			
16						
17	商品陳列計画					
18	商品	利益/個	個数/1列	陳列数	陳列合計	利益額
19	粉末洗剤	105	10	6	60	6300
20	柔軟剤入り粉末洗剤	86	10	2	20	1720
21	液体洗剤	124	12	6	72	8928
22	柔軟剤入り液体洗剤	118	12	6	72	8496
23	洗濯せっけん	62	20	6	120	7440
24	洗濯粉せっけん	102	10	4	40	4080
25			合計	30	384	36964

❸ 制約条件を変更する

2013 2016 2019

棚全体の陳列数と各商品の陳列数の条件を考慮した、最適な商品ごとの陳列数が算出されました。次に、より大きい棚に洗剤売り場を変更して最大陳列数を増やすとともに、商品全体の陳列のバランスが悪いので、最小陳列数も増やして、全体のバランスを変更することを検討してみましょう。

また、ソルバーの機能の1つに解答レポートの作成があり、実行前の値と実行後の値を出力して比較することができます。

ここでは、条件を変更してソルバーを実行するとともに、解答レポートも作成してみます。

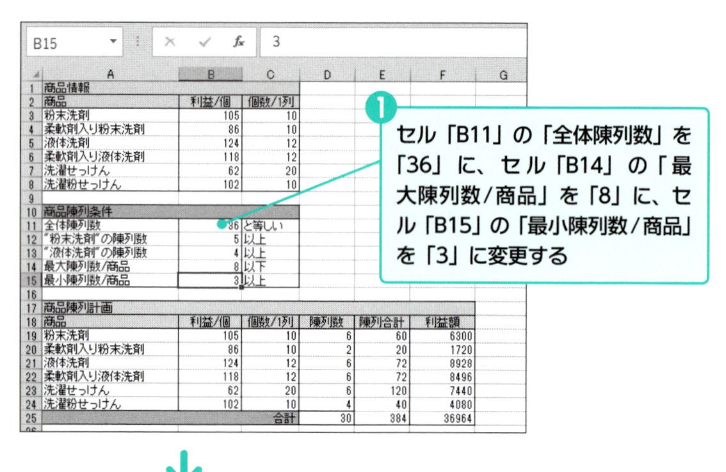

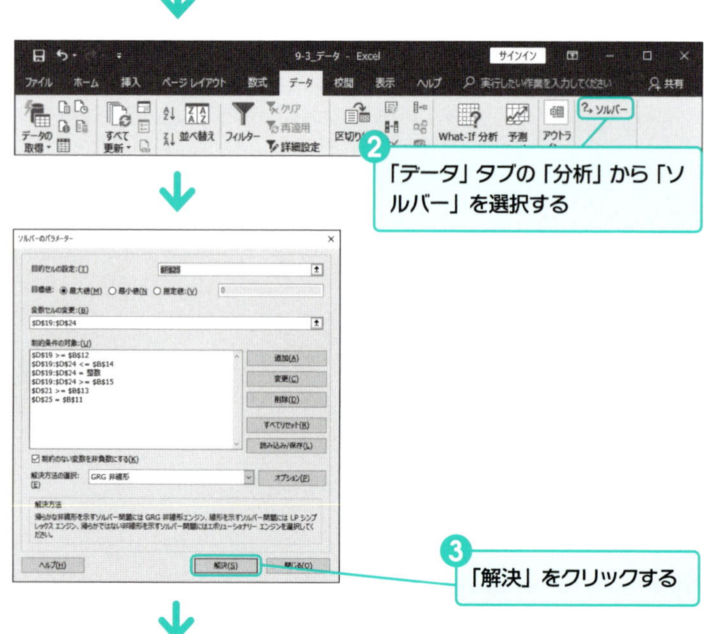

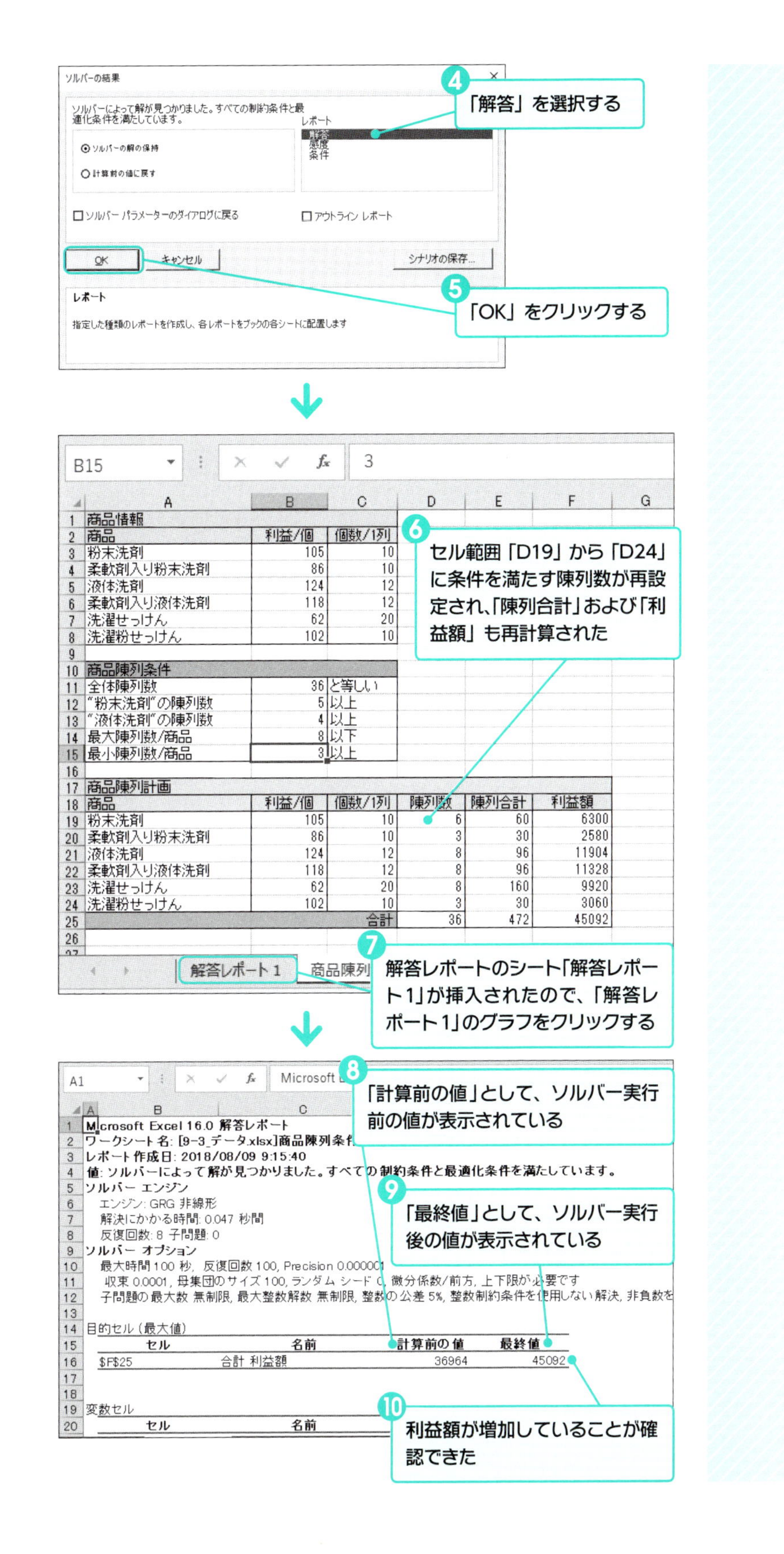
4 「解答」を選択する
5 「OK」をクリックする
6 セル範囲「D19」から「D24」に条件を満たす陳列数が再設定され、「陳列合計」および「利益額」も再計算された
7 解答レポートのシート「解答レポート1」が挿入されたので、「解答レポート1」のグラフをクリックする
8 「計算前の値」として、ソルバー実行前の値が表示されている
9 「最終値」として、ソルバー実行後の値が表示されている
10 利益額が増加していることが確認できた

❹ 商品の組み合わせ見直し前後の比較表を作成する 2013 2016 2019

サンプルデータの商品陳列比較を使って、「これまでの商品陳列方法のデータ」と「ソルバーを使って算出した利益重視の陳列方法のデータ」の比較表を作成します。それぞれのデータは、以下の行に格納します。

- 利益重視での商品陳列方法：12行～21行
- 商品陳列方法比較表：23行～32行

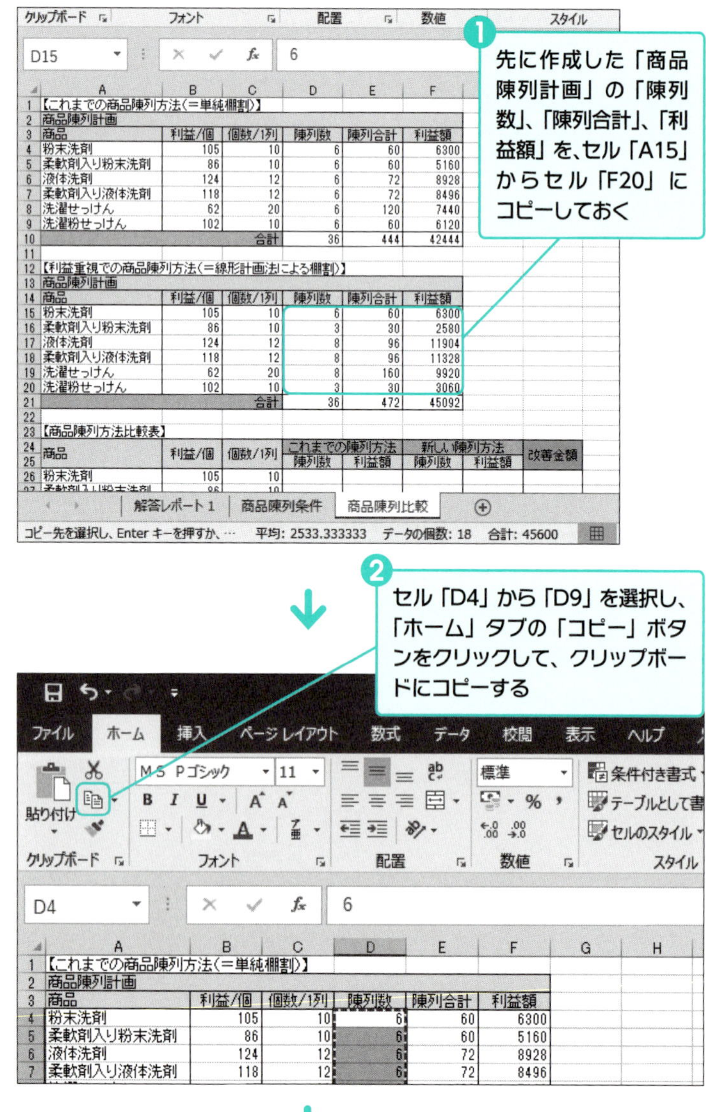

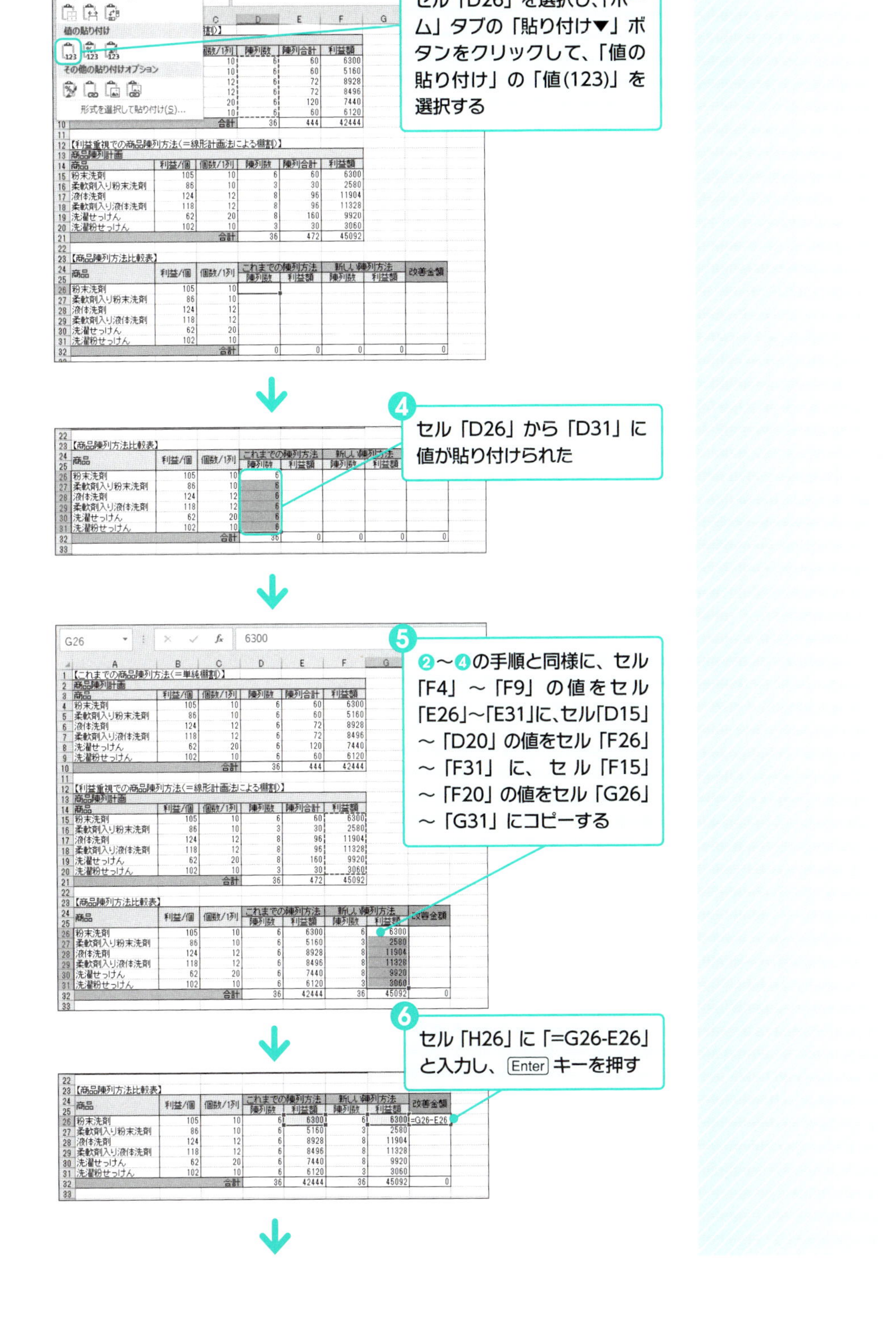
3 セル「D26」を選択し、「ホーム」タブの「貼り付け▼」ボタンをクリックして、「値の貼り付け」の「値(123)」を選択する
4 セル「D26」から「D31」に値が貼り付けられた
5 2〜4の手順と同様に、セル「F4」〜「F9」の値をセル「E26」〜「E31」に、セル「D15」〜「D20」の値をセル「F26」〜「F31」に、セル「F15」〜「F20」の値をセル「G26」〜「G31」にコピーする
6 セル「H26」に「=G26-E26」と入力し、Enter キーを押す

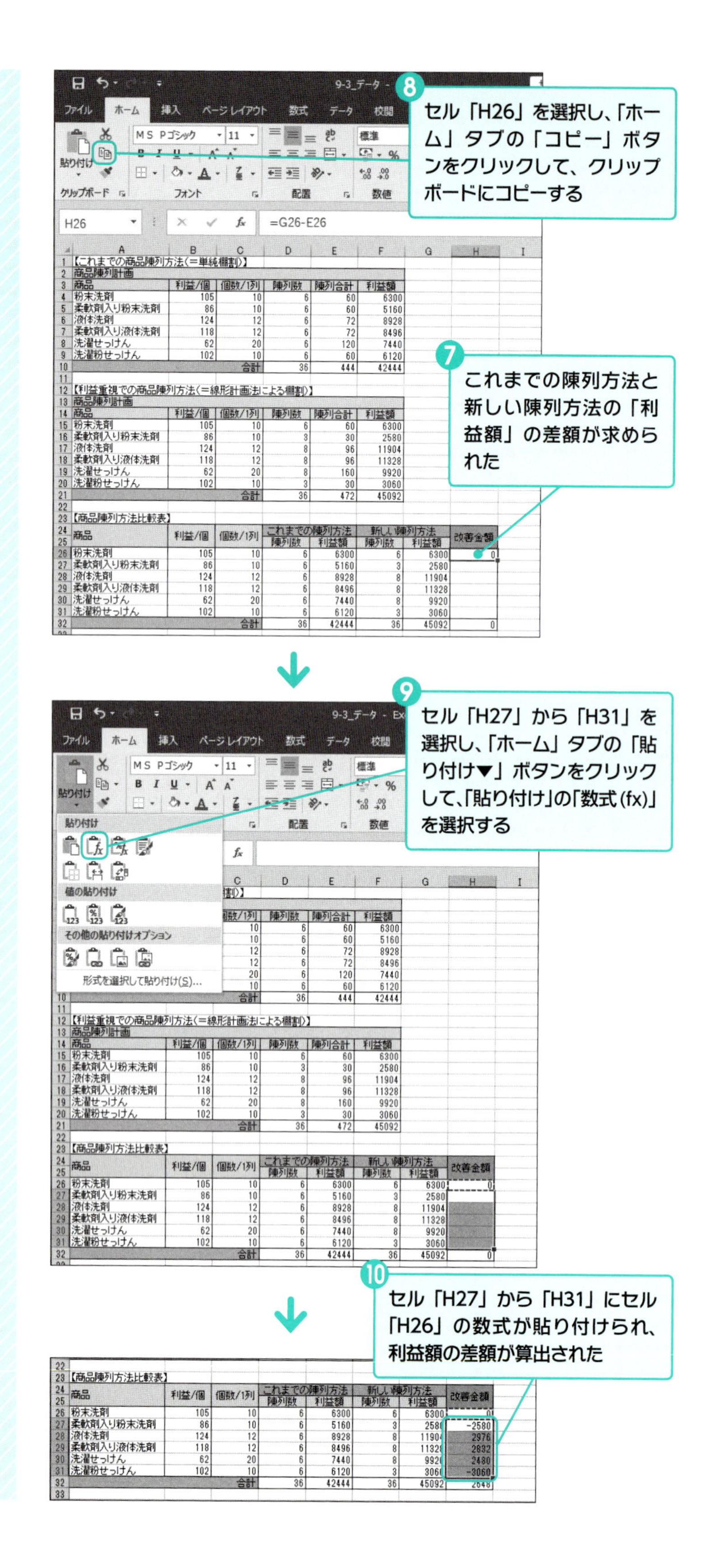
8
セル「H26」を選択し、「ホーム」タブの「コピー」ボタンをクリックして、クリップボードにコピーする
7
これまでの陳列方法と新しい陳列方法の「利益額」の差額が求められた
9
セル「H27」から「H31」を選択し、「ホーム」タブの「貼り付け▼」ボタンをクリックして、「貼り付け」の「数式(fx)」を選択する
10
セル「H27」から「H31」にセル「H26」の数式が貼り付けられ、利益額の差額が算出された

❺ PowerPointのスライドを作成する

2013 2016 2019

Excelで作成した比較表を貼り付け、PowerPointのスライドを作成します。スライドのタイトルに、棚割りを変更することによって利益の増加が見込めることを記述します。さらに、図形などを使って表の強調させたい数字を明確にすることで、よりメッセージ性の高いスライドにすることができます。

❶ 262ページと同様の手順で、「タイトルのみ」のレイアウトの新規スライドを作成する

❷ タイトルオブジェクトに、棚割りの変更の必要性を入力する

商品ごとの利益金額を考慮した棚割りに変更することによって、棚あたりの利益額を増加させることができる。

商品	利益/個	個数/1列	これまでの陳列方法		新しい陳列方法		改善金額
			陳列数	利益額	陳列数	利益額	
粉末洗剤	105	10	6	6300	6	6300	0
柔軟剤入り粉末洗剤	86	10	6	5160	3	2580	-2580
液体洗剤	124	12	6	8928	8	11904	2976
柔軟剤入り液体洗剤	118	12	6	8496	8	11328	2832
洗濯せっけん	62	20	6	7440	8	9920	2480
洗濯粉せっけん	102	10	6	6120	3	3060	-3060
		合計	36	42444	36	45092	2648

→ これまですべての商品を均等に並べていたが、線形計画法を使って算出した最適値を使うことによって、棚の大きさや並べる商品の種類を変えずに、棚あたりの利益額を増加させることが可能。

❸ Excelで作成した比較表を、263ページと同様の手順で貼り付け、位置とサイズを調整する

❹ 図形ツールを利用して、表の中で強調したい数字を明確にする

❺ 必要に応じて、伝えたいメッセージをテキストボックスを使って追記する

Column 予測シートを使う

予測シートは、過去の実績値から将来の予測値を計算する機能として、Excel 2016から追加された機能です。予測シートを使うと、日付や時刻が入力された列と、それに対応する実績値（個数、金額など）を持つ列の組み合わせを参照し、将来の値を予測して表示することができます。予測値の計算には、「指数平滑法」と呼ばれる手法が使われています。

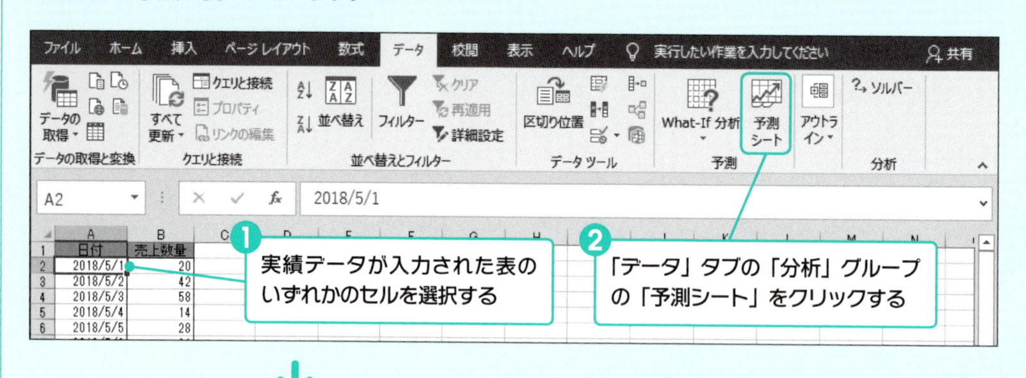

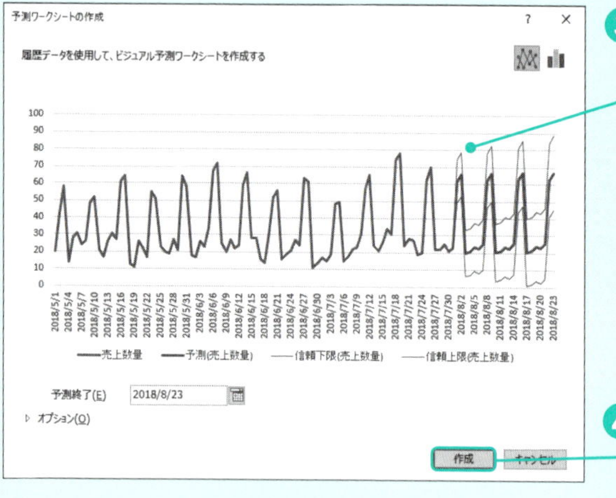

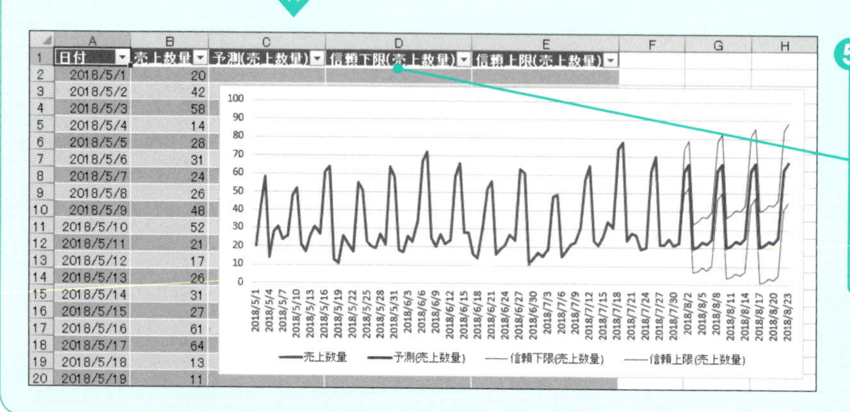

Chapter 10

業績報告書の作成

経営企画担当者が作成する代表的なプレゼンテーションに、業績報告書があります。ここで必要となるデータ分析手法には、予実分析、費用分析、利益分析などがあります。この章では、ある企業の業績管理担当者が業績報告書を作成すると仮定して、これらのデータ分析の方法と、プレゼンテーションの作成方法について解説します。

01 予算に対する月々の達成率を報告する

毎月の業績管理での重要な業務の1つに、予実管理があります。企業は毎年、月ごとの予算を策定し、その予算を目標として様々な戦略を考え、実行に移します。そのため、予算に対する達成状況が迅速に共有されていることが不可欠です。そこで、予算の達成率のグラフを用意することで、ひと目で状況を把握できるスライドを作成します。また、グラフの参照元範囲を可変にすることで、毎月の報告作業を効率化しましょう。

Point

- ある企業の業績管理担当者が、毎月の業績会議で予算に対する実績の報告を行っていると仮定します。
- 予算と実績の数値を単純に横並びにしただけでは、どのくらい予算を達成しているのか、どのくらい予算を達成していないのかを瞬時に判断することはできません。
- そこで、予算値に対する実績値の達成率を求め、どのくらい予算に届かなかったのか、またどのくらい予算を超えたのかを把握できるようにします。特に、季節ごとに予算の金額が大きく異なるような企業の場合、金額よりも“達成率”を使った予実管理が重要となってきます。

Sample 月ごとの予算に対する達成率を報告するスライド

当月の結果と当年度の推移状況を説明するテキスト

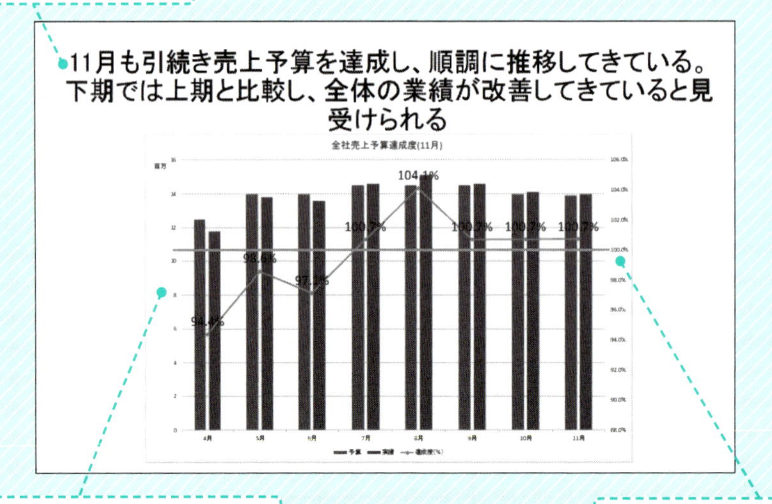

予算と実績、達成率を組み合わせたグラフ

対象基準を強調するための図形

予実管理とは

予実管理とは、予算に対する実績を比較することで達成率や差異を明確にするとともに、その原因を分析して対策を検討することです。

予算管理

一般的な企業では、前年度末に次年度に向けた予算が策定されます。その方法には、「トップダウン」と呼ばれる経営目標から各組織の予算に落とし込んでいくものや、「ボトムアップ」と呼ばれる部門などの組織目標を積上げて経営目標としていくものなどがありますが、いずれの方法でも、ほとんどの企業では予算策定はExcelで行われ、管理されているのが現状のようです。

トップダウン方式

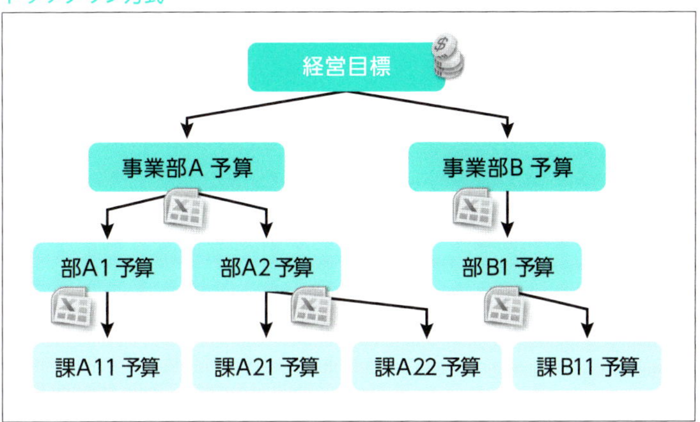

ボトムアップ方式

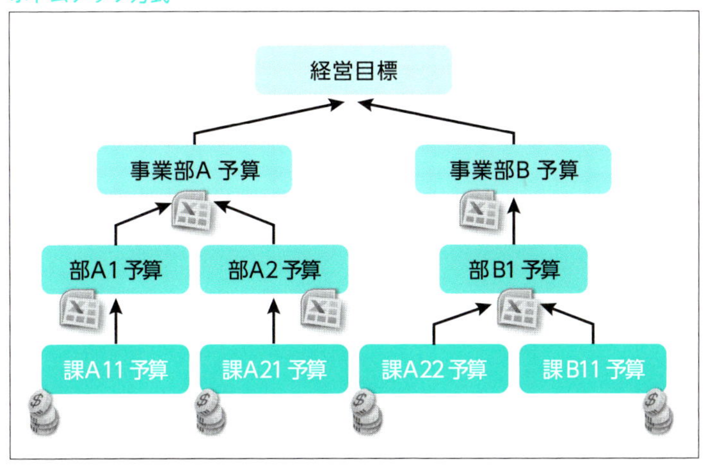

実績管理

多くの企業では、ERPパッケージなどの業務システムから担当者が実績管理に必要なデータをExcelにダウンロードし、予算と比較するために、予算と同じ粒度になるようExcel上で集計しています。その上で予算と実績を比較し、予実管理としてまとめていきます。

以下が、予実管理の大まかな流れとなります。

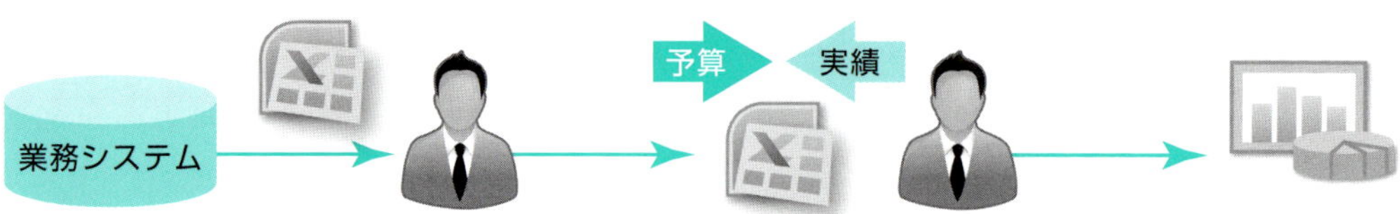

予実管理の２種類の手法

また、毎月予実管理を行っている場合でも、予算の達成度や予実差異を“各月ごとで把握する”と“通期で把握する”という2つの視点のどちらで見ていくのかを、その報告対象者にあわせて変えていく必要があります。

1. 各月ごとの単月での予実管理

部門ごとの売上予算など、比較的現場レベルに近い数値は、月ごとの閉じた範囲で予実管理を行い、今月の予算に対して今月の結果はどうだったのかというデータ分析を行います。

前月までの数値を考慮しないため、純粋にその月の活動結果がどうだったのかを把握することができます。

2. 通期での予実管理

会社全体や事業部別の売上予算、利益予算、経費予算など、経営視点に近い数値については、月ごとの閉じた範囲での予実管理ではなく、今月までの合計予算に対して今月までの実績の合計はどうだったのかというように、通期での数値がどうなのかという視点で予実管理を行います。

これにより、半期合計、年度合計で予算を達成できたかどうかを把握しやすくなり、半期決算や年度決算の予想や、企業業績の報告として利用できます。

同じデータを使って2つの視点でグラフを作成すると、次ページの図のようになります。達成率の見え方なども大きく異なりますので、どういった数字を報告することが求められているのかに留意して作成しましょう。

① 単月での予実管理

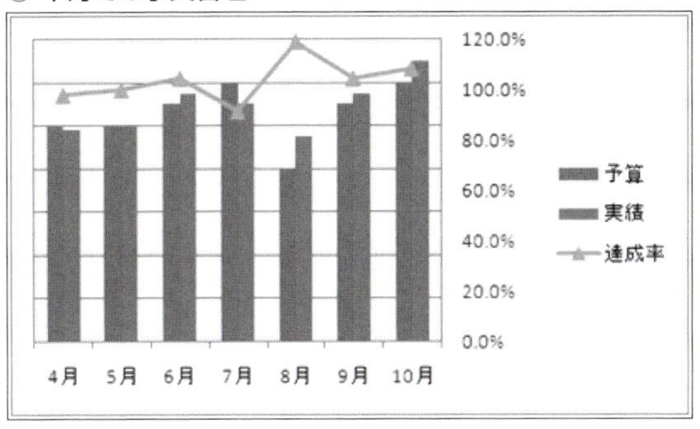

② 通期での予実管理

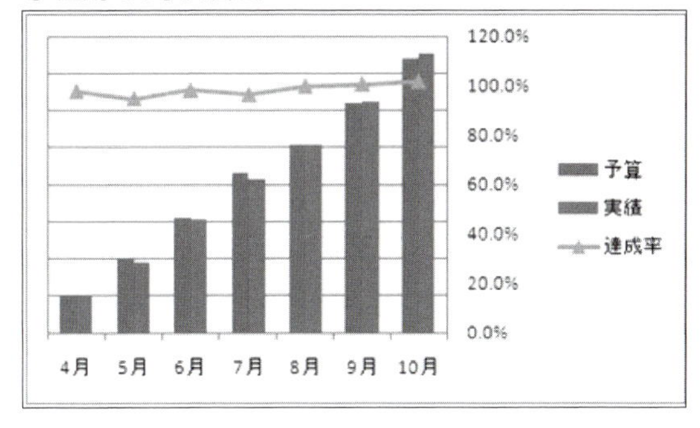

Column 様々な種類の予算と予実報告

「予算」とひとことで表現されますが、企業は以下のように様々な予算を策定しています。

組織別予算　会社全体の予算、事業部別予算、部門別予算など
勘定科目別予算　売上予算、営業損益予算、販売管理費予算など
期間別予算　年次予算、半期予算、四半期予算、月別予算など

また、市場状況や企業を取り巻く環境の変化によって期中に予算の見直しを行うこともあり、当初予算に加えて、修正予算なども作られます。

これらの様々な予算種別に対して予実管理を行い、業績報告としてまとめてしまうと、報告書の作成に時間がかかるだけでなく、様々な要因が一度に含まれてしまうため、状況の正しい把握が難しくなってしまいます。

そこで、月次報告では「売上」に着目し、"会社全体の月別の売上予算"と事業部別にブレイクダウンした"事業部別の月別の売上予算"を主軸とした報告書とします。一方、四半期報告では、「利益」や「費用」も含めた予実の報告書を作成するなど、報告書が数字で溢れかえってしまわないように、管理・報告するデータを取捨選択しましょう。

ただし、手元では毎月のデータ管理を行い、環境の急激な変化があったときなど、必要に応じてすべての状況を報告できるようにしておくことが大切です。

❶ 達成度のデータを準備する 2013 2016 2019

サンプルデータの予算と実績を使って、達成率を算出します。データは以下の列に格納します。

●達成度（%）：D列

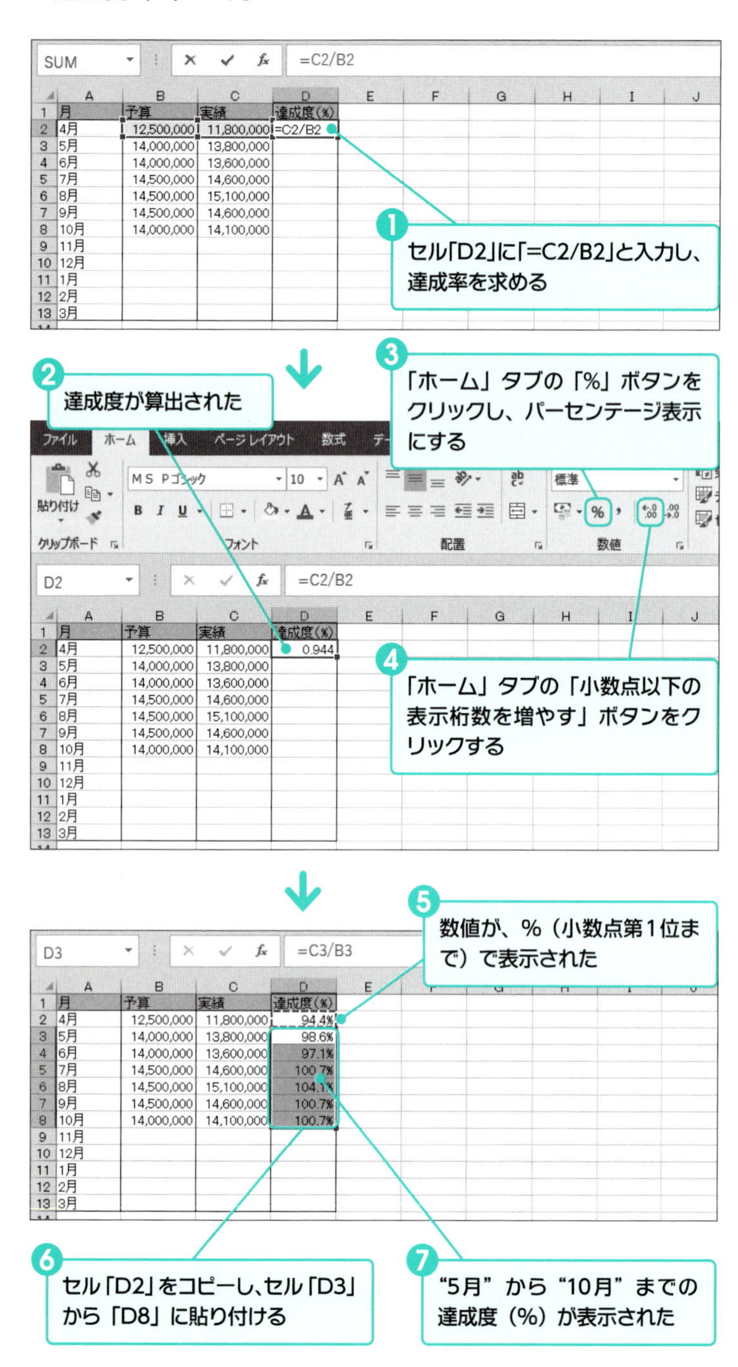

❷ 予算実績のグラフを作成する 2013 2016 2019

算出した「達成度（%）」と、「予算」、「実績」のデータを使って、予算実績のグラフを作成します。

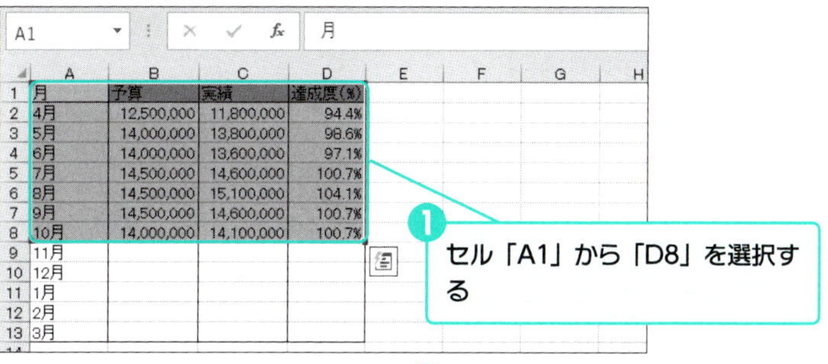

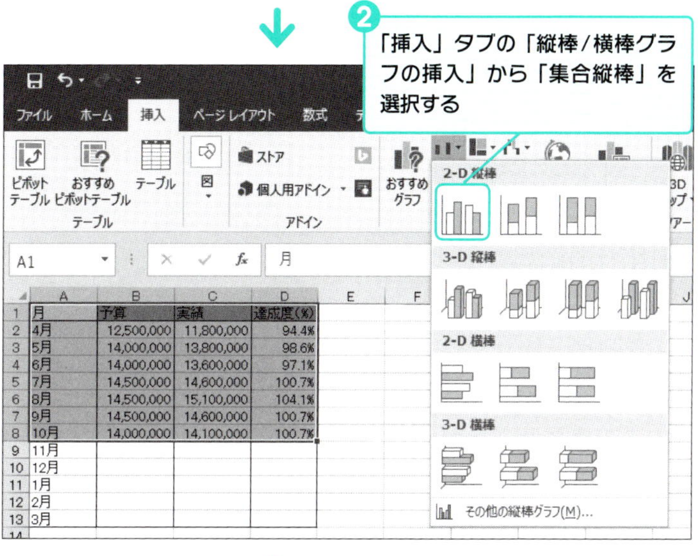

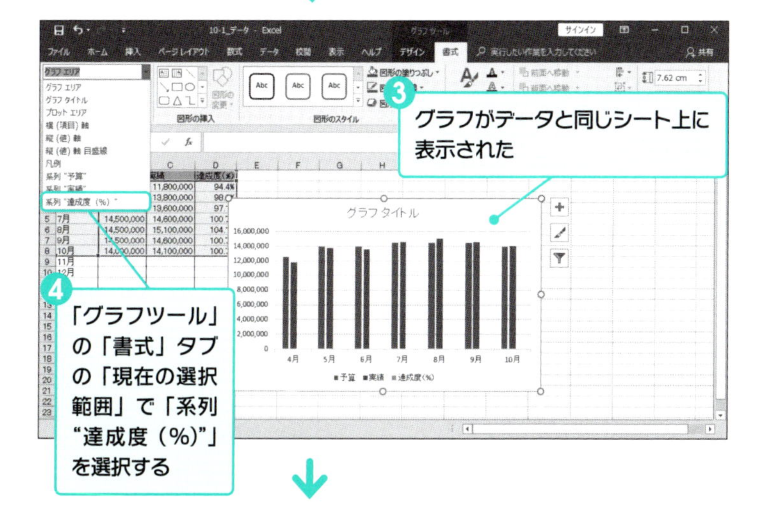

Excel 2013の場合は

「挿入」タブの「縦棒▼」をクリックし、「集合縦棒」を選択する

グラフツールメニューを表示するには

グラフツールメニューが表示されていない場合は、グラフをクリックして選択します。グラフツールメニューは、グラフが選択されているときのみ表示されます。

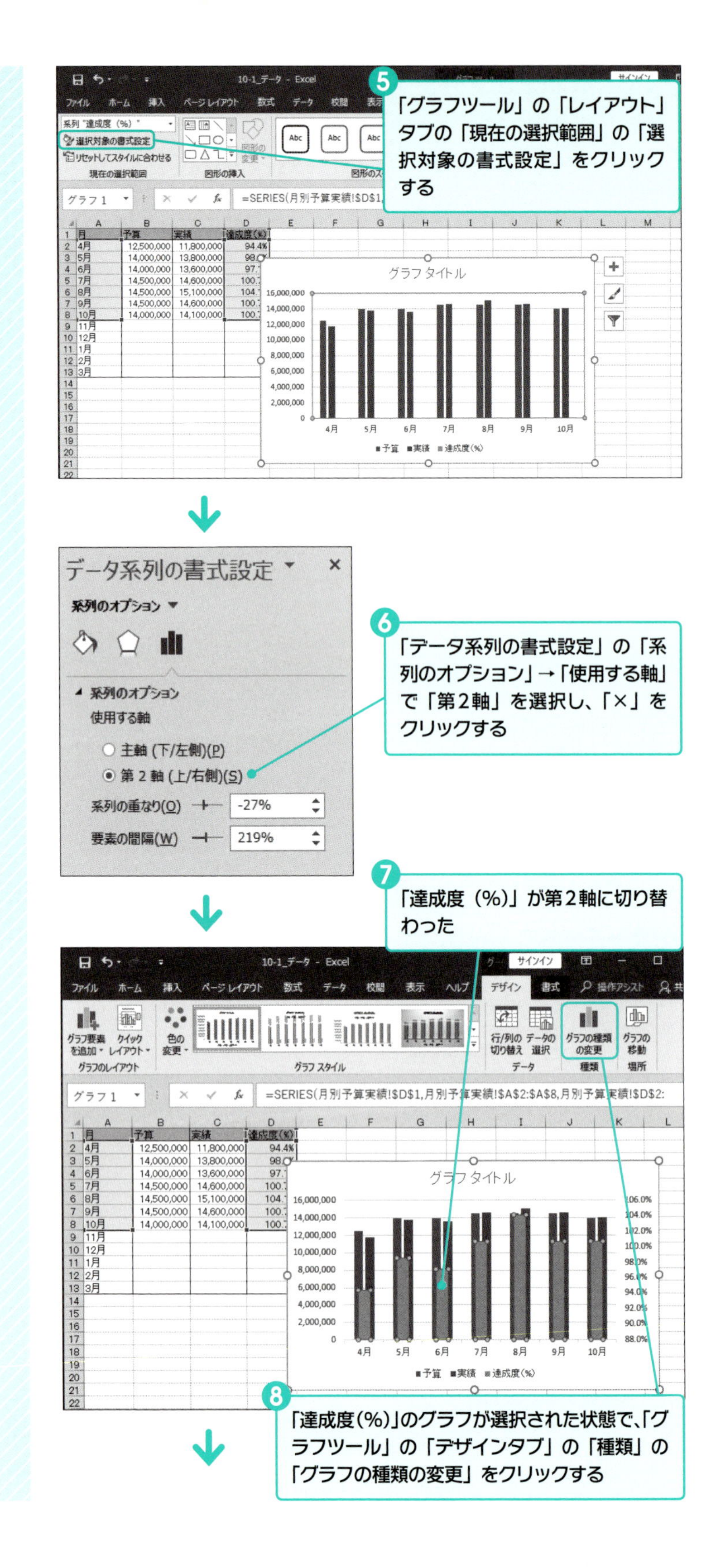

5
「グラフツール」の「レイアウト」タブの「現在の選択範囲」の「選択対象の書式設定」をクリックする
データ系列の書式設定
系列のオプション
使用する軸
主軸(下/左側)(P)
第 2 軸(上/右側)(S)
系列の重なり(O) -27%
要素の間隔(W) 219%
6
「データ系列の書式設定」の「系列のオプション」→「使用する軸」で「第2軸」を選択し、「×」をクリックする
7
「達成度(%)」が第2軸に切り替わった
8
「達成度(%)」のグラフが選択された状態で、「グラフツール」の「デザインタブ」の「種類」の「グラフの種類の変更」をクリックする

❾「グラフの種類の変更」のダイアログボックスで、系列名「達成度」のグラフの種類を「マーカー付き折れ線」に変更し、「OK」をクリックする

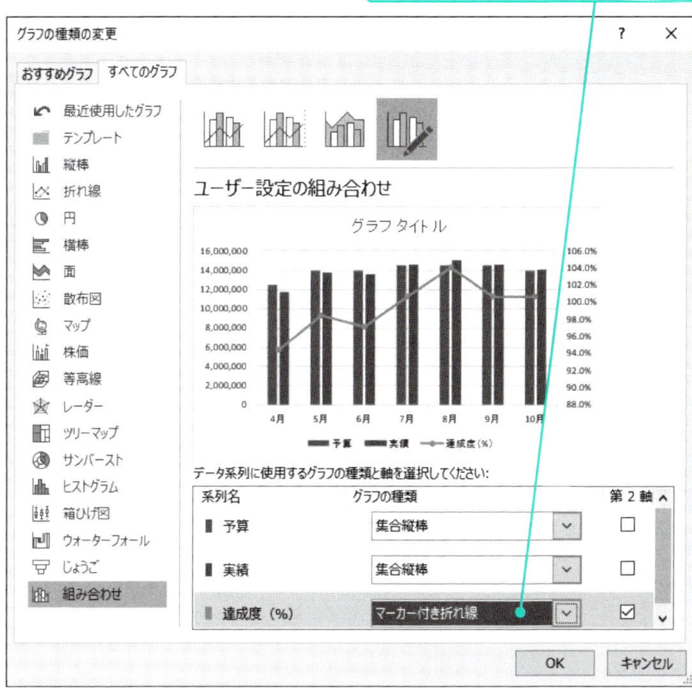

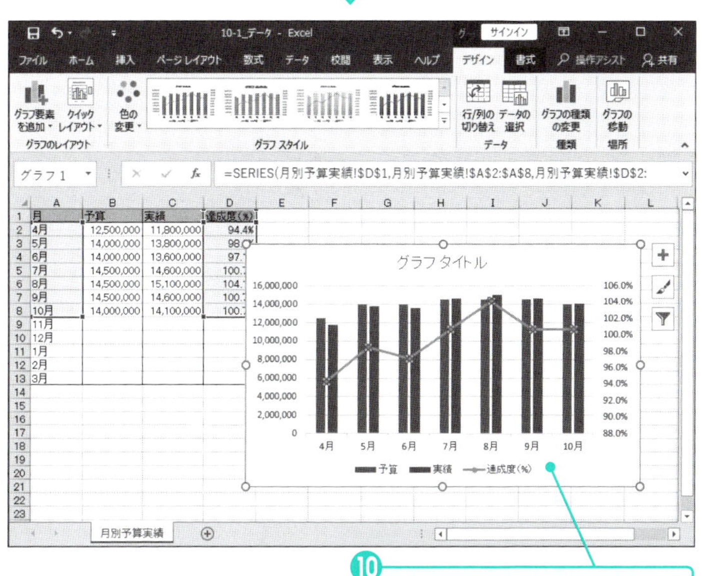

❿「達成率（%）」のグラフが折れ線グラフに変更された

❸ グラフの参照元範囲を可変にする 2013 2016 2019

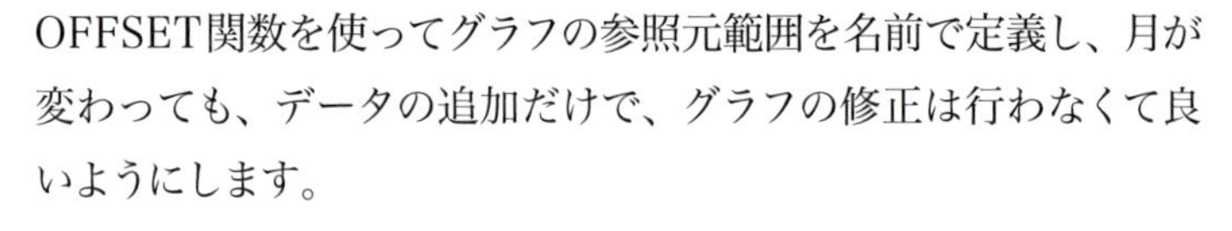

OFFSETを使ってグラフの参照元範囲を名前で定義し、月が変わっても、データの追加だけで、グラフの修正は行わなくて良いようにします。

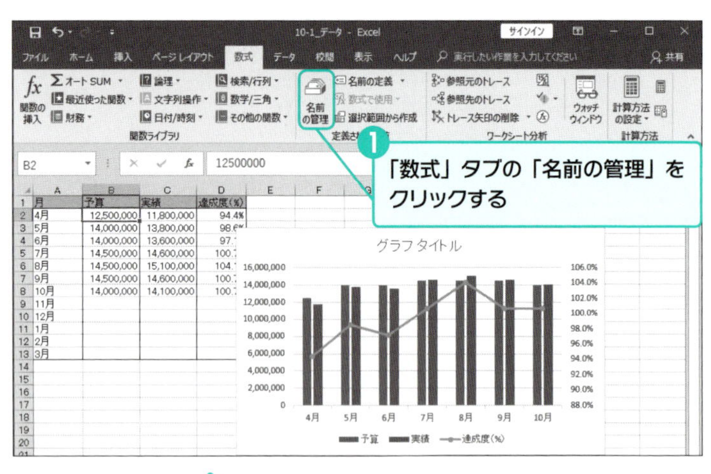

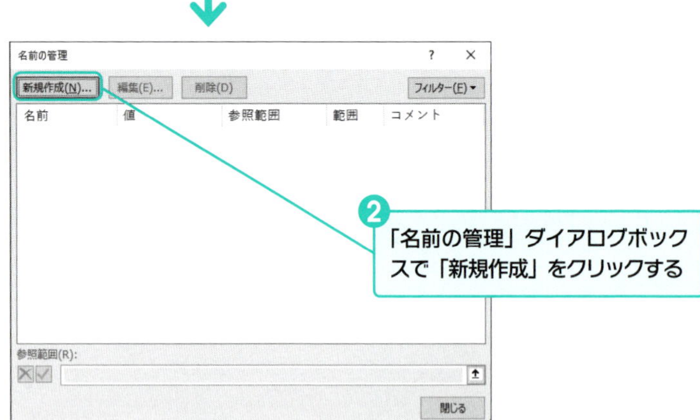

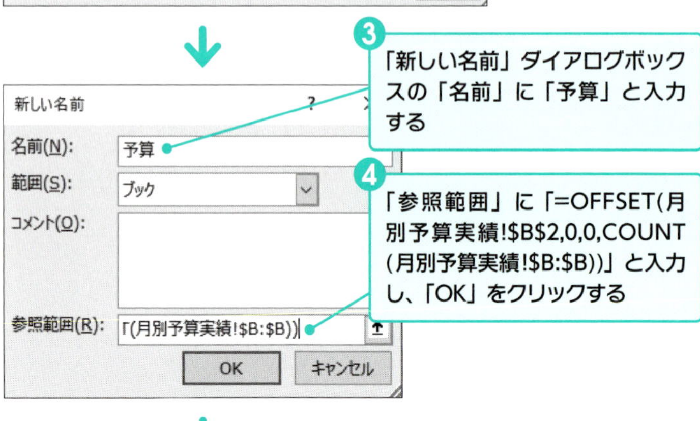

OFFSET関数を使用した参照範囲にはシート名が必要

ここで入力した“月別予算実績!”とは、シート名です。シート名に文字以外の記号などが含まれる場合は、シート名の前後にシングルクオーテーション（ ' ）を追加する必要があります。

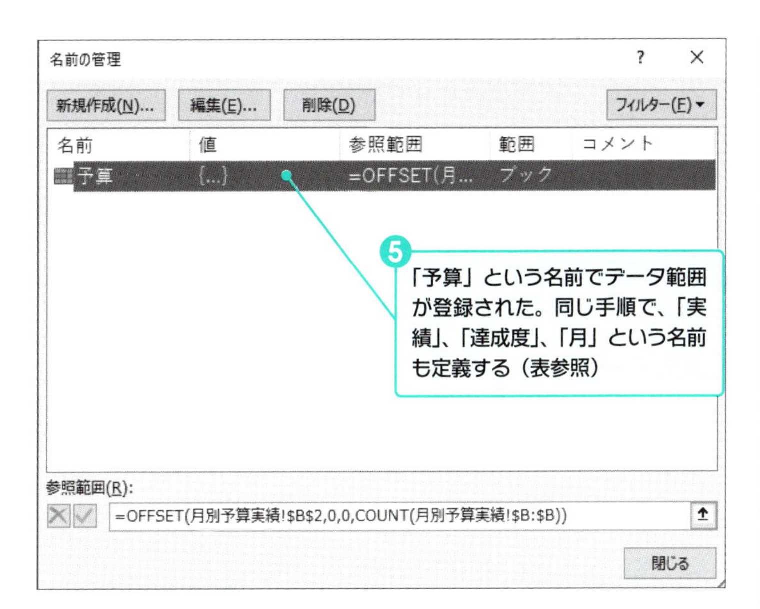

名前	入力する数式
実績	=OFFSET(月別予算実績!$C$2,0,0,COUNT(月別予算実績!$C:$C))
達成度	=OFFSET(月別予算実績!$D$2,0,0,COUNT(月別予算実績!$D:$D))
月	=OFFSET(月別予算実績!$A$2,0,0,COUNT(月別予算実績!$A:$A))

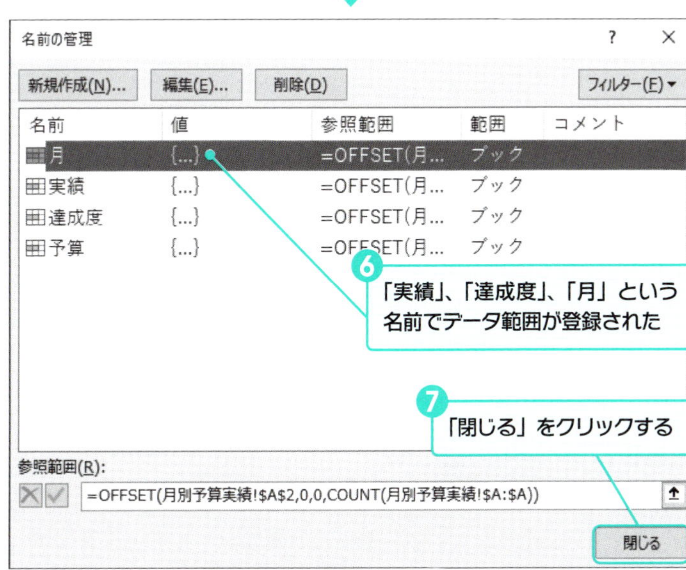

COUNT関数を使用する準備

COUNT関数は、数値を含むセルの個数、および引数リストに含まれる数値の個数を数える関数のため、文字列のデータはカウントされません。そのため、サンプルデータでは、日付の値を"2017/4/1"と数値で入力し、ユーザー定義によって "4月" と表示しています。

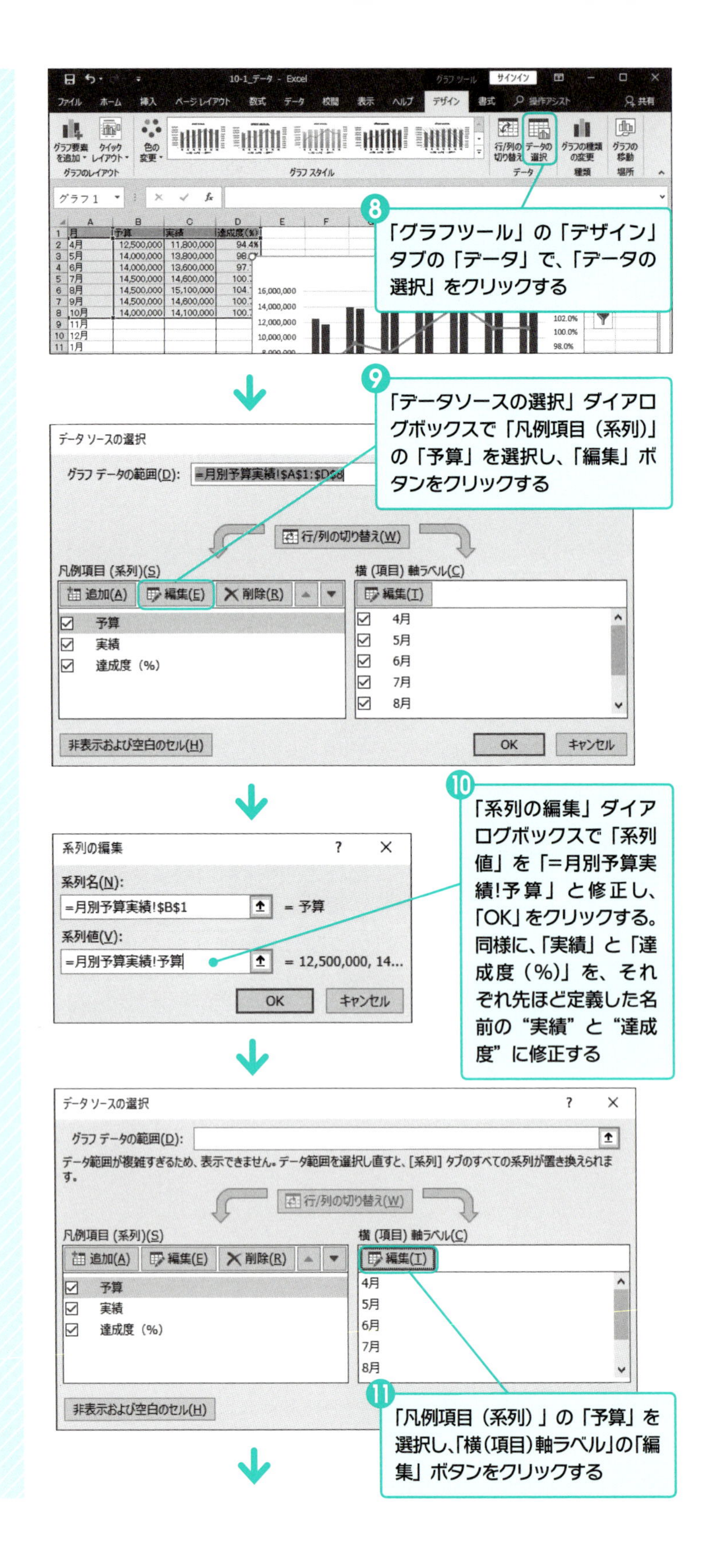
8
「グラフツール」の「デザイン」タブの「データ」で、「データの選択」をクリックする
9
「データソースの選択」ダイアログボックスで「凡例項目（系列）」の「予算」を選択し、「編集」ボタンをクリックする
10
「系列の編集」ダイアログボックスで「系列値」を「=月別予算実績!予算」と修正し、「OK」をクリックする。同様に、「実績」と「達成度（%）」を、それぞれ先ほど定義した名前の“実績”と“達成度”に修正する
11
「凡例項目（系列）」の「予算」を選択し、「横（項目）軸ラベル」の「編集」ボタンをクリックする
データ ソースの選択
グラフ データの範囲(D):
=月別予算実績!$A$1:$D$8
行/列の切り替え(W)
凡例項目 (系列)(S)
追加(A)
編集(E)
削除(R)
予算
実績
達成度（%）
横 (項目) 軸ラベル(C)
編集(T)
4月
5月
6月
7月
8月
非表示および空白のセル(H)
OK
キャンセル
系列の編集
系列名(N):
=月別予算実績!$B$1
= 予算
系列値(V):
=月別予算実績!予算
= 12,500,000, 14...
データ範囲が複雑すぎるため、表示できません。データ範囲を選択し直すと、[系列] タブのすべての系列が置き換えられます。

⓬「軸ラベルの範囲」を「=月別予算実績!月」と修正し、「OK」をクリックする

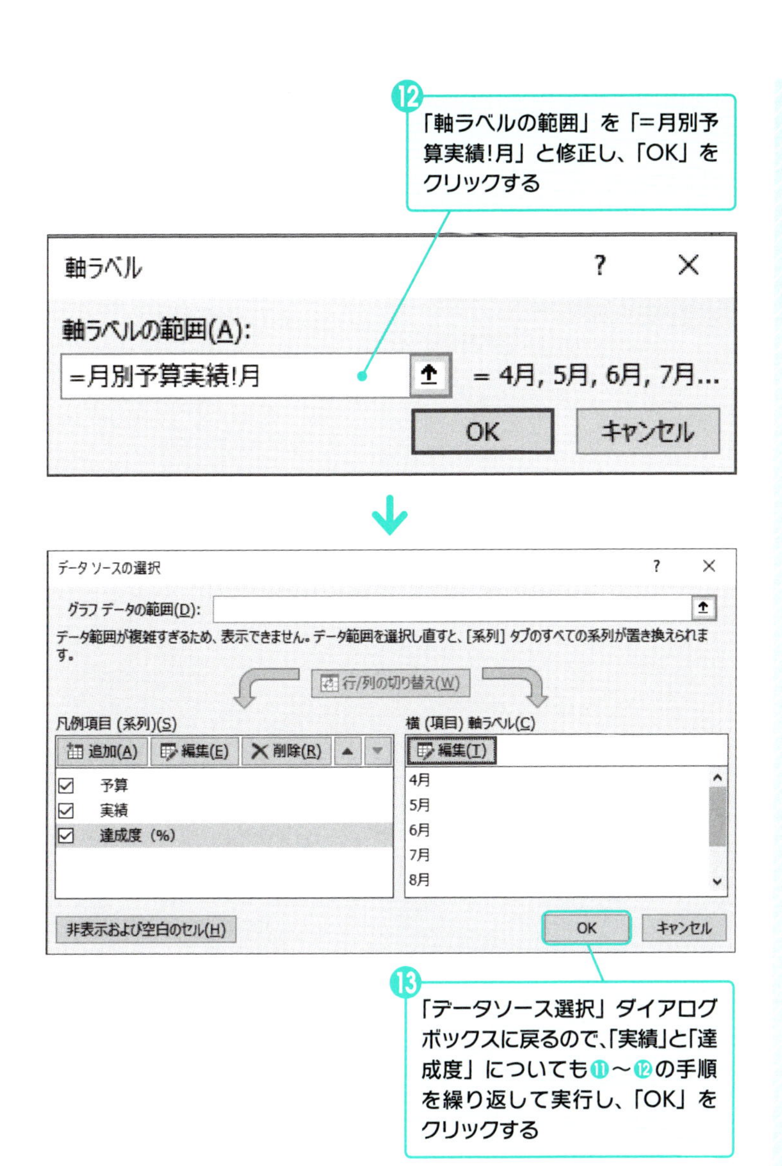

⓭「データソース選択」ダイアログボックスに戻るので、「実績」と「達成度」についても⓫～⓬の手順を繰り返して実行し、「OK」をクリックする

❹ 新しいデータを追加する

2013 2016 2019

表に新しいデータを追加して、予算実績グラフを拡張してみましょう。

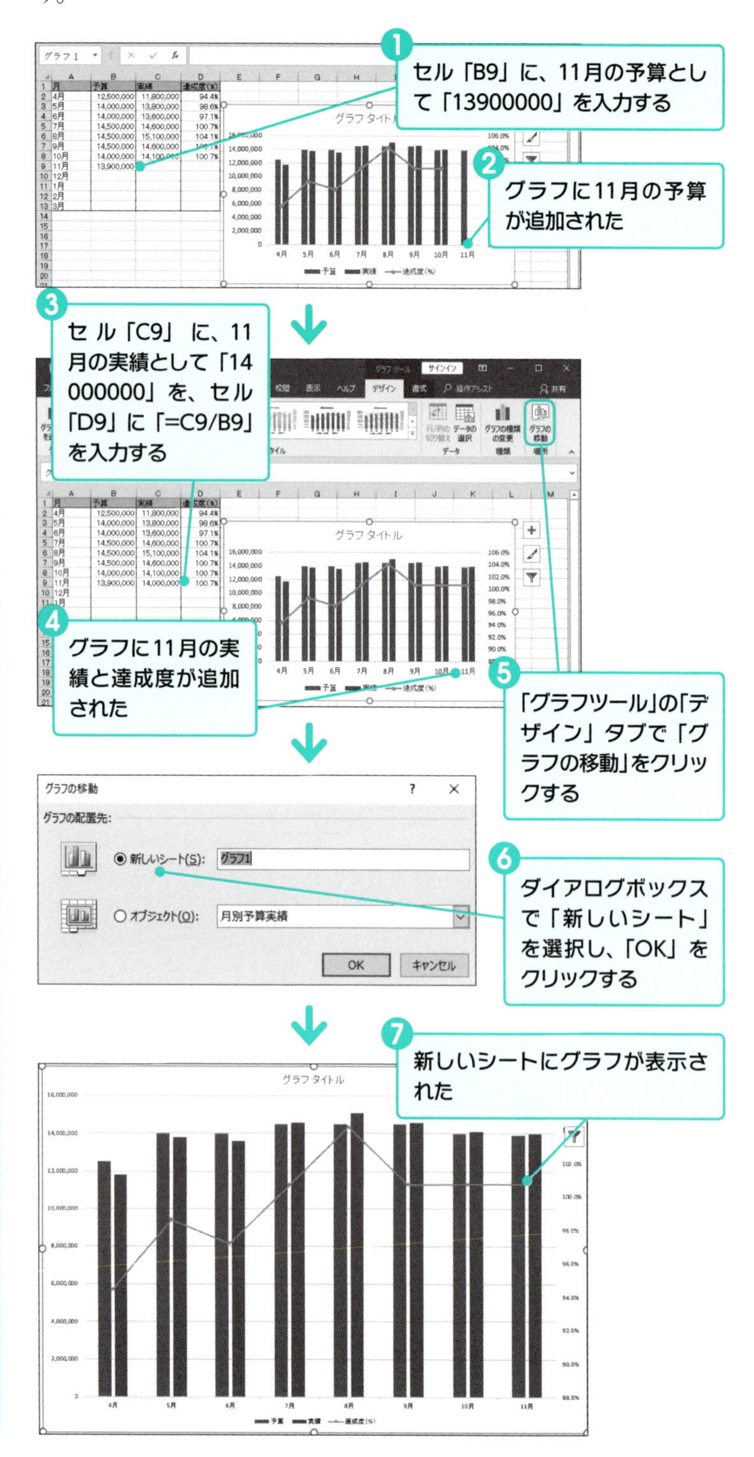

❺ タイトルと軸の単位を設定する

2013 2016 2019

グラフツールの「デザイン」タブでは、グラフのいろいろなデザインを指定することができます。この機能を使用して、グラフのタイトルと軸の単位を設定しましょう。

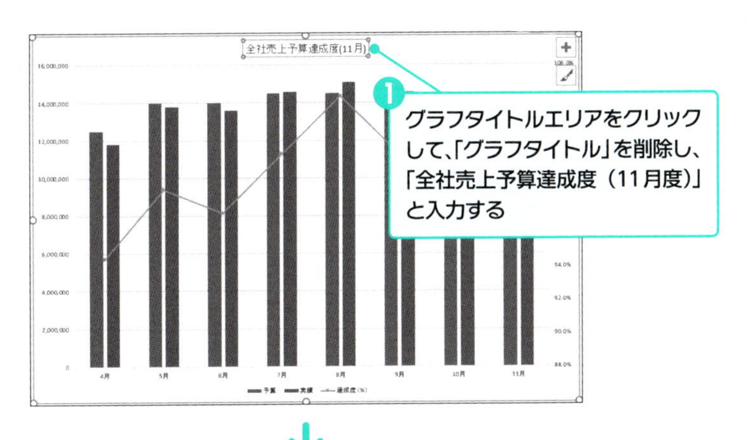

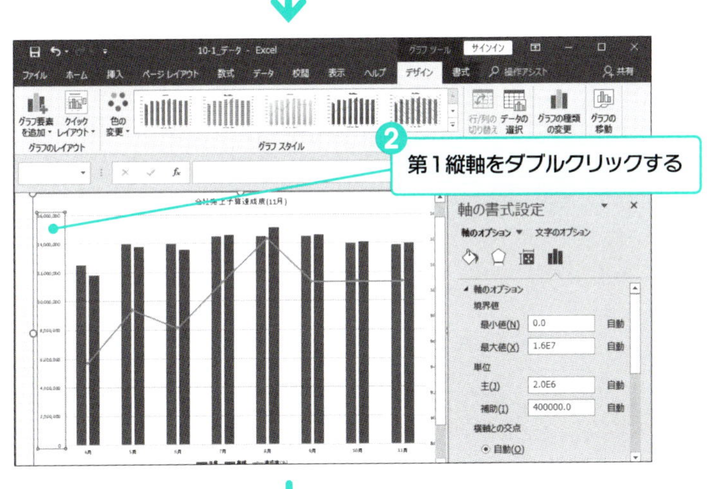

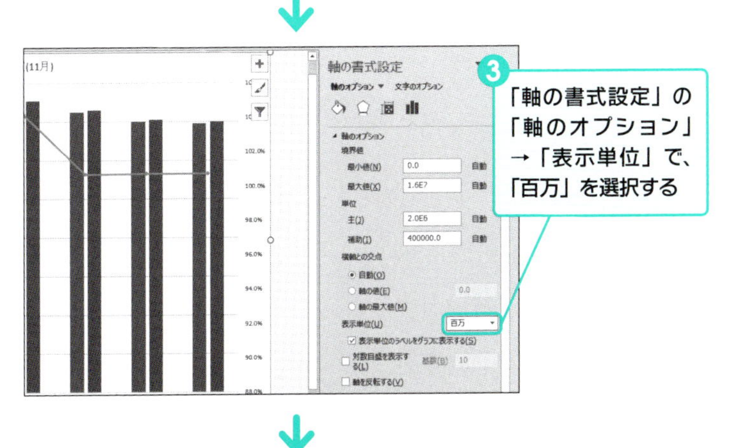

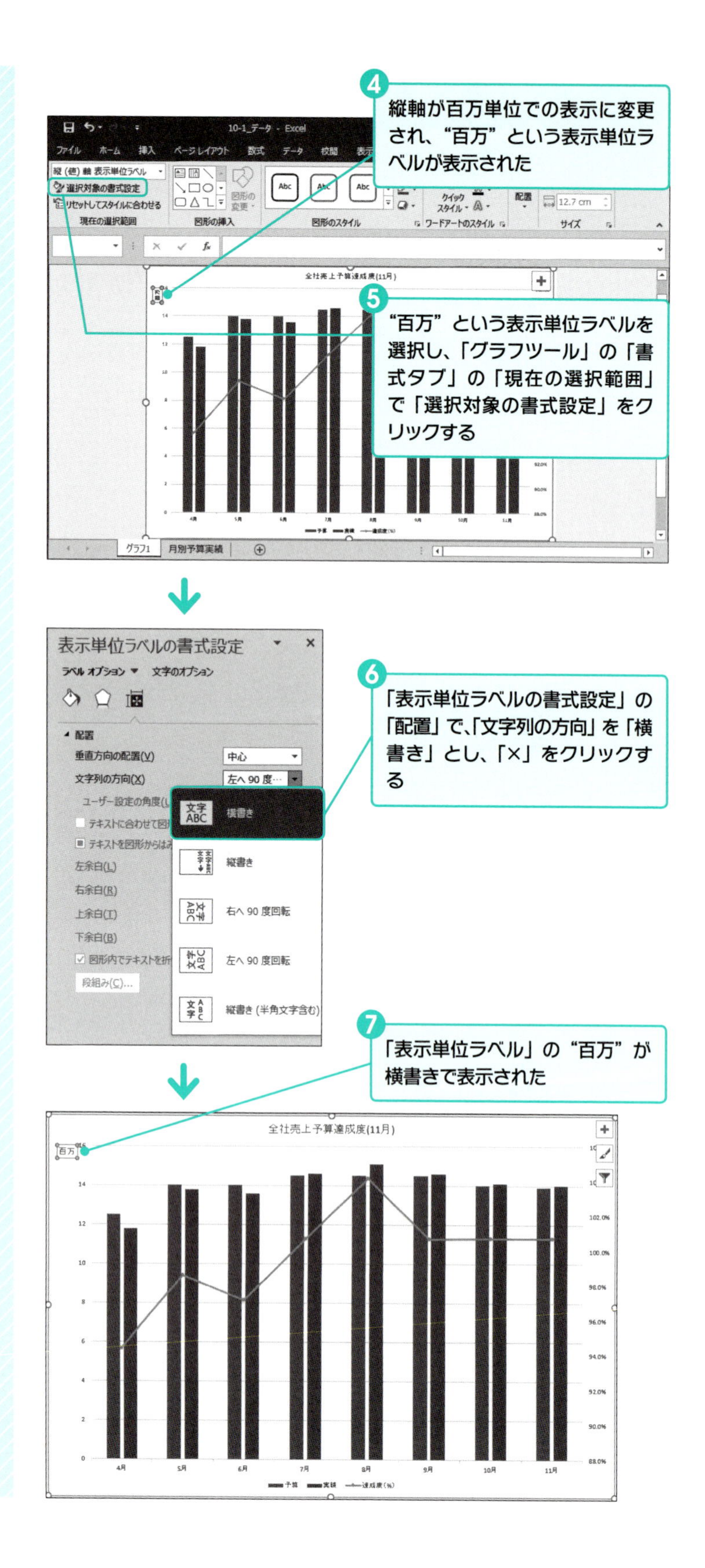

4 縦軸が百万単位での表示に変更され、“百万”という表示単位ラベルが表示された
5 “百万”という表示単位ラベルを選択し、「グラフツール」の「書式タブ」の「現在の選択範囲」で「選択対象の書式設定」をクリックする
6 「表示単位ラベルの書式設定」の「配置」で、「文字列の方向」を「横書き」とし、「×」をクリックする
7 「表示単位ラベル」の“百万”が横書きで表示された
表示単位ラベルの書式設定
ラベル オプション
文字のオプション
配置
垂直方向の配置(V)
中心
文字列の方向(X)
左へ 90 度…
横書き
縦書き
右へ 90 度回転
左へ 90 度回転
縦書き（半角文字含む）
全社売上予算達成度(11月)
百万

❻ データラベルを表示する 2013 2016 2019

達成成度（%）のグラフにデータラベルを表示して、達成度の数字を把握しやすくしましょう。

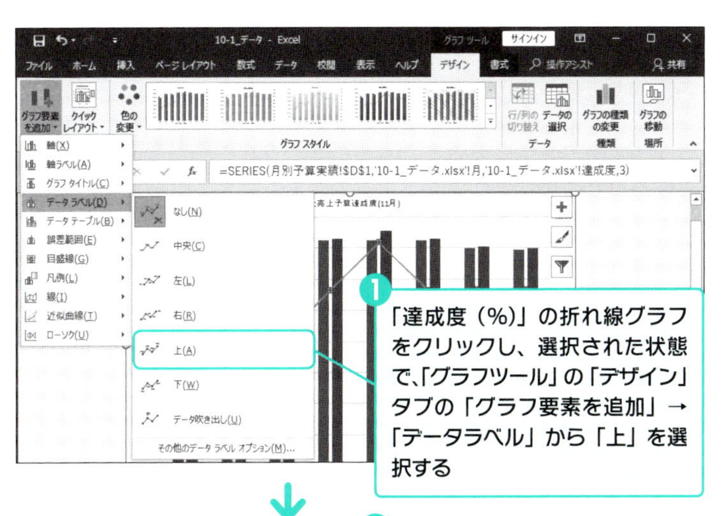

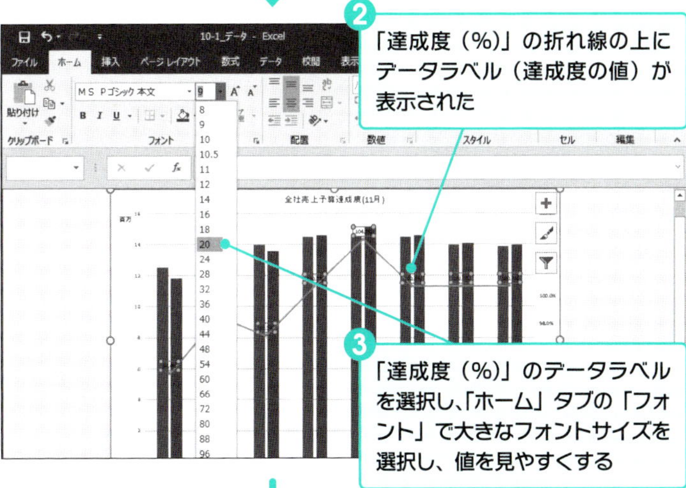

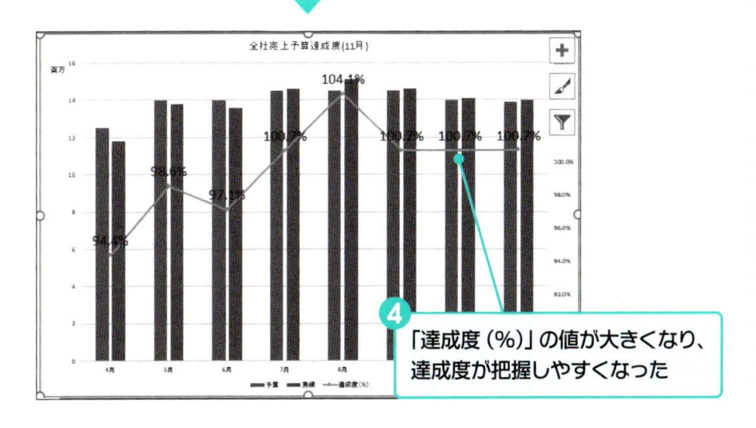

❼ グラフをPowerPointのスライドに貼り付ける 2013 2016 2019

完成したグラフから、11月の値だけでなく、下期に入って業績が改善してきている傾向がわかります。そこで、このグラフを基に、11月の業績と当年度全体推移の状況を説明する資料を作成していきます。

まずは、このグラフをPowerPointのスライドに貼り付けます。

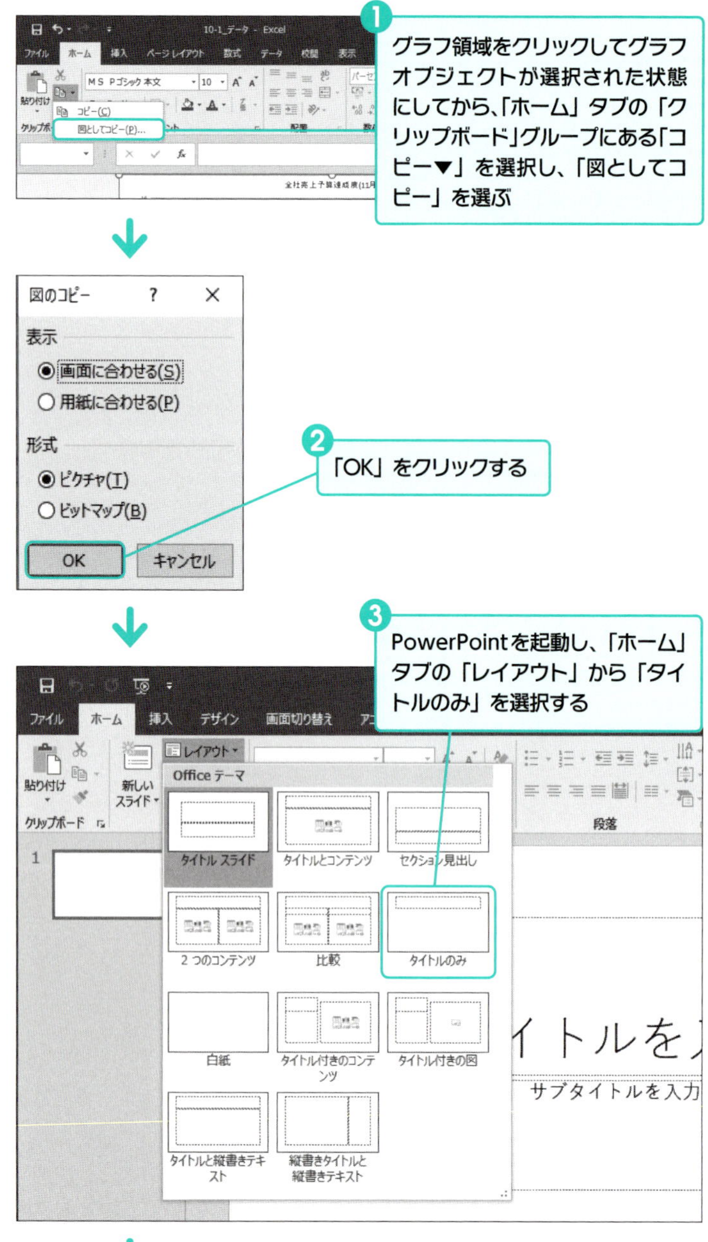

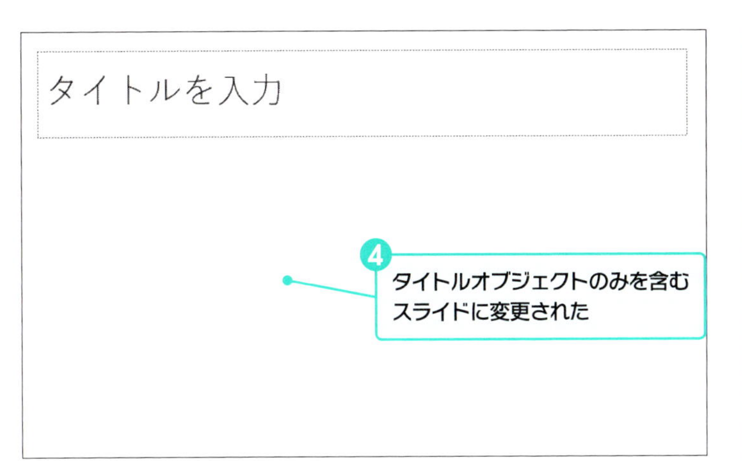

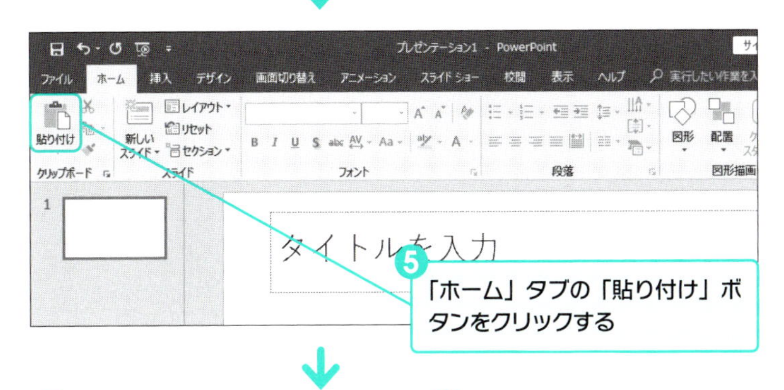

6
クリップボードにコピーされていたグラフが、コンテンツオブジェクトとして貼り付けられた

7
グラフオブジェクトをドラッグして、タイトル以外の余白部分の中心に移動する

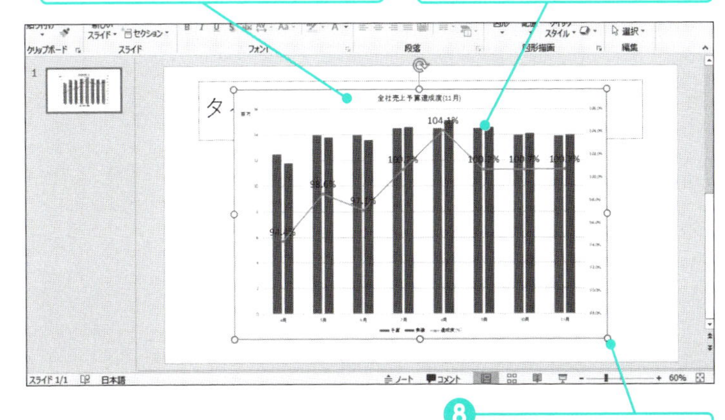

9 グラフオブジェクトの位置とサイズが変更された

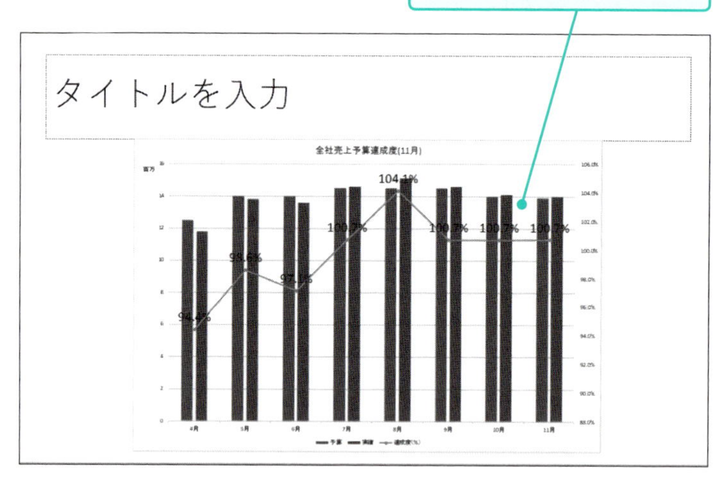

❽ PowerPointのスライドを完成させる 2013 2016 2019

スライドのタイトルに、業績が改善してきている状況がグラフから読み取れることを記述し、スライドを完成させます。グラフの中に予算達成度100%のラインを図形で入力することで、予算が達成しているかどうかの状況を明確にするスライドを作ることができます。

❶ タイトルオブジェクトに、11月の状況とグラフから読み取れる全体の状況説明を入力する

11月も引続き売上予算を達成し、順調に推移してきている。
下期では上期と比較し、全体の業績が改善してきていると見受けられる

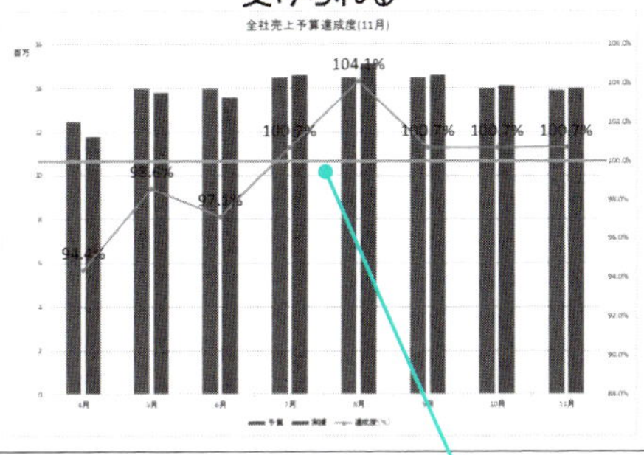

❷ グラフ上に達成度が100%となる基準線を図形ツールで描く

02 全体費用における費目別の割合を把握する

企業では日々、様々な費用が発生しています。売上増加に向けた努力と同様に、費用削減に向けた努力も必要で、業績管理においては費用管理も重要な業務の1つです。その状況を正確に把握することが、費用削減の第一歩です。ここでは、費用の実績値をただ表形式で記載するのでなく、多重円グラフを使って、どの費用がどれくらいの割合を占めているのかを把握できるようなスライドを作成します。

Point

- ある企業の業績管理担当者が、上期の「販売費および一般管理費」の費用分析の結果を報告すると仮定します。
- 各費用科目ごとにどれだけかかったのかを報告することも重要ですが、全体の費用のうち、各費用科目がどれくらいの割合を占めているのかを把握することも、今後の費用予算の策定や費用削減に向けての戦略を考えるために重要です。
- そこで、多重円グラフを使用して、費目別の割合を把握できるように費用分析の結果をまとめていきましょう。

Sample 全体費用における費目別の割合を報告するスライド

費用がどういった割合となっているのかの状況を説明するテキスト

ポイントを補足するためのテキスト

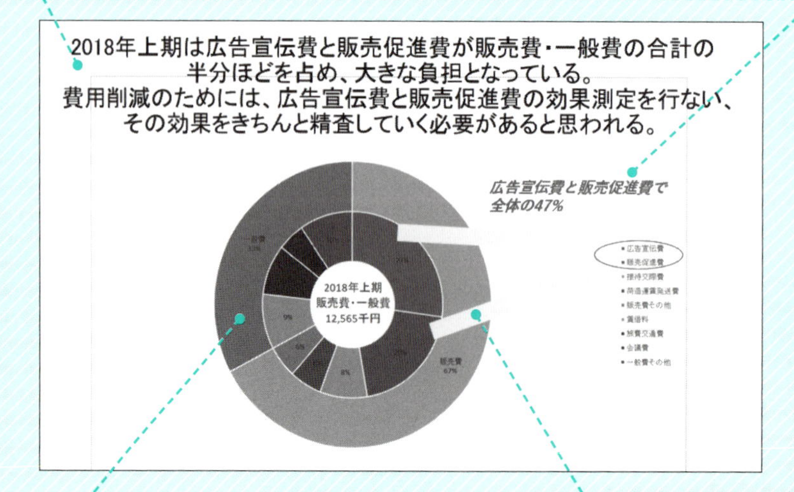

費用の費目別割合を示した多重円グラフ

ポイントを強調するための図形

費用管理とは

企業では、日常業務を遂行するために様々な費用が使われています。企業が存続していくためには、利益を確保することが必要ですが、どんなに売上を伸ばしていても、それを上回る費用がかかってしまえば、利益を挙げることができません。

利益を確保し、伸ばしていくためには、売上を伸ばしていくと同時に費用を抑えていく必要があります。費用管理もまた、業績管理の重要な業務の1つとなります。

一般企業では、主に以下のような費用が発生しています。

費用	概要	費目
売上原価	売上高（企業の本業による売上）に対応する商品などの仕入れや生産に関連して生じた費用	原材料費、買入部品費、保管料、支払運賃、研究開発費、給料、賞与、旅費交通費、外注加工費、光熱費、減価償却費、賃借料など
販売費および一般管理費	企業の販売業務並びに会社全般にかかわる管理業務に関連して生じた費用	販売手数料、荷造費、運搬費、広告宣伝費、保管料、旅費交通費、交際費、給料、賞与、通信費、光熱費、消耗品費、租税公課、保険料、賃借料など
営業外費用	企業の本業以外にかかわる費用で、投資や財務活動に関連して生じた費用	支払利息、社債利息、有価証券売却損、手形売却損、繰延資産償却、為替差損など
特別損失	非経常的な損失のうち、臨時・巨額の費用（経常的なものや金額が小さいものは営業外費用に含める）	固定資産売却損、投資有価証券売却損、災害等による損失、過去年度における棚卸資産評価の訂正額など

このような様々な費用が発生しているため、どういった目的でどういった費用の管理を行っていくのかという目的を明確にして費用データを分析し、管理していくことが重要となります。

たとえば、同じ「給与」という費目でも、「売上原価」として計上されているものと、「販売費および一般管理費」として計上されるものがあります。工場などで働いている人の給与は製品原価とみなされるため「売上原価」に、営業や総務などの業務を行っている人の給与は「販売費および一般管理費」に含まれます。単に「給与」という金額を見ただけでは、それがどこでどのように使われたものなのかを把握することができず、その金額をどう判断すればいいのか、どのような対策が必要なのかを考えることもできません。

そのため、どういった費目でどれだけの費用がかかっているのか、全体の何割を占めているのか、といった明確な視点を持って費用分析を進めていきましょう。

Column 販売費および一般管理費

一般的に、“経費”や“費用”と呼ばれているものが、「販売費および一般管理費」です。この中には、「広告宣伝費」や、営業部門や人事など管理部門の「交際費」、「旅費交通費」などの多くの費目が含まれます。これらの費用をどう管理し、どのように減らしていくのかが、企業の「営業利益」を改善していくためのポイントとなります。

また、「販売費および一般管理費」は、「売上高」に対しての分析指標である、「売上高販売費一般管理費率」としても管理され、その企業の収益性を表す重要な数字の1つとなっています。

❶ 費目の円グラフを作成する 2013 2016 2019

まず、サンプルデータの「費目」と「2018年上期実績」を使って、費目ごとの金額を示す円グラフを作成します。

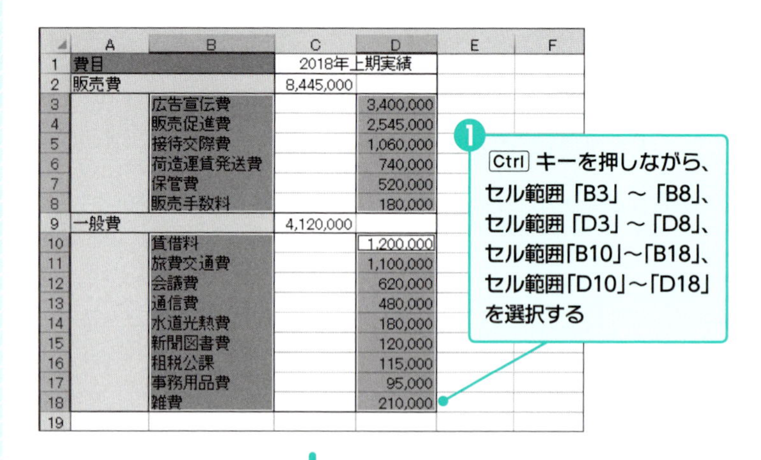

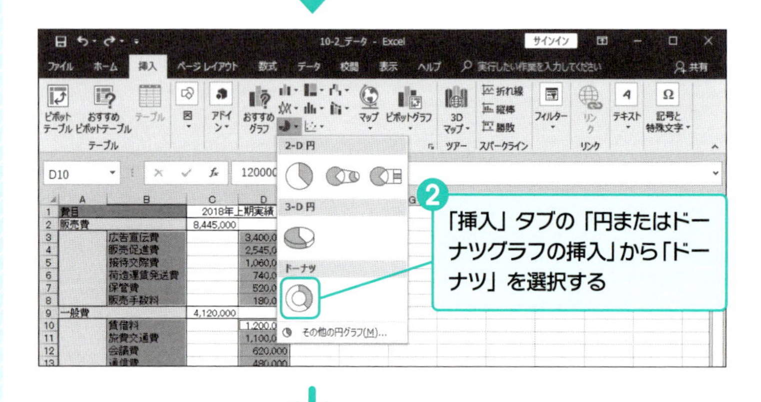

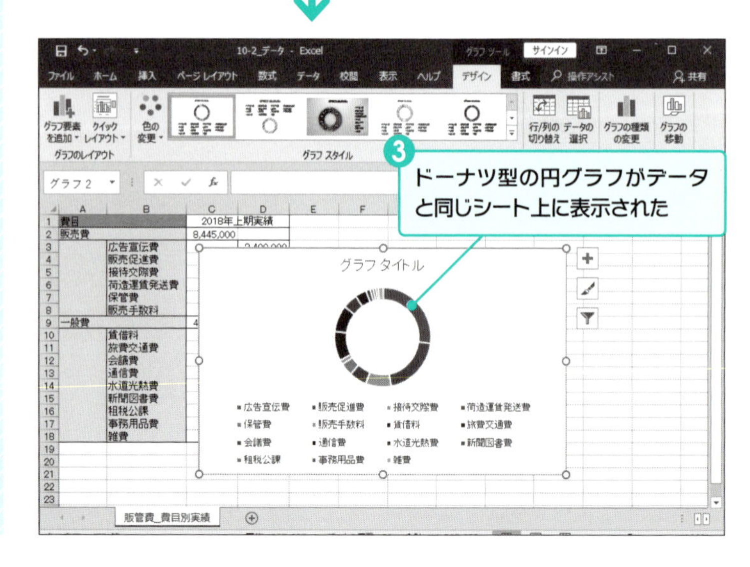

❷ 値の小さいデータをまとめる

2013 2016 2019

円グラフの項目が多すぎて各データを把握することが難しくなってしまったので、「販売費」と「一般費」の、全体の“5%より小さい”費目については、それぞれ「販売費その他」「一般費その他」としてまとめましょう。

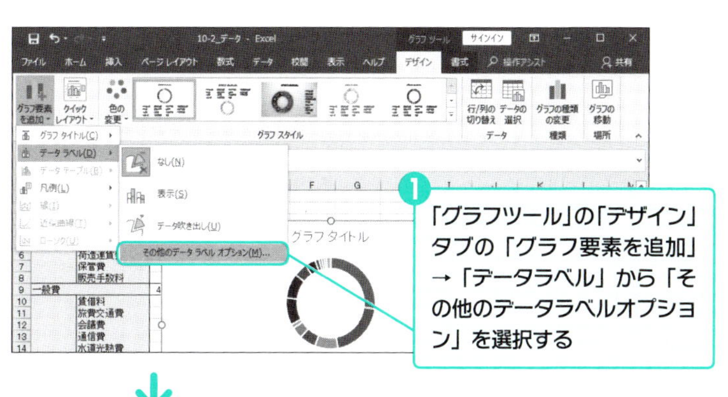

❶「グラフツール」の「デザイン」タブの「グラフ要素を追加」→「データラベル」から「その他のデータラベルオプション」を選択する

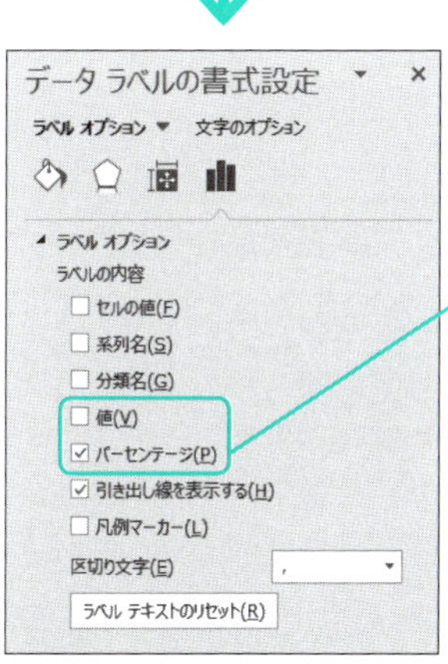

❷「データラベルの書式設定」の「ラベルオプション」で「値」のチェックを外し、「パーセンテージ」をクリックして選択し、「×」をクリックする

❸ 円グラフのデータラベルが値ではなく、パーセンテージで表示された

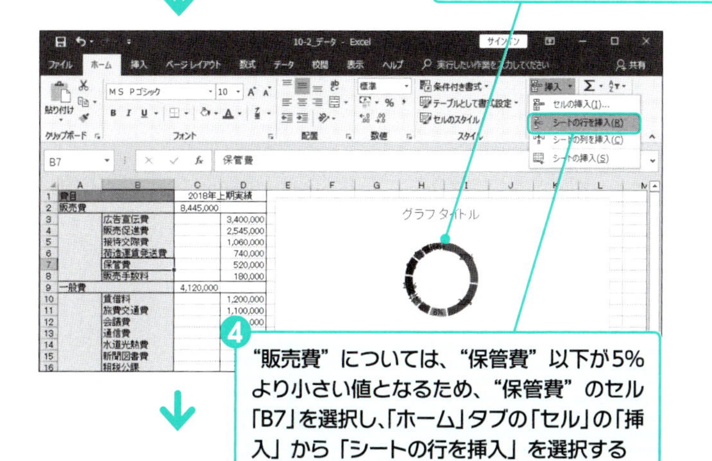

❹“販売費”については、“保管費”以下が5%より小さい値となるため、“保管費”のセル「B7」を選択し、「ホーム」タブの「セル」の「挿入」から「シートの行を挿入」を選択する

グラフツールメニューを表示するには

グラフツールメニューが表示されていない場合は、グラフをクリックして選択します。グラフツールメニューは、グラフが選択されているときのみ表示されます。

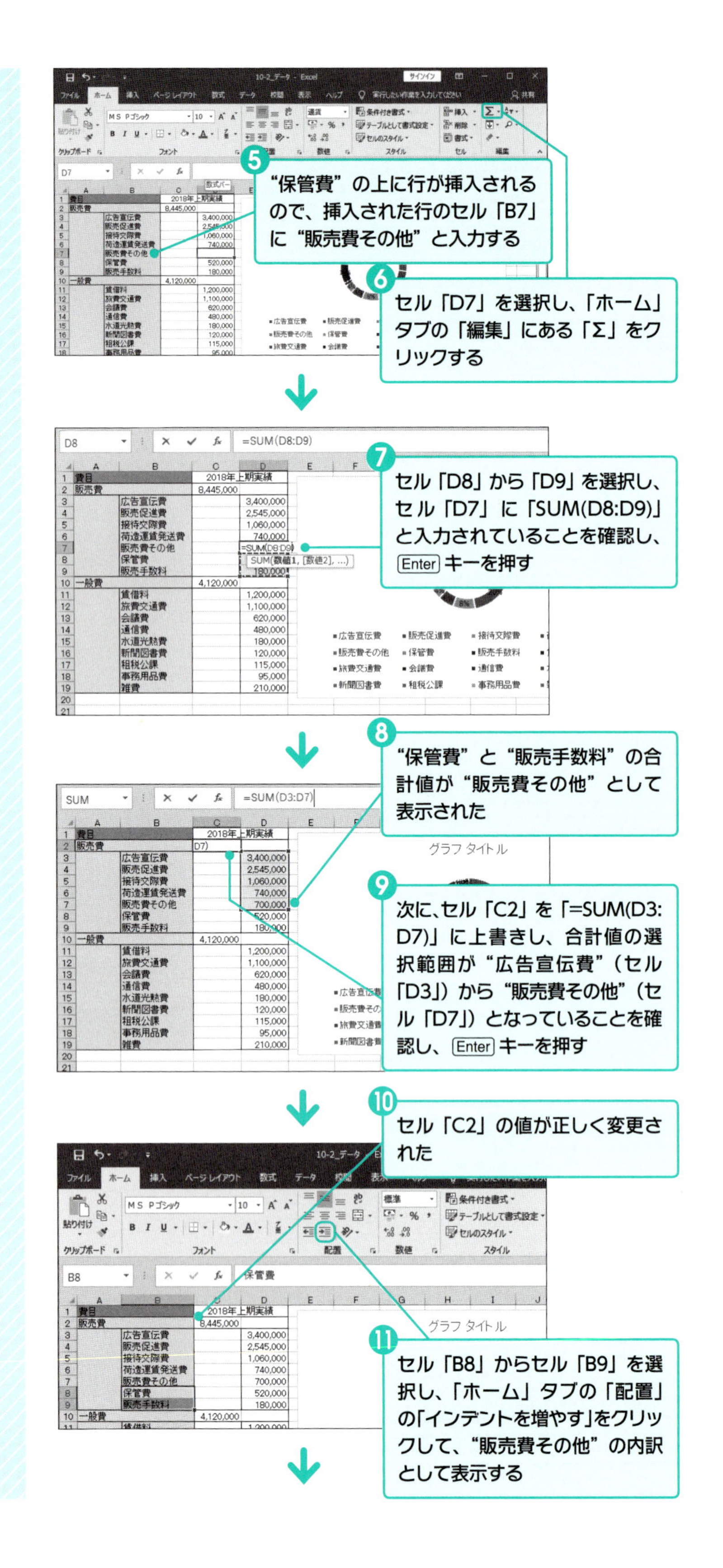
5
"保管費" の上に行が挿入されるので、挿入された行のセル「B7」に "販売費その他" と入力する
6
セル「D7」を選択し、「ホーム」タブの「編集」にある「Σ」をクリックする
7
セル「D8」から「D9」を選択し、セル「D7」に「SUM(D8:D9)」と入力されていることを確認し、Enter キーを押す
8
"保管費" と "販売手数料" の合計値が "販売費その他" として表示された
9
次に、セル「C2」を「=SUM(D3:D7)」に上書きし、合計値の選択範囲が "広告宣伝費"（セル「D3」）から "販売費その他"（セル「D7」）となっていることを確認し、Enter キーを押す
10
セル「C2」の値が正しく変更された
11
セル「B8」からセル「B9」を選択し、「ホーム」タブの「配置」の「インデントを増やす」をクリックして、"販売費その他" の内訳として表示する

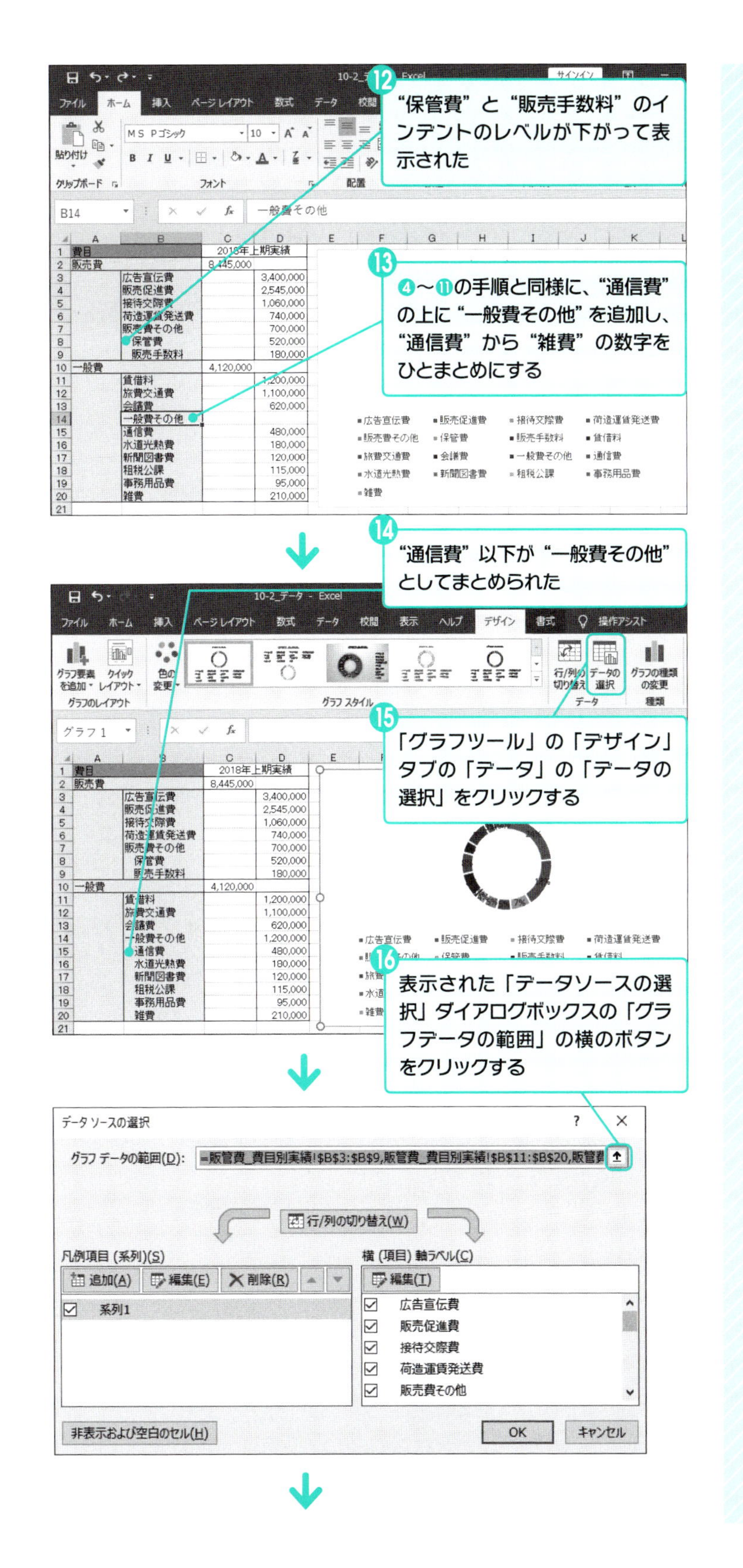
12 "保管費" と "販売手数料" のインデントのレベルが下がって表示された
13 4〜11の手順と同様に、"通信費" の上に "一般費その他" を追加し、"通信費" から "雑費" の数字をひとまとめにする
14 "通信費" 以下が "一般費その他" としてまとめられた
15 「グラフツール」の「デザイン」タブの「データ」の「データの選択」をクリックする
16 表示された「データソースの選択」ダイアログボックスの「グラフデータの範囲」の横のボタンをクリックする
データ ソースの選択
グラフ データの範囲(D):
=販管費_費目別実績!$B$3:$B$9,販管費_費目別実績!$B$11:$B$20,販管費
行/列の切り替え(W)
凡例項目 (系列)(S)
追加(A)
編集(E)
削除(R)
系列1
横 (項目) 軸ラベル(C)
編集(T)
広告宣伝費
販売促進費
接待交際費
荷造運賃発送費
販売費その他
非表示および空白のセル(H)
OK
キャンセル

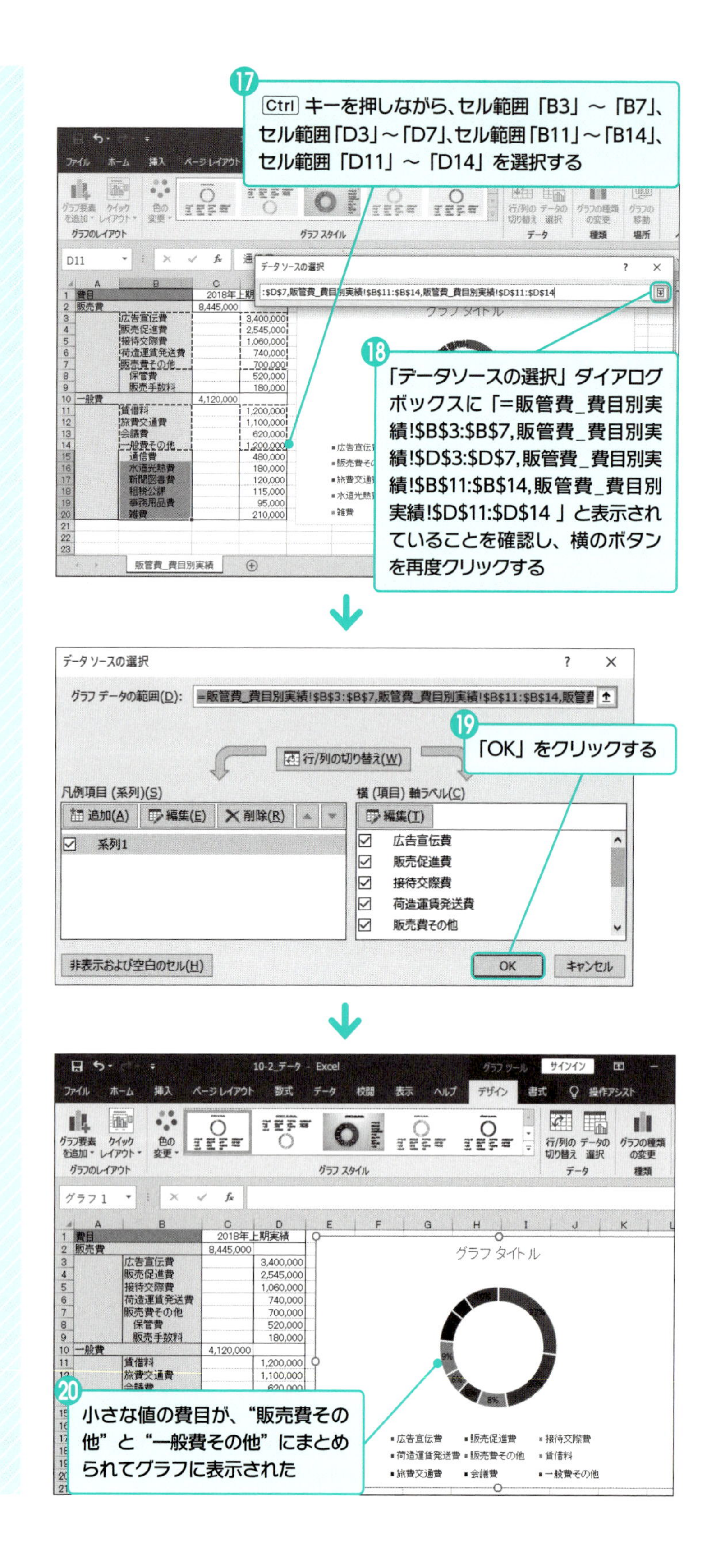
17 Ctrl キーを押しながら、セル範囲「B3」～「B7」、セル範囲「D3」～「D7」、セル範囲「B11」～「B14」、セル範囲「D11」～「D14」を選択する
18 「データソースの選択」ダイアログボックスに「=販管費_費目別実績!$B$3:$B$7,販管費_費目別実績!$D$3:$D$7,販管費_費目別実績!$B$11:$B$14,販管費_費目別実績!$D$11:$D$14」と表示されていることを確認し、横のボタンを再度クリックする
データ ソースの選択
グラフ データの範囲(D):
19 「OK」をクリックする
行/列の切り替え(W)
凡例項目 (系列)(S)
横 (項目) 軸ラベル(C)
系列1
広告宣伝費
販売促進費
接待交際費
荷造運賃発送費
販売費その他
非表示および空白のセル(H)
OK
キャンセル
グラフ タイトル
20 小さな値の費目が、“販売費その他”と“一般費その他”にまとめられてグラフに表示された

❸ 多重の円グラフを作成する　2013 2016 2019

販売費と一般費の割合をわかりやすくするために、作成した円グラフの外側に、“販売費” と “一般費” の円グラフを追加し、多重の円グラフにしましょう。

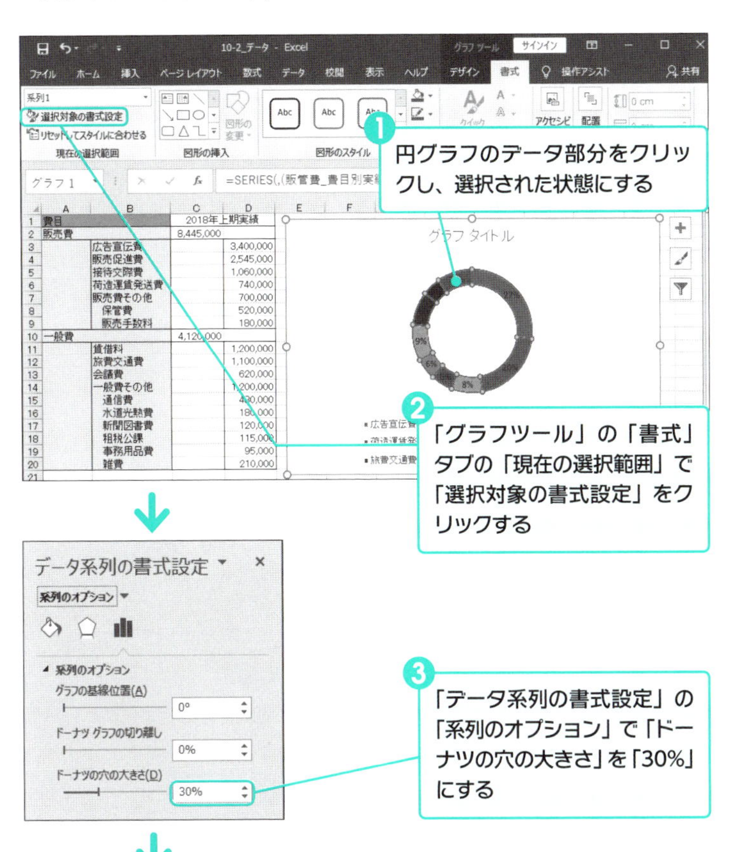

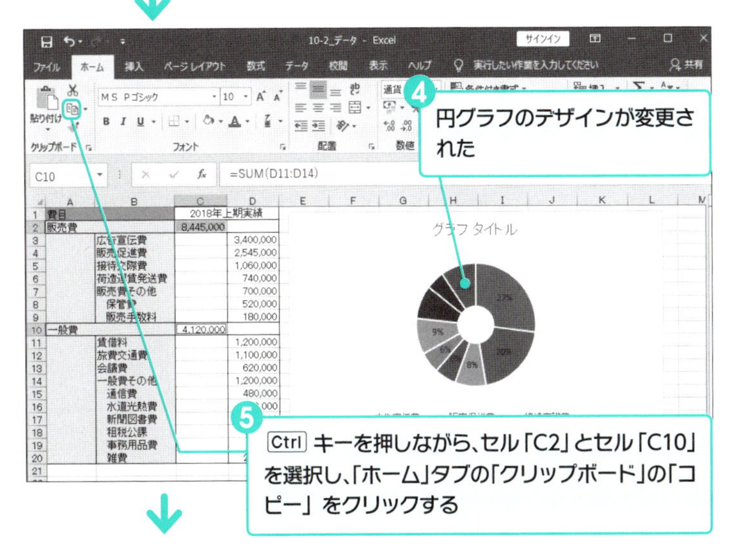

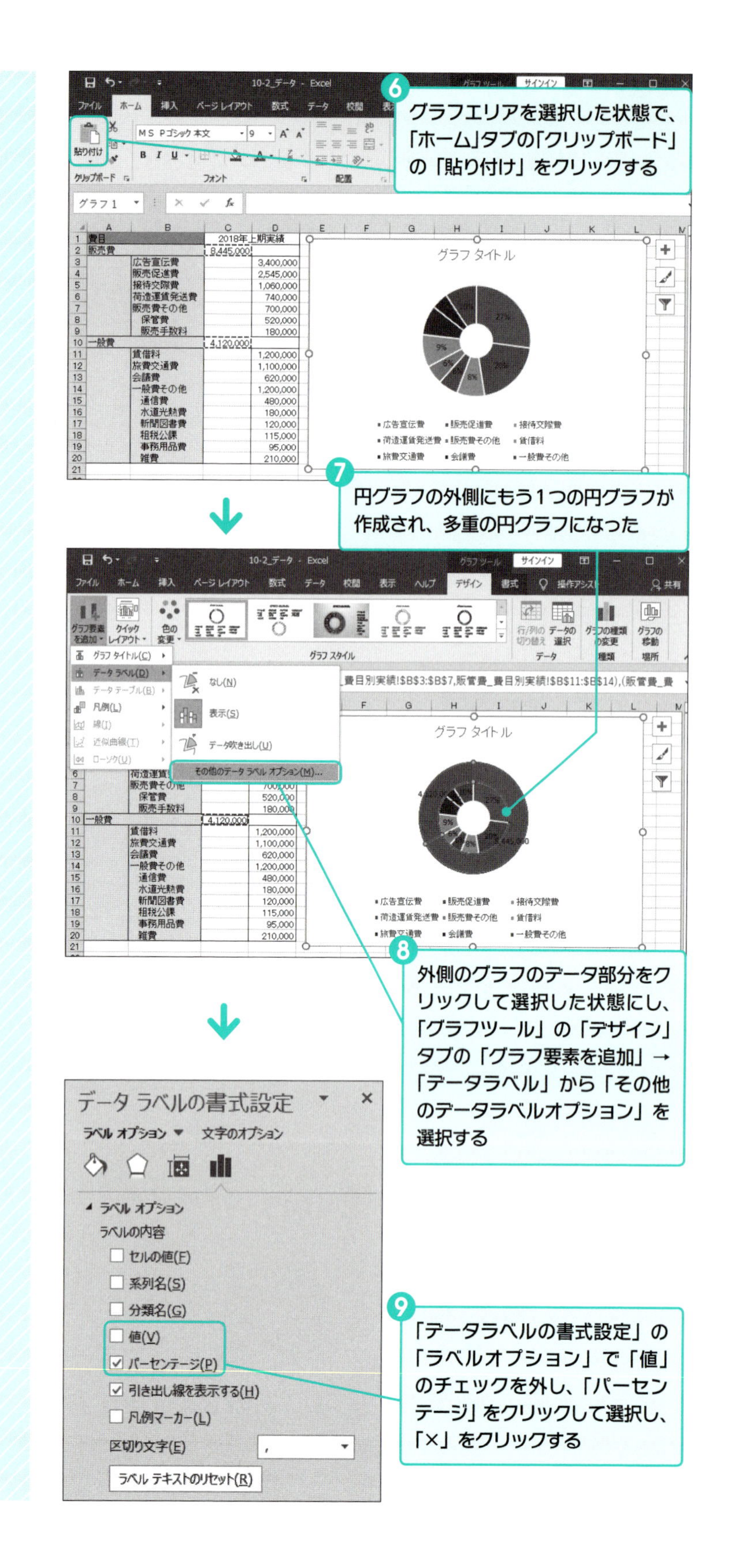
6
グラフエリアを選択した状態で、「ホーム」タブの「クリップボード」の「貼り付け」をクリックする
7
円グラフの外側にもう1つの円グラフが作成され、多重の円グラフになった
8
外側のグラフのデータ部分をクリックして選択した状態にし、「グラフツール」の「デザイン」タブの「グラフ要素を追加」→「データラベル」から「その他のデータラベルオプション」を選択する
9
「データラベルの書式設定」の「ラベルオプション」で「値」のチェックを外し、「パーセンテージ」をクリックして選択し、「×」をクリックする
データ ラベルの書式設定
ラベル オプション
文字のオプション
ラベルの内容
セルの値(E)
系列名(S)
分類名(G)
値(V)
パーセンテージ(P)
引き出し線を表示する(H)
凡例マーカー(L)
区切り文字(E)
ラベル テキストのリセット(R)

❹ 円グラフを整形する

2013 2016 2019

追加した外側の円グラフの要素が内側の円グラフと同じ色となってしまっているので、色の変更を行います。さらに、各要素にデータラベルを追加します。

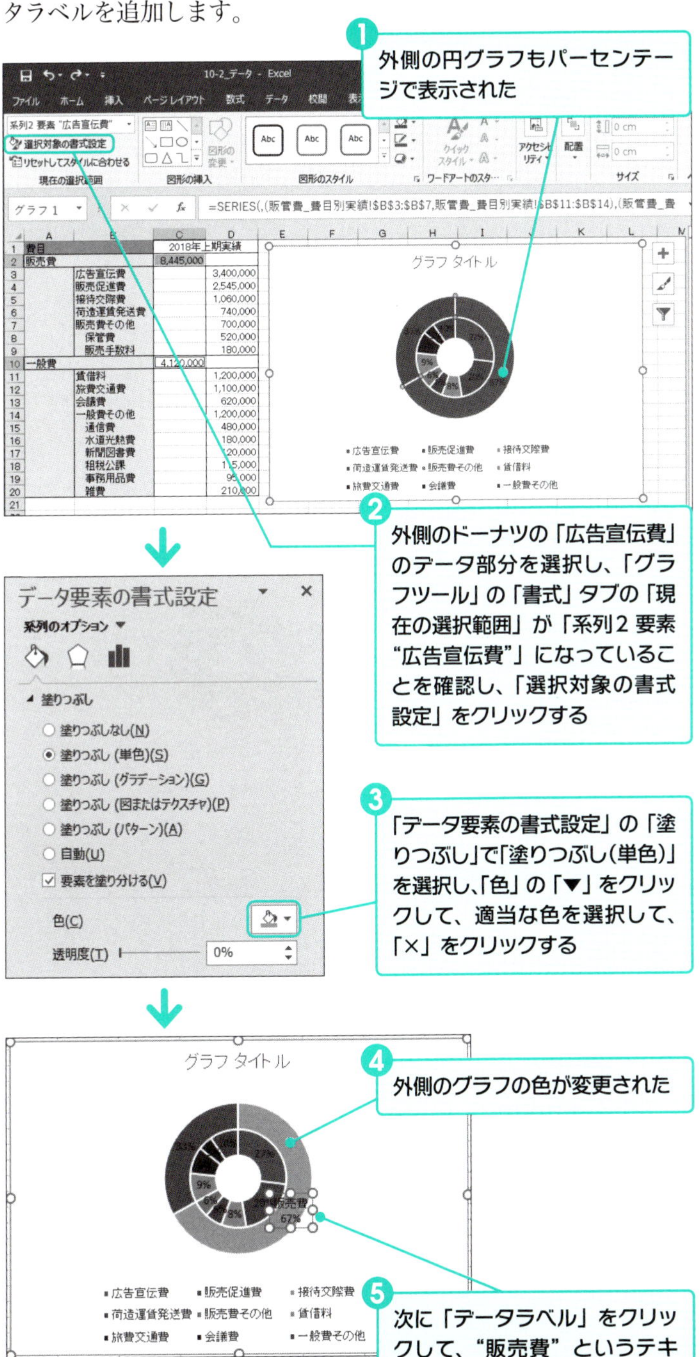

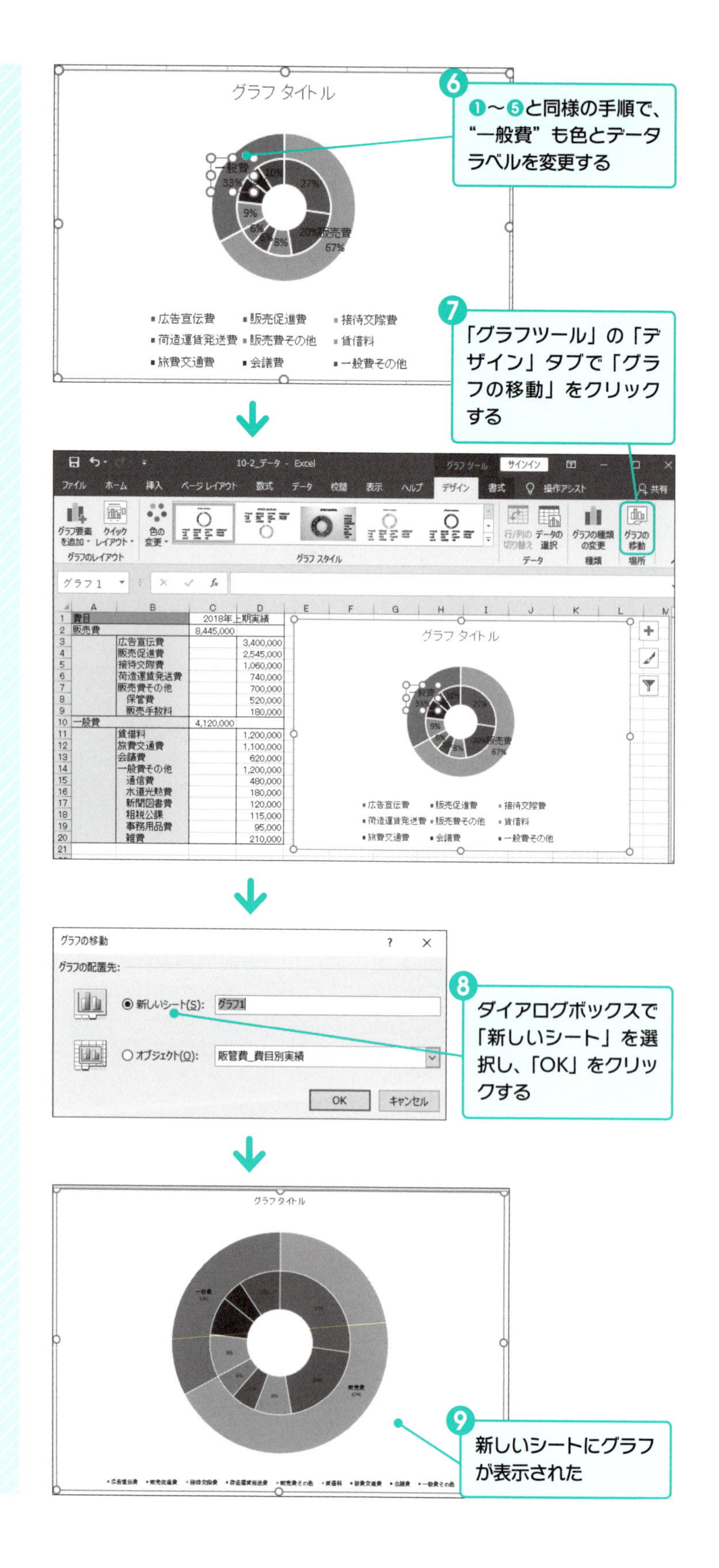

	A	B	C	D
1	費目		2018年上期実績	
2	販売費		8,445,000	
3		広告宣伝費		3,400,000
4		販売促進費		2,545,000
5		接待交際費		1,060,000
6		荷造運賃発送費		740,000
7		販売費その他		700,000
8		保管費		520,000
9		販売手数料		180,000
10	一般費		4,120,000	
11		賃借料		1,200,000
12		旅費交通費		1,100,000
13		会議費		620,000
14		一般費その他		1,200,000
15		通信費		480,000
16		水道光熱費		180,000
17		新聞図書費		120,000
18		租税公課		115,000
19		事務用品費		95,000
20		雑費		210,000

❺ 凡例とタイトルの位置を変更する 2013 2016 2019

凡例の位置を右に、タイトルの位置を円の中心に変更します。Excelには、円の中心にタイトルを表示する機能がありませんので、タイトルは手動で円の中心に移動させます。

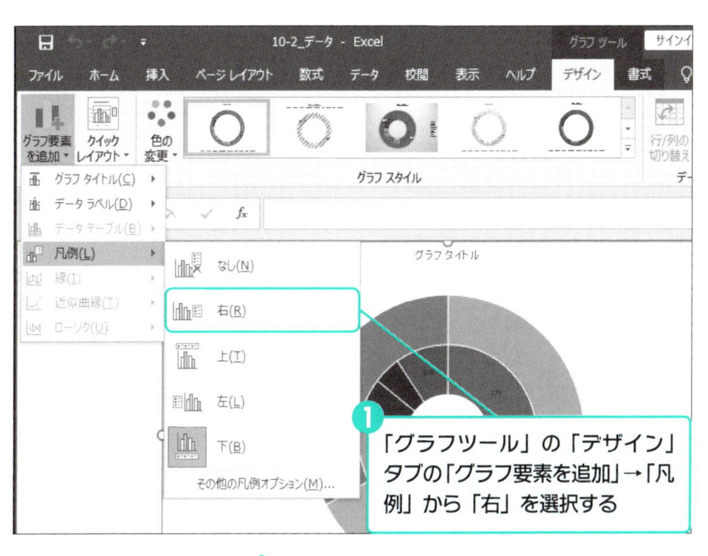

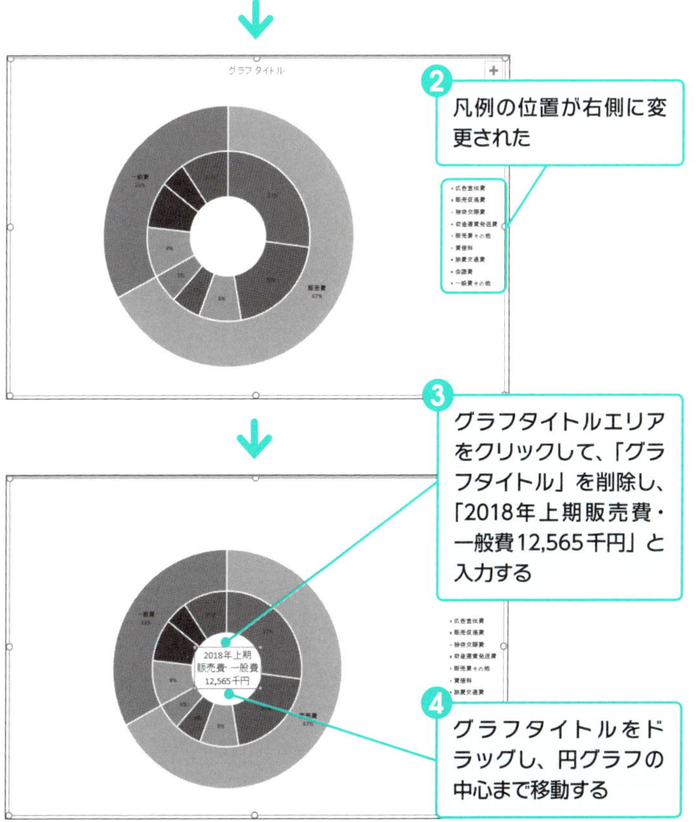

Column 補助円グラフ付き円グラフを使う

補助円グラフ付き円グラフは、ドーナツグラフと同様に、2つの階層のデータを1つのグラフに表示することができます。通常の円グラフでは表示が細かくなりすぎる小さい値のデータを拡大表示したい場合や、1つのデータアイテムのさらに細かいアイテムを拡大表示する際に使用します。

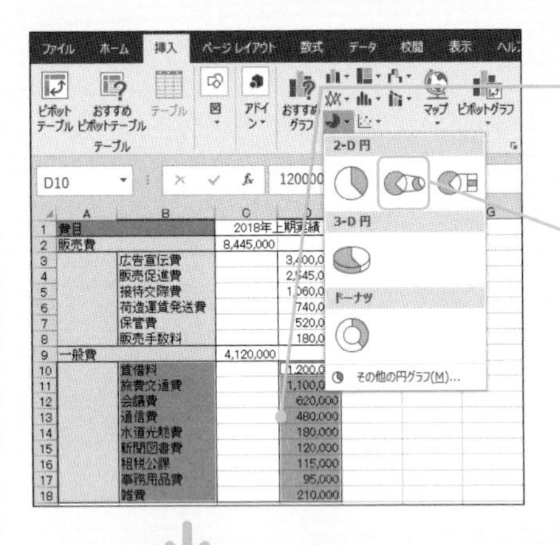

❶ Ctrl キーを押しながら、セル範囲「B10」～「B18」、セル範囲「D10」～「D18」を選択する

❷「挿入」タブの「円またはドーナツグラフの挿入」から「補助円グラフ付き円グラフ」を選択する

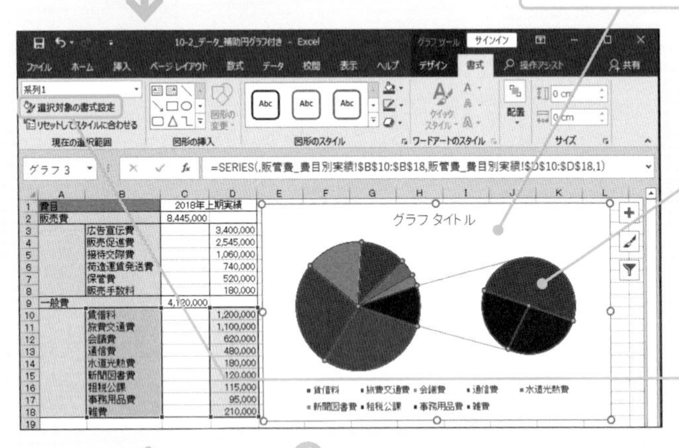

❸ 補助円グラフ付き円グラフが表示された

❹ 補助円グラフ付き円グラフのデータ部分をクリックして、選択された状態にする

❺「グラフツール」の「書式」タブの「選択対象の書式設定」を選択する

データ系列の書式設定
系列のオプション
系列のオプション
使用する軸
主軸 (下/左側)(P)
第 2 軸 (上/右側)(S)
系列の分割(P) 位置
補助プロットの値(E) 5
円グラフの切り離し(X) 0%
要素の間隔(W) 100%
補助プロットのサイズ(S) 75%

❻「データ系列の書式設定」の「補助プロットの値」を「5」に設定する

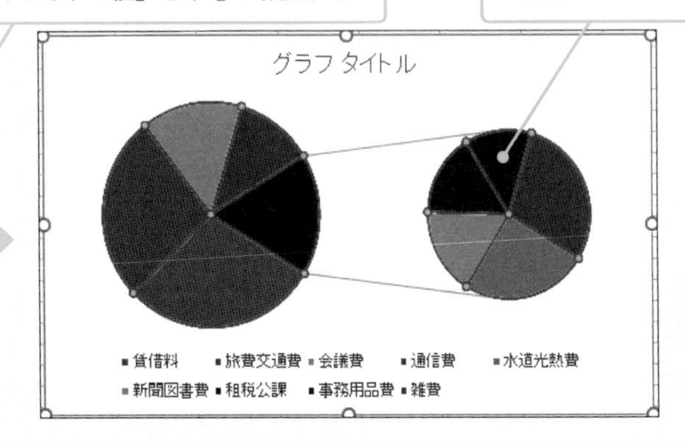

❼ 補助円グラフに含まれるデータの個数が5つに変更された

❻ PowerPointのスライドを作成する 2013 2016 2019

Excelで作成したドーナツグラフを貼り付け、PowerPointのスライドを作成します。
スライドのタイトルに、広告宣伝費と販売促進費の割合が大きく、費用対効果を精査していく必要があることを記述します。グラフの中の重要な数字にテキストによる補足説明を追加したり、図形などを使って着目する必要のある費目を強調させることで、よりポイントを明確にしたスライドになります。

❶ 314ページと同様の手順で、「タイトルのみ」のレイアウトの新規スライドを作成する

❷ タイトルオブジェクトに、グラフから読み取れる事象の説明を入力する

2018年上期は広告宣伝費と販売促進費が販売費・一般費の合計の半分ほどを占め、大きな負担となっている。
費用削減のためには、広告宣伝費と販売促進費の効果測定を行ない、その効果をきちんと精査していく必要があると思われる。

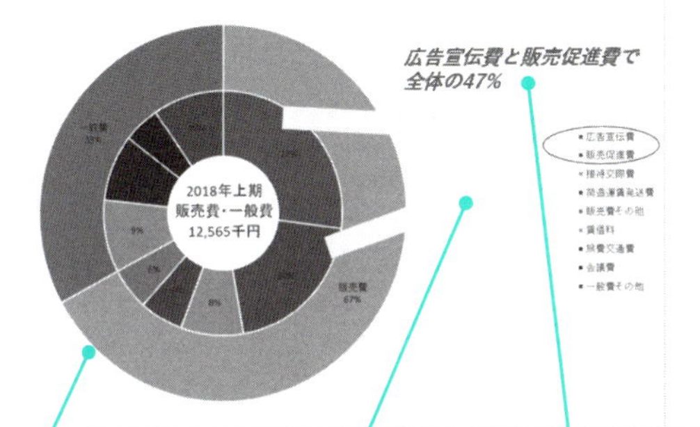

❸ Excelで作成したドーナツグラフを、315ページと同様の手順で貼り付け、位置とサイズを調整する

❹ 着目すべき部分を図形を使って強調する

❺ グラフ上の着目すべきポイントについてコメントを追加する

03 会社全体の利益の事業部別構成率を把握する

複数の事業を行っている企業の多くは、事業本部や事業部などの組織に分けて、それぞれの業務を進めています。企業の資源を各事業にどのように投資していくのかを決めるためにも、各事業がどれだけの利益を上げ、会社全体がどの事業に依存しているのかなど、各事業の位置付けを把握しておくことが必要です。そこで、100%積み上げ棒グラフを使って、各事業の状況を把握できるスライドを作成します。

Point

- 企業の業績管理担当者が、ここ数期の事業別の業績をまとめることを仮定します。
- 各事業の規模に違いがあるため、事業ごとの利益額の数字を見ているだけでは、事業位置付けや状態を把握することが難しく、会社としてどの事業に投資していく必要があるかなどの戦略を立てることができません。
- そこで、100%積み上げ棒グラフを使って、会社全体の営業利益を「100%」と見立てた事業別の営業利益の構成比を示し、時系列で比較していきましょう。

Sample 会社全体に占める事業ごとの営業利益の構成比を比較するスライド

事業部別の利益がどういった状況となっているかを説明するテキスト

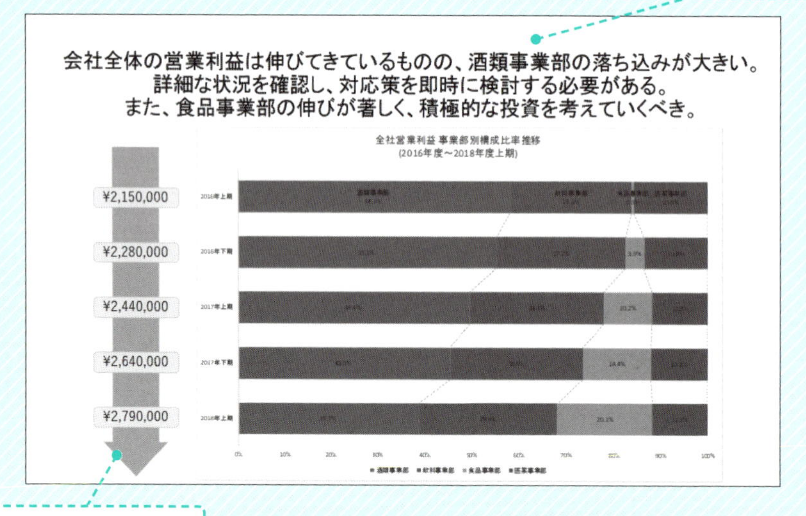

グラフだけでは足りない情報を補足するための図形

事業部制組織とは

事業部制組織とは、現在、多くの大企業で採用されている一般的な組織形態です。

企業が大きくなって経営が多角化するとともに、事業形態や、商品・製品の種類が多くなり、トップマネージメント層がすべての事業に対して意思決定を行うことが難しくなってきます。そこで、事業部制組織では、製品やサービス、市場や地域といったターゲット別に組織をグループ化し、事業運営に関する責任・権限を各グループに委譲することによって、意思決定の迅速化の実現を目指します。

事業部は財務会計面でも独立評価が行われ、独立採算が求められるため、事業運営を行う上で必要となる機能をすべて保持している必要があります。しかし実際は、調達や製造、人事、総務などの事業部間で共通する機能については個々の事業部で保持せず、全社レベルで共有しているケースが多いようです。

事業部制組織を行っている複数の事業を抱える企業では、事業ごとの収益性や成長性を分析し、どの事業にどれだけの経営資源を配分するかという判断を行っていくことが経営戦略策定の重要なポイントとなります。

永続的な企業価値の向上を実現するには、企業全体における各事業の位置づけを絶えず見直し、各事業が「成長ビジネス」なのか「成熟ビジネス」なのか、もしくは「立ち上げビジネス」なのかを見極めつつ、どの事業に投資するか、どの事業からどれだけの利益を見込むかを計画立てていく必要があります。

「成長ビジネス」だけにすべての資源を集中させるのではなく、中期的な視点で「立ち上げビジネス」への投資も併せて実施し、将来の高収益事業を育てていくことも大切です。

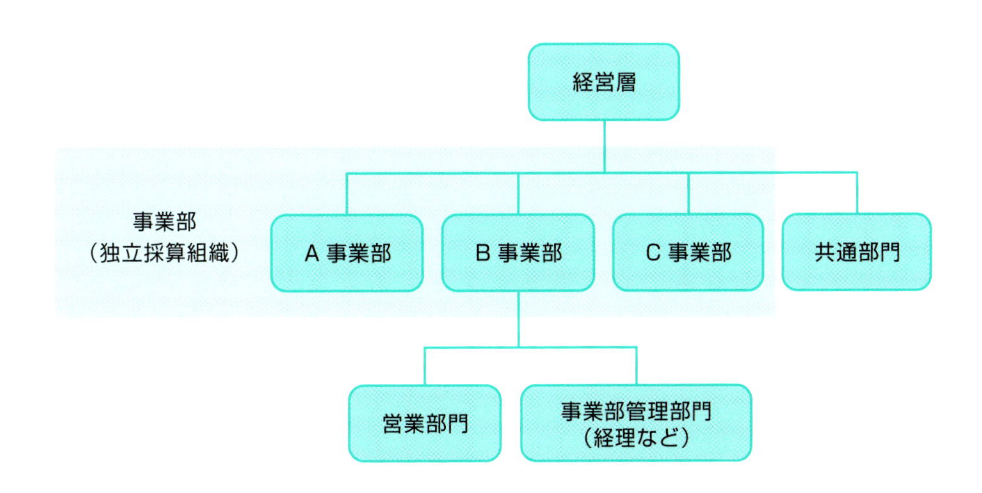

Column 事業部制組織のデメリット

事業部制組織には、意思決定の迅速化や、事業部マネージメントの遂行による将来の経営層の人材育成などのメリットがあります。しかし一方で、各事業部で同じ機能の部門を持つなどの重複投資が発生したり、事業部間の競争意識が激しくなってセクショナリズムが進んだ結果、極度の事業部最適化に進んでしまうといったデメリットもあるようです。

日本では、1933年に松下電器産業（現在のパナソニック）が採用しましたが、その後、2001年度に事業部制の解体を行っています。

どのような組織体系にも、メリットとデメリットが存在しています。どのような組織体系が望ましいのか、企業戦略と照らし合わせた十分な検証が必要なのは言うまでもありません。

❶ 事業部の構成比率のデータを準備する 2013 2016 2019

まず、サンプルデータの事業部別利益額を使って、構成比率を算出します。データは、以下の行に格納します。

●構成比率：8行～13行

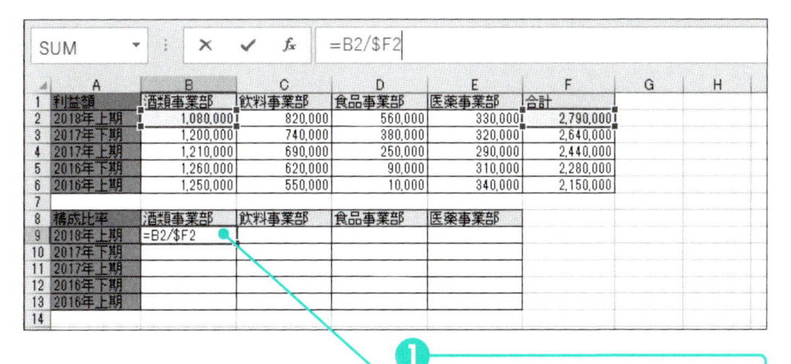

SUM =B2/$F2

	A	B	C	D	E	F	G	H
1	利益額	酒類事業部	飲料事業部	食品事業部	医薬事業部	合計		
2	2018年上期	1,080,000	820,000	560,000	330,000	2,790,000		
3	2017年下期	1,200,000	740,000	380,000	320,000	2,640,000		
4	2017年上期	1,210,000	690,000	250,000	290,000	2,440,000		
5	2016年下期	1,260,000	620,000	90,000	310,000	2,280,000		
6	2016年上期	1,250,000	550,000	10,000	340,000	2,150,000		
7								
8	構成比率	酒類事業部	飲料事業部	食品事業部	医薬事業部			
9	2018年上期	=B2/$F2						
10	2017年下期							
11	2017年上期							
12	2016年下期							
13	2016年上期							
14								

❶ セル「B9」に「=B2/$F2」と入力し、“2018年上期”の“酒類事業部”の構成比率を求める

↓

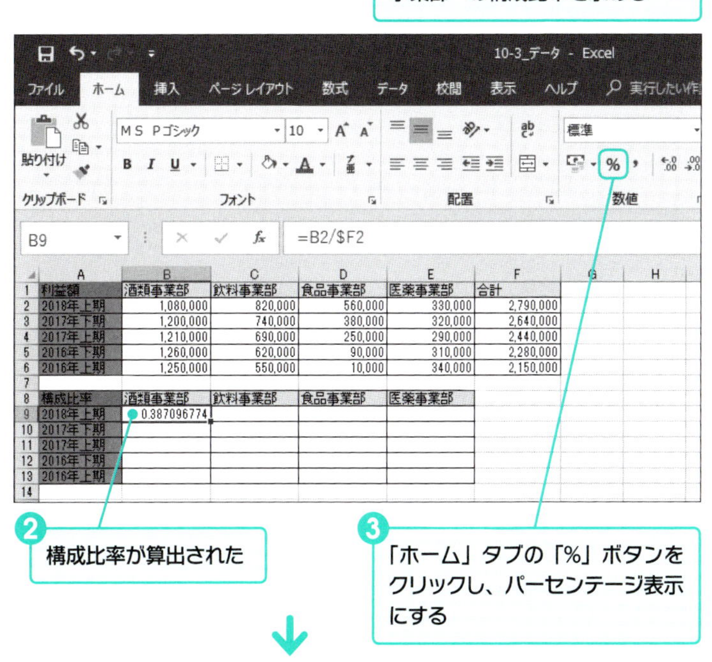

	A	B	C	D	E	F	G	H
1	利益額	酒類事業部	飲料事業部	食品事業部	医薬事業部	合計		
2	2018年上期	1,080,000	820,000	560,000	330,000	2,790,000		
3	2017年下期	1,200,000	740,000	380,000	320,000	2,640,000		
4	2017年上期	1,210,000	690,000	250,000	290,000	2,440,000		
5	2016年下期	1,260,000	620,000	90,000	310,000	2,280,000		
6	2016年上期	1,250,000	550,000	10,000	340,000	2,150,000		
7								
8	構成比率	酒類事業部	飲料事業部	食品事業部	医薬事業部			
9	2018年上期	0.387096774						
10	2017年下期							
11	2017年上期							
12	2016年下期							
13	2016年上期							
14								

❷ 構成比率が算出された

❸ 「ホーム」タブの「%」ボタンをクリックし、パーセンテージ表示にする

↓

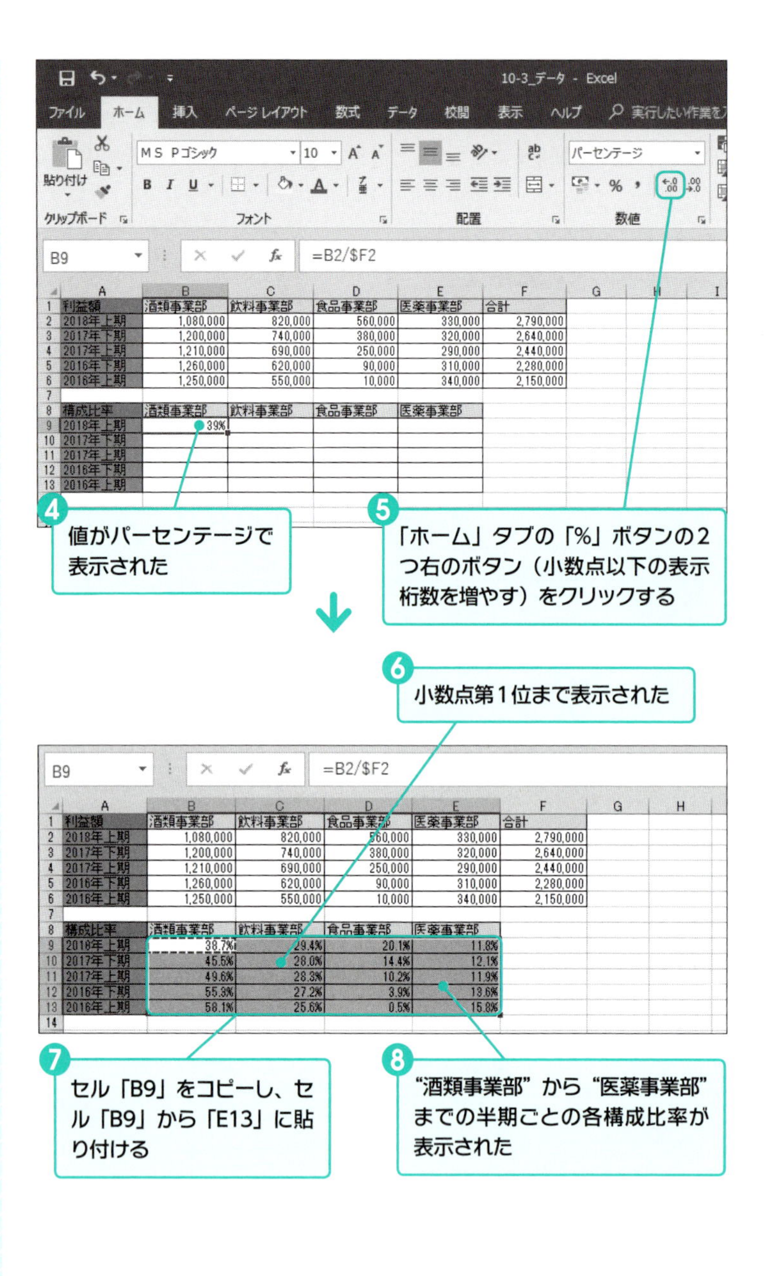
値がパーセンテージで表示された
「ホーム」タブの「%」ボタンの2つ右のボタン（小数点以下の表示桁数を増やす）をクリックする
小数点第1位まで表示された
セル「B9」をコピーし、セル「B9」から「E13」に貼り付ける
“酒類事業部”から“医薬事業部”までの半期ごとの各構成比率が表示された

❷ 100%積み上げ棒グラフを作成する　2013 2016 2019

算出された「構成比率」の表を使って、100%積み上げ棒グラフを作成します。

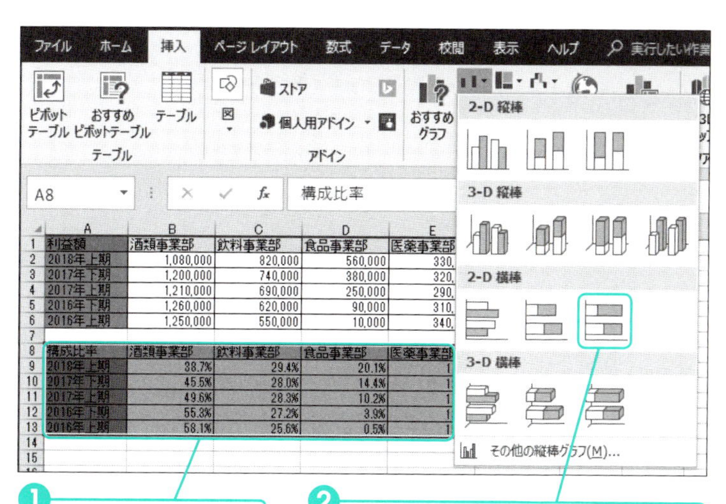

❶ 構成比率の表の、セル「A8」からセル「E13」を選択する

❷ 「挿入」タブの「縦棒/横棒グラフの挿入」から「100%積み上げ横棒」を選択する

❸ 100%積み上げ横棒グラフがデータと同じシート上に表示された

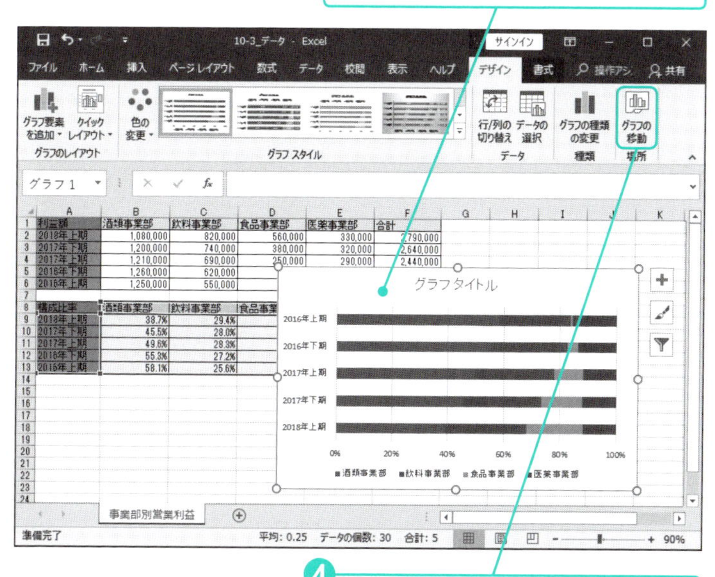

❹ 「グラフツール」の「デザイン」タブで「グラフの移動」をクリックする

Excel 2013の場合は

「挿入」タブの「グラフ」から「横棒▼」をクリックし、「2-D 横棒」から「100%積み上げ横棒」を選択します。

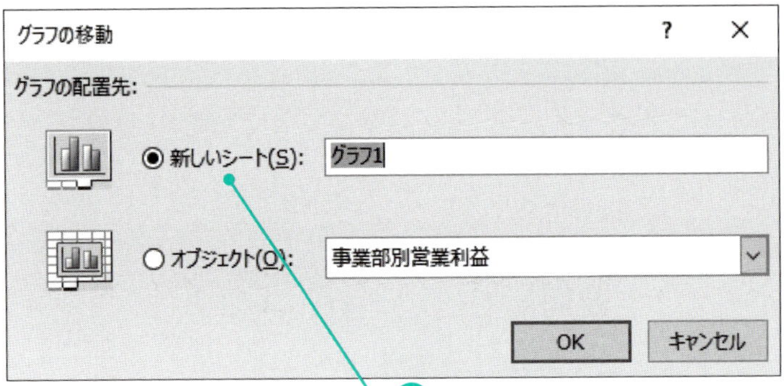

グラフの移動

グラフの配置先:

新しいシート(S): グラフ1

オブジェクト(O): 事業部別営業利益

OK キャンセル

❺ ダイアログボックスで「新しいシート」を選択して、「OK」をクリックする

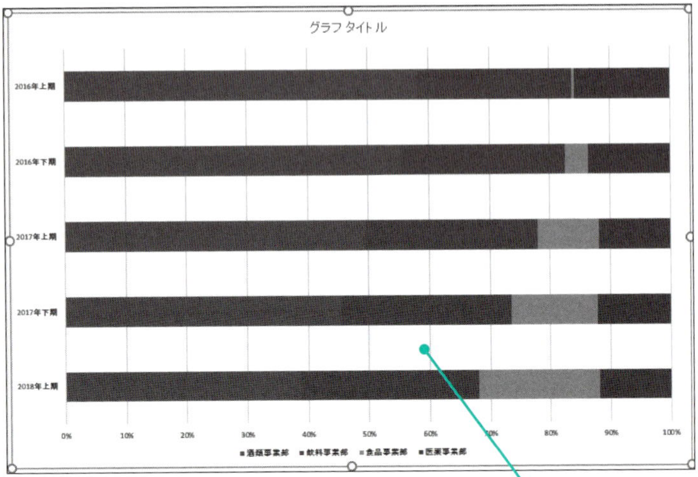

グラフ タイトル

❻ 新しいシートにグラフが表示された

❸ データラベルを設定する 2013 2016 2019

よりわかりやすいグラフにするために、グラフツールの「レイアウト」タブを使って、データラベルを追加しましょう。まずは、データの値を表示し、続けて系列名もグラフに併記しましょう。

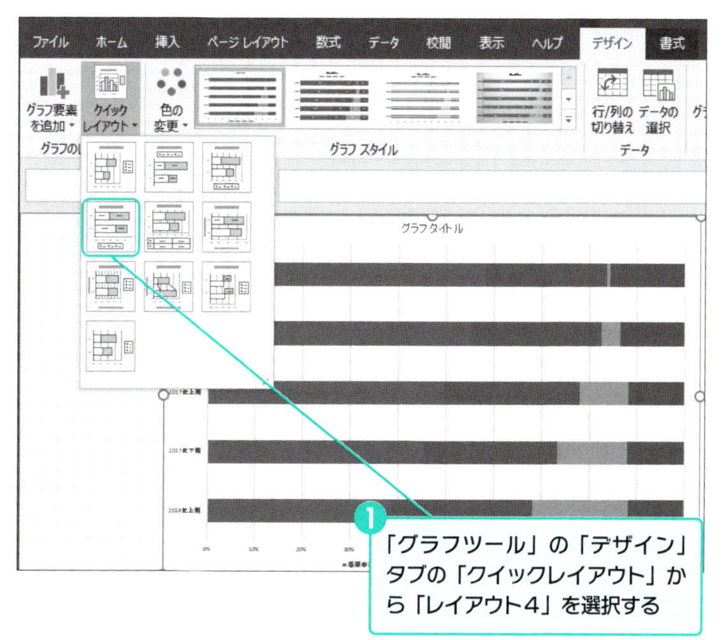

❶「グラフツール」の「デザイン」タブの「クイックレイアウト」から「レイアウト4」を選択する

❷グラフの中にそれぞれの値が表示された

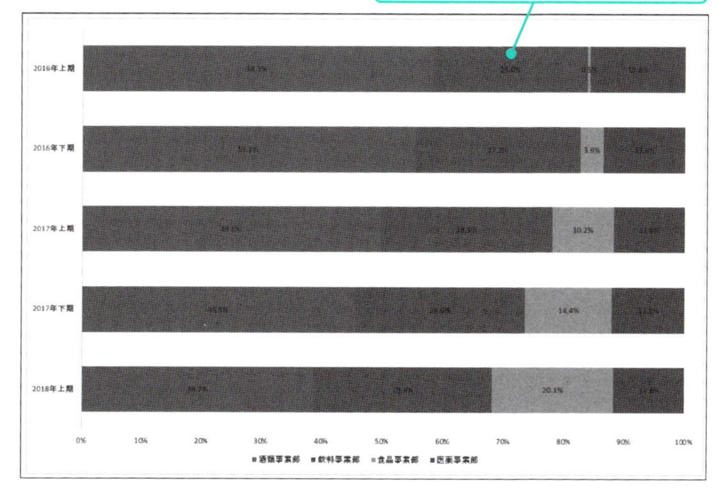

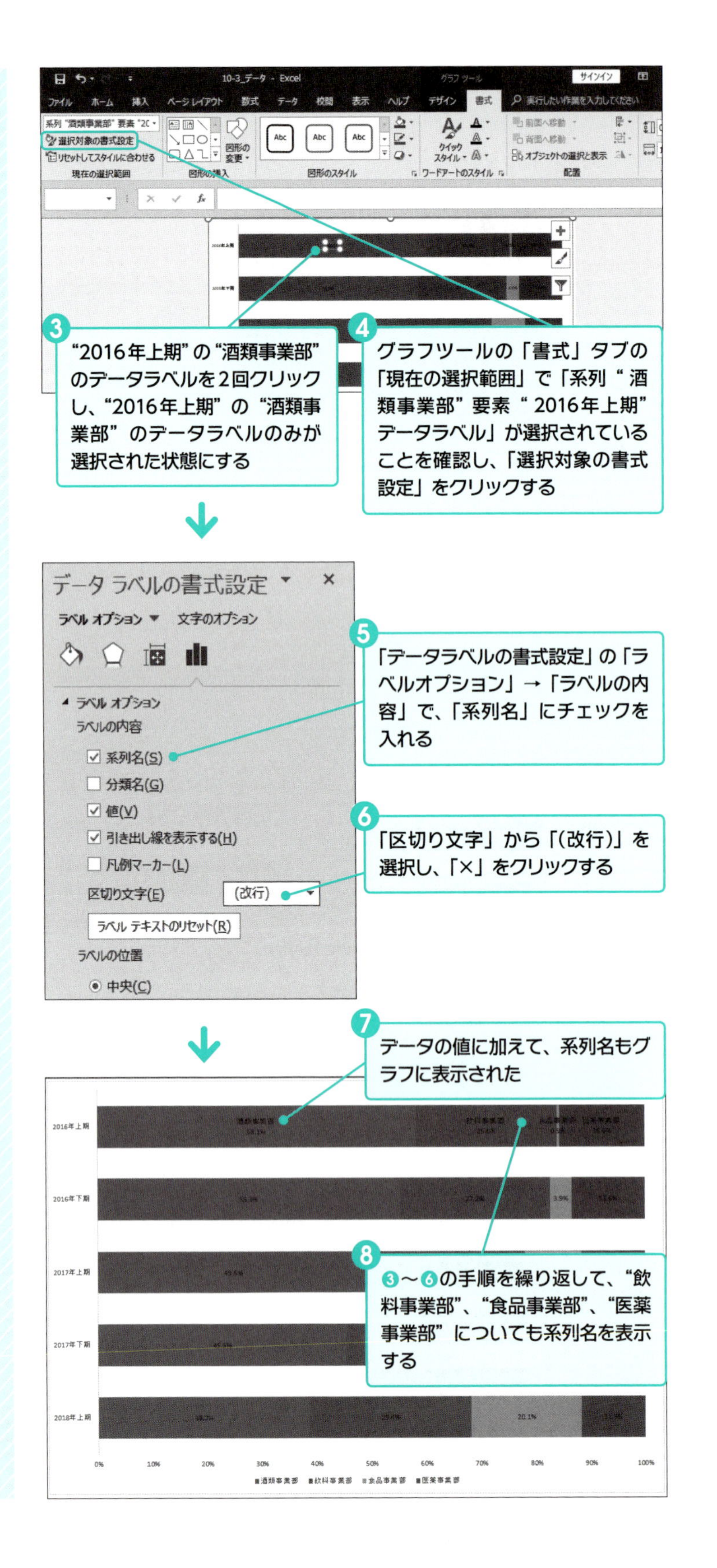
10-3_データ - Excel
グラフ ツール
サインイン
ファイル
ホーム
挿入
ページレイアウト
数式
データ
校閲
表示
ヘルプ
デザイン
書式
実行したい作業を入力してください
選択対象の書式設定
リセットしてスタイルに合わせる
現在の選択範囲
図形の挿入
図形の変更
図形のスタイル
クイックスタイル
ワードアートのスタイル
前面へ移動
背面へ移動
オブジェクトの選択と表示
配置
3
“2016年上期”の“酒類事業部”のデータラベルを2回クリックし、“2016年上期”の“酒類事業部”のデータラベルのみが選択された状態にする
4
グラフツールの「書式」タブの「現在の選択範囲」で「系列“酒類事業部”要素“2016年上期”データラベル」が選択されていることを確認し、「選択対象の書式設定」をクリックする
データ ラベルの書式設定
ラベル オプション
文字のオプション
ラベル オプション
ラベルの内容
系列名(S)
分類名(G)
値(V)
引き出し線を表示する(H)
凡例マーカー(L)
区切り文字(E)
(改行)
ラベル テキストのリセット(R)
ラベルの位置
中央(C)
5
「データラベルの書式設定」の「ラベルオプション」→「ラベルの内容」で、「系列名」にチェックを入れる
6
「区切り文字」から「(改行)」を選択し、「×」をクリックする
7
データの値に加えて、系列名もグラフに表示された
2016年上期
2016年下期
2017年上期
2017年下期
2018年上期
8
❸～❻の手順を繰り返して、“飲料事業部”、“食品事業部”、“医薬事業部”についても系列名を表示する
0%
10%
20%
30%
40%
50%
60%
70%
80%
90%
100%
■酒類事業部 ■飲料事業部 ■食品事業部 ■医薬事業部

10 業績報告書の作成

❹ タイトルを設定する 2013 2016 2019

グラフにタイトルを設定します。

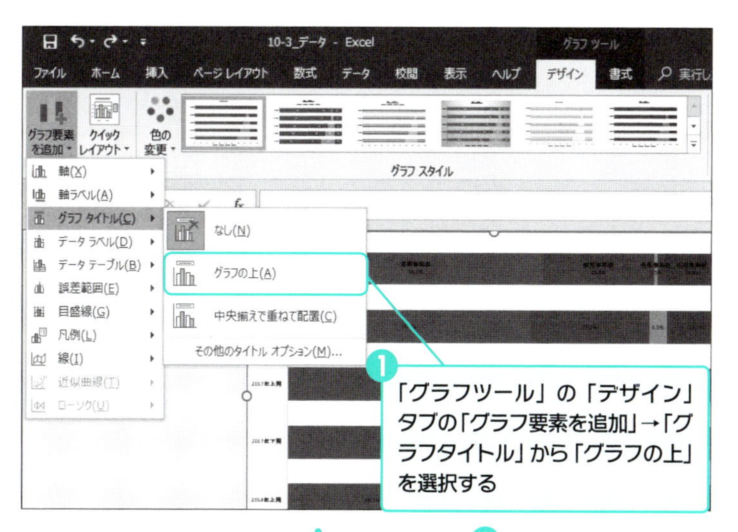

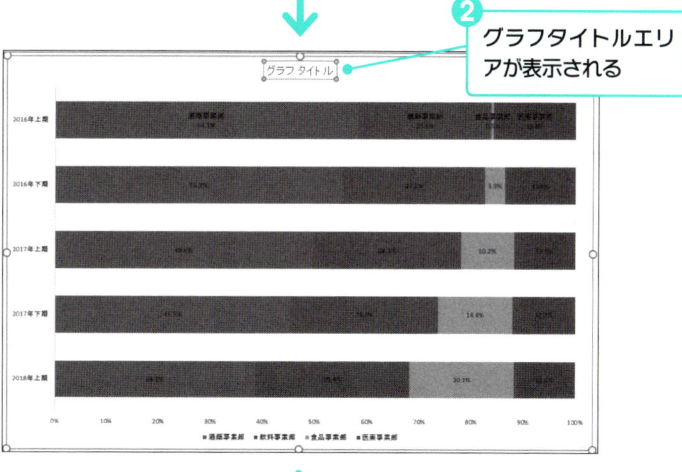

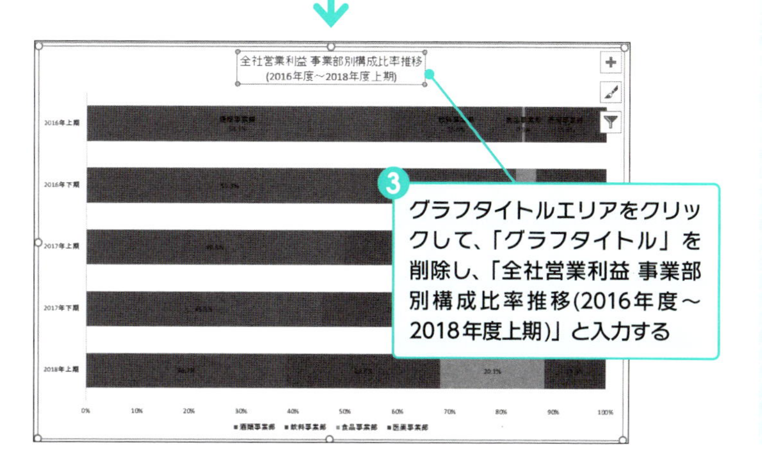

❺ 区分線を表示する 2013 2016 2019

グラフに区分線を表示して、構成比率の時系列推移をわかりやすくします。

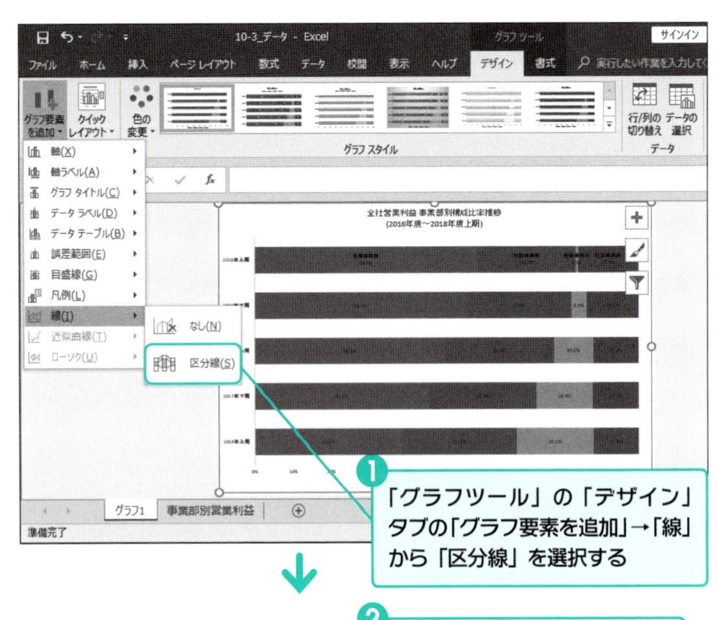

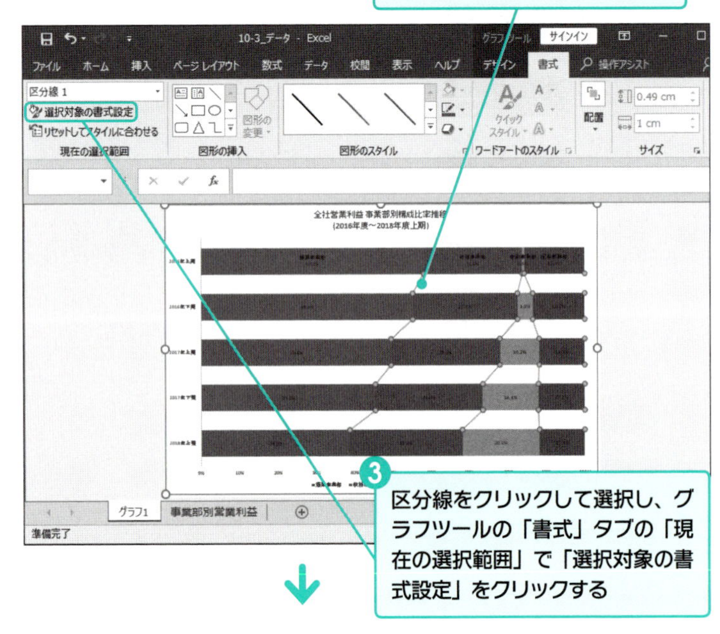

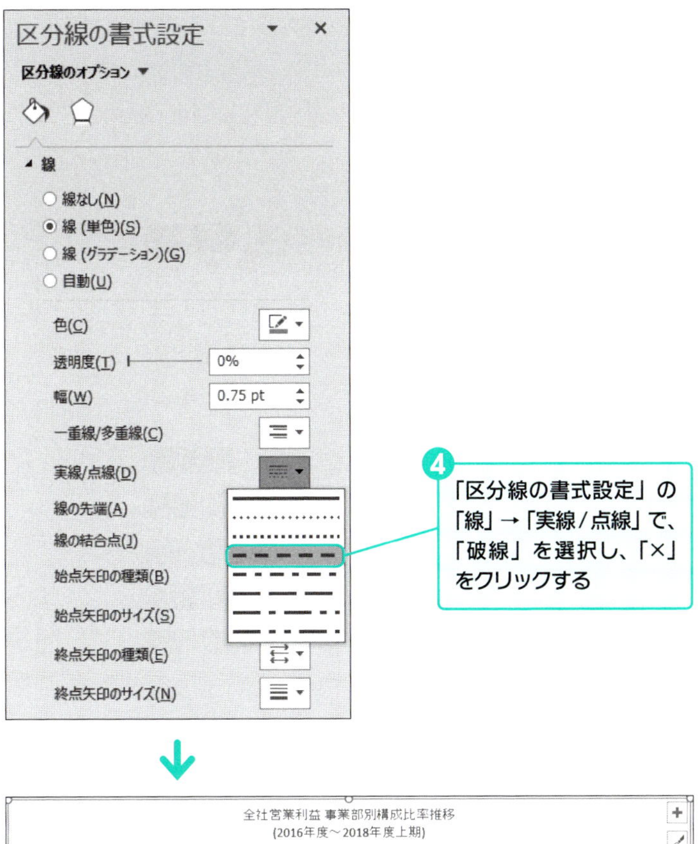
区分線の書式設定
区分線のオプション
線
線なし(N)
線 (単色)(S)
線 (グラデーション)(G)
自動(U)
色(C)
透明度(T)
0%
幅(W)
0.75 pt
一重線/多重線(C)
実線/点線(D)
線の先端(A)
線の結合点(J)
始点矢印の種類(B)
始点矢印のサイズ(S)
終点矢印の種類(E)
終点矢印のサイズ(N)
4
「区分線の書式設定」の「線」→「実線/点線」で、「破線」を選択し、「×」をクリックする

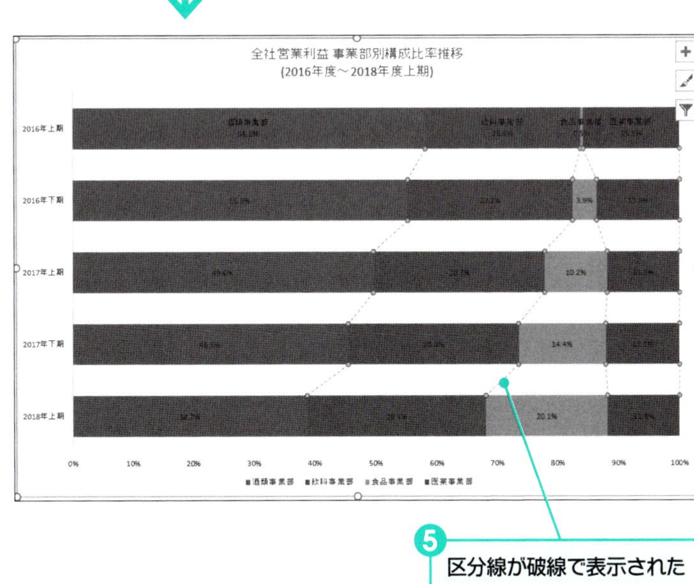
全社営業利益 事業部別構成比率推移
(2016年度～2018年度上期)
2016年上期
2016年下期
2017年上期
2017年下期
2018年上期
0%
10%
20%
30%
40%
50%
60%
70%
80%
90%
100%
5
区分線が破線で表示された

❻ PowerPointのスライドを作成する 2013 2016 2019

Excelで作成した100％積み上げ棒グラフを貼り付け、PowerPointのスライドを作成します。
スライドのタイトルに、酒類事業部の落ち込みが大きく、対策を検討する必要があることと、食品事業部の伸びが著しく、今後の事業拡大が期待できるため、積極的な投資を考える必要があることを記述します。さらに、グラフでは表せない全体の利益額の推移を、図形を使って追加表示することで、より全体の傾向がつかめるスライドになります。

❶ 314ページと同様の手順で、「タイトルのみ」のレイアウトの新規スライドを作成する

❷ タイトルオブジェクトに、グラフから読み取れる事象の説明を入力する

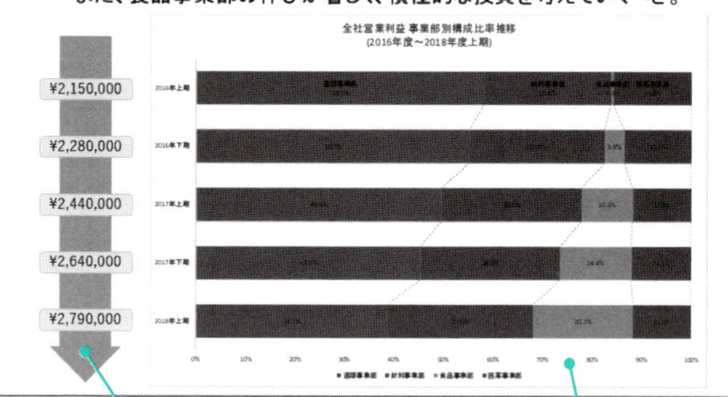

❸ Excelで作成した100%積み上げ棒グラフを、315ページと同様の手順で貼り付け、位置とサイズを調整する

❹ グラフからは読み取れない会社全体の利益額の推移を、図形を使って追加する

索引 INDEX

ア

イ

ウ

索引

コ

サ

シ

ス

索引

索引

ル

レ

著者略歴

平井 明夫（ひらい あきお）

DEC、コグノス、オラクル、IAFコンサルティングにおいて20年以上にわたり、ソフトウエア製品やITサービスのマーケティング、事業企画・運営に携わる。現在は、事業企画コンサルタントとしてIT企業の新規事業立上げ、事業再編を支援するかたわら、データ分析を中心としたテーマでの講演・執筆活動を行っている。主な著書・共著書に『BIシステム構築実践入門』、『データ分析できない社員はいらない』がある。

Excelビジネスデータ分析 徹底活用ガイド [Excel 2019 / 2016 / 2013対応]

2019年2月 2日 初版 第1刷発行
2022年4月29日 初版 第2刷発行

著 者●平井明夫
発行者●片岡 巖
発行所●株式会社 技術評論社
東京都新宿区市谷左内町21-13
電話 03-3513-6150 販売促進部
03-3513-6160 書籍編集部
カバーデザイン●野村 義彦（ライラック）
本文デザイン●石田 昌治（マップス）
DTP●マップス
担当●青木 宏治
製本／印刷●図書印刷株式会社

定価はカバーに表示してあります。

ISBN978-4-297-10300-2 C3055
Printed in Japan

お問い合わせについて

本書に関するご質問については、本書に記載されている内容に関するもののみとさせていただきます。本書の内容と関係のないご質問につきましては、一切お答えできませんので、あらかじめご了承ください。また、電話でのご質問は受け付けておりませんので、必ずFAXか書面にて下記までお送りください。
なお、ご質問の際には、必ず以下の項目を明記していただきますようお願いいたします。

1 お名前
2 返信先の住所またはFAX番号
3 書名
（Excelビジネスデータ分析 徹底活用ガイド
[Excel 2019/2016/2013対応]）
4 本書の該当ページ
5 ご使用のOSとExcelのバージョン
6 ご質問内容

お送りいただいたご質問には、できる限り迅速にお答えできるよう努力いたしておりますが、場合によってはお答えするまでに時間がかかることがあります。また、回答の期日をご指定なさっても、ご希望にお応えできるとは限りません。あらかじめご了承くださいますよう、お願いいたします。
ご質問の際に記載いただいた個人情報はご質問の返答以外の目的には使用いたしません。また、返答後はすみやかに破棄させていただきます。

問い合わせ先

〒162-0846
東京都新宿区市谷左内町21-13
株式会社技術評論社 書籍編集部
「Excelビジネスデータ分析 徹底活用ガイド
[Excel 2019/2016/2013対応]」質問係
FAX番号 03-3513-6167 URL：https://book.gihyo.jp/116

■お問い合わせの例

FAX

1 お名前
技術 太郎

2 返信先の住所またはFAX番号
03-XXXX-XXXX

3 書名
Excelビジネスデータ分析
徹底活用ガイド
[Excel 2019/2016/2013対応]

4 本書の該当ページ
49ページ

5 ご使用のOSとExcelのバージョン
Windows 10 Home
Excel 2019

6 ご質問内容
手順6の画面が表示されない